稀疏学习、分类与识别

焦李成　　尚荣华　刘　芳　杨淑媛　　著
　　　　　侯　彪　王　爽　马文萍

U0227827

科 学 出 版 社

北　京

内 容 简 介

　　本书对近年来稀疏学习、分类与识别领域常见的理论及技术进行了较为全面的阐述和总结，并结合作者多年的研究成果，对相关理论及技术在应用领域的实践情况进行了展示和报告。全书从稀疏学习、分类与识别三个方面展开介绍，主要内容包含如下几个方面：以学习数据的有效表示为主题，通过挖掘数据本身固有的结构，如几何结构、稀疏与低秩结构等信息来更有效地学习数据的表示；从经典的压缩感知理论框架出发，讨论压缩感知的基本理论、方法和应用的发展概况，并侧重介绍基于过完备字典的结构化压缩感知；上述方法在图像解译中的应用。

　　本书可为计算机科学、信息科学、人工智能、自动化技术等领域及交叉领域中从事量子计算、进化算法、机器学习及相关应用研究的技术人员提供参考，也可作为相关专业研究生和高年级本科生教材。

图书在版编目(CIP)数据

稀疏学习、分类与识别/焦李成等著. —北京: 科学出版社, 2017. 3
ISBN 978-7-03-052347-1

Ⅰ. ①稀…　　Ⅱ. ①焦…　　Ⅲ. ①机器学习　　Ⅳ. ①TP181

中国版本图书馆 CIP 数据核字 (2017) 第 053215 号

责任编辑：宋无汗　赵鹏利／责任校对：赵桂芬
责任印制：张　伟／封面设计：陈　敬

科 学 出 版 社 出版
北京东黄城根北街 16 号
邮政编码：100717
http://www.sciencep.com

北京厚诚则铭印刷科技有限公司 印刷

科学出版社发行　各地新华书店经销
*
2017 年 3 月第 一 版　开本：720 × 1000 1/16
2022 年 2 月第五次印刷　印张：20 1/4
字数：410 000

定价：**180. 00 元**
(如有印装质量问题, 我社负责调换)

前　　言

　　随着现代传感器、多媒体技术、计算机通信及网络技术的飞速发展和广泛应用，人们经常需要存储、处理与分析规模更大、维数更高、结构更复杂的数据，如人脸图像数据、监控视频数据、生物信息数据等。海量数据为人们提供了更多的信息，但与此同时也对计算机计算和处理数据、存储数据以及传输数据等能力提出了更高的要求。高维数据不但会显著地增加计算和存储代价，而且使得推理、学习和识别等任务无法完成，并对传统的机器学习与统计分析理论提出了严峻的挑战，如导致所谓的"维数灾难"，也就是说为保证学习仍能获得良好的性能，样本集的大小需随着问题维数(变量或特征数目)的增加呈指数增长。

　　幸运的是，近年来发展起来的机器学习理论与方法为解决上述问题提供了一些帮助，并取得了一些成功的应用。机器学习的研究是根据生理学、认知科学等对人类学习机理的了解，建立人类学习过程的计算模型或认知模型，发展各种学习理论和学习方法，研究通用的学习算法并进行理论分析，建立面向任务的具有特定应用的学习系统。经过二十多年的发展，机器学习已应用于人工智能的各个分支领域，如专家系统、自动推理、自然语言理解、计算机视觉和智能机器人等领域。

　　压缩感知作为一种新的信号采样理论，一经提出就引起了学术界和工业界的广泛关注，现已被广泛应用于信息理论、图像压缩、模式识别、医疗成像、无线通信等领域。压缩感知是对可压缩或在某个变换域下稀疏的信号，以远低于信号Nyquist频率的采样率对信号进行采样，为了保持信号的原始结构，利用非自适应且与变换基不相关的观测矩阵将高维稀疏信号线性投影到一个低维子空间上，然后通过求解一个优化问题就可从少量的投影中以高概率重构原始信号。压缩感知理论极大地降低了信号的采样、存储以及传输的代价，已经带领信号处理进入一个新的时代，同时它的理论和方法也为高维及高阶复杂数据分析与处理指出了一条新的途径，极大地促进了数学理论和工程应用的结合，并将在大规模和复杂数据的处理中发挥重要作用。

　　自20世纪60年代以来，随着航空航天领域的快速发展，人们获取和处理信息的能力获得极大的提高，进入构建天地一体化观测系统的新阶段。根据成像光谱仪的光谱分辨率，遥感成像技术可分多光谱遥感、高光谱遥感以及超光谱遥感；相应的，遥感图像分为多光谱图像、高光谱图像和超光谱图像。由于高光谱遥感图像具有波谱覆盖范围广、光谱分辨率高、信噪比高等优势，在众多领域具有巨大的应用潜力和需求。但是，相对于遥感数据获取技术的快速发展，遥感信息的分析、处理和认识能力表现出明显的不足和滞后，不能真正地实现遥感信息的价值，也无法满足人们的需求。因此，提出遥感图像的分析模型和方法，挖掘遥感数据中的信息，提高遥感图像分析识别的精度，是当代遥感技术领域的重点和难点。针对不同的应用，需要与之对应的处理技术，常见的高光谱图像分析技术有以下几种：图像校正、图像去噪、特征表示、目标检测、变化检测、解混合以及图像分类等。高光谱图像分析技术不仅限于以上几种，各种处理技术之间相互联系，其中图像分类是各种应用中涉及的关键技术之一。

分类是从冗余复杂的数据中抽出类别归属信息的过程，是人们从遥感图像上提取有用信息的重要途径之一。目前的高光谱图像分析系统已经无法满足人们对快速、高精度、大规模的遥感数据分析处理的需求。探索新的分类模型，提出新的分类方法，实现高效高性能的遥感数据分析系统，对经济发展和社会进步都具有重大的意义。

从 1996 年开始，在国家"973"计划项目(2013CB329402、2006CB705707)、国家"863"计划项目 (863-306-ZT06-1、863-317-03-99、2002AA135080、2006AA01Z107、2008AA01Z125 和 2009AA12Z210)、国家自然科学基金创新研究群体科学基金项目(61621005)、国家自然科学基金重点项目 (60133010、60703107、60703108、60872548 和 60803098) 及面上项目 (61371201、61271302、61272279、61473215、61373111、61303032、61271301、61203303、61522311、61573267、61473215、61571342、61572383、61501353、61502369、61271302、61272282、 61202176、61573267、61473215、61573015、60073053、60372045 和 60575037)、国家部委科技项目资助项目(XADZ2008159 和 51307040103)、高等学校学科创新引智计划("111"计划)(B07048)、国家自然科学基金重大研究计划项目(91438201 和 91438103)以及教育部"长江学者和创新团队发展计划" 项目 (IRT_15R53 和 IRT0645)、陕西省自然科学基金项目(2007F32 和 2009JQ8015)、国家教育部高等学校博士点基金项目 (20070701022 和 200807010003) 、中国博士后科学基金特别资助项目(200801426)、中国博士后科学基金资助项目(20080431228 和 20090451369)及教育部重点科研项目(02073)的资助下，对稀疏学习、分类与识别进行了较为系统的研究和探讨。

鉴于稀疏学习、分类与识别展现的广阔前景，以及对社会各个方面的重要影响，本书作者在该领域进行了深入而有成效的研究工作，通过十多年的探索研究，取得了一些成果，并在广泛的应用领域进行了尝试。从稀疏学习、分类与识别的角度，对很多复杂问题提出了新颖的解决思路和方法。基于前面的工作，结合国内外的发展动态，本书集合了当前稀疏学习、分类与识别的很多相关内容。不仅包括稀疏学习、分类与识别以及交叉领域的基础理论介绍，更加入了许多最新技术在不同领域的应用工作解析。

　　本书是西安电子科技大学智能感知与图像理解教育部重点实验室、智能感知与计算教育部国际联合实验室、国家"111"计划创新引智基地、国家"2011"信息感知协同创新中心、"大数据智能感知与计算"陕西省 2011 协同创新中心、智能信息处理研究所近十年来集体智慧的结晶。特别感谢保铮院士多年来的悉心培养和指导；感谢中国科学技术大学陈国良院士，IEEE 计算智能学会副主席、英国伯明翰大学姚新教授，英国埃塞克斯大学张青富教授，英国诺丁汉大学屈嵘教授的指导和帮助；感谢国家自然科学基金委员会信息科学部的大力支持；感谢西安电子科技大学田捷教授、高新波教授、石光明教授、梁继民教授的帮助；感谢尚凡华、林乐平、殷飞、张二磊、孟洋、袁一璟、张玮桐、王文兵、刘驰旸、都炳琪、文爱玲、刘欢、常姜维、刘永坤、兰雨阳等智能感知与图像理解教育部重点实验室全体成员所付出的辛勤劳动；感谢作者家人的大力支持和理解。

　　由于作者水平有限，书中不妥之处在所难免，恳请读者批评指正。

作　者

2016 年 10 月 28 日

目　　录

第 1 章 引 言

1.1 机器学习理论

机器学习（machine learning）是当前人工智能主要的研究发展方向之一。机器学习与认知科学、心理学、计算机科学等许多学科都有着密切的联系，涉及领域比较广，已经成功地运用于许多实际问题，并取得了不错的学习效果，如自动驾驶汽车、疾病预测、下棋和语音识别等[1]。在解决这些实际问题的过程中，机器学习技术被深入地进行分析和研究，得到了迅速发展，并产生了很多优秀的学习算法，如常用的八大机器学习算法：决策树算法[2]、随机森林算法[3]、人工神经网络算法[4]、支持向量机算法[5]、Boosting 与 Bagging 算法[6, 7]、关联规则算法[8, 9]、贝叶斯学习算法[10, 11]以及 EM 算法[12]。

近年来随着计算机及采样技术的发展，人们可以越来越容易地获取海量的高维数据，如何从这些数据中找出合理有效的信息并进行探索，已成为机器学习、数据挖掘等领域研究的热点问题。高维数据对传统的机器学习与统计分析提出了严峻的挑战，如导致所谓的"维数灾难"(curse of dimensionality)[13]，也就是说为保证学习仍能获得良好的性能，样本集的大小需随着问题维数(变量或特征数目)的增加呈指数增长。与之相关的另一个挑战问题为空空间现象[14](empty space phenomenon)，即高维空间本质上是稀疏空间，如标准正态分布 $\mathcal{N}(0,1)$ 在只有一维变量时，[−1, 1]区间内包含接近 70%的数据点。然而当变量维数增加到十维时，以原点为球心的单位超球内只包含 0.02%的数据。另外，当样本数目远小于维数时，将导致典型的小样本(small sample size)问题，从而最终影响学习算法的推广能力[15]。

大量认知科学的实验验证了很多高维数据确实存在较低的本征维数，且分布于高维空间中的一个低维子流形上。例如，在不同角度、不同光照情况下，同一个人的图像集就是一个以姿态、尺度、光照等为参数的低维子流形。这也更加表明对高维数据进行维数约简具有必要性。人眼能在瞬间认出多年未曾谋面的老同学，然而计算机识别却很难做到。神经生物学研究发现视感知系统具有某种特性的不变性，且整个神经细胞群的触发率可由少量维度的变量来描述，这也进一步表明视神经元的群体活动由内在的低维结构所控制[16]。

1.1.1 维数约简

给定的数据 $X \in \mathbb{R}^{m \times n}$ 是由 n 个 m 维的数据向量 x_i 组成，且该数据集的本征维数为 $\tilde{d}$ (一般情况下 $\tilde{d} = m$)，其中本征维数为嵌入在 D 维高维空间的数据集 X 分布或接近于低维子空间或流形的维数 $\tilde{d}$ 。维数约简的基本思想是通过线性或非线性变换把高维的数据集 X 映射到一个低维空间，从而获得 d (一般 $d \geqslant \tilde{d}$)维的数据表示 $Y \in \mathbb{R}^{n \times d}$ ，同时尽可能地保持原高维数据的信息。

如此一来，维数约简技术不仅囊括了经典的主成分分析(principal component analysis, PCA) [17]和线性判别分析(linear discriminant analysis, LDA) [18]等方法，而且诸如压缩感知中的随机投影[19]、图像下采样等策略也自然地归属于上述维数约简定义的范畴。维数约简通常分为特征提取(如 PCA 和 LDA)与特征选择(如图像下采样)两类方法。

维数约简可在很大程度上避免维数灾难，使得学习任务（如分类或聚类等）更加稳定、高效，并产生更优的推广性能。实际中，对于成千或上万甚至更高维的数据而言，如何通过维数约简技术获得数据的有效表示已变得越来越重要，也更具挑战性，且要满足两个基本特性[20]：数据的维数得到一定程度的约简，可有效地识别出数据的重要成分、内在结构特征及隐变量等；另外，通过将数据降维至二维或三维进行可视化，人们可准确直观地感知与发现隐藏在数据中的内在结构与规律。

1.1.2 稀疏与低秩

压缩感知(compressed sensing, CS)与稀疏表示(sparse representation，SR)是由 Candès 等提出的一种新的理论框架[21]，最早被用于从低维观测信号 $y \in \mathbb{R}^{d \times l}$ 中恢复出高维原始信号 $x \in \mathbb{R}^{m \times l} (m \gg d)$ ，其优化问题如下所述：

$$\min \|x\|_0, \quad \text{s.t. } Ax = y \tag{1.1}$$

式中，$\|\cdot\|_0$ 表示 l_0 范数，即向量中非零元素的个数；$A \in \mathbb{R}^{d \times m}$ 为观测矩阵。该框架现已被广泛应用于信号与图像处理领域，如图像去噪、恢复(recovery)及超分辨率(supper-resolution)重建等，并取得了巨大成功。该理论框架表明：当感兴趣的信号是可稀疏表示的或具有可压缩性时，可以通过极少的采样或观测精确地重构该信号，也就是说，很多现实信号都拥有较多的冗余，类似的说法还有奥卡姆剃刀(Ockham's razor)原理或最小描述长度(minimal description length)。稀疏表示已成为最近几年信号处理、机器学习、模式识别及计算机视觉等领域的一个研究热点。其实稀疏表示的概念早在1996年*Nature*中就有涉及，将稀疏性正则引入到最小二乘问题中，计算得到具有方向特性的图像块，这样能很好地解释初级视皮层(V1)的工

作原理[22]。另外，在同一年，著名的Lasso算法[23]也被提出用于求解带有稀疏约束的最小二乘问题。

最近几年，衍生于压缩感知技术的低秩矩阵重建已成为机器学习、计算机视觉、信号处理、优化等领域最热的研究方向之一，并在图像与视频处理、计算机视觉、文本分析、多任务学习、推荐系统等方面得到了成功的应用[24]。矩阵恢复或填充可看成压缩感知理论由一维信号到二维矩阵的推广[25]。矩阵的稀疏性主要表现在两个方面：第一是矩阵元素的稀疏性，即矩阵非0元素的个数相对较少，也就是矩阵的 l_0 范数；第二是矩阵奇异值(若为对称矩阵，则为特征值)的稀疏性，即矩阵奇异值中的非0元素的个数相对较少，也就是秩函数值较小。先看矩阵奇异值的稀疏性，即通常假定待恢复或填充的矩阵为低秩的，可通过矩阵的某些线性运算的结果由如下的优化问题精确地重构该矩阵：

$$\min \text{rank}(X), \quad \text{s.t.} \ \mathcal{A}(X) = b \tag{1.2}$$

式中，rank(·) 为矩阵的秩函数；$\mathcal{A}(\cdot)$ 为一个线性算子。具体的低秩矩阵填充问题可表述为如下的形式：

$$\min_X \text{rank}(X), \quad \text{s.t.} \ P_\Omega(X) = P_\Omega(Z) \tag{1.3}$$

式中，Ω 为已知元素下标的集合。$P_\Omega(Z)$ 定义为如下的形式：

$$P_\Omega(Z_{ij}) = \begin{cases} Z_{ij}, & (i,j) \in \Omega \\ 0, & \text{其他} \end{cases}$$

若同时考虑矩阵元素与矩阵奇异值的稀疏性，可得到两类最近几年非常流行的问题模型：鲁棒主成分分析(robust principal component analysis, RPCA)或稀疏加低秩矩阵分解(sparse and low-rank matrix decomposition)模型和低秩表示(low-rank representation, LRR)模型。鲁棒主成分分析模型可由如下的优化问题描述：

$$\min_{Z,E} \text{rank}(Z) + \lambda \|E\|_l, \quad \text{s.t.} \ X = Z + E \tag{1.4}$$

式中，$\lambda > 0$ 为正则参数；$\|\cdot\|_l$ 为一种特定的正则策略，如用于对高斯噪声建模的Frobenius 范数[26, 27]，即 $\|\cdot\|_F$，处理少量较大幅值噪声的 l_0 范数[26, 28]，及可有效处理列噪声或奇异点的 $l_{2,0}$ 范数[29, 30]等。上述三类不同的噪声分别如图 1.1 所示。

然而上述的式(1.4)隐式地假设观测数据的潜在结构为单独一个低秩线性子空间[29, 31, 32]。很多实际数据都分布于多个线性子空间的并集中，且任何数据点属于某个子空间的关系也是未知的。最近，有一种低秩加稀疏矩阵分解的拓展模型被提出，并被称为低秩表示模型[29, 30]，即结合子空间分割与噪声识别于一个框架中用于处理多子空间问题。该低秩表示模型有如下所述的形式：

$$\min_{Z,E} \text{rank}(Z) + \lambda \|E\|_l, \quad \text{s.t.} \ X = DZ + E \tag{1.5}$$

　　(a) 高斯噪声　　　　　　　　(b) 稀疏噪声　　　　　(c) 列噪声或奇异点

图 1.1　三类不同的噪声类型[29]

式中，$Z \in \mathbb{R}^{m \times n}$ 被文献[30]称为给定数据 X 的最低秩表示；$D \in \mathbb{R}^{m \times m}$ 为一个线性张成数据空间的字典，m 为字典中原子或基的数目。

　　从本质上来讲，具有稀疏或低秩结构的数据可由很少的采样来完成该信号或数据的重建或鲁棒性恢复。因为稀疏性与低秩性假设同样适用于高维数据的分布特点，所以压缩感知技术非常适合于处理高维数据问题，可有效地避免传统机器学习与统计分析理论的不足。

1.1.3　半监督学习

　　传统的机器学习方法主要分为两大类：监督学习(supervised learning)和无监督学习(unsupervised learning)[33]。其中前者假设已有一些数据输入及其相应的输出，其目的为学习一个映射函数，使得该函数可预测新数据样本的输出，典型的问题有分类与回归；而无监督学习假设仅有一些数据输入而没有任何监督信息的指导，其目的是发现隐藏在数据中的某些性质，典型的问题包括聚类、概率密度估计及数据维数约简。有时标签数据不足以用于监督学习的训练，而采用无监督学习又会浪费标签数据中包含的信息。针对该问题，人们提出了半监督学习(semi-supervised learning, SSL)[33]，它能同时利用少量标签数据的信息和大量未标记数据中的隐含信息，达到比仅使用一种数据信息更好的学习效果，在理论和实践中已经引起了广泛的兴趣。文献[34]的研究表明半监督学习也非常符合人类的学习方式。

　　SSL又称为从标签和无标记数据中学习，是机器学习、数据挖掘与计算机视觉等领域中的一个研究热点[33]。传统的监督学习仅使用标签数据来进行训练，然而获取大量的标签数据通常很难，代价很高且需要耗费一定的人力和物力，还需要有经验的专家来标注。虽然主动学习(active learning)可有效地减少标注数据的代价，但是与传统的监督学习一样，它也不能利用无标签数据的信息。然而随着数据采集技术和计算机硬件技术的发展，收集大量的无标签样本已非常容易，SSL可同时利用少量标签数据和大量无标签数据来进行学习，以半监督分类为例，通过无标签样本和有标签样本一起构建性能更好的分类器[34]。另外，相对于标注数据，获得辅助信息(side information)，如成对约束(pairwise constraint)相对更加容易。成对约束表明相应的目标样本是属于同类或异类的，一般称之为Must-link(ML)或Cannot-link (CL) [35-37]。与半监督学习类似的一种方法是直推式学习(transductive learning)，它假定未标注样本为测试数据，其学习的目的是在那些无标签样本上取得最佳的推广能力。换句话说，SSL是一个开放的系统，即对任何未知的样本都能进行预测；而直推式学习则是一个封闭的系统，在学习时就已经知道了需要预测的测试数据[38]。

目前，SSL 主要基于两种基本的假设，即聚类假设(cluster assumption)和流形假设(manifold assumption)。其中，聚类假设的内容为处在相同类簇中的样本有较大的可能性拥有相同的标签。由此假设可知，决策边界应该尽量通过数据分布较为稀疏的地方，从而避免把同一稠密类簇中的数据点分到决策边界两侧，即可表述为低密度分离(low density separation)：决策分界线应该在低密度分布区域。典型的方法主要有直推式 SVMs(TSVMs)[39, 40]及其凸放松算法[41, 42]。流形假设的内容是所有数据位于或近似位于高维空间中的一个潜在低维子流形上。与聚类假设着眼于整体特性不同，流形假设主要考虑模型的局部特性，有很多种 SSL 方法利用图拉普拉斯去刻画数据固有的几何分布结构，典型的方法有高斯随机场[43](Gaussian random fields, GRF)、局部与全局一致[44](local and global consistency，LGC)和流形正则[45, 46](manifold regularization)等。最近，Li 等[47]利用成对约束假设和聚类假设共同应用于分类问题，其中成对约束假设的内容为 ML 约束的未标注数据点应为同类，而 CL 约束的未标注实例应分到不同的类中。

1.2 压缩感知理论

1.2.1 压缩感知的研究意义

压缩感知[48, 49]（ compressed sensing, CS ）又称为压缩采样或压缩传感，是一种全新的信号获取和传感框架，其理论和技术的发展将对数字信号的获取方式、分析技术和处理方法等研究领域及相关应用领域产生深远的影响。

压缩感知是一种新的采样理论，它在远小于奈奎斯特采样率的频率下，随机采用来获取信号的部分信息，并通过非线性重构算法恢复整个信号。压缩感知作为一种关于信号获取、表示和处理的新思想，它不仅让人们重新审视现有的信号处理方法和技术，而且带来了丰富的关于信号获取和处理的新思想，极大地促进了数学理论和工程应用的结合[50]，并将在大规模和复杂数据的处理中发挥重要作用。

从信号获取的角度，压缩感知提供了以远低于信号奈奎斯特频率的采样率进行采样的方案，能够极大地降低信号的采集、传输和存储的成本。在数据采集条件恶劣或有限的情况下，使得获取信号及其信息成为可能，极大地开拓和扩展了人类可探测、感知和研究的自然环境及对象的范围。例如，单像素相机[51]、Xampling采样系统[52]、超低采样率的超宽带信号检测[53]等新的成像和采样装置以及系统的研制。而在现有的数据获取条件下，能够更快地获取和传输更多和更完整的关于自然信号和场景的信息，从而极大地推动了相关技术和应用领域的发展。例如，压缩感知技术使医学中磁共振成像的速度提高为原来的 7 倍[54]，极大地推动了医学成像技术的发展；在遥感领域，压缩感知能够在现有成像条件下，提高合成孔径雷达信号的成像分辨率，降低了成像成本，并提高效率等。

从信号分析的角度，压缩感知与信号的稀疏性以及低维结构密切相关。因此，压缩感知的发展促进和带动了信号分析领域的极大发展，能够为更广泛和复杂的数据类型，包括高维和大规模数据，以及数据间的复杂关系等，提供有效的表达和描述。目前，对信号分析和表示的研究热点从基于正交基和框架的频谱变换分析方法[55]，转为基于过完备字典和冗余学习字典的稀疏表示分析[56, 57]。相比于前者，后者能够获得更稀疏、灵活和自适应的信号表示方式。在稀疏表示的基础上，还发展出了很多新的信号处理方法，如基于稀疏表示的数据分离、人脸分类、异常检测、图像融合和恢复以及图像超分辨等图像逆问题应用[58]。此外，与稀疏相关的其他低维结构，如低秩和流形也正获得关注和研究[59]。

从信号处理的角度，压缩感知重构研究的是基于信号的稀疏性和稀疏表示，从信号的线性压缩观测中获得对信号的重构估计的问题和模型。其理论和方法为很多压缩感知以外的信号处理应用提供了新的解决思路和处理方法，并为很多信号应用研究打开了新局面。例如，在压缩感知框架下的图像逆问题应用，如去模糊和超分辨等；基于压缩感知的遥感图像融合、超宽带信号应用、医学图像处理以及遥感图像处理等。

1.2.2　压缩感知的理论框架

压缩感知研究受到关注源于 Donoho 的工作[49]，他提出的经典压缩感知理论框架指出，对于具有稀疏性或者能够稀疏表示的信号，可以将它们从小规模的、非自适应的压缩观测中精确恢复。压缩感知框架主要包含了三个部分：稀疏表示、压缩观测方式以及重构模型与方法。其中，信号的稀疏性和稀疏表示是压缩感知的基本要求和前提；压缩观测的理论和获取技术研究的是如何用尽可能少的非自适应观测包含足以重构信号的信息；重构模型和重构方法是压缩感知研究的核心内容，研究从压缩观测中恢复和重构信号的方法。

1. 稀疏表示

稀疏性和稀疏表示是压缩感知的前提和先决条件。在压缩感知理论中，具有稀疏性的信号所包含的信息是可以用信号的稀疏性进行度量的。因此，在压缩感知应用中，稀疏性与信号的采样率以及可恢复性是密切相关的，这与传统的采样方式中数据采样率与信号的带宽和奈奎斯特频率有关不同。在传统的采样方式中，信号的最高频率越高，所需要的均匀采样频率越高。而在压缩感知中，信号越稀疏，精确重构该信号所需要的压缩观测越少。因此，在实际信号的压缩感知应用中，首先需要发现或者获得信号的稀疏性或稀疏表示。

2. 压缩观测方式

压缩观测理论和获取技术的研究内容是如何用尽可能少的非自适应观测包含足够用于重构的信号信息。在基于奈奎斯特采样定理的传统信号采样方式中，首先对信号进行高速的均匀采样，获得大量样本；然后通过编码方式对所有采集到的信号样本进行压缩表示，其中将丢弃大量的样本；最后再进行传输和后续处理[60]。而在压缩感知中，采样和压缩是同步进行的，通常是以低速率的非自适应的线性投影，即信号与观测的内积运算，来得到信号样本的。因此，与传统信号采样方式相比，压缩感知在采样阶段大大降低了采样和传输的成本。但在信号重构阶段，传统方法仅需要简单的解码和插值操作就能够稳定地恢复信号。而在压缩感知中，重构过程需要依赖重构算法的设计，并采用复杂的数值计算方法来完成。也就是说，压缩感知与传统方法相比，减少了信号获取和传输的成本，但增加了信号恢复所需要的计算复杂度。

3. 重构模型与方法

信号重构是压缩感知的核心内容，研究的是从信号的压缩观测中获得对原信号重构估计的方法和技术。与传统采样方式下，主要通过 Sinc 函数进行线性插值获得信号恢复的做法不同，压缩感知的重构通常需要通过复杂的计算来求解高度非线性的优化重构问题。

目前，压缩感知正从理论研究向实际的信号应用领域发展，也就是针对实际信号和具体应用建立压缩感知框架和处理方法，从而实现对更广泛和复杂的实际信号进行重构和处理。这一过程中，实际信号与应用环境的先验是关键因素，而如何挖掘和有效地表示先验知识，并建立结合了多种先验的求解模型，以及设计高效的重构方法则是其中的核心研究内容。在新一代的结构压缩感知[61]框架中，提出了将信号先验和结构化信息引入压缩感知的三个基本方面，即稀疏表示、压缩观测和重构模型。具体的做法包括：建立结构化的冗余字典，以获得信号的结构化稀疏表示；建立自适应于信号结构的观测方式，以更少的观测获得信号的全部信息，特别是要建立实用的硬件采样系统实现对模拟信号的处理；挖掘信号的结构特点，建立结构化的稀疏重构模型。在刘芳等[62]的综述中，将结构化压缩感知的主要思路总结为以结构化的字典和稀疏表示为基础，采用与信号的结构和信息相匹配的结构化观测方式，并且基于结构先验实现对广泛信号类的重构。

如今，建立面向应用的结构化重构模型仍是值得持续关注的研究热点。此外，设计稀疏恢复模型与建立相应的求解方法，这两者是密不可分的。信号恢复的实际效果和性能既取决于所建立的恢复模型对于实际应用问题的适用性，也取决于所建立的求解算法对于模型的求解性能。

1.2.3　压缩感知的重构算法介绍

在压缩感知的三个基本方面中，根据信号的重构模型建立相应的重构算法是压缩感知在实际应用中的具体实现，也是压缩感知从理论走向实践中最重要的环节。

尽管待处理信号的种类丰富多样，重构模型也千差万别，但压缩感知重构算法的根本任务是求解以 l_0 范数为约束条件或优化目标的重构模型。众所周知，l_0 范数是一种非凸的稀疏测度，从而导致了重构问题为 NP 难问题，具有非多项式的计算复杂度[63]。

现有的重构算法大多采用了凸松弛或局部搜索的近似和逼近手段，以便建立可快捷求解的重构算法。而随着压缩感知在具体信号应用中的持续发展，越来越多的结构稀疏先验和其他的信号知识被挖掘和应用到压缩感知重构模型中。正因如此，对重构方法也提出了更高的要求：一方面，要求重构方法能够处理和求解包含了丰富信号先验和约束的复杂模型；另一方面，要求重构方法具有较高的重构精度、较好的稳定性以及实时性。

重构方法的分类方法有多种，根据算法搜索策略的不同，可以分为基于贪婪搜索策略的方法、迭代阈值方法、迭代收缩方法、梯度投影方法、内点法和分裂法等。根据算法中所使用的稀疏测度，可以分为 l_0 范数重构、l_1 范数重构、l_p 范数重构、$l_{2,1}$ 范数重构等。根据稀疏测度的凸性质，可以分为凸松弛重构方法和非凸重构方法。

1. 凸松弛重构方法

凸松弛重构方法通过松弛稀疏项获得具有凸性质的重构模型，并在结构压缩感知中，使复杂的结构模型的求解和计算变得简单而有效。

凸松弛重构方法是一类获得广泛研究和应用的重构方法，它将非凸稀疏测度 l_0 范数项用非光滑但具有凸性质的 l_1 范数代替，从而获得具有凸性质且容易求解的重构模型，之后就可以使用高效的数值优化方法进行求解。在理论上也已经证明

了在一些模型中 l_1 范数重构与 l_0 范数重构的等价性[64]。同时，在结构压缩感知中，对稀疏项的凸松弛处理可以使得复杂结构模型的求解和计算变得简单而有效。

l_1 范数最小化重构方法是获得最广泛研究的一类重构方法。这一方面得益于凸规划方法已有的丰富研究成果，另一方面得益于 Candès 和 Donohol 等提出的基于凸松弛方法获得精确重构的理论保证[48, 49, 65]。

尽管如此，在众多压缩感知应用中，仍然无法从理论上避免由凸松弛操作带来的精度损失。此外，现有的非凸压缩感知理论和应用也表明，在一些模型中非凸重构方法的性能优于凸松弛重构方法[66]。

2. 非凸重构方法

目前直接求解 l_0 范数约束的非凸重构方法主要是贪婪方法[67]，又称迭代方法，其主要特点是交替地估计稀疏信号的支撑和非零元素的取值，而在每一次迭代中，采用局部最优的搜索策略来减小当前的重构残差，从而获得对待重构信号的一个更准确的估计。这类方法适用于对过完备字典进行快速搜索并完成重构，并且适用于很多结构化的重构模型。

贪婪方法主要有两种：贪婪追踪方法和阈值方法[67]。贪婪追踪方法的主要思路是逐步进行信号的支撑估计，在每次迭代中增加新的非零元素，并更新观测残差值；而阈值方法的主要思路是逐步减小观测误差，在每次迭代中改进对信号的估计。这类方法适用于对过完备字典进行快速搜索并完成重构，并且适用于很多结构化的重构模型。其缺点主要是由于采用了局部搜索策略，重构精度不高。在理论上已证明，贪婪方法获得最优解的条件比凸松弛方法更为严格。在结构化压缩感知中，贪婪方法不失为一种良好的模型求解工具，但也会带来重构模型精度上的损失。

此外，l_p 范数重构方法也是一种比较热门的重构方法，主要包括 FOCUSS（focal under-determined system solver）方法[68]、IRLS（iterated reweighed least squares）方法[69]等。在实际应用中，还可以结合特定领域的信号处理方法来设计重构方法。例如，在自然图像的压缩感知中，有学者提出了结合图像处理中的滤波技术进行压缩感知重构。研究和设计针对实际信号及其结构特征的重构模型，并建立能够有效求解非凸稀疏先验及其他结构约束的压缩感知重构问题具有重要的意义。

1.3　高光谱遥感技术

1.3.1　遥感技术

自 20 世纪 60 年代以来，随着航空航天领域的快速发展，人们获取和处理信息的能力极大地提高，进入构建天地一体化观测系统的新阶段。在计算机技术、地球科学理论、空间测量技术和物理学的基础上，遥感技术作为一门新兴的综合学科蓬勃发展。从以飞机为媒介的航空遥感发展到以人造卫星、宇宙飞船等为媒介的航天遥感，传感器采集技术从以光学摄影机拍摄为主发展到以计算机扫描为主，遥感技术从不同维度、区域进行快速、多谱段地对地感测，并能实现周期性的实时地物信息播报。人们将获取光谱数据的传感器称为成像光谱仪（imaging spectrometer）。根据成像光谱仪的光谱分辨率，遥感成像技术可分为多光谱遥感、高光谱遥感以及超光谱遥感。相应地，遥感图像分为多光谱图像、高光谱图像和超光谱图像。

（1）多光谱图像（multispectral image）：光谱分辨率在$10^{-1}\lambda$范围内的遥感图像，该类图像通常包含数个光谱波段信息（一般在可见光和近红外范围内）。常见的提供多光谱图像的成像仪有美国和法国的 TM 卫星和法国的 SPOT 卫星等。

（2）高光谱图像（hyperspectral image）：光谱分辨率在$10^{-2}\lambda$范围内的遥感图像，此类图像包含可见光和近红外区内的光谱，分辨率高达纳米（nm）数量级，通常波段多达几十到几百个。因此，高光谱图像包含的光谱信息远多于多光谱图像。

（3）超光谱图像（ultraspectral image）：光谱分辨率在$10^{-3}\lambda$范围内的遥感图像。

遥感技术能快速、准确地为人类提供对地观测信息，在人类生活的方方面面都有着广泛的应用，如大气观测、环境监测、水文生态监测、地图测绘、资源考察、军事侦察等[70, 71]。因此，遥感技术已经成为当今最活跃的科学技术之一。

1.3.2 高光谱遥感技术发展现状

30 多年来，随着科学技术的发展，遥感技术也得到了巨大的发展。其中，高光谱遥感系统更是在对地观测领域占据极其重要的地位。高光谱遥感技术是在多光谱遥感技术的基础之上发展起来的新型遥感技术。相对多光谱图像而言，高光谱图像能提供更丰富的地物光谱信息。高光谱遥感原理如图 1.2 所示。高光谱图像可获取目标地物在紫外、可见光、近红外和中红外等大量波段内近似连续的光谱信息，并以图像的形式描述地物的空间分布关系，从而建立"图谱合一"的数据，实现地物的精确定量分析与细节提取，极大地提高人类认知客观世界的能力。

高光谱遥感技术的发展主要分为高光谱遥感探测技术的发展和高光谱数据分析处理技术的发展。

1. 高光谱遥感探测技术的发展

高光谱遥感探测技术的发展重点是提高图像的空间分辨率（spatial resolution）

和光谱分辨率（spectral resolution）。图像的空间分辨率通常可依靠减少成像光谱仪的瞬时视场角而得到提高；光谱分辨率则通过增加光谱波段数量和减小每个波段的带宽来得到提高。

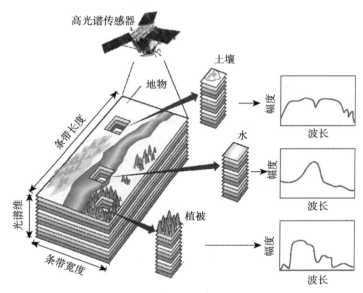

图 1.2　高光谱遥感原理

1983 年，美国宇航局喷气推进实验室（Jet Propulsion Laboratory, JPL）研发出世界首台航空成像光谱仪（aero imaging spectrometer-1, AIS-1），第一幅高光谱图像从此诞生，并在矿物勘测、植被监测、化学分析等方面得以应用[72, 73]。这标志着第一代成像光谱仪面世，也开启了"图谱合一"的高光谱遥感技术的新时代。1987年，在 AIS-1 的基础上，JPL 又成功研制了航空可见光/红外光成像光谱仪（airborne visible/infrared imaging spectrometer, AVIRIS）[74, 75]，其光谱波段范围为 400 ~ 2500nm，包含 224 个波段，空间分辨率为 20m，标志着进入第二代成像光谱仪时代。近年来，越来越多的国家开始关注遥感技术的研发和应用，成功地研制出多种成像光谱仪。按照运载平台的不同，成像光谱仪通常分为航空成像光谱仪和航天成像光谱仪。

航空成像光谱仪发展最早，因此技术更加成熟。很多成像光谱仪都有着广泛应用，如美国的 MIVIS 光谱成像仪、TEEMS 系统、DAIS-7915 机载成像仪、超光谱数字图像收集实验仪（HYDICE）[76, 77]等，德国研制的反射式光学系统成像光谱仪（reflective optics system imaging spectrometer, ROSIS），澳大利亚的 HYMAP，加拿大的荧光线成像光谱仪（FLI）和小型机载成像光谱仪（AIS）以及 ITRES 公司研制的 CASI、SASI、TABI 系列产品等。这些光谱成像仪在探测性能上各有特点，但最有影响的是美国的 AVIRIS。

1999 年，美国宇航局成功发射了装载有中等分辨率成像光谱仪（MODIS）和高分辨率成像光谱仪（HIRIS）的卫星，标志着高光谱遥感技术迈入航天发展阶段。2001 年，欧洲空间局（European Space Agency，ESA）成功地发射了装载有紧密型高分辨率成像光谱仪（CHRIS）的卫星。2002 年 3 月，ESA 又发射了搭载中分辨率成像光谱仪（MRIS）的 ENVISAT 卫星。日本先后发射了高光谱成像卫星 ADEOS系列。目前，基于傅里叶变换的第三代高光谱成像仪是科研人员关注和研发的新热点[78, 79]。

经过数十年的发展，我国高光谱遥感研究工作逐步实现与世界接轨。尤其是近几年来，国内成像光谱仪的研制获得了较大进展。我国先后研制出具有 64 个波段的可见光/近红外模块化机载成像光谱仪（modular airborne imaging spectrometer，MAIS）、具有 128 个波段的实用型模块化成像光谱仪（operative modular imaging spectrometer，OMIS）和具有 224 个波段的机载推扫式高光谱成像仪（push-broom hyperspectral imager，PHI），这三大系统奠定了我国高光谱遥感技术在国际上的先进地位[79, 80]。2000 年，我国研制出窄波段高光谱数字摄像系统（HDCS），可调节波长中心以适用于不同的应用领域，成功应用于实时环境监测和农业监测。2002年，我国载人航天计划“神舟三号”发射成功，其留轨舱装载了中分辨率光谱成像仪，其波长范围为 0.4～12.5 μm。2010 年 5 月，我国全面启动“高分专项”计划，预计到 2020 年建成陆地、大气和海洋一体化观测系统。2011 年 9 月在酒泉卫星发射中心发射的“天宫一号”，是中国第一个目标飞行器和空间实验室。“天宫一号”搭载了高光谱成像仪等有效载荷，能够开展水文生态监测、森林监测、地质调查、环境污染监测分析、矿产和油气资源勘查等，并取得了显著的成果。最近几年，我国突破多项光学遥感关键技术，在 2013 年 4 月成功发射了高分辨率对地观测系统首颗卫星“高分一号”。2014 年 8 月，“高分二号”遥感卫星成功发射并投入运行，其空间分辨率优于 1m，标志着我国遥感卫星进入亚米级“高分时代”。随后，我国发射了多颗“高分”系列卫星，搭载了全色、多光谱、高光谱、雷达等多种类型观测仪器，构成了一个具有高时间分辨率、高空间分辨率和高光谱分辨率的对地观测系统。

随着探测器设计技术的发展，光谱响应范围将继续拓展，成像光谱仪技术发展呈现出以下趋势：在满足地物探测对光谱分辨率需求的同时，不断提高影像空间和时间分辨率；美国、德国、日本、中国等多国联合，使用在多种平台上的多类型传感器从多个角度进行信息融合；实现全天时、全天候、全球范围观测的常规运行系统[81, 82]。

2. 高光谱数据分析处理技术的发展

伴随着航空航天遥感的不断发展和成像光谱仪技术日益成熟，传感器获取遥感数据的能力不断增强，而分析处理遥感数据的理论和方法却相对滞后，因此，数据分析处理成为遥感领域的研究热点。高光谱图像的处理过程一般包括光谱检测、图像融合、数据压缩、图像解译等。其中，图像解译处理是为应用提供有用信息至关重要的一环，包括图像校正（几何校正、辐射校正、大气校正等）、特征表示、图像增强、图像去噪、图像分类、目标识别等重要任务。近年来，国际上召开了多次关于高光谱图像处理算法的会议，如美国电气和电子工程师协会（IEEE）定期召开的国际地球科学与遥感大会(International Geosciences and Remote Sensing Symposium, IGARSS)，国际光学工程学会（SPIE）定期召开的"多光谱、高光谱的算法和技术"，以及国际摄影测量与遥感学会（International Society for Photogrammetry and Remote Sensing）研讨会等。此外，许多国际知名期刊也大量刊登了这方面的研究工作，如 *IEEE Transactions on Geoscience and Remote Sensing (TGRS)*、*IEEE Transactions on Image Processing*、*IEEE Geoscience and Remote Sensing Letters (GRSL)*、*IEEE Journal of Selected Topics in Applied Earth Observations and Remote Sensing (JSTARS)*、*Remote Sensing of Environment (RSE)*、*International Journal of Remote Sensing (IJRS)*、*Pattern Recognition*、*Pattern Recognition Letters*、*Neurocomputing*、*Optical Engineering* 等。

为了推广高光谱遥感技术在实际生活中的应用，国内外投入了大量精力研发高光谱图像处理与分析系统。到目前为止，国际上已经开发了多套专用且成熟的高光谱图像处理系统，包括美国 JPL 和 USGS 开发的 SPAM、SIS、ENVI 软件，ERDAS 公司开发的 ERDAS IMAGINE 和 ER MAPPER，以及加拿大 PCI 公司开发的 PCI Geomatica 软件等。我国自主研发的高光谱遥感图像处理和分析软件系统（HIPAS）[70, 71, 80, 83]、IRSA、GeoImager、TITAN Image、RSIES 等专题遥感分析系统，标志着我国高光谱遥感数据分析和处理能力处于国际领先地位。

1.3.3 高光谱遥感技术的应用

因为不同类型的物质由不同的材料构成，所以会表现出不同的光谱特性。高光谱图像包含丰富的光谱信息，因此它对不同地物的分类识别能力高于普通光学图像。从应用角度讲，高光谱遥感在地质勘探、精细农业、海洋和大气监测、星际探索以及军事应用等领域都有着广阔的应用前景，其应用可概括为以下几个方面。

1. 地质勘探

随着高光谱遥感技术不断地发展，高光谱遥感技术在地质调查和矿物勘探领域得到了广泛应用。在地质调查方面，高光谱遥感技术明显优于传统的人工现场地质调查。它能够对拍摄的目标区域场景进行光谱分析，不仅能区分不同的地物，还能通过已有的光谱数据库对地物进行分类和识别，从而得到不同地质的分区图、不同地物的分布图，达到绘制和更新地形图等目的。由于不同矿物和岩石在光谱上显示出的特性不同，高光谱遥感技术在矿物勘探和矿物成分识别方面成为一种新型的技术手段。此外，高光谱遥感技术在蚀变矿物检测、成品矿预测、油气探测、植被重金属污染检测、矿山生态恢复和评价等方面也有着广泛应用。

2. 精细农业

在农业领域，高光谱遥感技术由于能够获得精细的地物光谱数据，可以为"精细农业"提供大量农田时空变化信息，能够帮助人们进行农业管理，快速准确地预测农作物的生长状态。例如，高光谱遥感可以定量分析植物的含水量、叶绿素含量、有机物含量和植冠的化学成分等，为预测粮食产量提供可靠的信息；还可以观测土壤的颗粒大小和水分含量、叶面积指数等信息，为精细农业提供支撑。高光谱图像可以实现对农业生产各方面的有效监测，如植物功能的变化、有害植物物种管控、病虫害治理以及土壤污染程度等。

3. 海洋和大气监测

高光谱成像仪由于具有光谱覆盖广、光谱分辨率高以及空间分辨率高等优点，已成为海洋资源监测的重要工具。根据海洋光谱特性，环境保护部门可以有效地实现海洋资源勘探、实时监测海洋生态变化，同时还可以在大范围内快速、准确地检测到有害废水、原油泄漏等海洋污染事件的发生。

由于大气中氧气、二氧化碳、水汽和悬浮颗粒等不同成分表现出不同的光谱特性，越来越多的气象卫星搭载高光谱成像仪，根据大气中不同物质成分的反射和吸收规律，识别出大气中各种成分光谱的细微差异。除了帮助人类监测全球臭氧层的变化，高光谱成像仪还可以通过探测大气云层的相关信息来提高极端天气、台风和沙尘暴等自然灾害预警的可靠度与准确度。此外，环境保护部门还可以利用高光谱遥感系统监测大气污染状况，快速、准确地发现大气污染事故以及相应的污染源。

4. 星际探索

探测外太空是目前人类科研的热点，而高光谱成像光谱仪是外太空探测的重要工具之一。综合分析高光谱成像仪获取的光谱信息与其他传感器获取的有效信息，科学家可以获得外太空星体的大气、水含量、地质、生命等信息。

5. 军事应用

在军事领域，高光谱遥感技术一直都是各国军方热切关注的技术之一。高光谱影像的军事应用主要体现在目标侦察和战场环境监测等方面。在目标侦察方面，高光谱遥感技术可以远距离探测场景中的目标，定量分析目标的光谱特性，辨别真假目标，发现伪装目标，为发现隐藏的目标提供情报依据。在战场环境监测方面，高光谱遥感技术也发挥重要的作用。例如，高光谱图像能测量水位高低、判断土壤类型和地表地貌等，为作战指挥官选择登陆点、避开地面障碍物、判断水下障碍物等提供依据，为分析敌军力量分布和火力情况等提供情报。

综上所述，高光谱遥感图像由于具有波谱覆盖范围广、光谱分辨率高、信噪比高等优势，在众多领域具有巨大的应用潜力和需求。同时，高光谱遥感数据获取技术的发展为遥感技术在各个领域的应用提供了可靠的前提保证。但是，相对于遥感数据获取技术的快速发展，遥感信息的分析、处理和认识能力表现出明显的不足和滞后，不能真正地实现遥感信息的价值，也无法满足人们的需求。因此，提出遥感图像的分析模型和方法，挖掘遥感数据中的信息，提高遥感图像分析识别的精度，是当代遥感技术领域的重点和难点。针对不同的应用，需要与之对应的处理技术，常见的高光谱图像分析技术有以下几种：图像校正、图像去噪、特征表示、目标检测、变化检测、解混合以及图像分类等。高光谱图像处理技术不仅限于以上几种，各种处理技术之间相互联系，其中分类是各种应用中涉及的关键技术之一。

参 考 文 献

[1] HU W, ZHANG D M. Cluster-based and brute-correcting grammatical rules learning[C]// International conference on natural language processing and knowledge engineering. proceedings, 2003: 628-633.
[2] BREIMAN L, FRIEDMAN J, STONE C J, et al. Classification and Regression Trees[M]. Boca Raton: CRC Press, 1984.
[3] BREIMAN L. Random forests[J]. Machine learning, 2001, 45(1): 5-32.
[4] 漆书青, 戴海琦, 丁树良. 现代教育与心理测量学原理[M]. 南昌: 江西教育出版社, 1998.
[5] CORTES C, VAPNIK V. Support-vector networks[J]. Machine learning, 1995, 20(3): 273-297.
[6] DIETTERICH T G. An experimental comparison of three methods for constructing ensembles of decision trees: Bagging, boosting, and randomization[J]. Machine learning, 2000, 40(2): 139-157.
[7] BREIMAN L. Bagging predictors[J]. Machine learning, 1996, 24(2): 123-140.
[8] AGRAWAL R, IMIELIŃSKI T, SWAMI A. Mining association rules between sets of items in large databases[C]//Acm sigmod record, 1993, 22(2): 207-216.
[9] 刘星沙, 谭利球, 熊拥军, 等. 关联规则挖掘算法及其应用研究[J]. 计算机工程与科学, 2007, 29(1): 83-85.
[10] 茆诗松. 贝叶斯统计[M]. 北京: 中国统计出版社, 1999.
[11] LEE P M. Bayesian Statistics: An Introduction[M]. Chichester: John Wiley & Sons, 2012.
[12] DEMPSTER A P, LAIRD N M, RUBIN D B. Maximum likelihood from incomplete data via the EM algorithm[J]. Journal of the royal statistical society, series B (methodological), 1977: 1-38.
[13] BELLMAN R E. Adaptive Control Processes: Aguided Tour[M]. Princeton: Princeton University Press, 1961.
[14] SCOTT D W, THOMPSON J R. Probability density estimation in higher dimensions[C]// Computer science and statistics: Proceedings of the fifteenth symposium on the interface, North-Holland, Amsterdam, 1983, 528: 173-179.
[15] BISHOP C. Pattern Recognition and Machine Learning (Information Science and Statistics)[M]. New

York: Springer-Verlag, 2006.

[16] SEUNG H S, LEE D D. The manifold ways of perception[J]. Science, 2000, 290(5500): 2268-2269.

[17] JOLLIFFE I. Principal Component Analysis[M]. Hoboken: John Wiley & Sons, 2002.

[18] BELHUMEUR P N, HESPANHA J P, KRIEGMAN D J. Eigenfaces vs. fisherfaces: Recognition using class specific linear projection[J]. IEEE transactions on pattern analysis and machine intelligence, 1997, 19(7): 711-720.

[19] BINGHAM E, MANNILA H. Random projection in dimensionality reduction: Applications to image and text data[C]//Proceedings of the seventh ACM SIGKDD international conference on knowledge discovery and data mining, 2001: 245-250.

[20] WANG Y X, ZHANG Y J. Nonnegative matrix factorization: A comprehensive review[J]. IEEE transactions on knowledge and data engineering, 2013, 25(6): 1336-1353.

[21] CANDÈS E J, ROMBERG J K, TAO T. Stable signal recovery from incomplete and inaccurate measurements[J]. Communications on pure and applied mathematics, 2006, 59(8): 1207-1223.

[22] OLSHAUSEN B A. Emergence of simple-cell receptive field properties by learning a sparse code for natural images[J]. Nature, 1996, 381(6583): 607-609.

[23] TIBSHIRANI R. Regression shrinkage and selection via the lasso[J]. Journal of the royal statistical society, series B (methodological), 1996: 267-288.

[24] SHANG F H, JIAO L C, WANG F. Graph dual regularization non-negative matrix factorization for co-clustering[J]. Pattern recognition, 2012, 45(6): 2237-2250.

[25] 李洁. 压缩感知理论的研究与应用[D]. 杭州：浙江工业大学硕士毕业论文, 2014.

[26] FAVARO P, VIDAL R, RAVICHANDRAN A. A closed form solution to robust subspace estimation and clustering[C]//IEEE conference on Computer vision and pattern recognition, 2011: 1801-1807.

[27] CANDÈS E J, RECHT B. Exact matrix completion via convex optimization[J]. Foundations of computational mathematics, 2009, 9(6): 717-772.

[28] CANDÈS E J, LI X D, MA Y, et al. Robust principal component analysis?[J]. Journal of the ACM (JACM), 2011, 58(3): 11.

[29] LIU G C, LIN Z C, YAN S C, et al. Robust recovery of subspace structures by low-rank representation[J]. IEEE transactions on pattern analysis and machine intelligence, 2013, 35(1): 171-184.

[30] LIU G C, LIN Z C, YU Y. Robust subspace segmentation by low-rank representation[C]// Proceedings of the 27th international conference on machine learning (ICML-10), 2010: 663-670.

[31] VIDAL R. Subspace clustering[J]. IEEE signal processing magazine, 2011, 28(2): 52-68.

[32] SOLTANOLKOTABI M, CANDES E J. A geometric analysis of subspace clustering with outliers[J]. The annals of statistics, 2012: 2195-2238.

[33] 金骏. 半监督的聚类和降维研究及应用[D]. 南京：南京航空航天大学硕士毕业论文, 2007.

[34] ZHU X J, ROGERS T, QIAN R C, et al. Humans perform semi-supervised classification too[C]// AAAI conference on artificial intelligence, Vancouver, British Columbia, Canada, 2007:864-869.

[35] WAGSTAFF K, CARDIE C. Clustering with instance-level constraints[C]// Proceedings of the seventeenth international conference on machine learning, 2010:1103-1110.

[36] WAGSTAFF K, CARDIE C, ROGERS S, et al. Constrained k-means clustering with background knowledge[C]// ICML, 2001, 1: 577-584.

[37] KLEIN D, KAMVAR S D, MANNING C D. From instance-level constraints to space-level constraints: Making the most of prior knowledge in data clustering[C]//Proceedings of the nineteenth international conference on machine learning, 2002:307-314.

[38] ZHOU Z H, LI M. Semi-supervised learning by disagreement[J]. Knowledge and information systems, 2010, 24(3): 415-439.

[39] JOACHIMS T. Transductive inference for text classification using support vector machines[C]// ICML, 1999, 99: 200-209.

[40] CHAPELLE O, ZIEN A. Semi-supervised classification by low density separation[C]//AISTATS, 2005: 57-64.

[41] XU L L, SCHUURMANS D. Unsupervised and semi-supervised multi-class support vector machines[C]//The twentieth national conference on artificial intelligence and the seventeenth innovative applications of artificial intelligence conference, Pittsburgh, Pennsylvania, USA, 2005:904-910.

[42] XU Z L, JIN R, ZHU J K, et al. Efficient convex relaxation for transductive support vector

machine[C]//Advances in neural information processing systems, 2008: 1641-1648.

[43] ZHU X J, GHAHRAMANI Z, LAFFERTY J. Semi-supervised learning using gaussian fields and harmonic functions[C]//ICML, 2003, 3: 912-919.

[44] ZHOU D Y, BOUSQUET O, LAL T N, et al. Learning with local and global consistency[J]. Advances in neural information processing systems, 2004, 16(4): 321-328.

[45] BELKIN M, NIYOGI P, SINDHWANI V. Manifold regularization: A geometric framework for learning from labeled and unlabeled examples[J]. Journal of machine learning research, 2006, 7: 2399-2434.

[46] MELACCI S, BELKIN M. Laplacian support vector machines trained in the primal[J]. Journal of machine learning research, 2011, 12: 1149-1184.

[47] LI Z G, LIU J Z, TANG X O. Pairwise constraint propagation by semidefinite programming for semi-supervised classification[C]//Proceedings of the 25th international conference on machine learning, 2008: 576-583.

[48] CANDES E, TERENCE T. Decoding by linear programming[J]. IEEE transactions on information theory, 2005, 51(12): 4203-4215.

[49] DONOHO D. Compressed sensing[J]. IEEE transactions on information theory, 2006, 52(4): 1289-1306.

[50] 焦李成, 杨淑媛, 刘芳, 等. 压缩感知回顾与展望[J]. 电子学报, 2011, 39(7): 1651-1662.

[51] DUARTE M, DAVENPORT M, TAKHAR D, et al. Single-pixel imaging via compressive sampling [J]. IEEE signal processing magazine, 2008, 25(2): 83-91.

[52] MISHALI M, ELDAR Y C, ELRON A. Xampling: Signal acquisition and processing in union of subspaces[J]. IEEE transactions on signal processing, 2011, 59(10): 4719-4734.

[53] SHI G M, LIN J, CHEN X Y, et al. UWB echo signal detection with ultra-low rate sampling based on compressed sensing [J]. IEEE transactions on circuits and systems Ⅱ, 2008, 55(4): 379-383.

[54] VASANAWALA S, ALLEY M, BARTH R, et al. Faster pediatric MRI via compressed sensing[C]//Proceedings of annual meeting society pediatric radiology (SPR), Carlsbad, CA, 2009.

[55] OPPENHEIM A V, WILLSKY A S, HAMID S. Signals and Systems (2nd Edition)[M]. New Jersey: Prentice Hall, 1996.

[56] MALLAT S G, ZHANG Z F. Matching pursuits with time-frequency dictionaries[J]. IEEE transactions on signal processing, 1993, 41(12): 3397-3415.

[57] AHARON M, ELAD M, BRUCKSTEIN A. K-SVD: An algorithm for designing overcomplete dictionaries for sparse representation[J]. IEEE transactions on singnal processing, 2006, 54(11): 4311-4322.

[58] ELAD M, AHARON M. Image denoising via sparse and redundant representations over learned dictionaries[J]. IEEE transactions on image processing, 2006, 15(12): 3736-3745.

[59] DAVENPORT M A, HEGDE C, DUARTE M F, et al. Joint manifolds for data fusion[J]. IEEE transactions on image processing, 2010, 19(10): 2580-2594.

[60] MALLAT B S. A Wavelet Tour of Signal Processing, Third Edition: The Sparse Way[M]. New York: Academic Press, 2010.

[61] DUARTE M F, ELDAR Y C. Structured compressed sensing: From theory to applications [J]. IEEE transactions on signal processing, 2011, 59(9): 4053-4085.

[62] 刘芳, 武娇, 杨淑媛, 等. 结构化压缩感知研究进展[J]. 自动化学报, 2013, 39(12): 1980-1995.

[63] NATARAJAN B K. Sparse approximate solutions to linear systems[J]. SIAM journal on computing, 1995, 24(2): 227-234.

[64] CHARTRAND R, STANEVA V. Restricted isometry properties and nonconvex compressive sensing[J]. Inverse problems, 2008, 24(3): 657-682.

[65] DAVENPORT M A, DUARTE M F, ELDAR Y C, et al. Introduction to compressed sensing[J]. Preprint, 2011, 93(1): 2.

[66] XU Z B, CHANG X Y, XU F M, et al. Regularization: A thresholding representation theory and a fast solver[J]. IEEE transactions on neural networks and learning systems, 2012, 23(7): 1013-1027.

[67] DAVIES M E, BLUMENSATH T, RILLING G, et al. Greedy algorithms for compressed sensing[J]. Yc Eldar & G Kutyniok, 2012: 348-393.

[68] RAO B D, KREUTZ-DELGADO K. An affine scaling methodology for best basis selection[J]. IEEE transactions on signal processing, 1999, 47(1): 187-200.

[69] CHARTRAND R, YIN W. Iteratively reweighted algorithms for compressive sensing[C]//2008 IEEE

international conference on acoustics, speech and signal processing, 2008: 3869-3872.

[70] 浦瑞良, 宫鹏. 高光谱遥感及其应用[M]. 北京: 高等教育出版社, 2000: 47-78.

[71] 张良培, 张立福. 高光谱遥感[M]. 武汉: 武汉大学出版社, 2005: 102-126.

[72] GOETZ A F H, VANE G, SOLOMON J E, et al. Imaging spectrometry for earth remote sensing[J]. Science, 1985, 228(4704): 1147-1153.

[73] VANE G, GOETZ A F H. Terrestrial imaging spectroscopy[J]. Remote sensing of environment, 1988, 24(1): 1-29.

[74] VANE G, GOETZ A F H. Terrestrial imaging spectrometry: Current status, future trends[J]. Remote sensing of environment, 1993, 44(1): 117-126.

[75] GREEN R O. Imaging spectroscopy and the airborne visible/infrared imaging spectrometer (AVRIS)[J]. Remote sensing of environment, 1998, 65(1): 227-248.

[76] BASEDOW R W, CARMER D C, ANDERSON M L. HYDICE system: Implementation and performance[C]//Proceedings of SPIE, Orlando, FL, USA, 1995: 258-267.

[77] BASEDOW R W, ALDRICH W S, COLWELL J E, et al. HYDICE system performance-anupdate[C]//Proceedings of SPIE, Denver, CO, USA, 1996: 76-84.

[78] PHAM T H, BEVILACQUA F, SPOTT T, et al. Quantifying the absorption and reduced scattering coefficients of tissuelike turbid media over a broad spectral range with noncontact Fourier-transform hyperspectral imaging[J]. Applied optics, 2000, 39(34): 6487-6497.

[79] 童庆禧, 张兵, 郑兰芳. 高光谱遥感-原理、技术与应用[M]. 北京: 高等教育出版社, 2006.

[80] 童庆禧, 张兵, 郑兰芬. 高光谱遥感的多学科应用[M]. 北京: 电子工业出版社, 2006.

[81] 李德仁, 朱庆, 朱欣焰, 等. 面向任务的遥感信息聚焦服务[M]. 北京: 科学出版社, 2010.

[82] 张连蓬, 李行, 陶秋香. 高光谱遥感影像特征提取与分类[M]. 北京: 测绘出版社, 2012.

[83] 万余庆, 谭克龙, 周日平. 高光谱遥感应用研究[M]. 北京: 科学出版社, 2006.

第 2 章　机器学习理论基础

2.1　维数约简的研究进展

2.1.1　子空间分割

非负矩阵分解(non-negative matrix factorization, NMF)方法是一种结合了非负约束的矩阵分解思路，可获得基于部分的数据表示，是一种典型的线性子空间降维方式。因为该分解方法具有符合数据的真实物理属性、可解释性强且符合人们对客观世界的认知规律[1, 2]（整体的感知是由组成整体的部分的感知构成的）等优点，所以吸引了越来越多的研究者关注。NMF 的思想最早可追溯到 1994 年 Paatero 等[3]提出的正矩阵分解的概念，但由于其算法较为复杂，这一概念并未引起广泛关注。Lee 等[4]于 1999 年在 *Nature* 上正式提出了 NMF 算法的基本概念框架，从理论上简洁地描述和定义了算法的目标函数，并给出了一种简便实用的非负交替最小二乘计算方法，最后将其应用到人脸识别和文本特征提取中。自此之后，人们对于 NMF 及其应用的研究逐渐开展起来。

NMF 方法现已被广泛地应用于文本数据聚类、图像数据表示、人脸识别、盲源信号分离、DNA 基因表达分析和光谱数据分析等，详细的理论分析以及相关的应用可参考文献[5]~[7]。现有的 NMF 算法可分为如下四类[5]：第一类是基本 NMF 算法，典型的各种加速算法如投影梯度法[8]、牛顿法[9, 10]等；第二类是约束 NMF 算法，具有代表性的是图正则 NMF[11]、正交约束 NMF[12]、半监督 NMF[13]及鲁棒的 l_1 或 $l_{2,1}$ 范数约束 NMF[14, 15]等；第三类是结构 NMF 算法，如加权 NMF[16]和非负矩阵三分解[17]等；第四类是推广 NMF 算法，如非负张量分解[18]和半非负矩阵分解[19]等。

因为子空间方法比较简单、便于实施且在实际问题中又非常有效，所以主成分分析、线性判别分析和非负矩阵分解等线性子空间方法到处可见。另外，利用核技巧变换到再生核 Hilbert 空间，可扩展线性方法去处理非线性问题，典型的例子包括核主成分分析[20](kernel principal component analysis, KPCA)与核线性判别分析[21](kernel linear discriminant analysis, KLDA)。事实上，核技巧已成为当今许多领域实现非线性化的强有力工具。

在无监督学习中，一般假设数据位于或近似位于多个低维子流形上，且这些子流形结构有时可由维数略高的线性子空间很好地逼近，如手写体数据的例子，那些手写体图像包含了目标的旋转、尺度大小、位置移动及字符的粗细等变化。Simard 等[22]给出了一种七维流形模型来描述手写体图像的上述变化，并取得了很好的识别效果。文献[23]提出了一种十二维的线性子空间模型可很好地近似上述的那些七维流形结构。作为一类经典的数据分析技术，PCA 可发现单独一个线性子空间数据的隐藏结构。然而很多实际数据近似地分布于多个线性子空间中，且每个样本点律属于某个子空间的关系也是未知的，如图 2.1 所示。最近几年，有很多子空间分割(subspace clustering)技术被提出，如广义 PCA[24](GPCA)方法等，其中子空间分割的定义如下所述。

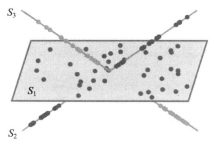

图 2.1　由二维平面 S_1 与两个一维直线 S_2 和 S_3 组成的三个线性子空间

定义 2.1　子空间分割[25]

给定的数据采样于多个线性子空间并包含噪声，子空间分割就是尽量消除噪声并同时把所有样本划分到各自子空间中。

已有的子空间分割方法大体可分为四类：第一类为代数方法，如 GPCA[24]；第二类为迭代方法，具有代表性的是 K-subspace 分割算法[26]；第三类为统计方法，典型的算法有随机抽样一致[27]和凝聚有损压缩[28]；第四类为基于谱聚类的方法，如稀疏子空间分割[29](sparse subspace clustering, SSC)和低秩表示[25, 30](LRR)方法。上述各种方法的详细内容可参阅文献[31]。

子空间估计与分割方法经常遇到的挑战性问题[32]是观测数据通常会被噪声或奇异点所污染，有时还存在缺失数据的情况。为了解决这些问题，很多基于压缩感知理论和秩函数最小化的算法被提出。从本质上讲，那些算法都需要最小化一个非凸优化问题，即 l_0 范数与秩函数的最小化问题。然而不幸的是，l_0 范数与秩函数自然的离散组合特性，使得优化问题都为 NP 难问题。为了有效地进行求解，通常采用的策略是把优化问题中 l_0 范数与秩函数项分别放松为它们各自的凸包形式，即 l_1 范数与矩阵核范数(nuclear norm，又称为迹范数，trace norm)，进而可得到凸优化问题[33, 34]。众所周知，l_0 范数与矩阵核范数分别有很强的能力诱导稀疏与低秩结构[33-35]。

2.1.2　稀疏表示

稀疏表示可表述为如下的凸优化问题：

$$\min_{Z,E}\|Z\|_1 + \lambda\|E\|_{2,1}, \quad \text{s.t. } X = XZ, \quad \text{diag}(Z) = 0 \tag{2.1}$$

式中，$\|E\|_{2,1} = \sum_{j=1}^n \sqrt{\sum_{i=1}^m E_{ij}^2}$ 为噪声矩阵 E 的 $l_{2,1}$ 范数，并选择数据 X 本身作为字典。另外，为了避免获得平凡解 $Z = I$，要求自我表示矩阵 Z 的对角元素为 0，即 $\text{diag}(Z) = 0$。稀疏表示或稀疏编码(sparse coding)可看成自动的特征选择问题，与著名的 Lasso 问题有着密切的联系[36]。

在过去的几年里，稀疏表示已成功地应用于信号处理、统计分析、计算机视觉及模式识别等众多领域。例如，在信号处理领域，稀疏表示被应用于信号压缩与编码、图像恢复[37]等；而在图像处理领域，稀疏表示在图像降噪、修复及超分辨率处理[38]等问题上获得了较好的结果；在计算机视觉领域，稀疏子空间分割方法[29]在运动分割问题上表现出优越的性能。另外，稀疏表示也被广泛应用于很多模式识别问题，如信号与图像目标分类、人脸识别、纹理分类和手写数字识别等。

2.1.3　矩阵恢复与填充

RPCA 模型可转化为如下的凸优化问题：

$$\min_{Z,E}\|Z\|_* + \lambda\|E\|_1, \quad \text{s.t. } X = Z + E \tag{2.2}$$

式中，$\|\cdot\|_*$ 表示矩阵的核范数，即所有奇异值的和；$\|E\|_1 = \sum_{i,j}|E_{ij}|$ 为噪声矩阵 E 的 l_1 范数。最近的理论研究表明对于低秩加稀疏矩阵分解问题，只要低秩矩阵部分的秩不是太高而噪声项足够稀疏，由 l_0 范数和秩函数的凸包可得到精确的恢复[39]。文献[34]的理论分析表明，在适当的条件下，鲁棒主成分分析模型，式(1.4)与上述优化问题，式(2.2)的最优解相等。该模型已被成功地应用于文本数据挖掘[40]、视频监控[34, 41]、图像对齐[39]和低秩纹理[42]等实际问题。

低秩表示模型可表述为如下所述的凸优化问题形式：

$$\min_{Z,E}\|Z\|_* + \lambda\|E\|_{2,1}, \quad \text{s.t. } X = XZ + E \tag{2.3}$$

式中，选择数据 X 本身作为字典。文献[25]、[30]利用非精确增广拉格朗日乘子法[43](inexact augmented Lagrange multiplier)求解上述的问题模型，式(2.3)，并应用计算的最优解 Z^* 通过如下的定义得到随后谱聚类算法[44]需要的相似度矩阵 W：

$$W = \left\| Z^* \right\| + \left\| (Z^*)^T \right\| \tag{2.4}$$

Lin等[45]提出了一种快速地应用部分奇异值分解的线性化交替方向法去有效地求解优化问题，式(2.3)。另外，文献[46]给出了一种带有半正定约束的LRR模型。上述的LRR模型已被成功地应用于运动聚类、人脸识别、显著性检测和图像分割等。

大致来讲，矩阵重建分为矩阵恢复(matrix recovery)和矩阵填充(matrix completion)两大类。前者主要研究在某些数据受到严重损坏的情况下恢复出准确的矩阵如上述的RPCA与LRR模型；后者主要研究如何在数据不完整的情况下将缺失数据进行填充，如Netflix推荐系统[47]。文献[25]也指出通常的矩阵填充算法都基于一个本质的假设：观测数据分布于一个低维的线性子空间上。矩阵填充的核范数模型通常有如下的形式：

$$\min_X \left\| X \right\|_*, \qquad \text{s.t.} \quad P_\Omega(X) = P_\Omega(Z) \tag{2.5}$$

其拉格朗日形式为

$$\min_X \mu \left\| X \right\|_* + \frac{1}{2} \left\| P_\Omega(X) - P_\Omega(Z) \right\|_F^2 \tag{2.6}$$

式中，$\mu > 0$ 为正则参数。

不少研究人员给出了大量的理论结果，如文献[33]、[48]在理论上保证了合适的条件下通过求解核范数最小化问题可精确地解决低秩矩阵填充问题。特别是，Candès等[33]证明了满足特定不相容条件的低秩矩阵 $Z \in \mathbb{R}^{n \times n}$ 最少以概率 $1 - cn^{-3}$ 由较小的随机采样阶 $Crn^{5/4}\mathbf{1}bn$ 通过上述核范数模型，式(2.4)精确重构，其中 r 为低秩矩阵的秩，c 和 C 为两个常量。迄今为止，已提出的低秩矩阵的填充算法大体可分为三类：基于半正定规划的算法，如CVX[49]；基于软阈值算子的算法，如SVT[50]、FPCA[51]、ALM[43]和APG[52]等；基于流形优化的算法，如OptSpace[53]和SET[54]等。

上述的 LRR 模型、RPCA 模型及 MC 模型不得不通过迭代的方式进行求解，且每次迭代都要对较大矩阵进行奇异值分解(singular value decomposition, SVD)或特征值分解(eigenvalue decomposition, EVD)，因此算法都有很高的时间复杂度。虽然有些算法采用了部分奇异值分解或特征值分解的策略，且当涉及矩阵的秩很低时，求解速度会比较快，但是它们都需要准确地估计出矩阵的秩，而矩阵秩的估计问题至今还是一个公开问题[55]。

2.1.4 非线性降维

按照不同的标准，维数约简可分为不同的种类。根据降维处理是否为线性的，维数约简可分为线性子空间与非线性两种。其中 PCA 和 LDA 为典型的线性子空间方法；而等度规映射[56](ISOMAP)、局部线性嵌入[57](LLE)、Laplacian 特征值映射[58](LE)、局部切空间排列[59]及谱聚类[60](spectral clustering, SC)等均为常见的非线性方法，当然还包括上述线性方法的核化，如 KPCA 和 KLDA 等。根据数据的几何结构类型，维数约简可分为局部与全局两种方法，其中 LLE 和 LE 等流形学习算法及其对应的线性化版本近邻保持嵌入[61]和局部保持投影[62]均为局部方法；而诸如 ISOMAP、PCA 和 LDA 等为全局方法。根据维数约简过程是否利用标签或其他形式的监督信息如成对约束，维数约简又可分为监督、半监督和无监督三类，其中 LDA 和最大间隔准则[65]等为监督的算法；SSDR[63]、FME[64]等为半监督的算法；PCA、ISOMAP、LLE、LE 与 SC 等为无监督的算法。文献[66]给出一种统一的基于图嵌入框架，并把很多维数约简算法看成基于图嵌入的线性化、核化或张量化。

非线性降维技术即流形学习是最近几年机器学习领域研究的热点问题之一[67]。作为一种有效的流形学习技术，ISOMAP 算法通过数据间的测地线距离来反映数据固有的全局几何结构。该算法在人工数据集和生物医学数据可视化及人脸识别等方面取得了成功，然而其不足之处是拓扑稳定性差[68]，即可能出现"短路"现象。另外，该算法计算测地线距离和稠密矩阵特征值分解都有很高时间复杂度，通常是样本数的立方，即 $O(n^3)$（其中 n 为数据的样本数目）。

谱聚类算法作为谱方法的一种典型代表，不但能完成高维数据的维数约简问题，其中间环节即图拉普拉斯也是部分半监督学习和图正则方法的关键[69]，也被国内外学者广泛地关注。虽然谱聚类算法被广泛地应用，但它还存在几个公开性的问题。例如，若采用高斯函数计算连接权重，其尺度因子的选择问题；若构造稀疏图，其近邻数目的选择或近邻半径大小的选择等。构造完全图(或全连接图)可避免最近邻数或半径大小的选择问题，但其图拉普拉斯的特征值分解时间复杂度为 $O(n^3)$，这势必限制其应用的范围。

2.2　半监督学习与核学习的研究进展

2.2.1　半监督学习

近几年，随着机器学习及统计学习技术的不断进步和发展，半监督学习在理论和应用研究中都获得了长足的发展，并涌现出大量的SSL方法[69, 70]。根据各种方法的工作方式，SSL可分为产生式模型、自学习(self-training)、协同训练(co-training)、直推式支撑矢量机(TSVM)和基于图的方法等。其中基于图的半监督学习是SSL中研究最为广泛的一类方法，并具有丰富的理论基础，与核方法、稀疏表示和低秩学习都有密切的关系，在许多领域取得了很好的性能，如文本分类、数字识别、音乐分类和人脸识别等。

根据SSL的目的，可大致将半监督学习算法分为三类：半监督分类(semi-supervised classification)、半监督聚类(semi-supervised clustering)和半监督回归(semi-supervised regression)。半监督回归算法研究较少，半监督分类是SSL中研究最多的问题，常见的算法有TSVMs[71, 72]、高斯随机场[73]、局部与全局一致[74]和流形正则[75, 76]等。半监督聚类算法大致可分为三类：第一类是基于约束的半监督聚类算法，该类算法一般使用ML和CL两种成对约束来引导聚类过程，典型的算法有谱学习[77]和近邻传播约束聚类[78]等；第二类是基于距离的半监督聚类算法，该类算法利用成对约束来学习距离度量，从而改变各样本间的距离，使其有利于聚类，如Xing等[79]提出的距离测度学习方法等；第三类是结合了约束与距离的半监督聚类算法，如Bilenko等[80]提出的结合约束和测度学习的方法等。

2.2.2 非参数核学习

在过去的十多年中，核方法(kernel method)一直为机器学习研究最活跃的领域之一，如支撑矢量机[81](SVMs)和核逻辑回归[82](kernel logistic regression, KLR)等，这些方法被广泛地应用于很多实际问题，并取得了很好的效果。核方法巧妙地利用 Mercer 核技巧将原始的数据映射到一个再生核 Hilbert 空间(reproducing kernel Hilbert space)中，使其获得了良好的推广能力和强大的非线性处理能力，自然包括上述的各种线性方法核化得到的算法，如 KPCA 和 KLDA 等。常见的核函数有多项式核 $K(x_i, x_j) = (x_i \cdot x_j + 1)^d$ 和高斯径向基核 $K(x_i, x_j) = \exp[-\| x_i - x_j \|^2 / (2\sigma^2)]$ 等。尽管核方法有非常成功的应用，但却具有一些共同的缺点：很难选择合适的核函数及其相应的参数[83]，特别当标注样本非常有限时，交义验证(cross validation)技术也无法有效地获得较优的参数。为了解决这些问题，很多核学习的方法被提出，主要包括两大类：多核学习(multiple kernel learning, MKL)方法与非参数核学习(non-parametric kernel learning, NPKL)方法。其中前一类方法主要通过很多预先定义的基本核的凸组合来得到目标核，如半正定规划核学习[84]、两阶段核学习[85](two-stage kernel learning)及无监督多核学习[86](unsupervised MKL)等；而后一类方法直接通过给定的数据利用少量监督信息，如数据标签或成对约束来学习正半定核矩阵，使得学习获得的核能更好地刻画数据间的相似程度，如次序约束谱核[87](order-constrained spectral kernel, OSK)、非参核[83](non-parametric kernel)、低秩核学习[88](low-rank kernel learning)和直推谱核[89](transductive spectral kernel, TSK)等算法。

尽管 MKL 技术在生物信息、图像目标识别和文本分类等领域得到广泛的应用，但其目标核通常可表述为基本核 K_i 的加权组合，从而使得该类方法不能很好地处理异构模式的问题[83]：

$$K = \sum_{i=1}^{m} \alpha_i K_i, \quad \alpha_i \geqslant 0, \sum_{i=1}^{m} \alpha_i = 1 \tag{2.7}$$

式中，α_i 为第 i 个基本核的加权系数；m 为基本核的数目。然而非参数核学习方法能提供更加灵活的基于数据的核矩阵。已有文献[83]、[90]、[91]表明，应用基于标准内点法的半正定规划求解整个核矩阵的时间复杂度为 $O(n^{6.5})$（其中 n 为数据的样本数目），这样势必限制了那些算法应用到实际问题中。另外，还有一类有效的非参数核学习方法，如 OSK 和 TSK，都由图拉普拉斯的谱嵌入推导得到，可总结为如下的模型：

$$K = \sum_{i=1}^{m} \tau(\lambda_i)\phi_i\phi_i^{\mathrm{T}} \tag{2.8}$$

式中，$\phi_i, i = 1, \cdots, m$ 为图拉普拉斯 L 的最小 m 个特征值 $\{\lambda_i\}_{i=1}^{m}$ 对应的特征向量；$\tau(\cdot)$ 是待求低秩核矩阵 K 的谱变换算子。

参 考 文 献

[1] BIEDERMAN I. Recognition-by-components: A theory of human image understanding[J]. Psychological review, 1987, 94(2): 115-147.

[2] ROSS D A, ZEMEL R S. Learning parts-based representations of data[J]. Journal of machine learning research, 2006, 7: 2369-2397.

[3] PAATERO P, TAPPER U. Positive matrix factorization: A non negative factor model with optimal utilization of error estimates of data values[J]. Environmetrics, 1994, 5(2): 111-126.

[4] LEE D D, SEUNG H S. Learning the parts of objects by non-negative matrix factorization[J]. Nature, 1999, 401(6755): 788-791.

[5] WANG Y X, ZHANG Y J. Nonnegative matrix factorization: A comprehensive review[J]. IEEE transactions on knowledge and data engineering, 2013, 25(6): 1336-1353.

[6] BERRY M W, BROWNE M, Langville A N, et al. Algorithms and applications for approximate nonnegative matrix factorization[J]. Computational statistics & data analysis, 2007, 52(1): 155-173.

[7] CICHOCKI A, ZDUNEK R, PHAN A H, et al. Nonnegative Matrix and Tensor Factorizations: Applications to Exploratory Multi-way Data Analysis and Blind Source Separation[M]. New York: John Wiley & Sons, 2009.

[8] LIN C J. Projected gradient methods for nonnegative matrix factorization[J]. Neural computation, 2007, 19(10): 2756-2779.

[9] KIM D, SRA S, DHILLON I S. Fast Newton-type methods for the least squares nonnegative matrix approximation problem[C]// Siam international conference on data mining, Minneapolis, Minnesota, USA, 2007: 38-51.

[10] Gong P H, Zhang C S. Efficient nonnegative matrix factorization via projected Newton method[J]. Pattern recognition, 2012, 45(9): 3557-3565.

[11] Cai D, He X, Han J, et al. Graph regularized non-negative matrix factorization for data representation [J]. IEEE transactions on pattern analysis & machine intelligence, 2010, 33(8): 1548-1560.

[12] DING C, LI T, PENG W, et al. Orthogonal nonnegative matrix tri-factorization for clustering[C]//Proceedings of the 12th ACM SIGKDD international conference on knowledge discovery and data mining (KDD), 2006: 126-135.

[13] LIU H F, WU Z H, LI X L, et al. Constrained nonnegative matrix factorization for image representation[J]. IEEE transactions on pattern analysis and machine intelligence, 2012, 34(7): 1299-1311.

[14] KE Q, KANADE T. Robust L1 norm factorization in the presence of outliers and missing data by alternative convex programming[C]//2005 IEEE computer society conference on computer vision and

pattern recognition (CVPR'05), 2005, 1: 739-746.

[15] KONG D, DING C, HUANG H. Robust nonnegative matrix factorization using l21-norm[C]// Proceedings of the 20th ACM international conference on information and knowledge management, 2011: 673-682.

[16] ZHANG S, WANG W, FORD J, et al. Learning from incomplete ratings using non-negative matrix factorization[C]//SDM, 2006, 6: 548-552.

[17] WANG H, NIE F P, HUANG H, et al. Fast nonnegative matrix tri-factorization for large-scale data co-clustering[C]//IJCAI proceedings-international joint conference on artificial intelligence, 2011, 22(1): 1553.

[18] KOLDA T G, BADER B W. Tensor decompositions and applications[J]. SIAM review, 2009, 51(3): 455-500.

[19] DING C H Q, LI T, JORDAN M I. Convex and semi-nonnegative matrix factorizations[J]. IEEE transactions on pattern analysis and machine intelligence, 2010, 32(1): 45-55.

[20] SCHÖLKOPF B, SMOLA A, MÜLLER K R. Nonlinear component analysis as a kernel eigenvalue problem[J]. Neural computation, 1998, 10(5): 1299-1319.

[21] CAI D, HE X F, HAN J W. Speed up kernel discriminant analysis[J]. The VLDB journal, 2011, 20(1): 21-33.

[22] SIMARD P, LECUN Y, DENKER J S. Efficient pattern recognition using a new transformation distance[J]. Advances in neural information processing systems, 1993: 50.

[23] HASTIE T, SIMARD P Y. Metrics and models for handwritten character recognition[J]. Statistical science, 1998: 54-65.

[24] VIDAL R, MA Y, SASTRY S. Generalized principal component analysis (GPCA)[J]. IEEE transactions on pattern analysis and machine intelligence, 2005, 27(12): 1945-1959.

[25] LIU G C, LIN Z C, YAN S C, et al. Robust recovery of subspace structures by low-rank representation[J]. IEEE transactions on pattern analysis and machine intelligence, 2013, 35(1): 171-184.

[26] LU L, VIDAL R. Combined central and subspace clustering on computer vision applications[C]// Proceedings of 23rd international conference on machine learning (ICML), 2006: 593-600.

[27] FISCHLER M A, BOLLES R C. Random sample consensus: A paradigm for model fitting with applications to image analysis and automated cartography[J]. Communications of the ACM, 1981, 24(6): 381-395.

[28] DERKSEN H, MA Y, HONG W, et al. Segmentation of multivariate mixed data via lossy coding and compression[J]. IEEE transactions on pattern analysis and machine intelligence, 2007, 29(9): 1546-1562.

[29] ELHAMIFAR E, VIDAL R. Sparse subspace clustering[C]//IEEE conference on computer vision and pattern recognition, 2009: 2790-2797.

[30] LIU G C, LIN Z C, YU Y. Robust subspace segmentation by low-rank representation[C]// International conference on machine learning, 2010: 663-670.

[31] VIDAL R. Subspace clustering[J]. IEEE signal processing magazine, 2011, 28(2): 52-68.

[32] FAVARO P, VIDAL R, RAVICHANDRAN A. A closed form solution to robust subspace estimation and clustering[C]//Computer vision and pattern recognition (CVPR), 2011 IEEE conference on, 2011: 1801-1807.

[33] CANDÈS E J, RECHT B. Exact matrix completion via convex optimization[J]. Foundations of computational mathematics, 2009, 9(6): 717-772.

[34] CANDÈS E J, LI X D, MA Y, et al. Robust principal component analysis?[J]. Journal of the ACM (JACM), 2011, 58(3): 11.

[35] TAO M, YUAN X M. Recovering low-rank and sparse components of matrices from incomplete and noisy observations[J]. Siam journal on optimization, 2011, 21(1): 57-81.

[36] HESTERBERG T, CHOI N H, MEIER L, et al. Least angle and l1 penalized regression: A review[J]. Statistics surveys, 2008, 2: 61-93.

[37] DONG W S, ZHANG L, SHI G M, et al. Image deblurring and super-resolution by adaptive sparse domain selection and adaptive regularization[J]. IEEE transactions on image processing, 2011, 20(7): 1838-1857.

[38] GAO X B, ZHANG K B, TAO D C, et al. Image super-resolution with sparse neighbor embedding [J]. IEEE transactions on image processing, 2012, 21(7): 3194-3205.

[39] PENG Y, GANESH A, WRIGHT J, et al. RASL: Robust alignment by sparse and low-rank

decomposition for linearly correlated images[J]. IEEE transactions on pattern analysis and machine intelligence, 2012, 34(11): 2233-2246.

[40] MIN K R, ZHANG Z D, WRIGHT J, et al. Decomposing background topics from keywords by principal component pursuit[C]// ACM conference on information and knowledge management, CIKM 2010, Toronto, Ontario, Canada, 2010: 269-278.

[41] ZHOU T Y, TAO D C. Godec: Randomized low-rank & sparse matrix decomposition in noisy case[C]//Proceedings of the 28th international conference on machine learning (ICML-11), 2011: 33-40.

[42] ZHANG Z D, GANESH A, LIANG X, et al. Tilt: Transform invariant low-rank textures[J]. International journal of computer vision, 2012, 99(1): 1-24.

[43] LIN Z C, CHEN M M, MA Y. The augmented Lagrange multiplier method for exact recovery of corrupted low-rank matrices[J]. Eprint arXiv, 2010, 9.

[44] SHI J B, MALIK J. Normalized cuts and image segmentation[J]. IEEE transactions on pattern analysis and machine intelligence, 2000, 22(8): 888-905.

[45] LIN Z C, LIU R S, SU Z X. Linearized alternating direction method with adaptive penalty for low-rank representation[C]//Advances in neural information processing systems, 2011: 612-620.

[46] NI Y Z, SUN J, YUAN X T, et al. Robust low-rank subspace segmentation with semidefinite guarantees[C]//2010 IEEE international conference on data mining workshops, 2010: 1179-1188.

[47] BENNETT J, LANNING S. The netflix prize[C]//Proceedings of KDD cup and workshop, 2007: 35.

[48] RECHT B, FAZEL M, PARRILO P A. Guaranteed minimum-rank solutions of linear matrix equations via nuclear norm minimization[J]. SIAM review, 2010, 52(3): 471-501.

[49] GRANT M, BOYD S. Cvx users' guide for cvx version 1.22* [M]. California: Stanford University, 2011: 4-67c.

[50] CAI J F, CANDÈS E J, SHEN Z. A singular value thresholding algorithm for matrix completion[J]. SIAM journal on optimization, 2010, 20(4): 1956-1982.

[51] MA S Q, GOLDFARB D, CHEN L F. Fixed point and Bregman iterative methods for matrix rank minimization[J]. Mathematical programming, 2011, 128(1-2): 321-353.

[52] TOH K C, YUN S. An accelerated proximal gradient algorithm for nuclear norm regularized linear least squares problems[J]. Pacific journal of optimization, 2010, 6(3): 615-640.

[53] KESHAVAN R H, OH S. A gradient descent algorithm on the grassman manifold for matrix completion[J]. ArXiv preprint arXiv:0910.5260, 2009.

[54] DAI W, MILENKOVIC O, KERMAN E. Subspace evolution and transfer (SET) for low-rank matrix completion[J]. IEEE transactions on signal processing, 2011, 59(7): 3120-3132.

[55] KIM H, PARK H, DRAKE B L. Extracting unrecognized gene relationships from the biomedical literature via matrix factorizations[J]. BMC bioinformatics, 2007, 8(9): 1.

[56] TENENBAUM J B, DE Silva V, LANGFORD J C. A global geometric framework for nonlinear dimensionality reduction[J]. Science, 2000, 290(5500): 2319-2323.

[57] ROWEIS S T, SAUL L K. Nonlinear dimensionality reduction by locally linear embedding[J]. Science, 2000, 290(5500): 2323-2326.

[58] BELKIN M, NIYOGI P. Laplacian eigenmaps and spectral techniques for embedding and clustering[C]//NIPS, 2001, 14: 585-591.

[59] ZHANG Z Y, ZHA H Y. Principal manifolds and nonlinear dimensionality reduction via tangent space alignment[J]. Journal of Shanghai university (english edition), 2004, 8(4): 406-424.

[60] VON LUXBURG U. A tutorial on spectral clustering[J]. Statistics and computing, 2007, 17(4): 395-416.

[61] HE X F, CAI D, YAN S C, et al. Neighborhood preserving embedding[C]//Tenth IEEE international conference on computer vision (ICCV'05), 2005, 2: 1208-1213.

[62] HE X F, NIYOGI P. Locality preserving projections (LPP)[J]. Advances in neural information processing systems, 2002, 16(1): 186-197.

[63] ZHANG D Q, ZHOU Z H, CHEN S C. Semi-supervised dimensionality reduction[C]//SDM, 2007: 629-634.

[64] NIE F P, XU D, TSANG I W H, et al. Flexible manifold embedding: A framework for semi-supervised and unsupervised dimension reduction[J]. IEEE transactions on image processing, 2010, 19(7): 1921-1932.

[65] LI H F, JIANG T, ZHANG K S. Efficient and robust feature extraction by maximum margin criterion[J]. IEEE transactions on neural networks, 2006, 17(1): 157-165.

[66] YAN S C, XU D, ZHANG B Y, et al. Graph embedding and extensions: A general framework for dimensionality reduction[J]. IEEE transactions on pattern analysis and machine intelligence, 2007, 29(1): 40-51.

[67] SHANG F H, JIAO L C, SHI J R, et al. Robust positive semidefinite L-Isomap ensemble[J]. Pattern recognition letters, 2011, 32(4): 640-649.

[68] BALASUBRAMANIAN M, SCHWARTZ E L. The isomap algorithm and topological stability[J]. Science, 2002, 295(5552): 7.

[69] CHAPELLE O, SCHOLKOPF B, ZIEN A. Semi-supervised learning [J]. IEEE transactions on neural networks, 2009, 20(3): 542-542.

[70] ZHU X J. Semi-supervised learning literature survey[J]. Computer science, 2008, 37(1): 63-77.

[71] JOACHIMS T. Transductive inference for text classification using support vector machines[C]// ICML, 1999, 99: 200-209.

[72] CHAPELLE O, ZIEN A. Semi-supervised classification by low density separation[C]// AISTATS, 2005: 57-64.

[73] ZHU X J, GHAHRAMANI Z, LAFFERTY J. Semi-supervised learning using gaussian fields and harmonic functions[C]//ICML, 2003, 3: 912-919.

[74] ZHOU D, BOUSQUET O, LAL T N, et al. Learning with local and global consistency[J]. Advances in neural information processing systems, 2004, 16(16): 321-328.

[75] BELKIN M, NIYOGI P, SINDHWANI V. Manifold regularization: A geometric framework for learning from labeled and unlabeled examples[J]. Journal of machine learning research, 2006, 7: 2399-2434.

[76] MELACCI S, BELKIN M. Laplacian support vector machines trained in the primal[J]. Journal of machine learning research, 2011, 12: 1149-1184.

[77] KAMVAR S D, DAN K, MANNING C D. Spectral learning[J]. IJCAI, 2003:561-566.

[78] LU Z, CARREIRA-PERPINAN M A. Constrained spectral clustering through affinity propagation [C]// IEEE conference on Computer Vision and Pattern Recognition, 2008: 1-8.

[79] XING E P, NG A Y, JORDAN M I, et al. Distance metric learning with application to clustering with side-information[J]. Advances in neural information processing systems, 2003, 15: 505-512.

[80] BILENKO M, BASU S, MOONEY R J. Integrating constraints and metric learning in semi-supervised clustering[C]// International conference, 2004: 81-88.

[81] VAPNIK V N, VAPNIK V. Statistical Learning Theory[M]. New York: Wiley, 1998.

[82] ZHU J, HASTIE T. Kernel logistic regression and the import vector machine[C]//Advances in neural information processing systems, 2001: 1081-1088.

[83] ZHUANG J F, TSANG I W, HOI S C H. A family of simple non-parametric kernel learning algorithms[J]. Journal of machine learning research, 2011, 12: 1313-1347.

[84] LANCKRIET G R G, CRISTIANINI N, BARTLETT P, et al. Learning the kernel matrix with semidefinite programming[J]. Journal of machine learning research, 2004, 5: 27-72.

[85] CORTES C, MOHRI M, Rostamizadeh A. Two-stage learning kernel algorithms[C]// International conference on machine learning, 2010: 239-246.

[86] ZHUANG J F, WANG J L, HOI S C H, et al. Unsupervised multiple kernel learning[J]. Journal of machine learning research. proceedings track, 2011, 20: 129-144.

[87] ZHU X, KANDOLA J, GHAHRAMANI Z, et al. Nonparametric transforms of graph kernels for semi-supervised learning[C]//Advances in neural information processing systems, 2004: 1641-1648.

[88] SHANG F H, JIAO L C, WANG F. Semi-supervised learning with mixed knowledge information[C]//Proceedings of the 18th ACM SIGKDD international conference on knowledge discovery and data mining, 2012: 732-740.

[89] LIU W, QIAN B, CUI J, et al. Spectral kernel learning for semi-supervised classification [C]//IJCAI, 2009, 9: 1150-1155.

[90] LI Z G, LIU J Z, TANG X O. Pairwise constraint propagation by semidefinite programming for semi-supervised classification[C]//Proceedings of the 25th international conference on machine learning, 2008: 576-583.

[91] HOI S C H, JIN R, LYU M R. Learning nonparametric kernel matrices from pairwise constraints[C]//Machine learning, proceedings of the twenty-fourth international conference, 2007: 361-368.

第 3 章 快速密度加权低秩近似谱聚类

3.1 引 言

作为一种新颖的高维数据降维与聚类方法，近年来谱聚类算法受到了机器学习、数据挖掘和计算机视觉等领域的广泛关注，并被成功地应用于很多实际问题[1, 2]，如图像和视频分割、语音识别、VLSI 设计、文本挖掘和生物信息挖掘等。该方法建立于图论中的谱图划分理论基础之上[3]，其本质是把构造的图划分为两个或多个较小的子图，并根据划分判据最小化各子图间连接边的权重之和。已有的划分标准主要有规范切[4]、率切[5]、最小最大切[6]等，其最优解的求解是 NP 难问题。有效的解决方法是把离散组合问题放松为连续域的形式，把原问题转化为矩阵特征值分解问题，可获得全局最优解。

除了上述理由之外，谱聚类算法被广泛应用的原因还有：思想简单易于实现，且可有效地识别非凸分布的模式，并能解决线性不可分聚类问题，比传统的聚类方法如 K 均值算法能取得更好的聚类结果；谱聚类算法作为谱方法的一种典型代表，不但能完成高维数据的维数约简，其中间环节即图拉普拉斯还是部分半监督学习和图正则方法的关键[7]，也被国内外学者广泛地关注。虽然谱聚类算法拥有如此多的优点，但它还存在几个公开性的问题。例如，若采用高斯函数计算连接权重，其尺度因子的选择问题；若构造稀疏图，其近邻数目的选择或近邻半径大小的选择等。构造完全图(或全连接图)可避免最近邻数或半径大小的选择问题，但其图拉普拉斯的特征值分解时间复杂度为 $O(n^3)$ (其中 n 为数据的样本数目)，这势必限制其应用的范围。

拓展完全图谱聚类算法应用到较大规模数据集的方法主要有两种：利用采样(随机均匀采样或非均匀采样)的方式减小处理数据的规模和应用少量生成数据来代表原来的数据集。前一类方法的典型例子包括 Fowlkes 等[8]提出的随机均匀采样 Nyström 近似谱聚类方法与 Drineas 等[9]提出的两种非均匀采样方式，即对角采样和列采样方式，其中前一种方法是简单性能与效率的折中，并避免了整个相似度矩阵的计算。后一类方法的典型代表是 Zhang 等[10, 11]提出的基于 K 均值的密度加权近似谱聚类方法和 Yan 等[12]给出的基于局部 K 均值和随机投影树的两种快速近似谱聚类算法。上述两类方法的共同之处在于都采用向量量化的方式获得新的数据点作为各自的预处理步骤。除此之外，Chen 等 [13] 给出了一种并行谱聚类的算法，分而治之地采用分布式计算的方式应用于大规模数据的处理。

本章提出了一种局部与全局一致性的两阶段谱聚类框架，可完成向量型数据和图结构数据的聚类问题。在此框架下，首先给出了一种新的快速两阶段近邻传播采样算法，使用它可得到少量的数据样本代表点（简称代表点）。该采样算法是一种非均匀方式采样的方法。然后又定义了两种距离测度方法：局部长度与全局距离，使用它们能更准确地反映数据分布的拓扑几何结构。最后还给出了一种正交化的密度加权 Nyström 低秩近似方法。综上所述，本章提出了一种快速密度加权低秩近似谱聚类算法，该算法主要包括两个阶段：第一阶段是利用提出的快速采样算法得到少量代表点；第二阶段是应用给出的正交化密度加权 Nyström 低秩近似方法来得到全部数据的低维表示。

3.2 背景与相关工作

3.2.1 谱聚类算法

谱聚类算法是一类基于图拉普拉斯矩阵特征值分解的方法[14]。令 $G = (V, E)$ 为构造的图，其中节点 V 表示 n 个数据点 $X = [x_1, \cdots, x_n] \in \mathbb{R}^{m \times n}$，而连接边 E 的权重由相似度矩阵 $W \in \mathbb{R}^{n \times n}$ 给出，其中相似度矩阵 W 一般由如下的高斯函数计算得到：

$$W(x_i, x_j) = \exp(-\|x_i - x_j\|_2^2 / 2\sigma^2) \tag{3.1}$$

式中，σ 为尺度因子。规范化图拉普拉斯矩阵为 $L = I - D^{-1/2}WD^{-1/2}$，其中 D 为对角度矩阵，即 $D_{i,i} = \sum_{j=1} w_{ij}$。经典的规范切算法[4]首先求解广义的特征值问题，然后递归地由 2 路划分完成多类聚类问题。后续的研究[15]表明由于该方法没有综合其他具有划分信息的特征向量，有时会得到不稳定的聚类结果，而建议同时使用多个特征向量来避免上述问题。Ng 等 [16]直接给出了一种多路划分谱聚类算法，先得到低维数据表示，然后应用 K 均值算法获得数据的聚类结果。此外，文献[17]提出了一种自调节谱聚类算法，可为每个数据点 x_i 计算不同的局部尺度因子 σ_i。

3.2.2 近邻传播算法

近邻传播(affinity propagation, AP)算法[18]是由 Frey 和 Dueck 在 2007 年 *Science* 一篇文章中提出的。该算法是一种基于因子图的近邻信息推导聚类算法[19]，其目的是找到最优的类簇代表点集合，使得所有数据点到其类代表点的相似度之和最大。由于其具有比以往聚类方法更好的性能，现已被广泛地应用到很多实际问题中，如半监督分类、蛋白质序列聚类、图像分割、基因表达数据处理等。为了给出快速采样算法，下面简要介绍该算法。

AP 算法的目标是找到最优的代表点集合 $Z = \{z(x_1),\cdots,z(x_n)\}$，使得如下的目标函数值最大

$$\arg\max_{Z} \sum_{i=1}^{n} s(x_i, z(x_i)) \tag{3.2}$$

式中，$s(x_i, z(x_i)) = -\|x_i - z(x_i)\|_2^2$ 是成对数据点间的相似度函数，即平方欧氏距离的相反数。此外，稠密的相似度矩阵 S 作为 AP 算法的输入，而在算法的每步迭代中，样本间传播交换着两种信息，并彼此间进行着竞争：一种被称为候选代表点 x_k 被选为样本点 x_i 的代表点的累积责任度(responsibility)，即由样本点 x_i 传到 x_k 的 $r(i,k)$；另一种是由候选代表点 x_k 传到 x_i 的 $a(i,k)$，也被称为样本点 x_i 选择候选代表点 x_k 作为代表点的累积可信度(availability)。上述两种信息的竞争与更新如下列公式所示：

$$r(i,k) = s(i,k) - \max_{j \text{ s.t. } j \neq k} \{a(i,j) + s(i,j)\} \tag{3.3}$$

$$a(i,k) = \min\left\{0, r(k,k) + \sum_{j \text{ s.t. } j \notin \{i,k\}} \max\{0, r(j,k)\}\right\} \tag{3.4}$$

其中当 $i = k$ 时，累积自我可信度(self-availability) $a(k,k)$ 的更新规则如下式所示：

$$a(k,k) = \sum_{j \text{ s.t. } j \neq k} \max\{0, r(j,k)\} \tag{3.5}$$

上述的更新与竞争迭代公式比较简单，易于实现。这也是该算法被广泛应用的一个重要因素。当算法满足迭代停止条件(包括最大迭代次数、局部收敛最大迭代次数等)时，每个数据的代表点通过如下的准则得到：

$$k^* = \arg\max_{k} (a(i,k) + r(i,k)) \tag{3.6}$$

该准则也意味着候选样本点 x_k 被选为样本点 x_i 的最终代表点。

偏执值(preferences) P 不但是 AP 算法的一个重要参数，而且它的大小直接影响到最终代表点的数目，即聚类数目，如下式所示：

$$r(k,k) = P(k) - \max_{j \neq k} \{a(k,j) + s(k,j)\} \tag{3.7}$$

由式(3.7)可知，当输入的偏执值 P 增大时，该算法识别出来的代表点数目会变大，反之亦然。通常偏执值 P 被设置为相似度矩阵 S 的中位数。

3.2.3　Nyström 方法

Nyström 方法是处理大规模数据学习的常用方法。自从被用于加速核机器[20]

以后，该方法现已被广泛地应用于机器学习和数据挖掘等领域的很多实际问题，如流形学习[9, 11, 21, 22]和谱聚类算法[8, 10]等。该方法最早应用于如下所示积分方程的数值求解问题[23]：

$$\int_0^1 p(y)k(x,y)\phi(y)\mathrm{d}y = \lambda\phi(x) \tag{3.8}$$

式中，$k(\cdot,\cdot)$ 代表核函数，其生成的核矩阵 K 一般都是半正定的；$p(\cdot)$ 是概率密度函数；λ 和 $\phi(\cdot)$ 分别是核矩阵 K 的特征值和特征函数。令 $X = \{x_i\}_{i=1}^n$ 为独立同分布的采样数据集，则式(3.8)所示的积分问题可近似为

$$\frac{1}{n}\sum_{j=1}^n K(x_i,x_j)\phi(x_j) = \lambda\phi(x_i), \quad i = 1,2,\cdots,n \tag{3.9}$$

式中，$K(x_i,x_j)$ 为采样数据的核矩阵；$\phi(x_i) \in \mathbb{R}^n$ 为相应核矩阵 K 的特征向量。此外，式(3.9)可简写为

$$K\phi = n\lambda\phi \tag{3.10}$$

综上所述，原积分问题，式(3.8)对应的特征函数 $\phi(x)$ 可近似为

$$\phi(x) \approx \frac{1}{n\lambda}\sum_{j=1}^n k(x,x_j)\phi(x_j) \tag{3.11}$$

式(3.11)的计算需要对式(3.10)中的 K 进行特征值分解，然而其计算复杂度为样本数的立方。为了减少计算量，随机选取一个样本子集，从而转化为分解一个较小矩阵的特征值问题，再采用经典的 Nyström 方法可得到一个近似解。

令 $Z = \{z_i\}_{i=1}^m$ 为样本数据 $X = \{x_i\}_{i=1}^n$ 的一个子集($m \ll n$)，它们对应的矩阵分别为 W 和 K。其中，K 可进行如下的分块：

$$K = \begin{bmatrix} W & A^{\mathrm{T}} \\ A & B \end{bmatrix} \text{和} C = \begin{bmatrix} W \\ A \end{bmatrix} \tag{3.12}$$

Nyström 方法可由较小的块矩阵 W 和 C 近似得到整体矩阵 K：

$$K \approx \tilde{K} = CW_l^+ C^{\mathrm{T}} \tag{3.13}$$

式中，$W_l = \arg\min_{\mathrm{rank}(S)=l}\|W - S\|_F^2$，即 W_l 为 F 范数意义下矩阵 W 的最优秩 l 近似，W^+ 为 W 的伪逆。若令 $W = U_W \Sigma_W U_W^{\mathrm{T}}$ 为 W 的特征值分解，则整体矩阵 K 的特征值和特征向量可分别由下式近似得到[20]：

$$\Sigma_K \approx \left(\frac{n}{m}\right)\Sigma_W \text{和} U_K \approx \sqrt{\frac{m}{n}}CU_W \Sigma_W^{-1} \tag{3.14}$$

如果只需要 $l(l \leq m)$ 个特征值和特征向量，该方法的时间复杂度为 $O(m^3 + nml)$。

3.3　全局距离测度与采样算法

本节首先定义了一种全局距离的测度方法，应用它可准确地反映数据空间分布的潜在几何结构。另外，定义的全局距离比传统的欧氏距离对噪声或奇异点有更强的鲁棒性。然后又给出了一种快速采样算法，可提取少量"富有代表性"的代表点。

3.3.1　全局距离

定义或选择一种好的距离测度方法，对于数据低维表示的学习以及聚类分析都具有重要的意义。而传统的欧氏距离对具有流形结构的数据往往不能反映其固有的几何结构。此外，本节还受启发于半监督学习中的局部与全局一致性思想[24]和聚类一致性的假设[7]：邻近或处在相同类簇(cluster)中的数据点有较大的可能性拥有相同的标签。本节的目的是定义一种距离测度使得邻近的或处于相同类簇中的数据点间具有较大的相似性。下面分别定义局部长度和全局距离两个概念[25]。

定义 3.1　可调节的局部长度定义为

$$D_L(x_i, x_j) = e^{\rho \, \mathrm{dist}(x_i, x_j)} - 1 \lim_{x \to \infty} \qquad (3.15)$$

式中，$\mathrm{dist}(x_i, x_j)$ 为数据点 x_i 与 x_j 间的欧氏距离；ρ 是伸缩因子$(\rho > 0)$。

显然，上面定义的局部长度可通过调节伸缩因子 ρ 来放大或缩短两点间的距离。因为它被用来测度稀疏近邻图中的连接边的距离，所以命名它为局部长度。那么图中非连接节点间的距离如何测度呢？本章根据上述的局部长度又定义了一种全局距离的测度方法。

定义 3.2　稀疏近邻图中，非连接节点间的全局距离定义为

$$D_G(y_i, y_j) = \min_{p \in P_{i,j}} \sum_{k=1}^{|p|-1} D_L(p_k, p_{k+1}), \qquad i, j = 1, 2, \cdots, n \qquad (3.16)$$

式中，$D_L(p_k, p_{k+1})$ 为近邻连接的节点 p_k 与 p_{k+1} 间的局部长度；$P_{i,j}$ 是稀疏图中节点 y_i 到 y_j 所有可能的路径集合，由此可知，其本质是稀疏图上的最短路径长度。

综上所述，本节引入的全局距离具有局部与全局一致性[26]。以上定义的全局距离满足测度的四个条件：对称性，$D(x_i, x_j) = D(x_j, x_i)$；自反性，$D(x_i, x_j) = 0$，当且仅当 $x_i = x_j$；非负性，$D(x_i, x_j) \geqslant 0$；三角不等式，$D(x_i, x_j) \leqslant D(x_i, x_k) + D(x_k, x_j)$（对于任意的 x_i, x_j, x_k）。与应用于流形学习中的测地线距离[27, 28]非常相

似，全局距离也沿着流形求取最短路径的长度。不同之处在于全局距离的局部路径都进行了相对地伸缩，从而具有比测地线距离更强的鲁棒性，另外，还能避免传统测地线距离的"短路"现象。因此，全局距离能较好地反映数据固有的几何结构。

3.3.2　快速采样算法

为了应用 Nyström 方法加速传统的谱聚类算法，并能应用于较大规模数据问题，本节提出了一种新的快速两阶段 AP 采样算法。由于原始的 AP 算法操作在稠密的相似度矩阵上，故其计算复杂度为 $O(Tn^2)$，其中 T 为该算法的迭代次数。本章提出的快速两阶段 AP 采样算法操作在创建的稀疏近邻图上，只需在连接边上传递信息，因此较大地降低了计算量。以上思想在文献[18]中也曾经被提到过。

快速两阶段 AP 采样算法的提出主要基于以下的两个观察：①图中相距较远的两个数据点间是否有边连接，它们彼此都不会选择对方为代表点，也不会改变最终的结果[29]，因此本章提出了创建稀疏图来加速采样算法；②局部的代表点应该是全局的候选代表点。

基于以上两点观察，本节考虑通过两个阶段来进一步加速提出的采样算法，其中第一阶段在创建的近邻稀疏图上采用粗划分过程，即稀疏 AP 算法，得到局部的代表点；而在第二阶段，只有局部代表点被考虑，应用传统 AP 算法获得少量的最终代表点。需要强调的是，在采样算法的第一阶段，采用提出的局部距离来计算样本间的距离；而在第二阶段，采用的是全局距离来测度局部代表点或候选代表点间的距离。详细的快速两阶段 AP 采样算法（FTSAP）步骤如算法 3.1 所示。

算法 3.1　快速两阶段 AP 采样算法

输入：数据集 $X = [x_1, \cdots, x_n] \in \mathbb{R}^{m \times n}$，第一与第二阶段的初始偏执值分别是 P_1^0 和 P_2^0，第一与第二阶段最大迭代次数分别为 $T_1 = 20$ 和 $T_2 = 500$，最近邻数目为 t，伸缩因子为 ρ。

输出：最终的代表点集合 $Z = \{z_1, \cdots, z_{m_2}\}$。

算法步骤：

(1) 创建 t 最近邻图 G，并由式(3.15)计算局部距离；

(2) 在第一阶段，应用稀疏 AP 算法进行粗划分，得到 m_1 个候选代表点，其中 P_1 一般设置为稀疏相似度矩阵的中位数 P_1^0，即 $P_1 = P_1^0$；

(3) 由式(3.16)计算第一阶段获得候选代表点间的全局距离；

(4) 在第二阶段，应用传统的 AP 算法进行细划分，得到 m_2 个代表点，其中 P_2 初始设置为候选代表点相似度矩阵的 P_2^0，即 $P_2 = P_2^0$；

(5) 若得到的代表点个数 m_2 较多，设置 P_2 为 $P_2 \leftarrow P_2 + P_2^0$，循环第(4)步直到获

得理想数目的代表点。

上面给出一个应用本章提出快速采样算法的实例,来展示其相对于传统 AP 算法的高效性能。采用的人工数据集包含 3000 个数据点,如图 3.1 所示。应用 FTSAP 算法与传统 AP 算法都得到 35 个代表点,其结果如图 3.1(d)和(b)所示。其中传统 AP 算法花费的时间是 261.42s,而本章提出的快速二阶段 AP 算法在第一阶段得到 351 个候选代表点[图 3.1(c)]共花费了 16.09s(其中最近邻数目为 $t = 50$), 在第二阶段花费了 8.12s。由此可知,本章提出的快速采样算法比传统 AP 算法快了十多倍。

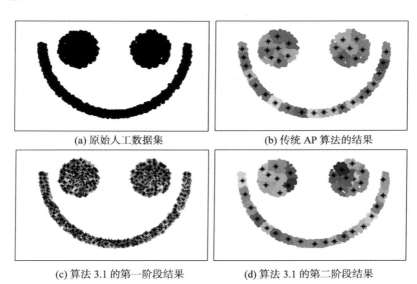

(a) 原始人工数据集　　　　　　　　(b) 传统 AP 算法的结果

(c) 算法 3.1 的第一阶段结果　　　　　(d) 算法 3.1 的第二阶段结果

图 3.1　人工数据集的采样结果比较

需要进一步强调的是,本章提出的快速两阶段 AP 采样算法在第二阶段获得代表点的数目对后面聚类性能具有一定的影响。如果获得的代表点数目太大,数据分布空间的局部结构可能无法发现;而如果数目太小,则获得的代表点无法准确地反映数据固有的整体结构。因此,一般中等数目的代表点能获得较好的聚类性能与谱表示。该采样算法在第一阶段一般获得相对较多的候选代表点,它们能很好地反映数据空间的局部邻域结构。

3.4　快速两阶段谱聚类框架

本节提出一种新的快速两阶段谱聚类框架,并具有局部与全局一致性,即邻近的或处在相同类簇(cluster)中的数据点有较大的可能性拥有相同的聚类标签。该框架由两个阶段构成，分别是快速采样阶段与正交化的密度加权 Nyström 近似谱聚类阶段，如图 3.2 所示。Fowlkes 等[8]和 Yan 等[12]提出的两阶段处理思想与本章提出的框架有些类似，不同之处主要是 Yan 等[12]提出了两种量化采样法，并得到新的数据点，而 Fowlkes 等[8]采用随机均匀采样的方式；本节提出的框架采用 3.3 节给出的一种非均匀采样方法。此外，文献[8]的算法直接应用 Nyström 方法得到非正交的数据表示，且无须密度加权即 $p(x)=1/n$，而本节框架由于采用的是非均匀采样的方式，即 $p(x) \neq 1/n$，因此，下面又提出了一种正交化的密度加权 Nyström 近似谱聚类算法[30]。

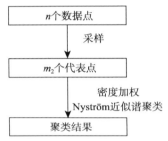

图 3.2　两阶段 Nyström 近似的谱聚类框架

3.4.1　采样阶段

在采样阶段，采用上面提出的快速两阶段 AP 采样算法得到少量富含信息的代表点，且它们之间的全局距离能很好地刻画数据分布空间的几何结构。

3.4.2　正交化的密度加权近似谱聚类阶段

Nyström 是一种非常高效的低秩矩阵逼近方法，已应用于很多大规模的机器学习问题[31]。该方法的关键在于如何选取代表点或者采样，把大规模核矩阵的特征值计算负担转移到数据点组合采样计算[21]，从而降低计算量。

拓展 Nyström 方法到更一般的情况。传统的 Nyström 方法在每个数据点对应的采样密度函数值都是相等的，即 $p(x)=1/n$。而本节显式地引入如下的密度函数来衡量代表点 $Z=\{z_1, \cdots, z_{m_2}\}$ 的重要程度：

$$p(z_i) = \frac{|S_i|}{n}, \quad i=1, \cdots, m_2 \tag{3.17}$$

式中，$|S_i|$ 是代表点对应类簇包含的数据点数目。积分公式(3.8)可近似为

$$\lambda \bar{\phi}(x) = \int_0^1 p(y)k(x,y)\bar{\phi}(y)\mathrm{d}y \approx \sum_{i=1}^{m_2} p(z_i)k(x,z_i)\bar{\phi}(z_i) \tag{3.18}$$

式中，符号 ⁻ 代表的是相应的密度加权公式。上式的右边可表达为

$$\frac{1}{m_2}\sum_{j=1}^{m_2}\overline{W}(z_i,z_j)\overline{\phi}(z_j)=\overline{\lambda}\overline{\phi}(z_i),\quad i=1,\cdots,m_2 \tag{3.19}$$

式中，$\overline{W}\in\mathbb{R}^{m_2\times m_2}$ 为代表点数据的密度加权相似度矩阵，由下面的定义给出。

定义 3.3　密度加权相似度矩阵定义为

$$\overline{W}(i,j)=\frac{|S_i||S_j|}{n^2}\exp\left(-\frac{D_G^2(z_i,z_j)}{2\sigma_i\sigma_j}\right),\quad i,j=1,\cdots,m_2 \tag{3.20}$$

式中，$D_G(z_i,z_j)$ 为在稀疏图上代表点 z_i 与 z_j 间的全局距离；σ_i 是自调整尺度因子，如式(3.21)所示：

$$\sigma_i=D_G(z_i,s_T),\quad i=1,\cdots,m_2 \tag{3.21}$$

其中，s_T 为代表点 z_i 的第 T 最近邻数据点。受文献[13]的启发，本节也设置 T 为 $T=[m_2/2k]$，其中 k 为聚类数目。

此外，密度加权相似度矩阵 $\overline{K}$ 的分块部分 $\overline{A}$ 可表示为

$$[\overline{A}]_{i,j}=p(z_j)\exp\left(-\frac{D_G^2(x_i,z_j)}{2\sigma_i\sigma_j}\right),i=m_2+1,\cdots n,j=1,\cdots,m_2 \tag{3.22}$$

为了得到矩阵 $\overline{K}$ 的对角度矩阵 $\overline{D}$，本节采用下面的计算策略：

$$\overline{K}1=\begin{bmatrix}\overline{W}1_{m_2}+\overline{A}^T1_{n-m_2}\\\overline{A}1_{m_2}+\overline{A}\overline{W}^{-1}\overline{A}^T1_{n-m_2}\end{bmatrix}=\begin{bmatrix}w+a_1\\a_2+\overline{A}(\overline{W}^{-1}a_1)\end{bmatrix} \tag{3.23}$$

式中，w、a_1、和 a_2 分别是矩阵 $\overline{W}$、$\overline{A}^T$、和 $\overline{A}$ 的行和向量；1 为 1 列向量。

$$\overline{D}=\mathrm{diag}\left(\begin{bmatrix}w+a_1\\a_2+\overline{A}(\overline{W}^{-1}a_1)\end{bmatrix}\right) \tag{3.24}$$

对规范化矩阵 $\overline{K}$ 进行特征值分解，如下式所示：

$$\overline{D}_{1:m_2,1:m_2}^{-1/2}\overline{W}\overline{D}_{1:m_2,1:m_2}^{-1/2}\overline{\phi}_Z=\overline{\lambda}_Z\overline{\phi}_Z \tag{3.25}$$

式中，$\overline{\phi}_Z\in\mathbb{R}^{m_2\times1}$ 和 $\overline{\lambda}_Z$ 分别是矩阵 $\overline{D}_{1:m_2,1:m_2}^{-1/2}\overline{W}\overline{D}_{1:m_2,1:m_2}^{-1/2}$ 的特征向量与相应的特征值，并取前 k 个最大特征值对应的特征向量组成矩阵 $\overline{U}_Z=[(\overline{\phi}_Z)_1(\overline{\phi}_Z)_2\cdots(\overline{\phi}_Z)_k]\in\mathbb{R}^{m_2\times k}$，而相应的特征值组成对角矩阵 $\overline{\Lambda}=\mathrm{diag}((\overline{\lambda}_Z)_1,\cdots,(\overline{\lambda}_Z)_k)$。则全部数据 X 对应的特征向量可近似为

$$\bar{U}_{\bar{K}} = \begin{bmatrix} \bar{D}_{1:m_2,1:m_2}^{-1/2} \bar{W} \bar{D}_{1:m_2,1:m_2}^{-1/2} \\ \bar{D}_{m_2+1:n,m_2+1:n}^{-1/2} \bar{A} \bar{D}_{1:m_2,1:m_2}^{-1/2} \end{bmatrix} \bar{U}_Z \bar{A}^{-1} = \begin{bmatrix} \bar{E} \\ \bar{F} \end{bmatrix} \bar{U}_Z \bar{A}^{-1} \tag{3.26}$$

式中，$\bar{E} = \bar{D}_{1:m_2,1:m_2}^{-1/2} \bar{W} \bar{D}_{1:m_2,1:m_2}^{-1/2}$；$\bar{F} = \bar{D}_{m_2+1:n,m_2+1:n}^{-1/2} \bar{A} \bar{D}_{1:m_2,1:m_2}^{-1/2}$。

虽然 Nyström 近似特征向量可由式(3.26)计算得到，但其都不是正交的。根据 Fowlkes 等[8]提出的正交化策略，本节提出如下的正交化方法，首先令

$$\bar{R} = \bar{E} + \bar{E}^{-1/2} \bar{F}^{\mathrm{T}} \bar{F} \bar{E}^{-1/2} \tag{3.27}$$

和 $\bar{R}$ 的特征值分解为 $\bar{R} = \bar{U}_{\bar{R}} \bar{A}_{\bar{R}} \bar{U}_{\bar{R}}^{\mathrm{T}}$。可证明(证明部分见本章附录)，只要 $\bar{E}$ 为半正定矩阵，那么得到如下特征向量为列正交的：

$$\bar{V} = \begin{bmatrix} \bar{E} \\ \bar{F} \end{bmatrix} \bar{E}^{-1/2} (\bar{U}_{\bar{R}})_{:,1:k} (\bar{A}_{\bar{R}}^{-1/2})_{1:k,1:k} \tag{3.28}$$

即 $\bar{V}^{\mathrm{T}} \bar{V} = I$。

在提出的局部与全局一致性快速两阶段谱聚类的框架下，给出一种快速密度加权低秩近似谱聚类算法，其步骤如算法 3.2 所示。下面以一个双月人工数据的直观聚类实例来说明提出的快速密度加权低秩近似谱聚类算法（FWASC）的有效性与鲁棒性，如图 3.3 所示，其中伸缩因子 $\rho = 8$。

算法 3.2 快速密度加权低秩近似谱聚类算法

输入：数据集 $X = [x_1, \cdots, x_n] \in \mathbb{R}^{m \times n}$ 和聚类数目 k。

输出：聚类结果 $C = \{C_1, \cdots, C_k\}$。

算法步骤：

第一阶段：数据采样。

(1) 应用 FTSAP 算法计算得到 m_2 个代表点 $Z = \{z_1, \cdots, z_{m_2}\}$；

(2) 计算代表点与全部数据点间的全局距离及代表点对应类簇的样本数目 $|S_i|$，$i = 1, \cdots, m_2$。

第二阶段：正交化的密度加权近似谱聚类。

(1) 由式(3.20)、式(3.22)和式(3.24)分别计算密度加权相似度矩阵 $\bar{W} \in \mathbb{R}^{m_2 \times m_2}$、相应的划分矩阵 $\bar{A}$ 和对角度矩阵 $\bar{D}$；

(2) 计算 $\bar{E} = \bar{D}_{1:m_2,1:m_2}^{-1/2} \bar{W} \bar{D}_{1:m_2,1:m_2}^{-1/2}$ 和 $\bar{F} = \bar{D}_{m_2+1:n,m_2+1:n}^{-1/2} \bar{A} \bar{D}_{1:m_2,1:m_2}^{-1/2}$；

(3) 由式(3.27)计算 $\bar{R} = \bar{E} + \bar{E}^{-1/2} \bar{F}^{\mathrm{T}} \bar{F} \bar{E}^{-1/2}$；

(4) 对矩阵 $\bar{R} = \bar{U}_{\bar{R}} \bar{A}_{\bar{R}} \bar{U}_{\bar{R}}^{\mathrm{T}}$ 进行特征值分解；

(5) 由式(3.28)计算得到 $\bar{V}$，并行规范化 $\bar{V}$ 得到低秩数据表示 $\bar{U}$；

(6) 采用 K 均值算法对新数据表示 $\bar{U}$ 进行聚类得到最终的聚类结果。

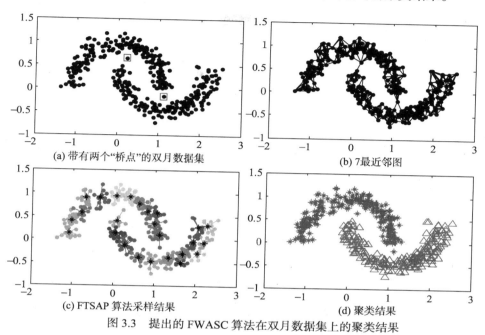

(a) 带有两个"桥点"的双月数据集　　　　　　(b) 7最近邻图

(c) FTSAP 算法采样结果　　　　　　(d) 聚类结果

图 3.3　提出的 FWASC 算法在双月数据集上的聚类结果

3.5　算　法　分　析

下面对快速两阶段 AP 采样算法和快速密度加权低秩近似谱聚类算法的有效性和复杂度进行分析。

3.5.1　采样算法比较

因为 Nyström 方法主要依靠采样点与全部数据的关系，所以采样点的选择好坏将直接影响低秩近似的精度。下面采用相对精度的衡量准则来比较本章提出的快速两阶段 AP 采样算法与其他两种采样方法(均匀采样[8]和列范数采样[9])的低秩近似精度，其中相对精度定义为[31]

$$相对精度 = \frac{\left\| K - K_l \right\|_F}{\left\| K - \tilde{K}_l \right\|_F} \tag{3.29}$$

式中，K_l 为相似度矩阵 K 的最优秩 l 逼近；$\tilde{K}_l$ 为各种采样算法的 Nyström 近似。该相对精度的最大值为 1，其值越大表明相应算法近似的程度越好。

实验采用了三个数据集，如表 3.1 所示。所有实验都设置 $l = m/2$，其中 m 为采样数据的个数。三种采样算法在三个数据集上 3 次实验的相对精度结果如表 3.1 所示,由此可知,提出的快速两阶段 AP 采样算法的性能显著地比其他两种方法好,得到的代表点比其他两种方法得到的采样点带有更多有用的信息。

表 3.1　三种采样算法的相对精度对比

m/n	数据集	均匀采样	列范数采样	本章算法
2%	YaleB3	0.2653(±0.0567)	0.0920	0.6306
	Pendigit-test	0.2155(±0.0484)	0.0223	0.5438
	USPS-test	0.3096(±0.0300)	0.0304	0.5127
5%	YaleB3	0.2893(±0.0609)	0.0210	0.5536
	Pendigit-test	0.1519(±0.0440)	0.0039	0.4454
	USPS-test	0.2531(±0.0477)	0.0118	0.4228

3.5.2　有效性分析

如同 3.3 节的分析,应用本节提出的快速两阶段 AP 采样算法获得的代表点的数目只要足够多,其代表点对应的小类簇的标签一致性会非常好。那么快速密度加权低秩近似谱聚类算法的性能主要受第二阶段的加权密度近似谱聚类算法的影响。因此,本节给出一种量化评价的方法来分析快速密度加权低秩近似谱聚类算法的有效性。不失一般性,本节把式(3.12)中的相似度矩阵 K 看成理想的块对角矩阵 $\hat{K}$ 的扰动结果,如下式所示:

$$K = \hat{K} + E \tag{3.30}$$

此外,Ng 等[16]给出了谱聚类算法获得较好聚类结果的条件,如引理 3.1 所述。

引理 3.1　如果满足 $\delta > (2+\sqrt{2})\varepsilon$,那么存在 k 个正交的向量 $r_1, \cdots, r_k$ （即如果 $i = j$,那么 $r_i^{\mathrm{T}} r_j = 1$,否则 $r_i^{\mathrm{T}} r_j = 0$ ）使得低维谱表示 U 满足:

$$\frac{1}{n}\sum_{i=1}^{k}\sum_{j=1}^{|C_i|}\| u_j^{(i)} - r_i \|_2^2 \leqslant 4B(4+2\sqrt{k})^2 \frac{\varepsilon^2}{(\delta-\sqrt{2}\varepsilon)^2} \tag{3.31}$$

式中,δ、ε 和 B 是与 K 相关的三个常量;$u_j^{(i)}$ 为低维谱表示 U 的第 i 类簇中的第 j 个样本。

由引理 3.1 可知,低维谱表示 U 在 k 维超球面上形成 k 个紧致易划分的"点云"。而不等式的左边可看成聚类算法得到谱嵌入与理想谱表示之间的偏差,偏差越小,两者之间越接近。然而理想的谱表示在实际中往往是不知道的,也就是说上述的偏差往往无法计算。由于快速密度加权低秩近似谱聚类算法的第二阶段包含有 K

均值算法这个步骤，下面给出一种上述偏差的近似方法来衡量聚类有效性：

$$e(\varDelta) = \frac{1}{n} \sum_{i=1}^{k} \sum_{j=1}^{|C_i|} \| u_j^{(i)} - m_i \|_2^2 \tag{3.32}$$

式中，$m_i = \left(\sum_{j \in C_i} u_j^{(i)} \right) / |C_i|$ 为 K 均值算法的聚类中心。

　　下面采用给出的偏差近似方法来说明快速密度加权低秩近似谱聚类算法的有效性，其中实验数据为常用的手写体 MNIST 数据集，每类数字取 500 个样本。为了公平地与传统谱聚类算法比较，提出聚类算法的高斯函数局部尺度因子的设置与传统谱聚类算法一致，其中代表点数目设置为 $5 \cdot k$，k 为聚类数目，伸缩因子 $\rho = 2$。两种算法的偏差估计由表 3.2 列出。通过给出的结果可知，本章提出聚类算法的偏差估计要比传统谱聚类表现最好的结果小很多。这也进一步验证了本章提出的全局距离能较好地刻画数据潜在的几何结构。

表 3.2　在 MNIST 数据上聚类算法的偏差估计对比

手写体数字	谱聚类算法	本章算法
6, 8	969.79	235.62
3, 5, 8	2432.06	889.25
1, 2, 3, 4	3486.76	1920.37

3.5.3　快速近邻搜索

　　因为朴素最近邻搜索算法的时间复杂度为 $O(n^2)$，所以无法应用于较大规模的数据。本节采用随机投影与溢出树结合的方式[32]去近似搜索，其时间复杂度为 $O(hn\mathrm{1b}n)$，其中 h 为溢出树的层数。此外，随机投影思想已被广泛地应用于高维数据处理与压缩感知[33-35]。特别，Johnson-Lindenstrauss 引理[36]陈述了高维数据投影到 $O(\mathrm{1b}n)$ 维子空间只产生较少的成对距离变化，如引理 3.2 所示。

　　引理 3.2　给定 $0 < \varepsilon < 1$，数据集 $X = \{x_1, \cdots, x_n\}$，$x_i \in \mathbb{R}^D$，一个正整数 $d \geqslant d_0 = O(\varepsilon^{-2} \mathrm{1b} n)$，存在一个 Lipschitz 函数 $f : \mathbb{R}^D \to \mathbb{R}^d$ 对所有数据 $x_i, x_j \in X$ 都以概率 $(1 - \mathrm{e}^{-O(d\varepsilon^2)})$ 满足：

$$(1 - \varepsilon) \|x_i - x_j\|_2 \leqslant \|f(x_i) - f(x_j)\|_2 \leqslant (1 + \varepsilon) \|x_i - x_j\|_2 \tag{3.33}$$

　　随机投影就是应用一个随机矩阵 $Q \in \mathbb{R}^{d \times D}$ 把 D 维的原始数据线性变化到 d 维子空间中，即

$$\overline{x}_i = Q x_i, \quad i = 1, \cdots, n \tag{3.34}$$

其中随机矩阵的元素 $q_{i,j}$ 是服从特定分布如正态分布的独立随机变量，且如此的随机投影变化会以很大的概率满足上述的定理。

3.5.4 复杂度分析

本章提出的聚类算法采用随机投影与溢出树结合的方式来近似搜索近邻，其复杂度为 $O(hn\mathrm{lb}n)$。而提出的快速两阶段 AP 采样算法的时间复杂度为 $O(T_1N + T_2m_1^2 + km_1n\mathrm{lb}n)$，其中 T_1 和 T_2 分别为该算法的第一与第二阶段的迭代次数，N 为创建稀疏图中边的数目，第一阶段获得的候选代表点数目一般远远小于全部数据个数，即 $m_1 \ll n$。在全部稀疏图上计算候选代表点与所有数据间全局距离的时间复杂度为 $O(km_1n\mathrm{lb}n)$，而最终代表点间及与其余所有数据点间的全局距离无须重新计算。最后，正交化的密度加权近似谱聚类算法的时间复杂度为 $O(nm_2^2 + nm_2k + nkT_3)$，其中 m_2 为最终代表点的数目，k 为聚类数目且要求 $m_2 > k$，T_3 为 K 均值算法的迭代次数。

综上所述，提出的快速密度加权低秩近似谱聚类算法的时间复杂度为 $O(hn\mathrm{lb}n + T_1N + T_2m_1^2 + km_1n\mathrm{lb}n + nm_2^2 + nm_2k + nkT_3)$，而空间复杂度为 $O(N)$。

3.6 实 验 结 果

为了检验本章提出的快速密度加权低秩近似谱聚类算法的性能，本节在很多数据集上进行了实验，包括人工数据集、UCI 基准数据集和图像数据集。本章的所有实验均是在 MATLAB 环境下，P4 3.2GHz、1GB 内存的微机上独立进行 50 次实验取平均的结果。

3.6.1 双螺旋线数据

双螺旋线数据聚类是机器学习与模式识别公认的相当有难度的问题，其中第一部实验中采用的该数据集包含有 40000 个数据点。图 3.4 分别给出了提出的快速密度加权低秩近似谱聚类算法(FWASC)与相关的聚类算法在该数据集上的聚类结果，其中包括基于 K 均值的密度加权近似谱聚类算法[10](KWASP)、基于局部 K 均值快速近似谱聚类算法(KASP)[12]、Nyström 近似谱聚类算法[8](NASC)和快速两阶段 AP 采样算法(FTSAP)。为了显示的需要，属于同类簇的数据点用相同的灰度给出。

由图 3.4 显示的聚类结果可知，提出的快速密度加权低秩近似谱聚类算法准确地识别出两条螺旋线类簇，其中最近邻数目设置为 $t = 50$，伸缩因子 $\rho = 2$。提出的快速两阶段 AP 采样算法(FTSAP)获得的代表点，如图 3.4(e)所示。然而其他的

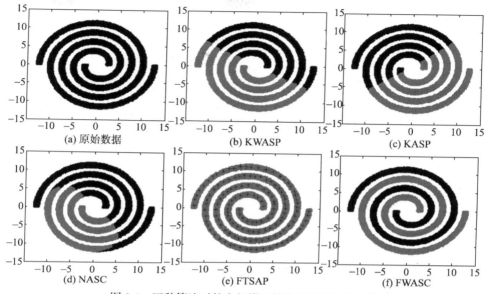

图 3.4　四种算法对较大规模双螺旋线数据集的聚类结果

三种算法都失败地划分两条螺旋线。该现象可由以下两点来解释：①算法 KWASP、KASP 和 NASC 采用的都是欧氏距离，而欧氏距离不能准确地反映数据固有的几何结构；②提出的 FWASC 算法在第二阶段应用本章定义的全局距离来测度代表点间的距离，该距离测度方法能准确地刻画数据潜在的流形结构。此外，还给出了 FWASC 算法随双螺旋线样本数增加其计算时间的变化情况，如图 3.5 所示。

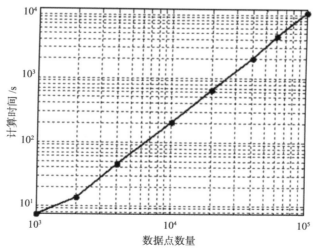

图 3.5　FWASC 算法随双螺旋线样本数增加的计算时间变化曲线

3.6.2　实际数据

应用两类数据集来进行实验。

第一类是 UCI 数据：Wine、Balance、Iris、Segment 和 Pendigits。

第二类是图像数据：手写体数据集、人脸数据集和目标识别数据集。其中手写体数据集包括 MNIST[37]、Opdigits 和 USPS；人脸数据集是 YaleB[38]；目标识别数据集是 Caltech31 图像集[39]。所有这些数据的基本属性如表 3.3 所示。

表 3.3　各种数据集的基本属性

数据集	样本数目	特征维数	聚类数目
Wine	178	13	3
Balance	625	4	3
Iris	150	4	3
Segment	2310	19	7
Pendigit-test	3498	16	10
Pendigit-train	7494	16	10
Optdigits389	1151	8×8=64	3
YaleB3	1755	30×40=1200	3
USPS0123	3588	16×16=256	4
USPS-test	2007	16×16=256	10
USPS-train	7291	16×16=256	10
MNIST0123	20000	28×28=784	4
Caltech4	3479	4200	4

MNIST 手写体数据集包括60000个样本的训练集和10000个样本的测试集（该数据集被应用到后面的谱嵌入实验中，简写为 MNIST-10K）。对该数据集，本节首先取训练集中的各个数字的前 500 个样本，进行数字"3"与其余 9 个数字的两类聚类实验。然后取数字"0"、"1"、"2"和"3"各 5000 样本作为四类聚类数据，简记为 MNIST0123。

Caltech101 图像集为在计算机视觉领域被广泛应用的一个目标识别数据集。本章采用该数据集的四类子集用于聚类实验，包括 1155 张轿车图像、1074 张飞机图像、450 张人脸图像和 800 张摩托车图像，简记为 Caltech4。由于那些图像的分辨率大小不一致，无法直接应用于聚类。因此，本章采用 Lazebnik 等[40]的方法来对数据集进行处理。首先对图像进行均匀格子划分，然后应用 SIFT 算子提取特征，并采用 K 均值进行量化得到长度为 200 的字典，最后由三层金字塔结构得到长度为 4200 维的图像表示向量。

3.6.3　评价指标

对实际数据的实验，本章设置聚类数目等于数据集的类别数，并采用两种通用的评价指标来衡量各种聚类算法的聚类质量，它们分别是聚类准确率与标准互信息，并如下列定义所述。

定义 3.4　聚类准确率(clustering accuracy，ACC)定义为[41]

$$ACC = \frac{\sum_{i=1}^{n} \delta(\hat{c}_i, \text{map}(c_i))}{n} \tag{3.35}$$

式中，c_i 和 $\hat{c}_i$ 分别为聚类算法得到数据点 x_i 的标签与实际标签；$\delta(x,y)$ 为 delta 函数，即如果 $x = y$，则 $\delta(x,y) = 1$，否则 $\delta(x,y) = 0$；$\text{map}(\cdot)$ 为最优映射函数，应用 Hungarian 算法[42]来匹配实际标签与聚类算法得到的标签。聚类准确率越高，表明聚类算法的聚类质量越好。

定义 3.5　标准互信息(normalized mutual information，NMI)定义为[43]

$$NMI = \frac{MI(\hat{C}, C)}{\max(H(\hat{C}), H(C))} \tag{3.36}$$

式中，C 和 $\hat{C}$ 分别为聚类算法获得的标签集与实际的标签集；$MI(\hat{C}, C)$ 为 $\hat{C}$ 和 C 的互信息；$H(C)$ 和 $H(\hat{C})$ 分别为 C 和 $\hat{C}$ 的信息熵。式(3.36)定义的 NMI 一般可通过如下所述的近似计算得到：

$$NMI = \frac{\sum_{i=1}^{|C|}\sum_{j=1}^{|C|} n_{i,j} \, \text{lb}\left(\dfrac{n \cdot n_{i,j}}{n_i \hat{n}_j}\right)}{\sqrt{\left(\displaystyle\sum_{i=1}^{|C|} n_i \, \text{lb}\dfrac{n_i}{n}\right)\left(\displaystyle\sum_{j=1}^{|C|} \hat{n}_j \, \text{lb}\dfrac{\hat{n}_j}{n}\right)}} \tag{3.37}$$

式中，n_i 和 $\hat{n}_j$ 分别表示 C 与 $\hat{C}$ 中第 i 类的样本数目($1 \leqslant i \leqslant k$)；$n_{i,j}$ 为第 i 个类簇中属于实际的第 j 类的样本数目。标准互信息越大，表明聚类算法的聚类质量也越好。

3.6.4　比较算法

把本章提出的快速密度加权低秩近似谱聚类算法在实际数据上的聚类结果与已有的 6 种相关聚类算法进行比较，且所有结果都是 50 次实验的平均值。

近邻传播聚类算法：参数偏执值 P 设置为相似度矩阵 S 的中位数，然后应用二分法操作得到最终的聚类结果。

谱聚类算法[4]：高斯函数式(3.1)的尺度因子 σ 应用格子法寻找得到，其范围为 $\{4^{-3}\sigma_0, 4^{-2}\sigma_0, \cdots, 4^3\sigma_0\}$，其中 σ_0 为所有样本间距离的均值。

自适应调整谱聚类算法[17](SSC)：该算法的尺度因子 σ_i 设置为数据点 x_i 到其

第 7 最近邻的距离。

Nyström 近似谱聚类方法[8](NASC)：该算法的采样点数目也是由格子法寻找，其范围为 $\{2k,3k,\cdots,10k\}$；该算法的尺度因子 σ 如 SC 相同地进行设置。

基于 K 均值的密度加权近似谱聚类算法[10](KWASP)和基于局部 K 均值快速近似谱聚类算法[12](KASP)：它们应用 K 均值算法得到的采样点数目也是由格子法寻找，其范围为 $\{2k,3k,\cdots,10k\}$；而尺度因子也如 SC 相同地进行设置。

提出的快速密度加权低秩近似谱聚类算法(FWASC)：最近邻数目由范围 $\{5,10,15,\cdots,60\}$ 确定；代表点数目由偏执值在范围 $\{9P_2^0,8P_2^0,\cdots,P_2^0\}$ 内调整得到；伸缩因子 ρ 的调整范围为 $\{1/64,1/32,\cdots,8\}$。

3.6.5　聚类结果

各种聚类算法在所有数据集上的聚类表现如表 3.4~表 3.7 所示，其中每个数据集获得的最好聚类结果用粗体标出。由此结果，可得出如下的结论。

(1) 在多数情况下，AP 聚类方法比其他的算法(除 NASC)表现要差。理由主要是大多数数据集，特别是图像数据集，一般分布都比球高斯混合要复杂很多。然而在一些低维的 UCI 数据集上取得了很不错的聚类结果。

(2) SSC 算法的聚类性能一般超过了 SC，而它们两者在图像数据集上的表现通常比 AP 聚类方法要好，这是由于那些图像数据集一般都具有潜在的低维流形结构，而传统的欧氏距离无法反映其固有的结构。

(3) NASC 一般表现最差，由于该方法采用随机均匀采样，追求效率与聚类性能的折中。

(4) KASP 与 KWASP 是两种快速谱聚类近似方法，其表现通常比 AP 聚类方法要好。此外，KASP 一般与 SC 的性能相似，而 KWASP 在一些数据集上的表现比 SSC 和 SC 都要好。

(5) 本章提出的 FWASC 算法通常比其他算法的性能更好，主要是由于该算法同时考虑了数据的局部与全局结构，并且给出采样算法获得的代表点具有很强的代表性，测度它们间的全局距离能准确地刻画数据空间的分布几何结构。这也充分说明了数据潜在的几何结构信息对聚类问题是非常有用的[41]。

此外，用一个实验来展示本章提出的 FWASC 算法的效率，同时还给出了其聚类错误率（即 1-ACC），其中选用 MNIST 手写体训练集中较难分辨的两个数字"6"和"8"进行实验。为了便于比较，同时也给出了其他主流聚类算法的聚类结果，如图 3.6 所示。由此可知，提出的 FWASC 算法的聚类错误率比 AP、SC、KWASP 和 KASP 都要小，且花费的时间与算法 KWASP、KASP 相当，比 SC 和 AP 两种算法快很多，特别随着样本数目的增加，速度快得越发显著。

表 3.4　MNIST 数据集两类数字的 ACC 聚类结果

数字	AP	SC	SSC	NASC	KASP	KWASP	FWASC
3-0	0.9390	0.9545	0.9595	0.8376	0.9286	0.9645	**0.9952**
3-1	0.5150	0.9640	0.9710	0.7807	0.9465	0.9668	**0.9923**
3-2	0.8550	0.8690	0.8650	0.7645	0.8589	0.8736	**0.9916**
3-4	0.9600	0.9703	0.9720	0.8531	0.9526	0.9741	**0.9876**
3-5	0.6820	0.6710	0.6740	0.6325	0.6720	0.6975	**0.7462**
3-6	0.9670	0.9790	0.9810	0.9029	0.9810	0.9850	**0.9960**
3-7	0.8840	0.9650	0.9650	0.8503	0.9512	0.9620	**0.9840**
3-8	0.5830	0.7642	0.7645	0.6617	0.7545	0.7598	**0.8875**
3-9	0.9060	0.9350	0.9370	0.8389	0.9174	0.9340	**0.9467**

表 3.5　MNIST 数据集两类数字的 NMI 聚类结果

数字	AP	SC	SSC	NASC	KASP	KWASP	FWASC
3-0	0.6885	0.7558	0.7630	0.4034	0.7593	0.7703	**0.9626**
3-1	0.0105	0.7863	0.8118	0.3789	0.7420	0.7925	**0.9461**
3-2	0.4095	0.4339	0.4333	0.2144	0.4108	0.4526	**0.9410**
3-4	0.7703	0.8271	0.8430	0.5853	0.8307	0.8430	**0.9002**
3-5	0.0984	0.0883	0.0920	0.0762	0.0933	0.1974	**0.2146**
3-6	0.7957	0.8533	0.8651	0.5997	0.8661	0.8917	**0.9664**
3-7	0.5037	0.7857	0.7845	0.4613	0.7205	0.7828	**0.8707**
3-8	0.0200	0.1974	0.2019	0.1076	0.2005	0.2357	**0.6533**
3-9	0.5554	0.6530	0.6742	0.4387	0.6201	0.6701	**0.7426**

表 3.6　各种聚类算法的 ACC 结果

数据集	AP	SC	SSC	NASC	KASP	KWASP	FWASC
Wine	0.7079	0.6524	0.7079	0.5451	0.6745	0.6787	**0.7216**
Balance	0.5520	0.5143	0.5451	0.5125	0.5169	0.5686	**0.6021**
Iris	0.9000	0.7667	0.8787	0.7618	0.8458	0.8556	**0.9080**
Digits389	0.8836	0.7837	0.8810	0.8074	0.9401	0.9389	**0.9785**
Pendigit-test	0.7293	0.6952	0.6877	0.6518	0.6959	0.6805	**0.7462**
Pendigit-train	—	—	—	0.7026	0.7051	0.6816	**0.7448**
YaleB3	0.9869	0.9358	0.9502	0.9594	0.9726	0.9733	**0.9903**
USPS0123	0.5435	0.8107	0.7842	0.7668	0.8436	0.8456	**0.8850**
Caltech4	0.7540	0.6215	0.7212	0.6079	0.4504	0.5047	**0.7872**
Segment	0.4944	0.4948	0.6347	0.5424	0.6309	0.5295	**0.6419**
USPS-test	0.5102	0.6327	0.6125	0.5069	0.6287	0.6202	**0.6863**
USPS-train	—	—	—	0.5886	0.6417	0.6448	**0.6939**
MNIST0123	—	—	—	0.6998	0.8760	0.8576	**0.8875**

表 3.7　各种聚类算法的 NMI 结果

数据集	AP	SC	SSC	NASC	KASP	KWASP	FWASC
Wine	0.4315	0.4158	0.4315	0.2110	0.4050	0.4344	**0.4430**
Balance	0.1554	0.1464	0.1557	0.1292	0.1305	0.1894	**0.2038**
Iris	0.7898	0.5825	0.7365	0.5420	0.7277	0.7690	**0.7972**
Digits389	0.6150	0.5264	0.6095	0.5294	0.7601	0.7541	**0.8993**
Pendigit-test	0.6950	0.6861	0.6799	0.6569	0.6896	0.6535	**0.7291**
Pendigit-train	—	—	—	0.6840	0.7115	0.6805	**0.7473**
YaleB3	0.9495	0.9193	0.9398	0.9313	0.9191	0.9547	**0.9665**
USPS0123	0.3456	0.5821	0.5473	0.6467	0.6510	0.6542	**0.7526**
Caltech4	0.6277	0.6339	0.6547	0.4835	0.2313	0.3086	**0.7294**
Segment	0.4785	0.4940	0.5680	0.5309	0.5658	0.5311	**0.6335**
USPS-test	0.4396	0.5695	0.5588	0.4956	0.5785	0.5730	**0.6637**
USPS-train	—	—	—	0.5634	0.6701	0.6742	**0.6864**
MNIST0123	—	—	—	0.5504	0.6615	0.6283	**0.7068**

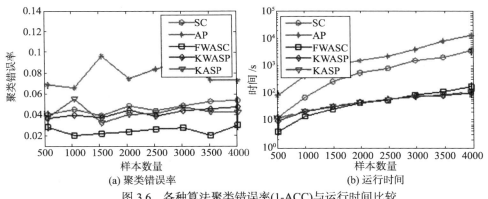

图 3.6　各种算法聚类错误率(1-ACC)与运行时间比较

3.6.6　参数稳定性分析

本章提出的快速密度加权低秩近似谱聚类算法主要有三个参数，它们分别是最近邻数目 t、快速两阶段 AP 采样算法第二阶段的偏执值 P_2 和局部距离的伸缩因子 ρ。随机选择两个数据集来测试 FWASC 聚类算法的参数稳定性，其中这两个数据集分别为 UCI 中的 Wine 和图像数据集中的 USPS0123。给出了聚类结果(包括 ACC 和 NMI)随参数选择不同的变化情况，如图 3.7 所示，其中选定其他两个参数为合适值。

由图 3.7 所示的结果可知，提出的 FWASC 聚类算法对于其参数选择具有很强的鲁棒性。具体地说，关于最近邻参数 t，只要其取值不是太大，图模型可较好地反映数据固有的几何流形结构，相应地具有较好的聚类精度。类似地，关于其他两个参数，只要其值不是取得太大或太小，提出的 FWASC 聚类算法都具有很好的聚类精度。

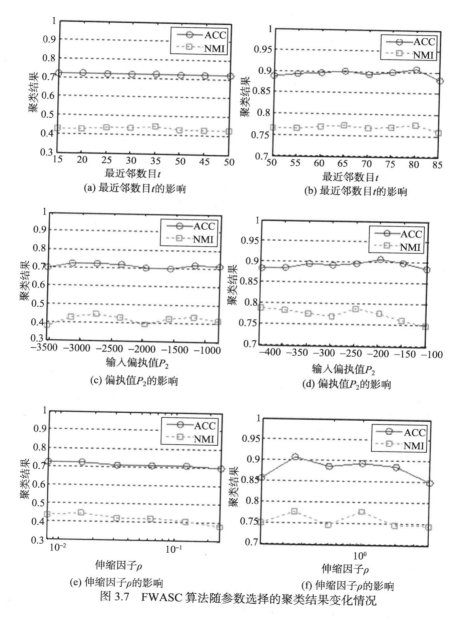

图 3.7　FWASC 算法随参数选择的聚类结果变化情况

3.6.7　谱嵌入

本章提出的快速密度加权低秩近似谱聚类算法与传统的谱聚类方法类似，可生成数据的低维表示。采用的实验数据为 MNIST-test(简称 MNIST-10K)数据集。比较的算法包括经典的主成分分析(PCA)、NASC 和 KWASP 等，其中后两种算法与提出的 FWASC 算法选择的采样点数目都设置为 $m_2 = 0.01 \cdot n$。四种算法对该图像数据集维数约简到二维的结果如图 3.8 所示。

由图 3.8 所示的结果可知，两种非线性方法 KWASP 和提出的 FWASC 的二维谱嵌入结果比线性降维方法 PCA 和另一种非线性方法 NASC 更好。另外，提出 FWASC 的降维结果明显地比 KWASP 的还要好，主要表现在数字"0"、"1"、"3"和"7"都分离更好。

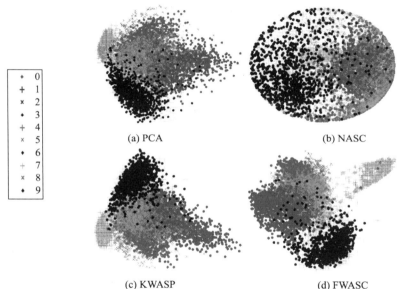

(a) PCA　　　　　　　　　　　(b) NASC

(c) KWASP　　　　　　　　　　(d) FWASC

图 3.8　各种算法对 MNIST-10K 数据集的二维谱嵌入结果

参 考 文 献

[1] JAIN A K, MURTY M N, FLYNN P J. Data clustering: A review[J]. ACM computing surveys (CSUR), 1999, 31(3): 264-323.
[2] XU R, WUNSCH D. Survey of clustering algorithms[J]. IEEE transactions on neural networks, 2005, 16(3): 645-678.
[3] DONATH W E, HOFFMAN A J. Lower bounds for the partitioning of graphs[J]. Ibm journal of research & development, 1973, 17(5):420-425.
[4] SHI J, MALIK J. Normalized cuts and image segmentation[J]. IEEE transactions on pattern analysis and machine intelligence, 2000, 22(8): 888-905.
[5] HAGEN L, KAHNG A B. New spectral methods for ratio cut partitioning and clustering[J]. IEEE transactions on computer-aided design of integrated circuits and systems, 1992, 11(9): 1074-1085.
[6] DING C H Q, HE X F, ZHA H Y, et al. A min-max cut algorithm for graph partitioning and data

clustering[C]// IEEE international conference on Data Mining, IEEE Computer Society, 2001: 107-114.

[7] CHAPELLE O, SCHOLKOPF B, ZIEN A. Semi-supervised learning [J]. IEEE transactions on neural networks, 2009, 20(3): 542-542.

[8] FOWLKES C, BELONGIE S, CHUNG F, et al. Spectral grouping using the Nyström method[J]. IEEE transactions on pattern analysis and machine intelligence, 2004, 26(2): 214-225.

[9] DRINEAS P, MAHONEY M W. On the Nyström method for approximating a Gram matrix for improved kernel-based learning[J]. Journal of machine learning research, 2005, 6: 2153-2175.

[10] ZHANG K, KWOK J T. Density-weighted Nyström method for computing large kernel eigensystems[J]. Neural computation, 2009, 21(1): 121-146.

[11] ZHANG K, TSANG I W, KWOK J T. Improved Nyström low-rank approximation and error analysis[C]//Proceedings of the 25th international conference on machine learning, 2008: 1232-1239.

[12] YAN D H, HUANG L, JORDAN M I. Fast approximate spectral clustering[C]//Proceedings of the 15th ACM SIGKDD international conference on knowledge discovery and data mining, 2009: 907-916.

[13] CHEN W Y, SONG Y Q, BAI H J, et al. Parallel spectral clustering in distributed systems[J]. IEEE transactions on pattern analysis and machine intelligence, 2011, 33(3): 568-586.

[14] LUXBURG U V. A tutorial on spectral clustering[J]. Statistics and computing, 2007, 17(4): 395-416.

[15] WEISS Y. Segmentation using eigenvectors: A unifying view[C]//proceedings of the seventh IEEE international conference on Computer Vision, IEEE Computer Society, 1999, 2: 975-982.

[16] NG A Y, JORDAN M I, WEISS Y. On spectral clustering: Analysis and an algorithm[J]. Advances in neural information processing systems, 2002, 2: 849-856.

[17] ZELNIK-MANOR L. Self-tuning spectral clustering[J]. Advances in neural information processing systems, 2004, 17: 1601-1608.

[18] FREY B J, DUECK D. Clustering by passing messages between data points[J]. Science, 2007, 315(5814): 972-976.

[19] KSCHISCHANG F R, FREY B J, LOELIGER H A. Factor graphs and the sum-product algorithm[J]. IEEE transactions on information theory, 2001, 47(2): 498-519.

[20] WILLIAMS C, SEEGER M. Using the Nyström method to speed up kernel machines[C]// Proceedings of the 14th annual conference on neural information processing systems, 2001 (EPFL-CONF-161322): 682-688.

[21] BELABBAS M A, WOLFE P J. Spectral methods in machine learning and new strategies for very large datasets[J]. Proceedings of the national academy of sciences, 2009, 106(2): 369-374.

[22] KUMAR S, MOHRI M, TALWALKAR A. Sampling methods for the Nyström method[J]. Journal of machine learning research, 2012, 13: 981-1006.

[23] BAKER C T H. The numerical treatment of integral equations[J]. State of the art in numerical analysis, 1999 (1): 473-509.

[24] ZHOU D, BOUSQUET O, LAL T N, et al. Learning with local and global consistency[J]. Advances in neural information processing systems, 2004, 16(16): 321-328.

[25] SHANG F H, JIAO L C, SHI J R, et al. Fast affinity propagation clustering: A multilevel approach[J]. Pattern recognition, 2012, 45(1): 474-486.

[26] CHAPELLE O, ZIEN A. Semi-supervised classification by low density separation[C]// AISTATS, 2005: 57-64.

[27] TENENBAUM J B, DE SILVA V, LANGFORD J C. A global geometric framework for nonlinear dimensionality reduction[J]. Science, 2000, 290(5500): 2319-2323.

[28] SHANG F H, JIAO L C, SHI J R, et al. Robust positive semidefinite L-Isomap ensemble[J]. Pattern recognition letters, 2011, 32(4): 640-649.

[29] JIA Y Q, WANG J D, ZHANG C S, et al. Finding image exemplars using fast sparse affinity propagation[C]//Proceedings of the 16th ACM international conference on multimedia, 2008: 639-642.

[30] SHANG F H, JIAO L C, SHI J R, et al. Fast density-weighted low-rank approximation spectral clustering[J]. Data mining and knowledge discovery, 2011, 23(2): 345-378.

[31] KUMAR S, MOHRI M, TALWALKAR A. Sampling techniques for the Nyström method[C]// Conference on artificial intelligence and statistics, 2009: 304-311.

[32] LIU T, MOORE A W, GRAY A, et al. An investigation of practical approximate nearest neighbor algorithms[C]//Advances in neural information processing systems, 2004: 825-832.

[33] DONOHO D L. Compressed sensing[J]. IEEE transactions on information theory, 2006, 52(4): 1289-1306.

[34] CANDES E J, ROMBERG J K, TAO T. Stable signal recovery from incomplete and inaccurate measurements[J]. Communications on pure and applied mathematics, 2006, 59(8): 1207-1223.

[35] BARANIUK R G, CEVHER V, WAKIN M B. Low-dimensional models for dimensionality reduction and signal recovery: A geometric perspective[J]. Proceedings of the IEEE, 2010, 98(6): 959-971.

[36] JOHNSON W B, LINDENSTRAUSS J. Extensions of Lipschitz mappings into a Hilbert space[J]. Contemporary mathematics, 1984, 26(189-206): 1.

[37] LECUN Y, CORTES C, BURGES C J C. The MNIST database of handwritten digits[J]. 1998.

[38] GEORGHIADES A S, BELHUMEUR P N, KRIEGMAN D J. From few to many: Illumination cone models for face recognition under variable lighting and pose[J]. IEEE transactions on pattern analysis and machine intelligence, 2001, 23(6): 643-660.

[39] LI F F, FERGUS R, PERONA P. Learning generative visual models from few training examples: An incremental Bayesian approach tested on 101 object categories[C]//Computer vision and pattern recognition workshop, 2004. CVPRW '04. conference on, 2004: 59-70.

[40] LAZEBNIK S, SCHMID C, PONCE J. Beyond bags of features: Spatial pyramid matching for recognizing natural scene categories[C]//2006 IEEE computer society conference on computer vision and pattern recognition (CVPR'06), 2006, 2: 2169-2178.

[41] WU M R, SCHÖLKOPF B. A local learning approach for clustering[C]//Advances in neural information processing systems, 2006: 1529-1536.

[42] PAPADIMITROU C H, STEIGLITZ K. Combinatorial optimization: Algorithms and complexity [J]. Prentice hall, 1982.

[43] STREHL A, GHOSH J. Cluster ensembles-a knowledge reuse framework for combining multiple partitions[J]. Journal of machine learning research, 2002, 3: 583-617.

附　　录

证明　令 $\bar{K} = PKP$ ，其中 $P = \mathrm{diag}\left(\left[\dfrac{|S_1|}{n}, \cdots, \dfrac{|S_{m_2}|}{n}, 1, \cdots, 1\right]\right) = \begin{bmatrix} P_1 & 0 \\ 0 & I_{n-m_2, n-m_2} \end{bmatrix}$ 和

$$K = \begin{bmatrix} W & A^{\mathrm{T}} \\ A & AW^{-1}A^{\mathrm{T}} \end{bmatrix}, \quad 则$$

$$\bar{D}^{-1/2}\bar{K}\bar{D}^{-1/2} = \bar{D}^{-1/2}PKP\bar{D}^{-1/2} = \bar{D}^{-1/2}\begin{bmatrix} P_1WP_1 & P_1A^{\mathrm{T}} \\ AP_1 & AW^{-1}A^{\mathrm{T}} \end{bmatrix}\bar{D}^{-1/2}$$

$$= \begin{bmatrix} \bar{D}_{1:m_2,1:m_2}^{-1/2}P_1WP_1\bar{D}_{1:m_2,1:m_2}^{-1/2} & \bar{D}_{1:m_2,1:m_2}^{-1/2}P_1A^{\mathrm{T}}\bar{D}_{1:m_2,1:m_2}^{-1/2} \\ \bar{D}_{m_2+1:n,m_2+1:n}^{-1/2}AP_1\bar{D}_{1:m_2,1:m_2}^{-1/2} & \bar{D}_{m_2+1:n,m_2+1:n}^{-1/2}AW^{-1}A^{\mathrm{T}}\bar{D}_{m_2+1:n,m_2+1:n}^{-1/2} \end{bmatrix}$$

令 $\bar{E} = \bar{D}_{1:m_2,1:m_2}^{-1/2}P_1WP_1\bar{D}_{1:m_2,1:m_2}^{-1/2} = \bar{D}_{1:m_2,1:m_2}^{-1/2}\bar{W}\bar{D}_{1:m_2,1:m_2}^{-1/2}$ 和 $\bar{F} = \bar{D}_{m_2+1:n,m_2+1:n}^{-1/2}AP_1\bar{D}_{1:m_2,1:m_2}^{-1/2} = \bar{D}_{m_2+1:n,m_2+1:n}^{-1/2}\bar{A}\bar{D}_{1:m_2,1:m_2}^{-1/2}$ ，则

$$\bar{D}_{m_2+1:n,m_2+1:n}^{-1/2}AW^{-1}A^{\mathrm{T}}\bar{D}_{m_2+1:n,m_2+1:n}^{-1/2}$$

$$= \bar{D}_{m_2+1:n,m_2+1:n}^{-1/2}AP_1\bar{D}_{1:m_2,1:m_2}^{-1/2}(\bar{D}_{1:m_2,1:m_2}^{1/2}P_1^{-1}W^{-1}P_1^{-1}\bar{D}_{1:m_2,1:m_2}^{1/2})\bar{D}_{1:m_2,1:m_2}^{-1/2}P_1A^{\mathrm{T}}\bar{D}_{m_2+1:n,m_2+1:n}^{-1/2}$$

$$= \bar{F}\bar{E}^{-1}\bar{F}^{\mathrm{T}}$$

$$\overline{D}^{-1/2}\overline{K}\overline{D}^{-1/2} = \begin{bmatrix} \overline{E} & \overline{F}^{\mathrm{T}} \\ \overline{F} & \overline{F}\,\overline{E}^{-1}\overline{F}^{\mathrm{T}} \end{bmatrix} = \begin{bmatrix} \overline{E} \\ \overline{F} \end{bmatrix}\overline{E}^{-1}\begin{bmatrix} \overline{E} & \overline{F}^{\mathrm{T}} \end{bmatrix}$$

而

$$\overline{D}^{-1/2}\overline{K}\overline{D}^{-1/2} = \begin{bmatrix} \overline{E} \\ \overline{F} \end{bmatrix}\overline{E}^{-1}\begin{bmatrix} \overline{E} & \overline{F}^{\mathrm{T}} \end{bmatrix}$$

$$= \left\{ \begin{bmatrix} \overline{E} \\ \overline{F} \end{bmatrix}\overline{E}^{-1/2}\overline{U}\,\overline{\Lambda}^{-1/2} \right\}\overline{\Lambda}\left\{ \overline{\Lambda}^{-1/2}\overline{U}^{\mathrm{T}}\overline{E}^{-1/2}\begin{bmatrix} \overline{E} & \overline{F}^{\mathrm{T}} \end{bmatrix} \right\}$$

$$= \overline{V}\,\overline{\Lambda}\overline{V}^{\mathrm{T}}$$

式中, $\overline{V} = \begin{bmatrix} \overline{E} \\ \overline{F} \end{bmatrix}\overline{E}^{-1/2}\overline{U}\,\overline{\Lambda}^{-1/2}$; $\overline{\Lambda}$ 为对角矩阵; $\overline{U}$ 为酉矩阵。

$$I = \overline{V}^{\mathrm{T}}\overline{V}$$

$$= \left\{ \overline{\Lambda}^{-1/2}\overline{U}^{\mathrm{T}}\overline{E}^{-1/2}\begin{bmatrix} \overline{E} & \overline{F}^{\mathrm{T}} \end{bmatrix} \right\}\left\{ \begin{bmatrix} \overline{E} \\ \overline{F} \end{bmatrix}\overline{E}^{-1/2}\overline{U}\,\overline{\Lambda}^{-1/2} \right\}$$

对上式左乘 $\overline{U}\,\overline{\Lambda}^{1/2}$, 再右乘 $\overline{\Lambda}^{1/2}\overline{U}^{\mathrm{T}}$ 得

$$\overline{U}\,\overline{\Lambda}\overline{U}^{\mathrm{T}} = \overline{E}^{-1/2}\begin{bmatrix} \overline{E} & \overline{F}^{\mathrm{T}} \end{bmatrix}\begin{bmatrix} \overline{E} \\ \overline{F} \end{bmatrix}\overline{E}^{-1/2} = \overline{E} + \overline{E}^{-1/2}\overline{F}^{\mathrm{T}}\overline{F}\overline{E}^{-1/2}$$

第4章 双图正则非负矩阵分解

4.1 引 言

随着计算机及网络技术的发展，人们可获取越来越多的高维数据，如文本与网页数据、图像与视频数据、物联网数据等。如何从海量的高维数据中及时挖掘出隐藏信息和有效数据，已成为现今机器学习、数据挖掘、信息检索、信号处理及数据分析等领域的研究热点。换句话说，如何通过维数约简技术获得数据有效的表示变得越来越重要，也更具挑战性，且要满足两个基本特性[1]：数据的维数得到一定程度的约简；可有效地识别出数据的重要成分、内在结构特征及隐变量等。其中矩阵分解技术通常被用来对大规模的数据进行处理，可大大降低数据的维数，同时节省存储和计算资源，如主成分分析、线性判别分析、QR 分解及奇异值分解(SVD)等。

然而上述各种低秩矩阵分解技术都对其因子矩阵或潜在结构没有数值符号的约束，即其元素取值可正可负，但在实际问题中负值元素往往缺乏物理意义[2]，如图像、基因数据等。结合非负约束的非负矩阵分解(NMF)方法提供了一种新的矩阵分解思路，可获得基于部分的数据表示。因为该分解方法具有符合数据的真实物理属性、可解释性强且符合人们对客观世界的认知规律[3, 4](整体的感知是由组成整体的部分的感知构成的)等优点，所以吸引了越来越多的研究者关注。

NMF 的思想最早可追溯到 1994 年 Paatero 等[5]提出的正矩阵分解(positive matrix factorization)的概念，但由于其算法较为复杂，该文并未引起广泛关注。Lee 等[6]于 1999 年在 Nature 上正式提出了 NMF 算法的基本概念框架，从理论上简洁地描述和定义了算法的目标函数，并结合非负交替最小二乘法和凸编码算法给出了简便实用的计算方法，最后将其应用到人脸识别和文本特征提取中。自此之后，人们对于 NMF 及其应用的研究逐渐开展起来。迄今为止，NMF 方法已被成功地应用于盲源信号分离、文本数据聚类、图像与文本数据表示、人脸识别、DNA 基因表达分析和光谱数据分析等。详细的理论分析内容及其相关的应用可参考文献[1]、[7]、[8]。另外，值得注意的是，NMF 方法与传统的 K 均值算法和谱聚类算法有着本质的联系[9-11]。

现有的 NMF 算法大体可分为四大类[1]：第一类是基本 NMF 算法，典型的代表为各种加速算法如投影梯度法[12]、牛顿法[13, 14]、积极集法[15]、分层交替最小二乘法[7, 8]、低秩近似法[16]等；第二类是约束 NMF 算法，典型的代表为图正则 NMF[17]、正交约束 NMF[18]、半监督 NMF[19]及鲁棒的 l_1 或 $l_{2,1}$ 约束 NMF[20, 21]等；第三类是结构 NMF 算法，如加权 NMF[22]和非负矩阵三分解[23]等；第四类是推广 NMF 算法，如非负张量分解[24, 25]和半非负矩阵分解[26]等。

近几年的研究表明，人们观测到的数据一般都分布在高维空间中的低维子流形上，并有大量的流形学习技术被提出，用于发现数据潜在的几何结构[27]，如 ISOMAP[28]、LLE[29]、拉普拉斯特征映射[30]等。这些流形学习方法的基本思想都是保持局部不变性，即近邻点应该有相似的数据表示。Cai 等[17]结合以上思想提出了一种图正则的非负矩阵分解算法，并取得了不错的聚类性能。也进一步表明了数据的空间结构信息可有效地提高学习的质量。然而该工作只考虑了数据空间的分布结构，而没有利用特征属性空间的结构信息，故本章提出了一种新的双图正则非负矩阵分解算法。

受启发于最近的双正则学习[31-33]及矩阵分解的思想，本章提出一种双图正则非负矩阵分解框架[34]。该框架同时考虑了数据流形和特征流形的几何结构，并分别在数据空间和特征空间创建两个近邻图来反映它们各自的分布流形结构。然后给出了一种双图正则非负矩阵分解模型，此外，本章还进一步对该模型进行推广，并提出了一种双图正则非负矩阵三分解模型。对以上两种模型，本章分别推导出了它们各自的交替迭代更新规则，并分别证明了它们的收敛性。

4.2 相关工作

4.2.1 非负矩阵分解

非负矩阵分解是一种非常有效的矩阵低秩逼近方法，它通过对非负矩阵进行非负因子分解得到数据的潜在特征。给定数据为 $X \in \mathbb{R}^{M \times N}$，非负矩阵分解的目的是把它分解为基因子 $U \in \mathbb{R}^{M \times R}$ 与低维表示因子 $V \in \mathbb{R}^{N \times R}$ 乘积的形式：

$$X \approx UV^{\mathrm{T}} \tag{4.1}$$

通常应用两种测度方式：Frobenius 范数(简称 F 范数)和 Kullback-Liebler (KL) 散度来度量式(4.1)逼近的程度，其中基于欧氏距离的目标函数为

$$J_{\mathrm{NMF}} = \sum_{i=1}^{N} \sum_{j=1}^{M} (X_{ij} - (UV^{\mathrm{T}})_{ij})^2 = \left\| X - UV^{\mathrm{T}} \right\|_F^2, \quad \text{s.t. } U \geqslant 0, V \geqslant 0 \tag{4.2}$$

式中，$\|\cdot\|_F$ 为 F 范数。同时文献[6]和[31]还给出了另一种基于 KL 散度的目标函数：

$$\tilde{J}_{\text{NMF}} = \sum_{i=1}^{N} \sum_{j=1}^{M} \left(X_{ij} \, \text{lb} \frac{X_{ij}}{(UV^{\text{T}})_{ij}} - X_{ij} + (UV^{\text{T}})_{ij} \right), \quad \text{s.t.} \ \ U \geqslant 0, V \geqslant 0 \qquad (4.3)$$

本章关注的重点在于基于 F 范数的目标函数表达形式，而基于 KL 散度的形式可由 F 范数情况简单类比得到，故下面没有涉及 KL 散度的形式。尽管目标函数式(4.2)是关于任何其中一个变量 U 或 V 的凸函数，但同时对两个变量 U 和 V 来说却是非凸函数。根据其 Karush-Kuhn-Tucker(KKT)最优条件，(U, V) 是式(4.2)的稳定点，当且仅当 (U, V) 满足：

$$\begin{aligned} &U \geqslant 0, \quad V \geqslant 0; \\ &\nabla_U J_{\text{NMF}} \geqslant 0, \quad \nabla_V J_{\text{NMF}} \geqslant 0; \\ &U \odot \nabla_U J_{\text{NMF}} = 0, \quad V \odot \nabla_V J_{\text{NMF}} = 0 \end{aligned} \qquad (4.4)$$

式中，$\odot$ 表示 Hadamard 乘积(或点乘)。

针对目标函数形式(4.2)，Lee 和 Seung 给出了如下的乘性迭代规则：

$$U_{ij} \leftarrow U_{ij} \frac{[XV]_{ij}}{[UV^{\text{T}}V]_{ij}}, \quad V_{ij} \leftarrow V_{ij} \frac{[X^{\text{T}}U]_{ij}}{[VU^{\text{T}}U]_{ij}} \qquad (4.5)$$

上述迭代算法式(4.5)可看成步长自学习的梯度下降算法，文献[35]还证明了该更新规则每次迭代后目标函数值为非增的，但没有证明其收敛于稳定点。随着研究的深入，研究人员对上述迭代算法进行了很多的改进与提高，如 Lin 在文献[36]中，对上述迭代规则进行了微小的改动，并证明了修改后的乘性迭代算法的极值点为稳定点，如此的修改技巧对本章的算法同样适用。另外，上述迭代算法式(4.5)的收敛速度也不尽如人意，随后有投影梯度法[12]及分层交替非负最小二乘法[7, 8]等更快速的算法被提出。

4.2.2 图正则非负矩阵分解

Cai 等[17]结合流形学习中的局部不变特性到非负矩阵分解中，并提出了一种图正则非负矩阵分解(graph regularized NMF，GNMF)算法，其目标函数为

$$\begin{aligned} &J_{\text{GNMF}} = \left\| X - UV^{\text{T}} \right\|_F^2 + \lambda \, \text{Tr}(V^{\text{T}}LV), \\ &\text{s.t.} \ \ U \geqslant 0, \quad V \geqslant 0 \end{aligned} \qquad (4.6)$$

式中，$\lambda \geqslant 0$ 为正则参数；$L = D - W$ 为图拉普拉斯矩阵，W 为构造图上连接边的权重矩阵，D 为对角度矩阵，$D_{ii} = \sum_j W_{ij}$。此外，Cai 等还给出如下的迭代求解规则：

$$U_{ij} \leftarrow U_{ij} \frac{[X^{\text{T}}V]_{ij}}{[UV^{\text{T}}V]_{ij}}, \quad V_{ij} \leftarrow V_{ij} \frac{[X^{\text{T}}U + \lambda WV]_{ij}}{[VU^{\text{T}}U + \lambda DV]_{ij}} \qquad (4.7)$$

4.2.3 双正则联合聚类

Gu 等[32]提出一种基于类似非负矩阵分解的双正则联合聚类(dual regularized co-clustering，DRCC)方法，其目标函数为如下的形式：

$$J_{\text{DRCC}} = \left\| X - GSF^{\text{T}} \right\|_F^2 + \lambda \operatorname{Tr}(F^{\text{T}} L_F F) + \mu \operatorname{Tr}(G^{\text{T}} L_G G), \tag{4.8}$$
$$\text{s.t.} \quad G \geqslant 0, \quad F \geqslant 0$$

式中，$\lambda, \mu \geqslant 0$ 为正则参数；因子矩阵 S 的元素符号可为任意的，既可为正数也可为负数；$L_F = D^F - W^F$ 为数据图的拉普拉斯矩阵，反映的是数据标签的平滑性；$L_G = D^G - W^G$ 为特征图的拉普拉斯矩阵，反映的是特征标签的平滑性。为了求解式(4.8)，Gu 等还给出了如下的交替迭代规则：

$$S = (G^{\text{T}}G)^{-1} G^{\text{T}} XF(F^{\text{T}}F)^{-1},$$
$$F_{ij} \leftarrow F_{ij} \sqrt{\frac{[\lambda W^F F + A^+ + FB^-]_{ij}}{[\lambda D^F F + A^- + FB^+]_{ij}}}, \tag{4.9}$$
$$G_{ij} \leftarrow G_{ij} \sqrt{\frac{[\lambda W^G G + P^+ + GQ^-]_{ij}}{[\lambda D^G G + P^- + GQ^+]_{ij}}}$$

式中，$A = X^{\text{T}} GS = A^+ - A^-$；$B = S^{\text{T}} G^{\text{T}} GS = B^+ - B^-$；$P = XFS^{\text{T}} = P^+ - P^-$；$Q = SF^{\text{T}} FS^{\text{T}} = Q^+ - Q^-$；$A_{ij}^+ = (|A_{ij}| + A_{ij})/2$；$A_{ij}^- = (|A_{ij}| - A_{ij})/2$。

4.3 双图正则非负矩阵分解方法

本节首先提出一种双图正则非负矩阵分解(dual regularized NMF，DNMF)模型，同时考虑了数据与特征属性的几何结构信息；然后又给出了一种乘性更新两因子矩阵的交替迭代更新规则；最后还提供了迭代算法的收敛性证明。下面先给出数据图与特征图的详细定义。

4.3.1 数据图与特征图

最近的研究表明[32-34]：不仅观测到的数据分布在一个低维子流形上，称之为数据流形，而且数据的特征也分布在一个低维子流形上，称之为特征流形。下面分别用两个近邻图来刻画数据流形与特征流形的几何结构，即数据图和特征图。

首先创建一个 k 最近邻的数据图，其中图的顶点集合为数据集 $\{X_{.,1}, \cdots, X_{.,N}\}$。为了避免高斯函数尺度参数选择的问题，本章选择 0-1 加权图，且该近邻图的权重矩阵如下述定义所示。

定义 4.1 数据图的权重矩阵定义为

$$[W^V]_{ij} = \begin{cases} 1, & X_{:,j} \in \mathcal{N}(X_{:,i}) \\ 0, & 其他 \end{cases} \qquad i,j = 1,\cdots,N \tag{4.10}$$

式中，$\mathcal{N}(X_{:,i})$ 为数据点 $X_{:,i}$ 的 k-最近邻集合。

数据图的图拉普拉斯矩阵为 $L_V = D^V - W^V$，其中 D^V 为对角度矩阵，即 $[D^V]_{ii} = \sum_j [W^V]_{ij}$。令 $V = [v_1^T, \cdots, v_N^T]^T \in \mathbb{R}^{N \times R}$ 为待求的低维数据表示，则该数据表示的平滑度为

$$\begin{aligned} \mathcal{S}_1 &= \frac{1}{2} \sum_{i,j=1}^N \| v_i - v_j \|^2 W^V = \sum_{i=1}^N v_i v_i^T D_{ii}^V - \sum_{i,j=1}^N v_i v_j^T W_{ij}^V \\ &= \mathrm{Tr}(V^T D^V V) - \mathrm{Tr}(V^T W^V V) = \mathrm{Tr}(V^T L_V V) \end{aligned} \tag{4.11}$$

类似地，本章也用 0-1 加权方式创建 k 最近邻的特征图，其中图的顶点集合为特征集 $\{X_{1,:}^T, \cdots, X_{M,:}^T\}$，且该近邻图的权重矩阵如下述定义所示。

定义 4.2 特征图的权重矩阵定义为

$$[W^U]_{ij} = \begin{cases} 1, & X_{j,:}^T \in \mathcal{N}(X_{i,:}^T) \\ 0, & 其他 \end{cases} \qquad i,j = 1,\cdots,M \tag{4.12}$$

另外，特征图的图拉普拉斯矩阵为 $L_U = D^U - W^U$。令 $U = [u_1^T, \cdots, u_M^T]^T \in \mathbb{R}^{M \times R}$ 为待求的基字典，则该基字典的平滑度为

$$\begin{aligned} \mathcal{S}_2 &= \frac{1}{2} \sum_{i,j=1}^M \| u_i - u_j \|^2 W^U = \sum_{i=1}^M u_i u_i^T D_{ii}^U - \sum_{i,j=1}^M u_i u_j^T W_{ij}^U \\ &= \mathrm{Tr}(U^T D^U U) - \mathrm{Tr}(U^T W^U U) = \mathrm{Tr}(U^T L_U U) \end{aligned} \tag{4.13}$$

4.3.2 DNMF 模型

基于以上创建的两个数据图与特征图，本章提出一种双图正则的非负矩阵分解模型，其目标函数为

$$\begin{aligned} J_{\mathrm{DNMF}} &= \| X - UV^T \|_F^2 + \lambda \mathrm{Tr}(V^T L_V V) + \mu \mathrm{Tr}(U^T L_U U), \\ &\quad \text{s.t. } U \geqslant 0, \quad V \geqslant 0 \end{aligned} \tag{4.14}$$

式中，$\lambda, \mu \geqslant 0$ 为正则参数，用于平衡第一项即重建误差项与第二和第三正则项。当 $\mu = 0$ 时，该双图正则非负矩阵分解式(4.14)退化为 Cai 等[17]提出的图正则非负矩阵分解式(4.6)；而当 $\lambda = \mu = 0$ 时，该双图正则非负矩阵分解式(4.14)退化为传统的非负矩阵分解式(4.2)。

4.3.3　迭代更新规则

双图正则非负矩阵分解式(4.14)是关于两个变量 U 和 V 的非凸函数，因此求取其全局最优解是不现实的。为此，本章给出了一种交替迭代求解算法，即固定其中一个变量为最新值，最小化关于另一个变量的凸优化问题，如此交替地最小化求解，从而得到问题的稳定点或局部极值点。

由矩阵的两个性质 $\mathrm{Tr}(AB)=\mathrm{Tr}(BA)$ 和 $\mathrm{Tr}(A)=\mathrm{Tr}(A^{\mathrm{T}})$，提出的式(4.14)可重写为

$$
\begin{aligned}
J_{\mathrm{DNMF}} &= \mathrm{Tr}\left((X-UV^{\mathrm{T}})(X-UV^{\mathrm{T}})^{\mathrm{T}}\right)+\lambda\,\mathrm{Tr}(V^{\mathrm{T}}L_V V)+\mu\mathrm{Tr}(U^{\mathrm{T}}L_U U)\\
&= \mathrm{Tr}(XX^{\mathrm{T}})-2\mathrm{Tr}(XVU^{\mathrm{T}})+\mathrm{Tr}(UV^{\mathrm{T}}VU^{\mathrm{T}})+\lambda\,\mathrm{Tr}(V^{\mathrm{T}}L_V V)+\mu\mathrm{Tr}(U^{\mathrm{T}}L_U U)
\end{aligned}
\tag{4.15}
$$

令 Ψ_{ij} 和 Φ_{kj} 分别为约束 $U_{ij}\geqslant 0$ 和 $V_{kj}\geqslant 0$ 对应的拉格朗日乘子，则模型(4.14)的拉格朗日函数 $\mathcal{L}_1$ 为如下的形式：

$$
\begin{aligned}
\mathcal{L}_1 &= \mathrm{Tr}(XX^{\mathrm{T}})-2\mathrm{Tr}(XVU^{\mathrm{T}})+\mathrm{Tr}(UV^{\mathrm{T}}VU^{\mathrm{T}})+\lambda\,\mathrm{Tr}(V^{\mathrm{T}}L_V V)+\mu\mathrm{Tr}(U^{\mathrm{T}}L_U U)\\
&\quad +\mathrm{Tr}(\Psi U^{\mathrm{T}})+\mathrm{Tr}(\Phi V^{\mathrm{T}})
\end{aligned}
\tag{4.16}
$$

1. 更新变量 U

对上述拉格朗日函数 $\mathcal{L}_1$ 关于变量 U 求导可得

$$
\frac{\partial \mathcal{L}_1}{\partial U}=-2XV+2UV^{\mathrm{T}}V+2\mu L_U U+\Psi
\tag{4.17}
$$

由 KKT 最优性条件 $\Psi_{ij}U_{ij}=0$，可得

$$
[-XV+UV^{\mathrm{T}}V+\mu L_U U]_{ij}U_{ij}=0
\tag{4.18}
$$

又由 $L_U = D^U-W^U$，且 W^U 和 D^U 的元素都为非负值，上述式(4.18)可重写为

$$
[-XV+UV^{\mathrm{T}}V+\mu D^U U-\mu W^U U]_{ij}U_{ij}=0
\tag{4.19}
$$

由此可得变量 U 的更新迭代公式为

$$
U_{ij}\leftarrow U_{ij}\frac{[XV+\mu W^U U]_{ij}}{[UV^{\mathrm{T}}V+\mu D^U U]_{ij}}
\tag{4.20}
$$

2. 更新变量 V

对拉格朗日函数 $\mathcal{L}_1$ 关于变量 V 求导可得

$$
\frac{\partial \mathcal{L}_1}{\partial V}=-2X^{\mathrm{T}}U+2VU^{\mathrm{T}}U+2\lambda L_V V+\Phi
\tag{4.21}
$$

再由 KKT 最优性条件 $\Phi_{kj}V_{kj}=0$，可得

$$
[-X^{\mathrm{T}}U+VU^{\mathrm{T}}U+\lambda L_V V]_{kj}V_{kj}=0
\tag{4.22}
$$

由 $L_V = D^V - W^V$ ，且 W^V 和 D^V 的元素都为非负值，上述式(4.22)可重写为

$$[-X^{\mathrm{T}}U + VU^{\mathrm{T}}U + \lambda D^V V - \lambda W^V V]_{kj} V_{kj} = 0 \tag{4.23}$$

由此可得变量 V 的更新迭代公式为

$$V_{kj} \leftarrow V_{kj} \frac{[X^{\mathrm{T}}U + \lambda W^V V]_{kj}}{[VU^{\mathrm{T}}U + \lambda D^V V]_{kj}} \tag{4.24}$$

4.3.4　收敛性分析

下面对提出的两个迭代更新规则[式(4.20)和式(4.24)]的收敛性进行分析，并给出如下的定理。

定理 4.1　对于给定的数据 $X \in \mathbb{R}^{M \times N}$ 及任意的初始值 $U \in \mathbb{R}^{M \times R}, V \in \mathbb{R}^{N \times R} \geqslant 0$ ，提出的交替迭代更新规则[式(4.20)和式(4.24)]可使得式(4.14)的目标函数值单调下降。

上述定理的详细证明部分见附录 A。该定理的证明思路与传统 NMF[35]及图正则 NMF[17]类似。虽然近期的研究工作表明了文献[31]中的交替迭代规则，式(4.5)有时无法收敛到一个稳定点，但对其迭代更新规则，式(4.5)进行微小的改动后，可证明修改后的乘性迭代算法收敛于稳定点[36]。如同传统 NMF 及图正则 NMF，本章提出的交替迭代更新规则[式(4.20)和式(4.24)]也可进行类似上述的改动，并保证改动的算法收敛于稳定点。

综上所述，提出的交替迭代更新规则[式(4.20)和式(4.24)]也可看成步长自学习的梯度下降算法，且定理 4.1 保证了该迭代算法收敛于一个局部极值点。当算法满足迭代停止准则后，本章对计算得到的两个因子矩阵进行如下的变换：

$$U_{ij} \leftarrow \frac{U_{ij}}{\sqrt{\sum_i U_{ij}^2}} \text{ 和 } V_{kj} \leftarrow V_{kj} \sqrt{\sum_i U_{ij}^2} \tag{4.25}$$

即对因子矩阵 U 列长度归一化为 1，再对因子矩阵 V 进行相应的变化。

4.4　双图正则非负矩阵三分解

本节首先对前面给出的双图正则非负矩阵分解模型式(4.14)进行拓展，又提出了一种双图正则非负矩阵三分解(dual regularized non-negative matrix tri-factorization, DNMTF)模型，该模型也同时考虑了数据流形与特征流形的几何结构；然后提供了一种三因子矩阵的交替迭代更新规则；最后还给出了该迭代算法的收敛性证明。

4.4.1　DNMTF 模型

结合数据流形与特征流形的双图正则，提出了一种新的双图正则非负矩阵三分解模型，其目标函数如下所示：

$$J_{\mathrm{DNMTF}} = \left\| X - USV^{\mathrm{T}} \right\|_F^2 + \lambda \, \mathrm{Tr}(V^{\mathrm{T}} L_V V) + \mu \mathrm{Tr}(U^{\mathrm{T}} L_U U),$$
$$\text{s.t.} \ \ U \geqslant 0, \ \ S \geqslant 0, \ \ V \geqslant 0 \tag{4.26}$$

式中，$\lambda, \mu \geqslant 0$ 为两个正则参数，也用于平衡上式中第一项即重构误差项与第二和第三正则项。当 $\mu = 0$ 时，该双图正则非负矩阵三分解模型，式(4.26)退化为数据图正则非负矩阵三分解模型；而当 $\lambda = \mu = 0$ 时，该双图正则非负矩阵三分解模型，式(4.26)退化为文献[18]中的传统非负矩阵三分解模型。

4.4.2　迭代规则

上述的双图正则非负矩阵三分解模型，式(4.26)是关于三个变量 U、S 和 V 的非凸函数，因此求取其全局最优解也是不现实的。下面给出了一种三因子矩阵交替迭代求解算法，即固定其中两个变量，最小化关于剩余一个变量的凸优化问题，如此交替地最小化求解，从而得到问题的稳定点或局部极值点。

由矩阵的两个性质 $\mathrm{Tr}(AB)=\mathrm{Tr}(BA)$ 和 $\mathrm{Tr}(A)=\mathrm{Tr}(A^{\mathrm{T}})$ 提出的模型，式(4.26)可重写为

$$\begin{aligned} J_{\mathrm{DNMTF}} &= \mathrm{Tr}\!\left((X - USV^{\mathrm{T}})(X - USV^{\mathrm{T}})^{\mathrm{T}} \right) + \lambda \, \mathrm{Tr}(V^{\mathrm{T}} L_V V) + \mu \mathrm{Tr}(U^{\mathrm{T}} L_U U) \\ &= \mathrm{Tr}(XX^{\mathrm{T}}) - 2\mathrm{Tr}(XVS^{\mathrm{T}}U^{\mathrm{T}}) + \mathrm{Tr}(USV^{\mathrm{T}}VS^{\mathrm{T}}U^{\mathrm{T}}) \\ &\quad + \lambda \, \mathrm{Tr}(V^{\mathrm{T}} L_V V) + \mu \mathrm{Tr}(U^{\mathrm{T}} L_U U) \end{aligned} \tag{4.27}$$

令 Ψ_{ij} 和 Φ_{kj} 分别为约束 $U_{ij} \geqslant 0$ 和 $V_{kj} \geqslant 0$ 对应的拉格朗日乘子，则模型，式(4.27)的拉格朗日函数 $\mathcal{L}_2$ 为如下的形式：

$$\begin{aligned} \mathcal{L}_2 &= \mathrm{Tr}(XX^{\mathrm{T}}) - 2\mathrm{Tr}(XVS^{\mathrm{T}}U^{\mathrm{T}}) + \mathrm{Tr}(USV^{\mathrm{T}}VS^{\mathrm{T}}U^{\mathrm{T}}) + \lambda \, \mathrm{Tr}(V^{\mathrm{T}} L_V V) \\ &\quad + \mu \mathrm{Tr}(U^{\mathrm{T}} L_U U) + \mathrm{Tr}(\Psi U^{\mathrm{T}}) + \mathrm{Tr}(\Phi V^{\mathrm{T}}) + \mathrm{Tr}(\Omega S^{\mathrm{T}}) \end{aligned} \tag{4.28}$$

1. 更新变量 S

对上述拉格朗日函数 $\mathcal{L}_2$ 关于变量 S 求导可得

$$\frac{\partial \mathcal{L}_2}{\partial S} = -2U^{\mathrm{T}}XV + 2U^{\mathrm{T}}USV^{\mathrm{T}}V + \Omega \tag{4.29}$$

由 KKT 最优性条件 $\Omega_{jl} S_{jl} = 0$，可得

$$[-U^{\mathrm{T}}XV + U^{\mathrm{T}}USV^{\mathrm{T}}V]_{jl} S_{jl} = 0 \tag{4.30}$$

由此可得变量 S 的更新迭代公式为

$$S_{jl} \leftarrow S_{jl} \frac{[U^{\mathrm{T}}XV]_{jl}}{[U^{\mathrm{T}}USV^{\mathrm{T}}V]_{jl}} \tag{4.31}$$

2. 更新变量 U

对拉格朗日函数 $\mathcal{L}_2$ 关于变量 U 求导可得

$$\frac{\partial \mathcal{L}_2}{\partial U} = -2XVS^{\mathrm{T}} + 2USV^{\mathrm{T}}VS^{\mathrm{T}} + 2\mu L_U U + \Psi \tag{4.32}$$

由 KKT 最优性条件 $\Psi_{ij}U_{ij} = 0$，可得

$$[-XVS^{\mathrm{T}} + USV^{\mathrm{T}}VS^{\mathrm{T}} + \mu L_U U]_{ij}U_{ij} = 0 \tag{4.33}$$

又由 $L_U = D^U - W^U$，且 W^U 和 D^U 的元素都为非负值，上述式(4.33)可重写为

$$[-XVS^{\mathrm{T}} + USV^{\mathrm{T}}VS^{\mathrm{T}} + \mu D^U U - \mu W^U U]_{ij}U_{ij} = 0 \tag{4.34}$$

由此可得变量 U 的更新迭代公式为

$$U_{ij} \leftarrow U_{ij} \frac{[XVS^{\mathrm{T}} + \mu W^U U]_{ij}}{[USV^{\mathrm{T}}VS^{\mathrm{T}} + \mu D^U U]_{ij}} \tag{4.35}$$

3. 更新变量 V

对拉格朗日函数 $\mathcal{L}_2$ 关于变量 V 求导可得

$$\frac{\partial \mathcal{L}_2}{\partial V} = -2X^{\mathrm{T}}US + 2VS^{\mathrm{T}}U^{\mathrm{T}}US + 2\lambda L_V V + \Phi \tag{4.36}$$

再由 KKT 最优性条件 $\Phi_{kj}V_{kj} = 0$，可得

$$[-X^{\mathrm{T}}US + VS^{\mathrm{T}}U^{\mathrm{T}}US + \lambda L_V V]_{kj}V_{kj} = 0 \tag{4.37}$$

由 $L_V = D^V - W^V$，且 W^V 和 D^V 的元素都为非负值，上述式(4.37)可重写为

$$[-X^{\mathrm{T}}US + VS^{\mathrm{T}}U^{\mathrm{T}}US + \lambda D^V V - \lambda W^V V]_{kj}V_{kj} = 0 \tag{4.38}$$

由此可得变量 V 的更新迭代公式为

$$V_{kj} \leftarrow V_{kj} \frac{[X^{\mathrm{T}}US + \lambda W^V V]_{kj}}{[VS^{\mathrm{T}}U^{\mathrm{T}}US + \lambda D^V V]_{kj}} \tag{4.39}$$

4.4.3 收敛性分析

下面对提出的三个迭代更新规则[式(4.31)、式(4.35)和式(4.39)]的收敛性进行分析，并给出如下的定理。

定理 4.2 对于给定的数据 $X \in \mathbb{R}^{M \times N}$ 及任意的三个初始值 $U \in \mathbb{R}^{M \times R}$，

$S \in \mathbb{R}^{R \times R}$，$V \in \mathbb{R}^{N \times R} \geqslant 0$，提出的交替迭代更新规则[式(4.31)、式(4.35)和式(4.39)]可使得式(4.26)的目标函数值单调下降。

上述定理的详细证明部分见附录 B。该定理的证明思路与传统非负矩阵三分解[18]及图正则 NMF[17]类似。本章提出的交替迭代更新规则[式(4.31)、式(4.35)和式(4.39)]也可看成步长自学习的梯度下降算法，且定理 4.2 保证了该迭代算法收敛于一个局部极小点。

4.4.4　复杂度分析

本章还讨论了提出的双图正则非负矩阵分解和双图正则非负矩阵三分解两种算法的计算时间复杂度。首先，创建数据图和特征图的时间复杂度共为 $O(N^2M + NM^2)$。因为双正则需要的数据图和特征图的加权矩阵 W^U 与 W^V 都为稀疏矩阵，所以两种算法的迭代求解计算复杂度都为 $O(tMNR)$，其中 t 为算法迭代次数，R 为数据的聚类数目。综上所述，两种算法总的时间复杂度都为 $O(N^2M + NM^2 + tMNR)$。

4.5　实　　验

本节用三类实验来测试提出的双图正则非负矩阵分解和双图正则非负矩阵三分解两种算法的性能，其中三类实验分别为 8 个 UCI 数据集、5 个图像数据集和一个雷达高分辨距离像(HRRP)数据集。另外，本节还讨论了两种算法的参数稳定性。

4.5.1　比较算法

与本章提出的两种算法进行比较的六种相关算法分别如下。

(1) K 均值(K-means)算法。

(2) 规范切(normalized cut，NCut)算法[37]：高斯函数的尺度因子搜索范围为 $\{10^{-3}, 10^{-2}, 10^{-1}, 1, 10, 10^2, 10^3\}$。

(3) 非负矩阵分解算法(NMF)[35]。

(4) 图正则非负矩阵分解算法(GNMF)[17]：在该算法实施中，本章采用 0-1 加权方式创建 k-最近邻图；而最近邻数目选择的范围为 $\{1, 2, \cdots, 10\}$。另外，正则参数 λ 的选择范围为 $\{0.1, 1, 10, 100, 500, 1000\}$。根据文献[38]，本章运用规范切版本的四种算法，包括 GNMF 算法、双正则联合聚类算法以及本章提出的两种算法，即令 $D = \mathrm{diag}(X^T X e)$，其中 e 为元素全为 1 的向量，而实施矩阵分解的数据为 $X' = X D^{-1/2}$。

(5) 双正则联合聚类算法(DRCC)[32]：在该算法实施中，它的所有参数设置与 GNMF 算法完全相同。为了简单，该算法的两个正则参数 λ 与 μ，以及两个稀疏图的最近邻数目设置也完全相同。

(6) 提出的双图正则非负矩阵分解(DNMF)和双图正则非负矩阵三分解 DNMTF 两种算法：为了公平地比较，两种算法的所有参数与比较算法 GNMF 和 DRCC 的设置完全相同。

在下面所有实验中，设置聚类数目都等于数据的类别数，并采用两种通用的评价指标来衡量各种聚类算法的聚类质量，它们分别为聚类准确率与标准互信息。

4.5.2 UCI 数据

首先在 8 个 UCI 基准数据集上测试了本章提出的 DNMF 和 DNMTF 两种算法的聚类性能，其中 8 个 UCI 数据集分别为 Glass、Heart、Vehicle、Wpbc、Wine、Soybean、SPECTF 和 Semeion，它们的基本属性如表 4.1 所示。

表 4.1   8 个 UCI 基准数据集的基本属性

数据集	样本数(N)	特征维数(M)	聚类数(R)
Glass	214	9	6
Heart	270	13	2
Vehicle	846	19	4
Wpbc	198	33	2
Wine	178	13	3
Soybean	47	35	4
SPECTF	267	45	2
Semeion	1593	256	10

提出的 DNMF 和 DNMTF 两种算法与 6 种相关的比较算法在 8 个 UCI 数据集上进行 50 次实验平均得到的聚类结果如表 4.2 和表 4.3 所示，包括聚类准确率和标准互信息，且把每个数据集对应的最好聚类结果用粗体显示。由表 4.2 和表 4.3 所示的结果可知，考虑了数据几何结构信息的几种方法如 NCut、GNMF、DRCC 及提出的 DNMF 和 DNMTF 算法都要比没有考虑数据几何结构信息的几种算法如 K-means、NMF 和 SNMF 的聚类质量好。另外，提出的 DNMF 和 DNMTF 两种算法在 ACC 和 NMI 两个指标上通常比其余的 6 种比较算法都要好。

表 4.2　各种算法在 8 个 UCI 基准数据集上的聚类准确率结果

数据集	K-means	NCut	NMF	SNMF	GNMF	DRCC	DNMF	DNMTF
Glass	0.5280	0.4902	0.2682	0.3827	0.4145	0.5047	0.5383	**0.5514**
Heart	0.5900	0.6074	0.6222	0.6222	0.6185	0.6076	**0.6259**	0.6188
Vehicle	0.4512	0.4533	0.4241	0.3757	0.4208	0.4349	**0.4965**	0.4663
Wpbc	0.5610	0.5758	0.5540	0.5571	0.5657	0.5677	**0.5859**	0.5768
Wine	0.6594	0.7079	0.6090	0.6034	0.6303	0.6853	**0.7247**	0.7078
Soybean	0.7014	0.7319	0.6915	0.6851	0.7468	0.7489	0.7434	**0.7872**
SPECTF	0.6255	0.5019	0.5543	0.5472	0.5880	0.6307	**0.6629**	0.6599
Semeion	0.5455	0.5061	0.4901	0.5579	0.6218	0.6306	0.6529	**0.6728**

表 4.3　各种算法在 8 个 UCI 基准数据集上的聚类标准互信息结果

数据集	K-means	NCut	NMF	SNMF	GNMF	DRCC	DNMF	DNMTF
Glass	0.3391	0.3535	0.0585	0.2452	0.2945	0.3282	0.3704	**0.3902**
Heart	0.0189	0.0315	0.0372	0.0371	0.0344	0.0319	**0.0377**	0.0374
Vehicle	0.1855	0.1791	0.1529	0.1126	0.1690	0.1879	**0.2393**	0.2184
Wpbc	0.0270	0.0161	**0.0312**	0.0302	0.0267	0.0093	0.0279	0.0283
Wine	0.4269	0.4315	0.2946	0.3139	0.2633	0.4353	0.4327	**0.4359**
Soybean	0.7146	0.7463	0.6847	0.7163	0.7521	0.7550	**0.7728**	0.7570
SPECTF	0.0898	**0.1494**	0.1218	0.1251	0.1063	0.0875	0.0848	0.0881
Semeion	0.4989	0.4685	0.4265	0.5060	0.6269	0.6379	0.6476	**0.6513**

另外,还给出了 DNMF 和 DNMTF 两种算法在 8 个 UCI 数据集上的收敛曲线,如图 4.1 所示,其中横坐标为两种算法的迭代次数,而纵坐标为两种算法

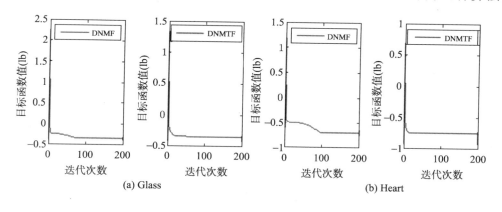

(a) Glass　　　　　　　　　　(b) Heart

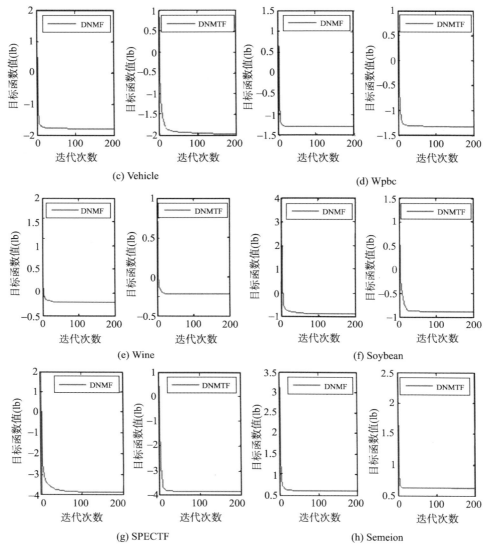

图 4.1　提出的 DNMF 和 DNMTF 两种算法在 UCI 数据集上的收敛曲线

对应目标函数的对数值，即 $\mathrm{lb}\,J_{\mathrm{DNMF}}$ 和 $\mathrm{lb}\,J_{\mathrm{DNMTF}}$。由图 4.1 所示的结果可知，提出的 DNMF 和 DNMTF 两种算法收敛速度都很快，一般在 100 次迭代内就能收敛。

4.5.3　图像数据

本章还测试了提出的 DNMF 和 DNMTF 两种算法在五个图像数据集上的聚类性能，其中五个图像数据集分别为 COIL20[39]、Optdigit、UMIST、ORL 和 JAFFE[40]，它们的基本属性如表 4.4 所示。

表 4.4　五个图像数据集的基本属性

数据集	样本数(N)	特征维数(M)	聚类数(R)
COIL20	1440	1024	20
Optdigit	3823	64	10
UMIST	575	2576	20
ORL	400	1024	40
JAFFE	213	4096	10

提出的DNMF和DNMTF两种算法与6种相关的比较算法在五个图像数据集上进行50次实验平均的聚类结果(包括聚类准确率和标准互信息)如表4.5和表4.6所示,并把每个数据集对应的最好聚类结果用粗体显示。由表4.2、表4.3、表4.5和表4.6所示的实验结果,可得出如下的结论。

表 4.5　各种算法在五个图像数据集上的聚类准确率结果

数据集	K-means	NCut	NMF	SNMF	GNMF	DRCC	DNMF	DNMTF
COIL20	0.5910	0.6387	0.5570	0.6237	0.6672	0.6756	0.6994	0.7361
Optdigit	0.7228	0.7670	0.7642	0.7351	0.7808	0.7916	0.8208	0.8036
UMIST	0.4207	0.4445	0.4069	0.4273	0.5687	0.5743	0.6052	0.5895
ORL	0.4750	0.5008	0.5485	0.4928	0.5380	0.5575	0.5630	0.5607
JAFFE	0.6845	0.7859	0.7249	0.7371	0.7667	0.7961	0.8122	0.8169

表 4.6　各种算法在五个图像数据集上的聚类标准互信息结果

数据集	K-means	NCut	NMF	SNMF	GNMF	DRCC	DNMF	DNMTF
COIL20	0.7354	0.7691	0.7097	0.7436	0.8147	0.8336	0.8502	0.8587
Optdigit	0.7254	0.7203	0.6902	0.7158	0.8220	0.8306	0.8435	0.8342
UMIST	0.6361	0.6385	0.5980	0.6336	0.7688	0.7769	0.7979	0.7934
ORL	0.7332	0.7193	0.7577	0.7062	0.7465	0.7737	0.7858	0.7757
JAFFE	0.8006	0.8546	0.8133	0.8332	0.8716	0.8768	0.8867	0.8806

(1) K-means、NMF和SNMF三种方法的聚类质量一般都比较差,这是由于它们都没有利用数据分布的几何结构信息。特别是图像数据集,它们的空间分布具有潜在的流形结构,远比球高斯等形式的分布更复杂。

(2) NCut、GNMF、DRCC和提出的DNMF和DNMTF两种算法一般比其他三种算法的聚类质量都好,而以上五种算法都合理地利用了数据的分布几何结构。这也充分说明了数据潜在的几何结构信息对聚类问题是非常有用的[41, 42]。

(3) DRCC和提出的DNMF和DNMTF两种算法一般比其余的五种算法的聚类质量更好，因为它们不但考虑了数据流形的几何结构信息，而且也利用了特征流形的结构信息，所以双正则的三种算法比NMF、SNMF和GNMF具有更强的判别能力。

(4) 提出的DNMF和DNMTF两种算法一致地比DRCC和GNMF算法的聚类性能更好，不论是聚类准确率指标还是标准互信息指标都更好。这也说明了DNMF和DNMTF两种算法能学习更有效的基于部分的数据表示。

为了更直观地观察提出的DNMF和DNMTF两种算法学习得到的基向量的稀疏性，显示了两种算法在COIL20图像数据集上学习得到的灰度基向量图像，如图4.2所示。同时还展示了三种类似方法(包括NMF、GNMF和DRCC)学习得到的基向量。由图4.2所示的结果可知，GNMF与提出的DNMF和DNMTF两种算法学习得到的基向量比其他两种算法更稀疏，也说明了它们能学习到更有效的基于部分的数据表示。

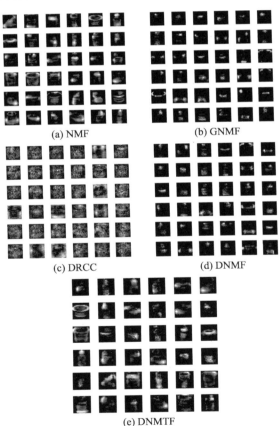

(a) NMF　　　　　　　　(b) GNMF

(c) DRCC　　　　　　　(d) DNMF

(e) DNMTF

图 4.2　各种算法在 COIL20 数据集上学习到的基图像

4.5.4　稳定性分析

提出的DNMF和DNMTF两种算法主要有三个参数：构造图的最近邻数 k 和两个正则参数 λ 与 μ。由于本章所有实验都设定两个正则参数为相同的数值，即 $\lambda=\mu$，故下面主要讨论DNMF和DNMTF两种算法关于两个参数的稳定性，也就是说固定一个参数为较优的值，按照参数设置部分的说明去变动另一个参数，给出两种算法的聚类准确率的变化情况，如图4.3和图4.4所示。另外，实验所用的数据为从UCI和图像数据中分别各选择两个数据集，它们分别是UCI中的SPECTF和Semeion数据集与图像数据中的COIL20和ORL数据集。

由图 4.3 和图 4.4 所示的结果，可得出如下的结论。

(1) 提出的 DNMF 和 DNMTF 两种算法的聚类准确率随着最近邻数取值过大而降低，这是由于过大的最近邻数生成的稀疏图不再能准确地反映数据固有的几何结构。

(2) 提出的 DNMF 和 DNMTF 两种算法对于两个正则参数来说是非常稳定的。当两个正则参数 λ 和 μ 取值都在 1~1000 范围时，两种算法都能取得非常好的聚类结果。

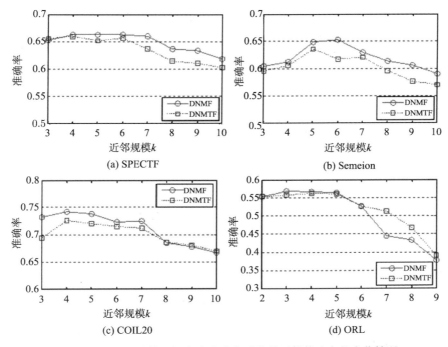

图 4.3　两种算法的聚类准确率随着最近邻数改变的变化情况

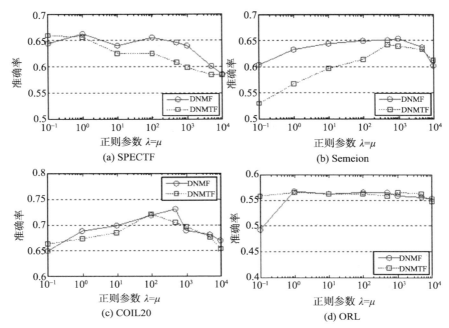

图 4.4 两种算法的聚类准确率随着正则参数改变的变化情况

4.5.5 雷达高分辨距离像数据

把本章提出的 DNMF 和 DNMTF 两种算法应用到雷达高分辨距离像数据的聚类问题中。高分辨距离像是高分辨雷达发射宽带雷达信号获取目标沿雷达视线散射点子回波投影的向量和幅值，包含了目标的结构信息，如散射中心位置、回波强度、散射中心的个数等[43-45]。采用的高分辨距离像数据集为航天部二院的逆合成孔径雷达(ISAR)实测飞机数据，即对安-26、雅克-42 和奖状三类飞机飞行实测的数据，其中测试飞机与雷达的各项参数如表 4.7 所示。根据数据的平移不变特性[46]，对每个距离像的能量谱归一化处理得到 128 维的向量。其中选择雅克-42 航迹中的第 1、3 和 4 段，安-26 航迹中的第 1~4 段，以及奖状航迹中的第 1~5 段数据作为实验数据，如图 4.5 所示。

提出的 DNMF 和 DNMTF 两种算法在雷达高分辨距离像数据上获得的聚类结果(包括聚类准确率和标准互信息)如图 4.6 所示。同时也提供了其他相关算法在该数据集的实验结果。由此可知，本章提出的 DNMF 和 DNMTF 两种算法在聚类准确率和标准互信息两个聚类指标上都一致地比其他 6 种算法更好，特别是 DNMF 算法显著地比其他各种算法好很多。

表 4.7　雷达高分辨距离像数据中飞机与雷达的各项参数

雷达参数	中心频率	5520MHz	
	信号带宽	400MHz	
	脉冲重复频率	400Hz	
	采样频率	10MHz	
飞机类型	长度/m	机宽/m	高度/m
雅克-42	36.38	34.88	9.83
安-26	23.80	29.20	9.83
奖状	14.40	15.90	4.57

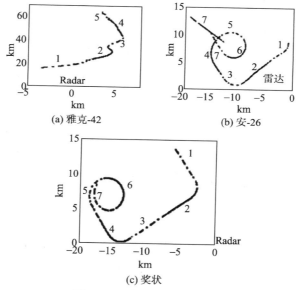

图 4.5　三类飞机的平面航迹

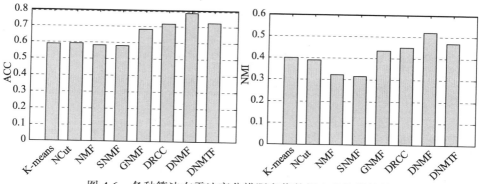

图 4.6　各种算法在雷达高分辨距离像数据上的聚类性能比较

参 考 文 献

[1] WANG Y X, ZHANG Y J. Nonnegative matrix factorization: A comprehensive review[J]. IEEE transactions on knowledge and data engineering, 2013, 25(6): 1336-1353.

[2] HEILER M, SCHNÖRR C. Learning sparse representations by non-negative matrix factorization and sequential cone programming[J]. Journal of machine learning research, 2006, 7: 1385-1407.

[3] BIEDERMAN I. Recognition-by-components: A theory of human image understanding[J]. Psychological review, 1987, 94(2): 115.

[4] ROSS D A, ZEMEL R S. Learning parts-based representations of data[J]. Journal of machine learning research, 2006, 7: 2369-2397.

[5] PAATERO P, TAPPER U. Positive matrix factorization: A non-negative factor model with optimal utilization of error estimates of data values[J]. Environmetrics, 1994, 5(2): 111-126.

[6] LEE D D, SEUNG H S. Learning the parts of objects by non-negative matrix factorization[J]. Nature, 1999, 401(6755): 788-791.

[7] BERRY M W, BROWNE M, LANGVILLE A N, et al. Algorithms and applications for approximate nonnegative matrix factorization[J]. Computational statistics & data analysis, 2007, 52(1): 155-173.

[8] CICHOCKI A, ZDUNEK R, PHAN A H, et al. Nonnegative Matrix and Tensor Factorizations: Applications to Exploratory Multi-way Data Analysis and Blind Source Separation[M]. New York: John Wiley & Sons, 2009.

[9] ZHA H Y, HE X F, DING C, et al. Spectral relaxation for k-means clustering[C]//Advances in neural information processing systems, 2001: 1057-1064.

[10] DHILLON I S, GUAN Y, KULIS B. Weighted graph cuts without eigenvectors a multilevel approach[J]. IEEE transactions on pattern analysis and machine intelligence, 2007, 29(11): 1944-1957.

[11] DING C, HE X F, SIMON H D. On the equivalence of nonnegative matrix factorization and spectral clustering[C]//SDM, 2005, 5: 606-610.

[12] LIN C J. Projected gradient methods for nonnegative matrix factorization[J]. Neural computation, 2007, 19(10): 2756-2779.

[13] KIM D, SRA S, DHILLON I S. Fast newton-type methods for the least squares nonnegative matrix approximation problem[C]// Siam international conference on data mining, Minneapolis, Minnesota, USA, 2007: 38-51.

[14] GONG P H, ZHANG C S. Efficient nonnegative matrix factorization via projected Newton method[J]. Pattern recognition, 2012, 45(9): 3557-3565.

[15] KIM H, PARK H. Nonnegative matrix factorization based on alternating nonnegativity constrained least squares and active set method[J]. SIAM journal on matrix analysis and applications, 2008, 30(2): 713-730.

[16] ZHOU G, CICHOCKI A, XIE S. Fast nonnegative matrix/tensor factorization based on low-rank approximation[J]. IEEE transactions on signal processing, 2012, 60(6): 2928-2940.

[17] CAI D, HE X, HAN J, et al. Graph regularized non-negative matrix factorization for data representation[J]. IEEE transactions on pattern analysis & machine intelligence, 2010, 33(8): 1548-1560.

[18] DING C, LI T, PENG W, et al. Orthogonal nonnegative matrix tri-factorization for clustering[C]// Proceedings of the 12th ACM SIGKDD international conference on knowledge discovery and data mining (KDD), 2006: 126-135.

[19] LIU H F, WU Z H, LI X L, et al. Constrained nonnegative matrix factorization for image representation[J]. IEEE transactions on pattern analysis and machine intelligence, 2012, 34(7): 1299-1311.

[20] KE Q, KANADE T. Robust L1 norm factorization in the presence of outliers and missing data by alternative convex programming[C]//2005 IEEE computer society conference on computer vision and pattern recognition (CVPR'05), 2005, 1: 739-746.

[21] KONG D G, DING C, Huang H. Robust nonnegative matrix factorization using l21-norm[C]// Proceedings of the 20th ACM international conference on information and knowledge management, 2011: 673-682.

[22] ZHANG S, WANG W H, FORD J, et al. Learning from incomplete ratings using non-negative matrix factorization[C]//Siam international conference on data mining, Bethesda, Md, USA, 2006: 549-553.

[23] WANG H, NIE F P, HUANG H, et al. Fast nonnegative matrix tri-factorization for large-scale data

co-clustering[C]//IJCAI proceedings-international joint conference on artificial intelligence, 2011, 22(1): 1553-1558.

[24] KOLDA T G, BADER B W. Tensor decompositions and applications[J]. SIAM review, 2009, 51(3): 455-500.

[25] ZAFEIRIOU S. Algorithms for nonnegative tensor factorization[M]//Tensors in Image Processing and Computer Vision. London: Springer-Verlag, 2009: 105-124.

[26] DING C H Q, LI T, JORDAN M I. Convex and semi-nonnegative matrix factorizations[J]. IEEE transactions on pattern analysis and machine intelligence, 2010, 32(1): 45-55.

[27] SHANG F H, JIAO L C, SHI J R, et al. Robust positive semidefinite L-Isomap ensemble[J]. Pattern recognition letters, 2011, 32(4): 640-649.

[28] TENENBAUM J B, DE SILVA V, LANGFORD J C. A global geometric framework for nonlinear dimensionality reduction[J]. Science, 2000, 290(5500): 2319-2323.

[29] ROWEIS S T, SAUL L K. Nonlinear dimensionality reduction by locally linear embedding[J]. Science, 2000, 290(5500): 2323-2326.

[30] BELKIN M, NIYOGI P. Laplacian eigenmaps and spectral techniques for embedding and clustering[C]//NIPS, 2001, 14: 585-591.

[31] SINDHWANI V, HU J Y, MOJSILOVIC A. Regularized co-clustering with dual supervision[C]//Advances in neural information processing systems, 2009: 1505-1512.

[32] GU Q Q, ZHOU J. Co-clustering on manifolds[C]//Proceedings of the 15th ACMSIGKDD international conference on knowledge discovery and data mining, 2009: 359-368.

[33] NARITA A, HAYASHI K, TOMIOKA R, et al. Tensor factorization using auxiliary information[J]. Data mining and knowledge discovery, 2012, 25(2): 501-516.

[34] SHANG F H, JIAO L C, WANG F. Graph dual regularization non-negative matrix factorization for co-clustering[J]. Pattern recognition, 2012, 45(6): 2237-2250.

[35] LEE D D, SEUNG H S. Algorithms for non-negative matrix factorization[C]//Advances in neural information processing systems, 2001: 556-562.

[36] LIN C J. On the convergence of multiplicative update algorithms for nonnegative matrix factorization[J]. IEEE transactions on neural networks, 2007, 18(6): 1589-1596.

[37] SHI J B, MALIK J. Normalized cuts and image segmentation[J]. IEEE transactions on pattern analysis and machine intelligence, 2000, 22(8): 888-905.

[38] XU W, LIU X, GONG Y H. Document clustering based on non-negative matrix factorization[C]//Proceedings of the 26th annual international ACM SIGIR conference on research and development in information retrieval, 2003: 267-273.

[39] NENE S A, NAYAR S K, MURASE H, et al. Columbia object image library (COIL-100)[J]. Columbia university, 1996.

[40] LYONS M J, BUDYNEK J, AKAMATSU S. Automatic classification of single facial images[J]. IEEE transactions on pattern analysis and machine intelligence, 1999, 21(12): 1357-1362.

[41] WU M R, SCHÖLKOPF B. A local learning approach for clustering[C]//Advances in neural information processing systems, 2006: 1529-1536.

[42] YANG Y, XU D, NIE F P, et al. Image clustering using local discriminant models and global integration[J]. IEEE transactions on image processing, 2010, 19(10): 2761-2773.

[43] PEI B N, BAO Z, XING M D. Logarithm bispectrum-based approach to radar range profile for automatic target recognition[J]. Pattern recognition, 2002, 35(11): 2643-2651.

[44] DU L, LIU H W, BAO Z, et al. Radar HRRP target recognition based on higher order spectra[J]. IEEE transactions on signal processing, 2005, 53(7): 2359-2368.

[45] CHAI J, LIU H W, BAO Z. Generalized re-weighting local sampling mean discriminant analysis[J]. Pattern recognition, 2010, 43(10): 3422-3432.

[46] XING M D, BAO Z, PEI B N. Properties of high-resolution range profiles[J]. Optical engineering, 2002, 41(2): 493-504.

附录 A (定理 4.1 的证明)

为了证明定理 4.1，需要证明目标函数式(4.14)在提出的交替更新规则[式(4.20)和式(4.24)]下为单调下降的。另外还利用类似于 EM 算法[47]中的辅助函数去证明其收敛性。考虑到两个变量 U 和 V 的对称性，下面只给出了其中一个更新规则的收敛性分析。

定义 4.3　当满足下列条件时：

$$G(u,u') \geqslant F(u) \text{ 和 } G(u,u) = F(u) \tag{4.40}$$

$G(u,u')$ 为 $F(u)$ 的一个辅助函数。

定理 4.3　若 G 为 F 的辅助函数，则函数 F 在如下的更新公式下为单调下降的：

$$u^{(t+1)} = \arg\min_u G(u,u^{(t)}) \tag{4.41}$$

证明　$F(u^{(t+1)}) \leqslant G(u^{(t+1)}, u^{(t)}) \leqslant G(u^{(t)}, u^{(t)}) = F(u^{(t)})$。

下面需要进一步说明求解变量 U 的更新公式(4.20)也等价于拥有合适辅助函数的更新公式(4.41)。令

$$F(U) = \left\| X - UV^{\mathrm{T}} \right\|_{\mathrm{F}}^2 + \mu \mathrm{Tr}(U^{\mathrm{T}} L_U U) \tag{4.42}$$

考虑到算法是基于元素运算的，由式(4.42)可得

$$F'_{ij} = \left[\frac{\partial F}{\partial U}\right]_{ij} = \left[-2XV + 2UV^{\mathrm{T}}V + 2\mu L_U U\right]_{ij}, \quad F''_{ij} = 2\left[V^{\mathrm{T}}V\right]_{jj} + 2\mu[L_U]_{ii}$$

定理 4.4　下面函数

$$
\begin{aligned}
G(U_{ij}, U_{ij}^{(t)}) = {} & F_{ij}(U_{ij}^{(t)}) + F'_{ij}(U_{ij}^{(t)})(U_{ij} - U_{ij}^{(t)}) \\
& + \frac{\left[UV^{\mathrm{T}}V + \mu D^U U\right]_{ij}}{U_{ij}^{(t)}}(U_{ij} - U_{ij}^{(t)})^2
\end{aligned}
\tag{4.43}
$$

为函数 F_{ij} 的辅助函数。

证明　令 $F_{ij}(U_{ij})$ 的 Taylor 展开序列为

$$F_{ij}(U_{ij}) = F_{ij}(U_{ij}^{(t)}) + F'_{ij}(U_{ij}^{(t)})(U_{ij} - U_{ij}^{(t)}) + \left\{\left[V^{\mathrm{T}}V\right]_{jj} + \mu[L_U]_{ii}\right\}(U_{ij} - U_{ij}^{(t)})^2$$

由式(4.43)可知，$G(U_{ij}, U_{ij}^{(t)}) \geqslant F_{ij}(U_{ij})$ 等价于

$$\frac{\left[UV^{\mathrm{T}}V + \mu D^U U\right]_{ij}}{U_{ij}^{(t)}} \geqslant \left[V^{\mathrm{T}}V\right]_{jj} + \mu\left[L_U\right]_{ii} \tag{4.44}$$

进一步得到：

$$\left[UV^{\mathrm{T}}V\right]_{ij} = \sum_{l=1}^{K} U_{il}^{(t)}\left[V^{\mathrm{T}}V\right]_{lj} \geqslant U_{ij}^{(t)}\left[V^{\mathrm{T}}V\right]_{jj}$$

$$\mu\left[D^U U\right]_{ij} = \mu\sum_{l=1}^{M} D_{il}^U U_{lj}^{(t)} \geqslant \mu D_{ii}^U U_{lj}^{(t)} \geqslant \mu\left[D^U - W^U\right]_{ii} U_{ij}^{(t)} = \mu\left[L_U\right]_{ii} U_{ij}^{(t)}$$

因此，可知不等式(4.44)成立，即 $G(U_{ij}, U_{ij}^{(t)}) \geqslant F_{ij}(U_{ij})$。

故 $G(U_{ij}, U_{ij}) = F_{ij}(U_{ij})$。

下面给出定理 4.1 的证明。

证明　把式(4.41)中 $G(U_{ij}, U_{ij}^{(t)})$ 代入式(4.43)可得

$$U_{ij}^{(t+1)} = U_{ij}^{(t)} - U_{ij}^{(t)}\frac{F_{ij}'(U_{ij}^{(t)})}{2\left[UV^{\mathrm{T}}V + \mu D^U U\right]_{ij}}$$

$$= U_{ij}^{(t)}\frac{[XV + \mu W^U U]_{ij}}{[UV^{\mathrm{T}}V + \mu D^U U]_{ij}}$$

因为式(4.43)为函数 F_{ij} 的辅助函数，所以 F_{ij} 在更新公式(4.20)下为单调下降的；又由变量 U 和 V 的对称性，对更新公式(4.24)可得到相同的结论。

附录 B (定理 4.2 的证明)

为了证明定理 4.2，同样需要证明目标函数式(4.26)在提出的交替更新规则[式(4.31)、式(4.35)和式(4.39)]下为单调下降的。由于变量 S 只在目标函数 J_{DNMTF} 的第一项中出现，另外本章提出关于 S 的迭代更新公式(4.31)又与文献[18]中 ONMTF 算法完全相同，因此，可由 ONMTF 算法的收敛性证明得到目标函数式(4.26)关于更新公式(4.31)是单调下降的结论。详细的证明过程可参见文献[18]。

另外，也利用辅助函数证明其收敛性。再考虑到两个变量 U 和 V 的对称性，下面也只给出了其中一个更新规则的收敛性。

令

$$F(U) = \left\|X - USV^{\mathrm{T}}\right\|_F^2 + \mu\mathrm{Tr}(U^{\mathrm{T}}L_U U) \tag{4.45}$$

由式(4.45)可得

$$F'_{ij} = \left[\frac{\partial F}{\partial U}\right]_{ij} = \left[-2XVS^{\mathrm{T}} + 2USV^{\mathrm{T}}VS^{\mathrm{T}} + 2\mu L_U U\right]_{ij}, \quad F''_{ij} = 2\left[SV^{\mathrm{T}}VS^{\mathrm{T}}\right]_{jj} + 2\mu\left[L_U\right]_{ii}$$

定理 4.5 下面函数

$$G(U_{ij}, U_{ij}^{(t)}) = F_{ij}(U_{ij}^{(t)}) + F'_{ij}(U_{ij}^{(t)})(U_{ij} - U_{ij}^{(t)}) + \frac{\left[USV^{\mathrm{T}}VS^{\mathrm{T}} + \mu D^U U\right]_{ij}}{U_{ij}^{(t)}}(U_{ij} - U_{ij}^{(t)})^2$$

$$(4.46)$$

为函数 F_{ij} 的辅助函数。

证明 令 $F_{ij}(U_{ij})$ 的 Taylor 展开序列为

$$F_{ij}(U_{ij}) = F_{ij}(U_{ij}^{(t)}) + F'_{ij}(U_{ij}^{(t)})(U_{ij} - U_{ij}^{(t)}) + \left\{\left[SV^{\mathrm{T}}VS^{\mathrm{T}}\right]_{jj} + \mu\left[L_U\right]_{ii}\right\}(U_{ij} - U_{ij}^{(t)})^2$$

由式(4.46)可知，$G(U_{ij}, U_{ij}^{(t)}) \geqslant F_{ij}(U_{ij})$ 等价于

$$\frac{\left[USV^{\mathrm{T}}VS^{\mathrm{T}} + \mu D^U U\right]_{ij}}{U_{ij}^{(t)}} \geqslant \left[SV^{\mathrm{T}}VS^{\mathrm{T}}\right]_{jj} + \mu\left[L_U\right]_{ii} \tag{4.47}$$

进一步得到：

$$\left[USV^{\mathrm{T}}VS^{\mathrm{T}}\right]_{ij} = \sum_{l=1}^{K} U_{il}^{(t)}\left[SV^{\mathrm{T}}VS^{\mathrm{T}}\right]_{lj} \geqslant U_{ij}^{(t)}\left[SV^{\mathrm{T}}VS^{\mathrm{T}}\right]_{jj}$$

$$\mu\left[D^U U\right]_{ij} = \mu\sum_{l=1}^{M} D_{il}^U U_{lj}^{(t)} \geqslant \mu D_{ii}^U U_{ij}^{(t)} \geqslant \mu\left[D^U - W^U\right]_{ii} U_{ij}^{(t)} = \mu\left[L_U\right]_{ii} U_{ij}^{(t)}$$

因此，可知不等式(4.47)成立，即 $G(U_{ij}, U_{ij}^{(t)}) \geqslant F_{ij}(U_{ij})$。

故 $G(U_{ij}, U_{ij}) = F_{ij}(U_{ij})$。

下面给出定理 4.2 的证明。

证明 把式(4.41)中 $G(U_{ij}, U_{ij}^{(t)})$ 代入式(4.46)可得

$$U_{ij}^{(t+1)} = U_{ij}^{(t)} - U_{ij}^{(t)}\frac{F'_{ij}(U_{ij}^{(t)})}{2\left[USV^{\mathrm{T}}VS^{\mathrm{T}} + \mu D^U U\right]_{ij}}$$

$$= U_{ij}^{(t)}\frac{[XVS^{\mathrm{T}} + \mu W^U U]_{ij}}{[USV^{\mathrm{T}}VS^{\mathrm{T}} + \mu D^U U]_{ij}}$$

因为式(4.46)是函数 F_{ij} 的辅助函数，所以 F_{ij} 在更新公式(4.35)下为单调下降的。又由变量 U 和 V 的对称性，对更新公式(4.39)可得到相同的结论。

第5章 学习鲁棒低秩矩阵分解

5.1 引 言

近几年，低秩子空间估计与分割吸引了众多领域(如机器学习、计算机视觉、统计分析、信号与图像处理等)研究者的关注与研究[1-6]。在这些领域里，很多观测数据如图像、监控视频、文本与网页数据等都具有很高的维数，从而导致"维数灾难"，这也使得推理、学习和识别等任务无法完成。虽然那些数据处在高维空间中，但其本征维数一般都比较低，并且数据样本点都分布于一个低维结构中(多个低维线性子空间或低维子流形)[2, 6-10]。

在高维数据分析中，子空间方法如主成分分析、线性判别分析和非负矩阵分解等到处可见，这主要由于子空间方法比较简单、便于实施且在实际问题中又非常有效。另外，利用核技巧变换到再生 Hilbert 空间，可扩展线性方法处理非线性问题。因此，有大量的子空间方法被提出，可同时分割数据样本到各自的子空间并建模每个类簇得到各自的低维子空间。如上所述的这类方法被称为子空间分割方法，已被成功地应用于很多实际问题中，如运动分割[2, 3, 11]、人脸聚类[6, 12, 13]、图像分割、图像表示与压缩、混合系统辨识等。

作为一类经典的数据分析技术，PCA 方法可揭露单子空间数据的隐藏结构。然而很多实际数据都分布于多个线性子空间中，且每个样本点隶属于某个子空间的关系也未知。最近几年，有很多更新的子空间分割技术，如广义 PCA[14](GPCA)方法等被提出。已有的大部分子空间分割方法可分为四类：第一类为代数方法；第二类为迭代方法[15]；第三类为统计方法[16, 17]；第四类为基于谱聚类的方法。上述各种方法的详细内容可参考文献[2]。

已有的子空间估计与分割方法经常会遇到的挑战性问题[3]是观测数据通常被噪声或奇异点所污染，有时还存在缺失数据的情况。为了解决这些问题，很多基于压缩感知理论和秩函数最小化的算法被提出。从本质上讲，那些算法都需要最小化一个非凸的优化问题，即 l_0 范数与秩函数的混合问题。为了有效地进行求解，通常采用的策略是把混合优化问题中 l_0 范数与秩函数部分各自放松为它们的凸包形式，即 l_1 范数与矩阵核范数(nuclear norm，又称为迹范数，trace norm)，并通过如此两个放松技术可得到一个凸优化问题[3, 6, 7, 11, 12]。众所周知，两个凸包形式：l_1

范数与矩阵核范数都有很强的能力分别诱导稀疏与低秩结构[18-20]。

本章的目的是寻找两个较小的矩阵,使得它们的乘积形式能很好地逼近给定的数据,而那些观测数据可能来自于单个线性子空间或多个线性子空间,同时还包含噪声或奇异点。与已有的低秩矩阵分解技术不同,提出的方法不但考虑了数据被少量较大噪声或奇异点污染的情况,而且能把稀疏的噪声成分分离出来。由最近矩阵分解[21-23]与子空间恢复[3, 6, 7, 19]的工作,本章给出了一种新的鲁棒低秩矩阵分解(low-rank matrix factorization, LRMF)框架处理子空间逼近与分割问题。首先,把矩阵二分解的思想分别引入到两个单子空间与多子空间核范数最小化模型中,进而把原始问题转化为较小规模的矩阵核范数最小化问题。然后提出了一种基于交替方向法(alternating direction method, ADM)的迭代算法去有效地求解多子空间核范数最小化问题。最后,把上述的优化迭代算法进行推广,进而能有效地求解单子空间数据分解与低秩矩阵填充问题。

5.2   相关工作及研究进展

若给定的受噪声污染数据 $X \in \mathbb{R}^{m \times n}$ 来自于一个单子空间,并假定只有少量的矩阵元素被严重破坏,即噪声为稀疏的但其幅值可任意大小,那么低秩结构矩阵 $X_0 \in \mathbb{R}^{m \times n}$ 的恢复可由如下所述的模型得到:

$$\min_{X_0, E} \text{rank}(X_0) + \lambda \|E\|_l, \quad \text{s.t.} \quad X = X_0 + E \tag{5.1}$$

式中,rank(·) 表示矩阵的秩函数;$\lambda > 0$ 为正则参数;$\|\cdot\|_l$ 为一种特定的正则策略,如用于对高斯噪声建模的 Frobenius 范数[3, 20],即 $\|\cdot\|_F$,用于处理少量较大幅值噪声的 l_0 范数[3, 19],及可有效处理奇异点的 $l_{2,0}$ 范数[6, 12, 13]等。上述的模型被很多文献称为鲁棒主成分分析,也有不少文献称之为稀疏加低秩矩阵分解,现已被成功地应用于文本数据挖掘[24]、视频监控[19, 25]、图像对齐[26]和低秩纹理[27]等。

然而上述的模型式(5.1)隐式地假设观测数据的潜在结构为一个低秩的线性子空间[2, 6, 7]。最近,有一种低秩加稀疏矩阵分解的拓展模型被提出,并被称为低秩表示模型[6, 13]。具体地,低秩表示模型可表述为如下的形式:

$$\min_{Z, E} \text{rank}(Z) + \lambda \|E\|_l, \quad \text{s.t.} \quad X = DZ + E \tag{5.2}$$

式中,$Z \in \mathbb{R}^{\bar{m} \times n}$ 被文献[13]称为给定数据 X 的最低秩表示;$D \in \mathbb{R}^{m \times \bar{m}}$ 为一个线性张成数据空间的字典,且 $\bar{m}$ 为字典中原子或基的个数。

令 $X_0 = DZ$,则有 $\text{rank}(X_0) \leq \min(\text{rank}(D), \text{rank}(Z))$,因此,上述的 LRR 模型[式(5.2)]也可看成把观测数据分解为一个低秩矩阵与一个稀疏矩阵和的形式,即

$X = X_0 + E$。另外，当字典 D 为单位矩阵时，LRR 模型退化为 RPCA 模型[式(5.1)]。换句话说，RPCA 模型可看成 LRR 模型的一种特例，而 LRR 模型能更好地处理多子空间数据。

　　上述的两种模型中都包含有秩函数项，而该项已被证明是一种很强的全局约束，并有很强诱导二维稀疏的能力[28]。但不幸的是，l_0 范数和秩函数天然的离散组合特性，导致上述的两种模型[式(5.1)和式(5.2)]都为 NP 难问题。然而最近的研究表明对于低秩加稀疏矩阵分解问题，只要低秩矩阵的秩不是太高而噪声项部分足够稀疏，由 l_0 范数和秩函数的凸包可得到精确恢复[26]。如同文献[19]的理论分析表明，在适当的条件下，RPCA 模型与下述问题的最优解相等：

$$\min_{X_0,E} \|X_0\|_* + \lambda \|E\|_1, \quad \text{s.t.} \quad X = X_0 + E \tag{5.3}$$

式中，$\|\cdot\|_*$ 表示矩阵的核范数，即所有奇异值的和；$\|E\|_1 = \sum_{i,j} |E_{ij}|$ 为噪声矩阵 E 的 l_1 范数。

　　对于观测到的多子空间数据，LRR 模型可转化为如下所述的形式[6, 13]：

$$\min_{Z,E} \|Z\|_* + \lambda \|E\|_{2,1}, \quad \text{s.t.} \quad X = XZ + E \tag{5.4}$$

式中，$\|E\|_{2,1} = \sum_{j=1}^{n} \sqrt{\sum_{i=1}^{m} E_{ij}^2}$ 为噪声矩阵 E 的 $l_{2,1}$ 范数，并选择数据 X 本身作为字典。文献[6]和[13]利用非精确增广拉格朗日乘子法[29]求解上述的问题模型式(5.4)，并应用计算得到的最优解 Z^* 通过如下的定义获得随后谱聚类算法[30]需要的相似度矩阵 W：

$$W = \|Z^*\| + \|(Z^*)^{\mathrm{T}}\| \tag{5.5}$$

另外，文献[31]给出了一种带有半正定(positive semi-definite，PSD)约束的 LRR 模型。然而上述的两类 LRR 模型和 RPCA 模型每次迭代都要对较大矩阵进行奇异值分解或特征值分解，因此那些算法都有很高的复杂度。虽然有些算法采用了部分奇异值分解或特征值分解的策略，且当涉及矩阵的秩很低时，它们的求解速度会比较快，但是它们都需要准确地估计出矩阵的秩，而矩阵秩的估计问题至今还是一个公开问题[32]。

　　启发 LRR 模型提出的稀疏表示也被成功应用于稀疏子空间分割[11]、人脸识别[33, 34]等，其中稀疏子空间分割算法通过如下的模型计算自我表示系数矩阵 Z：

$$\min_{Z,E} \|Z\|_1 + \lambda \|E\|_1, \quad \text{s.t.} \quad X = XZ, \quad \text{diag}(Z) = 0 \tag{5.6}$$

其中为了避免得到平凡解 $Z=I$，要求自我表示矩阵 Z 的对角元素为 0，即 $\mathrm{diag}(Z)=0$。文献[6]、[12]、[28]、[31]的研究表明了基于低秩表示框架的方法比基于稀疏表示的方法能更好发现数据的全局结构。

5.3　鲁棒低秩矩阵分解框架

低秩矩阵分解是科学计算及高维数据处理的一种重要工具。传统矩阵分解的方法主要有 QR 分解、LU 分解、奇异值分解、非负矩阵分解等。本章的目的是把观测到的被较大幅值噪声污染的数据 $X\in\mathbb{R}^{m\times n}$ 分解为两个较小矩阵乘积的形式：

$$X\approx LM^{\mathrm{T}} \tag{5.7}$$

式中，$L\in\mathbb{R}^{m\times d}$，且 $L^{\mathrm{T}}L=I$；$M\in\mathbb{R}^{n\times d}$，而 d 为数据矩阵秩的一个上界。当然还要求观测到的数据矩阵是低秩的，且噪声误差矩阵为稀疏的。

5.3.1　单子空间模型

假设给定数据矩阵 X 来自于一个单线性子空间，鲁棒低秩矩阵分解模型有如下的形式：

$$\min_{M,L,E}\left\|LM^{\mathrm{T}}\right\|_{*}+\lambda\|E\|_{l},\quad \mathrm{s.t.}\ \ X=LM^{\mathrm{T}},\quad L^{\mathrm{T}}L=I \tag{5.8}$$

引理 5.1　若 L 和 M 为两个大小合适的矩阵，且 $L^{\mathrm{T}}L=I$，则 $\left\|LM^{\mathrm{T}}\right\|_{*}=\|M\|_{*}$。

由上述的引理可知，$\left\|LM^{\mathrm{T}}\right\|_{*}=\|M\|_{*}$，再把该等式代入式(5.8)，可得到一个较小矩阵核范数最小化问题：

$$\min_{M,L,E}\|M\|_{*}+\lambda\|E\|_{l},\quad \mathrm{s.t.}\ \ X=LM^{\mathrm{T}},\quad L^{\mathrm{T}}L=I \tag{5.9}$$

5.3.2　多子空间模型

若观测到的数据矩阵 X 分布于多个线性子空间，那么鲁棒低秩矩阵分解模型变为如下所示的小规模矩阵核范数最小化问题：

$$\min_{M,L,E}\|M\|_{*}+\lambda\|E\|_{l},\quad \mathrm{s.t.}\ \ X=DLM^{\mathrm{T}}+E,\quad L^{\mathrm{T}}L=I \tag{5.10}$$

值得注意的是，单线性子空间模型[式(5.9)]可看成多线性子空间模型式(5.10)的一个特例，即当多子空间模型中的字典 D 为单位矩阵时，该模型就退化为单子空间模型。也就是说，推广的多线性子空间模型能更好地处理各种分布于多个子空间的混合数据。本章称上述的两个模型为双低秩模型，其中包括低秩矩阵分解与核范数最小化正则。下面重点给出一种基于交替方向法的迭代算法，从而有效地求解多线性子空间的非凸问题，并把该算法简单地进行推广，进而可有效地求解单子空间鲁棒低秩矩阵分解和低秩矩阵填充问题。

5.4　基于交替方向法的迭代算法

基于交替方向法(又称为非精确增广拉格朗日乘子法)框架，下面给出一种有效的迭代算法去求解提出的优化问题[式(5.10)]。首先引入两个辅助变量，把上述的优化问题[式(5.10)]转化为其等价的形式；然后提出一种有效的交替方向法迭代规则；最后再拓展该算法去求解单子空间问题和矩阵填充问题。

5.4.1　引入辅助变量

约束优化问题[式(5.10)]的部分增广拉格朗日函数为

$$
\begin{aligned}
&\mathcal{L}_\alpha\left(M,L,E,\Lambda\right)\\
&=\|M\|_* + \lambda\|E\|_l + \left\langle \Lambda,\left(X-DLM^{\mathrm{T}}-E\right)\right\rangle + \frac{\alpha}{2}\left\|X-DLM^{\mathrm{T}}-E\right\|_F^2
\end{aligned}
\tag{5.11}
$$

式中，$\Lambda\in\mathbb{R}^{m\times n}$ 为拉格朗日乘子；$\alpha>0$ 为惩罚因子；$\langle U,V\rangle$ 表示两个同样大小矩阵的内积，即 $\langle U,V\rangle=\sum_{i,j}U_{ij}V_{ij}$。

已有文献[3]、[6]、[29]、[35]~[37]的研究表明交替方向法可非常有效地求解各种应用中出现的凸优化或非凸优化问题。本章也提出一种有效的基于交替方向法的迭代算法去求解核范数最小化问题[式(5.10)]，即每次迭代交替地最小化函数式(5.11)，也就是说先固定其他变量，求一个使函数式(5.11)最小化的剩余变量，最后再更新拉格朗日乘子；不同于传统的增广拉格朗日乘子法同时关于所有变量最小化函数式(5.11)。特别当得到的各个子问题都有各自的解析解时，交替方向法会非常有效。

为了求解变量 M，得到的优化子问题为如下的形式：

$$
\begin{aligned}
&\underset{M\in\mathbb{R}^{n\times d}}{\arg\min}\,\mathcal{L}_\alpha\left(M,L,Z,E,\Lambda\right)\\
&=\underset{M}{\arg\min}\|M\|_* + \frac{\alpha}{2}\left\|DLM^{\mathrm{T}}-\left(X-E+\Lambda/\alpha\right)\right\|_F^2
\end{aligned}
\tag{5.12}
$$

引理 5.2[38]　对任意的矩阵 $Y\in\mathbb{R}^{n\times d}$ 且其秩为 r，令 $\mu>0$，下述的核范数最小二乘问题有唯一的解析解：

$$
\underset{M\in\mathbb{R}^{n\times d}}{\arg\min}\,\mu\|M\|_* + \frac{1}{2}\|M-Y\|_F^2
\tag{5.13}
$$

且其解析解可由奇异值收缩算子 $\mathrm{SVT}_\mu(Y)$ 给出，其中该算子定义为

$$\mathrm{SVT}_\mu(Y) := U\mathrm{diag}[\max(\sigma-\mu,0)]V^\mathrm{T} \tag{5.14}$$

式中，$\max(\cdot,\cdot)$ 为基于元素的最大化算子。另外，$U\in\mathbb{R}^{n\times r}$、$V\in\mathbb{R}^{d\times r}$ 和 $\sigma=(\sigma_1,\cdots,\sigma_r)^\mathrm{T}\in\mathbb{R}^{r\times1}$ 可由矩阵 Y 的奇异值分解得到，即

$$Y=U\Sigma V^\mathrm{T}，而 \Sigma=\mathrm{diag}(\sigma) \tag{5.15}$$

由于式(5.12)中的矩阵 D 和 L 不是单位矩阵，所以该优化问题[式(5.12)]无法直接利用上述的引理得到其解析解。故需要引入一个辅助变量 $\tilde{M}\in\mathbb{R}^{n\times d}$ 到提出的模型[式(5.10)]中，且要求它满足 $\tilde{M}=M$。这使得在下面提出基于交替方向法的迭代算法中，可由上面定义的奇异值收缩算子 $\mathrm{SVT}_\mu(\cdot)$ 得到变量 M 的解析解。

另外，在求解变量 L 时也遇到类似的困难，推导得到的优化子问题为

$$\underset{L\in\mathbb{R}^{n\times d}}{\arg\min}\,\mathcal{L}_\alpha(M,L,Z,E,\Lambda),\quad \text{s.t. } L^\mathrm{T}L=I$$
$$=\underset{L}{\arg\min}\left\|DLM^\mathrm{T}-(X-E+\Lambda/\alpha)\right\|_F^2,\quad \text{s.t. } L^\mathrm{T}L=I \tag{5.16}$$

因此，提出的多子空间数据鲁棒低秩矩阵分解模型[式(5.10)]需要再引入一个辅助变量 Z，并且要求其满足 $Z=L\tilde{M}^\mathrm{T}$。

根据上述分析，原始模型[式(5.10)]引入两个辅助变量 $\tilde{M}$ 和 Z 后可得到如下所示的等价形式：

$$\min_{M,\tilde{M},Z,L,E}\|M\|_* + \lambda\|E\|_l,\ \text{s.t. } \tilde{M}=M,\ Z=L\tilde{M}^\mathrm{T},\ X=DZ+E,\ L^\mathrm{T}L=I \tag{5.17}$$

下面提出一种有效的基于交替方向法的迭代算法去求解上述的问题模型[式(5.17)]，并选择观测数据 X 本身作为字典 D。

5.4.2 迭代求解算法

上述的优化问题[式(5.17)]的部分增广拉格朗日函数为

$$\mathcal{L}_\beta(M,L,\tilde{M},Z,E,\Lambda)=\|M\|_* + \lambda\|E\|_l + \langle\Lambda_1,X-XZ-E\rangle$$
$$+\langle\Lambda_2,\tilde{M}-M\rangle + \langle\Lambda_3,Z-L\tilde{M}^\mathrm{T}\rangle \tag{5.18}$$
$$+\frac{\beta}{2}\left(\|X-XZ-E\|_F^2 + \|\tilde{M}-M\|_F^2 + \|Z-L\tilde{M}^\mathrm{T}\|_F^2\right)$$

式中，Λ_1、Λ_2 和 Λ_3 为三个拉格朗日乘子，且 $\Lambda=\{\Lambda_1,\Lambda_2,\Lambda_3\}$；$\beta>0$ 为惩罚因子。下面给出如下所述的基于交替方向法的迭代求解规则：

$$M_{k+1}=\underset{M}{\arg\min}\,\mathcal{L}_{\beta_k}(M,L_k,\tilde{M}_k,Z_k,E_k,\Lambda_k) \tag{5.19}$$

$$L_{k+1} = \arg\min_{L} \mathcal{L}_{\beta_k}\left(M_{k+1}, L, \tilde{M}_k, Z_k, E_k, \Lambda_k\right), \quad \text{s.t. } L^{\mathrm{T}}L = I \tag{5.20}$$

$$\tilde{M}_{k+1} = \arg\min_{\tilde{M}} \mathcal{L}_{\beta_k}\left(M_{k+1}, L_{k+1}, \tilde{M}, Z_k, E_k, \Lambda_k\right) \tag{5.21}$$

$$Z_{k+1} = \arg\min_{Z} \mathcal{L}_{\beta_k}\left(M_{k+1}, L_{k+1}, \tilde{M}_{k+1}, Z, E_k, \Lambda_k\right) \tag{5.22}$$

$$E_{k+1} = \arg\min_{E} \mathcal{L}_{\beta_k}\left(M_{k+1}, L_{k+1}, \tilde{M}_{k+1}, Z_{k+1}, E, \Lambda_k\right) \tag{5.23}$$

随后紧接着再更新三个拉格朗日乘子。

具体地，上述优化子问题[式(5.19)]可表达为

$$M_{k+1} = \arg\min_{M} \mathcal{L}_{\beta_k}\left(M, L_k, \tilde{M}_k, Z_k, E_k, \Lambda_k\right)$$

$$= \arg\min_{M} \frac{1}{\beta_k}\|M\|_* + \frac{1}{2}\left\|M - \left[\tilde{M}_k + (\Lambda_2)_k / \beta_k\right]\right\|_F^2 \tag{5-24}$$

根据引理 5.2，上述的核范数最小化问题[式(5.24)]有如下所示的解析解：

$$\begin{cases} Y = \tilde{M}_k + (\Lambda_2)_k / \beta_k \\ M_{k+1} = \mathrm{SVT}_{1/\mu_k}(Y) \end{cases} \tag{5.25}$$

为了求解变量 L，优化子问题[式(5.20)]可具体地表达为

$$L_{k+1} = \arg\min_{L} \mathcal{L}_{\beta_k}\left(M_{k+1}, L, \tilde{M}_k, Z_k, E_k, \Lambda_k\right), \quad \text{s.t. } L^{\mathrm{T}}L = I$$

$$= \arg\min_{L} \left\|Z_k + \frac{(\Lambda_3)_k}{\beta_k} - L\tilde{M}_k^{\mathrm{T}}\right\|_F^2, \quad \text{s.t. } L^{\mathrm{T}}L = I \tag{5.26}$$

令 $Q_k := Z_k + (\Lambda_3)_k / \beta_k$，再根据文献[25]、[35]、[36]，可得

$$L_{k+1} = \mathrm{Orth}\left(Q_k \tilde{M}_k\right) \tag{5.27}$$

式中，$\mathrm{Orth}(S)$ 为对矩阵 S 进行 QR 分解并提取其正交因子部分的操作算子；L_{k+1} 为张成子空间 $\mathcal{R}(Q_k\tilde{M}_k)$ 的一个正交基，即 $\mathcal{R}(L_{k+1}) = \mathcal{R}(Q_k\tilde{M}_k)$。

接下来，两个优化子问题[式(5.21)]和式(5.22)]都有其如下所示的解析解：

$$\tilde{M}_{k+1} = \frac{1}{2}\left\{Z_k^{\mathrm{T}}L_{k+1} + M_{k+1} + \frac{1}{\beta_k}\left[(\Lambda_3)_k L_{k+1} - (\Lambda_2)_k\right]\right\} \tag{5.28}$$

$$Z_{k+1} = \left(I + X^{\mathrm{T}}X\right)^{-1}\left[X^{\mathrm{T}}(X - E_k) + L_{k+1}\tilde{M}_{k+1}^{\mathrm{T}} + \frac{X^{\mathrm{T}}(\Lambda_1)_k - (\Lambda_3)_k}{\beta_k}\right] \tag{5.29}$$

为了求解变量 E，优化问题[式(5.23)]可具体地表达为

$$E_{k+1} = \arg\min_{E} \frac{\lambda}{\beta_k}\|E\|_l + \frac{1}{2}\left\|E - \left[X - XZ_{k+1} + (\Lambda_1)_k / \beta_k\right]\right\|_F^2 \tag{5.30}$$

若式(5.30)中采用 l_1 范数形式作为正则项，则该优化问题可由软阈值算法[39]进行求解；若采用 $l_{2,1}$ 范数，则该优化问题可用文献[40]中的算法求解。在上述的两种情况下，该优化问题[式(5.30)]都有其各自的解析解。如同文献[6]、[12]、[28]、[31]，本章也采用 $l_{2,1}$ 范数去建模较大幅值的稀疏噪声或奇异点。令 $B := X - XZ_{k+1} + (\Lambda_1)_k / \beta_k$，且 $\delta = \lambda / \beta_k$，根据文献[13]和[40]，上述优化问题[式(5.30)]的最优解可由如下定义的收缩算子 $\Upsilon(\cdot, \cdot)$ 给出。

定义 5.1 收缩算子 $\Upsilon(\cdot, \cdot)$ 定义如下

$$[E_{k+1}]_{:,i} = \Upsilon(b_i, \delta) = \begin{cases} \dfrac{\|b_i\|_2 - \delta}{\|b_i\|_2} b_i, & \delta < \|b_i\|_2 \\ 0, & \text{其他} \end{cases} \quad i = 1, \cdots, n \qquad (5.31)$$

式中，$[\cdot]_{:,i}$ 表示矩阵 E_{k+1} 的第 i 列；b_i 为矩阵 B 的第 i 列。

综上所述，下面给出一种基于交替方向法的迭代算法去有效地求解核范数最小化问题[式(5.17)]，如算法 5.1 所示。

算法 5.1 求解问题[式(5.17)]基于交替方向法的迭代算法

输入：数据 $X \in \mathbb{R}^{m \times n}$，正则参数 λ，容许误差 ε 和秩的一个上界 d。

初始化：$Z = 0$，$E = 0$，$M = \tilde{M} = 0$，$L = \text{eye}(n, d)$，三个拉格朗日乘子的初始值元素都设为 0，$\beta_0 = 10^{-4}$、$\beta_{\max} = 10^{10}$ 和 $\rho = 1.2$。

输出：Z 和 E。

迭代步骤：

(1) 固定其他变量为最新值，由式(5.25)更新变量 M；

(2) 固定其他变量为最新值，分别由式(5.27)和式(5.28)更新变量 L 和 $\tilde{M}$；

(3) 固定其他变量为最新值，由式(5.29)更新变量 Z；

(4) 固定其他变量为最新值，由式(5.31)更新变量 E；

(5) 更新三个拉格朗日乘子

$$\Lambda_1 = \Lambda_1 + \beta(X - XZ - E), \quad \Lambda_2 = \Lambda_2 + \beta(\tilde{M} - M), \quad \Lambda_3 = \Lambda_3 + \beta(Z - L\tilde{M}^{\mathrm{T}})$$

(6) 由下式更新惩罚因子 β

$$\beta \leftarrow \min(\rho\beta, \beta_{\max})$$

(7) 若迭代停止条件不满足 $\|X - XZ - E\|_\infty > \varepsilon$ 和 $\|Z - L\tilde{M}^{\mathrm{T}}\|_\infty > \varepsilon$，重复步骤 (1)~(6)，否则，停止迭代，返回 Z 和 E。

虽然提出的核范数最小化问题[式(5.17)]为非凸的，且基于交替方向法的迭代算法的理论收敛性证明至今还是一个公开问题[41, 42]。然而上述基于交替方向法的迭代算法可收敛于一个局部极值点，可通过下面的实验部分来验证该算法

的收敛性。

5.4.3 求解单子空间模型

把上述的算法 5.1 进行推广,使其可用于单线性子空间数据鲁棒低秩矩阵分解问题[式(5.9)]的求解。类似于多子空间数据的情况,也需要引入一个辅助变量 $\tilde{M} \in \mathbb{R}^{n \times d}$,则原始的单子空间数据模型[式(5.9)]可变为如下所示的等价形式:

$$\min_{M,L,\tilde{M},Z} \|M\|_* + \lambda \|E\|_1, \quad \text{s.t.} \quad \tilde{M} = M, \quad X = L\tilde{M}^\mathrm{T} + E, \quad L^\mathrm{T}L = I \tag{5.32}$$

由于上述模型的求解算法与算法 5.1 比较相似,因此没有给出详细的算法步骤。与算法 5.1 相比,字典 D 为单位矩阵,也没有辅助变量 Z 和拉格朗日乘子 Λ_3。另外,两种算法的不同之处在于多子空间数据模型[式(5.9)]一般采用 $l_{2,1}$ 范数作为残差正则项,而上述的模型[式(5.32)]采用的是 l_1 范数,因此对变量 E 的更新可由如下定义的软阈值算子[40] $S_\mu(\cdot)$ 计算得到。

定义 5.2 软阈值算子 $S_\mu(\cdot)$ 定义为

$$S_\mu(Y_{ij}) = \mathrm{Sgn}(Y_{ij}) \max(|Y_{ij}| - \mu, 0) = \begin{cases} Y_{ij} - \mu, & Y_{ij} > \mu \\ 0, & |Y_{ij}| \leqslant \mu \\ Y_{ij} + \mu, & Y_{ij} < -\mu \end{cases} \tag{5.33}$$

5.4.4 拓展应用于矩阵填充

应用低秩模型发现观测数据的隐含结构时,经常遇到的一个挑战是只观测到数据矩阵的某一小部分元素,而数据矩阵的其余大部分元素为未知的或缺失的。这类问题被称为矩阵填充,如 Netflix 推荐系统[43]。在理论分析方面,文献[20]对矩阵填充在何种情况下能够精确地重构出原始的低秩矩阵进行了系统的理论分析与讨论,并给出了基于概率意义上的证明。另外,文献[6]也指出通常的矩阵填充算法都基于一个本质的假设,即观测数据分布在一个低维的线性子空间上。因此把鲁棒低秩矩阵分解框架推广到矩阵填充问题,并给出如下所示的模型:

$$\min_{M,L,\tilde{M},Z} \|M\|_*, \quad \text{s.t.} \quad \tilde{M} = M, \quad Z = L\tilde{M}^\mathrm{T},$$
$$P_\Omega(Z - X) = 0, \quad L^\mathrm{T}L = I \tag{5.34}$$

式中,Ω 为矩阵 $X \in \mathbb{R}^{m \times n}$ 的已知元素下标,$P_\Omega(\cdot): \mathbb{R}^{m \times n} \to \mathbb{R}^{m \times n}$ 为一种投影算子,并定义如下:

$$P_\Omega(A_{ij}) = \begin{cases} A_{ij}, & (i,j) \in \Omega \\ 0, & \text{其他} \end{cases} \tag{5.35}$$

上述优化问题[式(5.34)]的部分增广拉格朗日函数为

$$\mathcal{L}_\chi\left(M,L,\tilde{M},Z\right)=\|M\|_*+\left\langle \Lambda_1,\tilde{M}-M\right\rangle+\left\langle \Lambda_2,Z-L\tilde{M}^{\mathrm{T}}\right\rangle$$
$$+\frac{\chi}{2}\left(\left\|\tilde{M}-M\right\|_F^2+\left\|Z-L\tilde{M}^{\mathrm{T}}\right\|_F^2\right) \tag{5.36}$$

式中，Λ_1 和 Λ_2 为两个拉格朗日乘子；$\chi>0$ 为惩罚因子。由于矩阵 Z 在 Ω 补集上的元素为自由变量，故上述的增广拉格朗日函数式(5.36)中没有 $P_\Omega(Z-X)=0$ 的惩罚项。

与上述的多线性子空间问题模型的求解类似，也给出一种基于交替方向法的迭代算法去有效地求解矩阵填充问题[式(5.34)]。具体地，为了求解变量 Z，推导得到的优化子问题为如下所示的形式：

$$\underset{Z,\,\mathrm{s.t.}\,P_\Omega(Z-X)=0}{\arg\min}\ \mathcal{L}_\chi\left(M,L,\tilde{M},Z\right)$$
$$=\underset{Z,\,\mathrm{s.t.}\,P_\Omega(Z-X)=0}{\arg\min}\ \frac{1}{2}\left\|Z-L\tilde{M}^{\mathrm{T}}+\frac{\Lambda_2}{\chi}\right\|_F^2 \tag{5.37}$$

根据优化问题[式(5.34)]的 KKT 条件，上述优化问题[式(5.37)]的最优解为如下的形式：

$$Z=L\tilde{M}^{\mathrm{T}}-\frac{\Lambda_2}{\chi}+P_\Omega\left(X-L\tilde{M}^{\mathrm{T}}+\frac{\Lambda_2}{\chi}\right) \tag{5.38}$$

另外，拉格朗日乘子 Λ_2 的更新公式为

$$\Lambda_2=P_\Omega\left(\Lambda_2+\chi(Z-L\tilde{M}^{\mathrm{T}})\right) \tag{5.39}$$

矩阵填充问题[式(5.34)]的迭代求解规则的剩余部分与算法 5.1 的步骤非常相似。综上所述，本章给出了一种基于交替方向法的迭代算法去有效地求解矩阵填充问题[式(5.34)]，具体的算法流程如算法 5.2 所示。

算法 5.2 求解矩阵填充问题[式(5.34)]基于交替方向法的迭代算法

输入：数据 $X\in\mathbb{R}^{m\times n}$，容许误差 ε 和秩的一个上界 d。

初始化：$Z=0$，$M=\tilde{M}=0$，$L=\mathrm{eye}(n,d)$，两个拉格朗日乘子的初始值元素都设为 0，$\chi_0=10^{-4}$，$\chi_{\max}=10^{10}$ 和 $\rho=1.2$。

输出：Z。

迭代步骤：

(1) 固定其他变量为最新值，由下式更新变量 M

$$M=\mathrm{SVT}_{1/\chi}\left(\tilde{M}+\Lambda_1/\chi\right)$$

(2) 固定其他变量为最新值，由式(5.38)更新变量 Z；

(3) 固定其他变量为最新值，由下列两式分别更新变量 L 和 $\tilde{M}$

$$L = \mathrm{Orth}\left(Q\tilde{M}\right), \quad \tilde{M} = \frac{1}{2}\left[ZL^{\mathrm{T}} + M + \frac{1}{\chi}\left(\Lambda_2 L^{\mathrm{T}} - \Lambda_1\right)\right], \quad Q = Z + \Lambda_2/\chi$$

(4) 更新两个拉格朗日乘子

$$\Lambda_1 = \Lambda_1 + \chi\left(\tilde{M} - M\right), \quad \Lambda_2 = P_\Omega\left(\Lambda_2 + \chi\left(Z - L\tilde{M}^{\mathrm{T}}\right)\right)$$

(5) 由下式更新惩罚因子 χ

$$\chi = \min\left(\rho\chi, \chi_{\max}\right)$$

(6) 若迭代停止条件不满足 $\left\|\tilde{M} - M\right\|_F > \varepsilon$ 和 $\left\|Z - L\tilde{M}^{\mathrm{T}}\right\|_F > \varepsilon$，重复步骤 (1)~(5)，否则，停止迭代，返回 Z。

5.4.5 复杂度分析

下面讨论提出的鲁棒低秩矩阵分解方法的时间复杂度。求解多子空间数据问题模型的算法 5.1 的运行时间主要花费在每次迭代中对大小为 $n \times d$ 的矩阵奇异值分解、对矩阵 $P\tilde{M} \in \mathbb{R}^{n \times d}$ 的 QR 分解以及很多矩阵的乘积运算。其中，奇异值分解的时间复杂度为 $O(d^2 n)$，而 QR 分解及矩阵的乘积运算的时间复杂度为 $O(d^2 n + mn^2 + dmn + dn^2)$。综上所述，算法 5.1 总的时间复杂度为 $O(n^3 + t(d^2 n + mn^2 + dmn + dn^2))$，其中 t 为算法迭代次数。另外，求解单子空间数据鲁棒低秩矩阵分解问题和低秩矩阵填充问题算法的时间复杂度都为 $O(t(nd^2 + mn^2 + dmn + dn^2))$。

5.5　实　　验

为了测试本章提出的鲁棒低秩矩阵分解方法的有效性与效率，本节进行了三部分实验，包括多子空间数据与单子空间数据的矩阵恢复及低秩矩阵填充问题。其中多子空间数据矩阵恢复的实验主要是人工数据聚类和人脸聚类；单子空间数据矩阵恢复的实验是视频的目标与背景分离(background modeling)任务；而矩阵填充的实验是图像修复(image inpainting)。

5.5.1　人工数据聚类

根据文献[13]的人工数据产生方式，首先创建 5 个独立的线性子空间 $\{S_i\}_{i=1}^5$，其中五个基矩阵 $\{U_i\}_{i=1}^5$ 由 $U_{i+1} = TU_i$，$1 \leqslant i \leqslant 4$ 生成，T 表示一个随机旋转矩阵，$U_1 \in \mathbb{R}^{100 \times 4}$ 为一个随机列正交矩阵，故此，每个线性子空间都是四维的。若每个子

空间里面由 $X_i = U_i C_i$，$1 \leqslant i \leqslant 5$ 产生 40 个样本，则得到的数据矩阵为 $X = [X_1, \cdots, X_5] \in \mathbb{R}^{100 \times 200}$，其中 $C_i \in \mathbb{R}^{4 \times 40}$ 为独立同分布的标准高斯矩阵。然后按比例随机选择数据样本加入均值为 0 而方差为 $0.2 \|X\|_F$ 的高斯噪声。

在该实验中，提出的鲁棒低秩矩阵分解方法设置其估计矩阵秩的上界为 $d = 40$，而正则参数为 $\lambda = 0.05$。另外三种相关算法的正则参数都设置为 $\lambda = 0.12$，其中包括低秩表示[13]、正半定约束低秩表示[31]和线性化交替方向算法[28](LADM，该算法采用部分的奇异值分解策略[44])。稀疏子空间分割[11](SSC)算法的正则参数设置为 $\lambda = 0.81$，而下式所示稀疏表示算法的正则参数设置为 $\lambda = 4.24$：

$$\min_{Z, E} \|Z\|_1 + \lambda \|E\|_{2,1}, \quad \text{s.t. } X = XZ, \quad \text{diag}(Z) = 0 \tag{5.40}$$

上述所有算法的容许误差都设为 $\varepsilon = 10^{-6}$。

下面首先给出六种算法在如上所述的人工数据上随噪声比例增加，其聚类准确率[13]的变化情况，如图 5.1 所示。由此可知，提出的 LRMF 方法、LRR、PSD 和 LADM 算法的聚类准确率都显著地比其他两种基于稀疏的算法高很多，且随着噪声比例的增加优势也越发显著。另外，前四种基于低秩算法的聚类准确率非常接近，对噪声或奇异点都具有较强的鲁棒性。

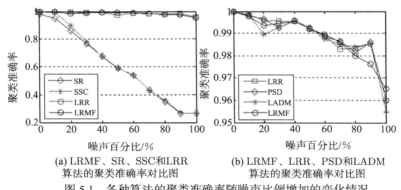

(a) LRMF、SR、SSC和LRR
算法的聚类准确率对比图

(b) LRMF、LRR、PSD和LADM
算法的聚类准确率对比图

图 5.1   各种算法的聚类准确率随噪声比例增加的变化情况

然后讨论提出的 LRMF 算法在该人工数据集上的迭代收敛性，如图 5.2 所示，其中纵坐标表示 $\|X - XZ_k - E_k\|_F$ 残差的对数，而横坐标为算法迭代次数或迭代花费的时间(s)。为了进行比较，同时也显示了 LRR 和 PSD 两种算法的收敛情况。由图 5.2 所示的结果可知，提出的 LRMF 算法的残差下降速度比 LRR 和 PSD 两种算法快很多，并且收敛的速度也比它们快很多，一般在 100 步迭代内就能收敛。

最后，比较了各种算法在加噪样本比例为 50% 时，聚类准确率与运行时间随数据样本数目增加的变化情况，如图 5.3 所示。由此可知，提出的 LRMF 算法通常比其他的算法快很多，而 LRR、PSD 和 LADM 算法随着样本数目的增加，它们的运行时间急剧增长。另外，提出的 LRMF 算法的聚类准确率非常稳定，随着样本数目的增加，它的聚类质量一致地保持很好；然而其他四种算法 SSC、LRR、PSD 和 LADM 随着样本数目的增加，它们的聚类准确率急剧下降，特别在样本数目大于 800 时。此现象可由下述的理由来解释：随着样本数目的增加，噪声成分可能不再满足稀疏性，而经典的核范数正则最小化模型失败地识别噪声，进而无法恢复各个子空间；提出的 LRMF 算法可看成一种双低秩模型，能够移除非稀疏噪声，并准确地恢复各个子空间。

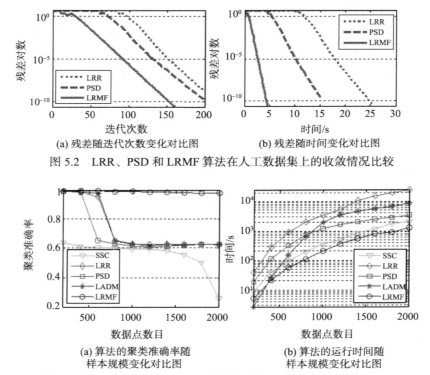

(a) 残差随迭代次数变化对比图　　　　(b) 残差随时间变化对比图

图 5.2　LRR、PSD 和 LRMF 算法在人工数据集上的收敛情况比较

(a) 算法的聚类准确率随　　　　(b) 算法的运行时间随
样本规模变化对比图　　　　样本规模变化对比图

图 5.3　在加噪样本比例为 50%时各种算法的聚类准确率与运行
时间随样本数目增加的变化情况

　　为了进一步清楚地阐明提出的 LRMF 算法是如何探索多子空间数据的低秩结构的，以及为什么会出现上述的实验现象，下面给出了 SSC、LRR、PSD 和 LRMF 算法在人工数据大小为 100×800 且加噪样本比例为 50%时计算得到的相似度矩阵即，$W = \left\| Z^* \right\| + \left\| (Z^*)^{\mathrm{T}} \right\|$，如图 5.4 所示。由此可知，LRMF 算法学习得到相似度矩阵的块结构比其他三种算法更加清晰明显，也就意味着 LRMF 算法使得同类簇的数据表示更相似，而不同类簇的数据表示差异性更大。另外，还显示了 LRR、PSD

和 LRMF 三种算法计算得到低秩矩阵 Z^* 的奇异值大小分布情况，如图 5.5 所示。由此可知，LRMF 算法学习得到矩阵 Z^* 的秩比其他两种 LRR 和 PSD 算法低很多，并且由其较大奇异值的个数可得到该数据子空间的数目及其本征维数。

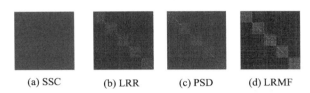

　　　(a) SSC　　　　　(b) LRR　　　　　(c) PSD　　　　(d) LRMF

图 5.4　SSC、LRR、PSD 和 LRMF 算法计算得到的相似度矩阵比较

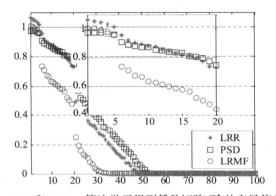

图 5.5　LRR、PSD 和 LRMF 算法学习得到低秩矩阵 Z^* 的奇异值分布情况

5.5.2　人脸聚类

　　本节测试了提出的 LRMF 方法在被较强噪声污染的 Extended Yale B 人脸数据集[45]上的聚类性能，包括聚类准确率和效率。实验采用的数据为上述数据集中的一部分，即该数据集中前十类的人脸图像，其中每类有 64 张图像，共计 640 张。由于该著名数据集中的人脸图像受光照变化的影响，其聚类问题是非常具有挑战性的任务。那些人脸图像被严重的"阴影"或噪声所污染，如图 5.6 所示。首先重新调整所有人脸灰度图像的分辨率大小为 48×42，再把像素值规范化到[0，1]范围。最后把每张图像转换为 2016 维的列向量，并形成数据矩阵 $X \in \mathbb{R}^{2016 \times 640}$。

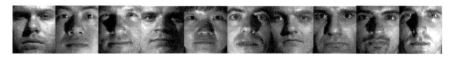

图 5.6　Extended Yale B 数据集中部分人脸图像

　　下面给出了提出的 LRMF 方法在该人脸数据集上的聚类结果。为了进行比较，

还给出了三种相关算法的实验结果, 其中三种算法分别为 SSC、PSD 和 LRR 算法。另外, 提出的 LRMF 方法的两个参数分别设置为 $d = 60$ 和 $\lambda = 0.75$。而三种相关的 SSC、PSD 和 LRR 算法的正则参数分别设置为 $\lambda = 1.00$、$\lambda = 0.15$ 和 $\lambda = 0.15$。所有算法的容许误差都设置为 $\varepsilon = 10^{-6}$。

　　首先给出了提出的 LRMF 方法与 LRR 算法对人脸图像移除阴影或噪声的结果, 如图 5.7 所示。由图 5.7 所示的结果可知, 提出的 LRMF 方法能如同 LRR 算法自动地去除严重的噪声。因此, 提出的 LRMF 算法可看成一种数据分解的方法, 即把观测的人脸数据 X 分解为一个低秩成分 XZ^* 和一个稀疏噪声成分 E^*。另外低秩成分 XZ^* 又分解为两部分: 数据表示部分 M^* 和学习的字典部分 XL^*。其中学习的字典如图 5.8 所示。

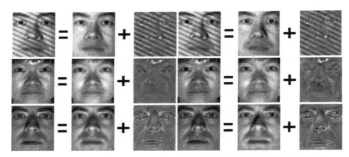

图 5.7　LRR(左)与 LRMF(右)方法去除人脸图像噪声的结果

图 5.8　LRMF 方法学习的字典

　　各种算法的聚类结果(包括聚类准确率和运行时间)如表 5.1 所示, 其中第一部分实验结果是直接在原始的数据 X 上计算得到的; 而第二部分实验结果是各种算法在 PCA 预处理后的数据上获得的。值得注意的是，在利用 PCA 预处理时，用 200 维的主成分重构得到的数据作为第二部分的实验数据。由表 5.1 所示的结果可知，提出的 LRMF 方法在聚类准确率和运行时间两项指标上都一致地超过了其他三种相关的 SSC、PSD 和 LRR 算法。另外两种基于低秩的 PSD 和 LRR 算法的聚类准确率也远远高于 SSC 的结果，但它们的运行时间相对要长很多。因为 LADM 算法采用了部分奇异值策略，从而收敛非常慢，所以没有提供该算法的实验结果。

表 5.1   各种算法的聚类准确率与运行时间比较

原始数据							
SSC		LRR		PSD		LRMF	
准确率	时间	准确率	时间	准确率	时间	准确率	时间
36.57%	606.89s	61.89%	1657.51s	60.68%	1542.13s	63.31%	294.92s
PCA 200D							
SSC		LRR		PSD		LRMF	
准确率	时间	准确率	时间	准确率	时间	准确率	时间
40.52%	589.79s	66.34%	1158.24s	64.28%	1055.40s	71.89%	253.5s

最后，利用 LRMF 方法分解得到的残差噪声成分 E^* 进行奇异点检测应用。而实验采用的数据为上述的人脸数据集与非人脸的 COIL20 数据集[46]中部分数据组成的混合数据，其中 COIL20 数据集的部分图像如图 5.9 所示，挑选该数据集中每类目标的 0°、90° 和 180° 三张图像，共计 60 张非人脸图像，并重新调整它们的分辨率大小为 48×42，把像素值规范化到[0, 1]范围。该实验的目的是从 700 张图像中识别出非人脸的奇异点数据。图 5.9(b)显示了残差噪声成分 E^* 列向量的 l_2 范数。由此可知，那些非人脸数据的值明显比其他人脸目标大很多。因此，噪声成分 E^* 可用于检测非人脸的奇异点数据，也就是说，如果 $\| E^*(:, i) \|_2 \geq \delta$，判断该数据为奇异点，其中 δ 为设定的一个阈值。令 $\delta = 5.0$，则奇异数据的检测准确率为 100%。

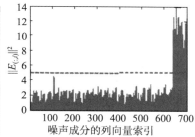

(a) COIL20 数据集的 20 个目标图像   (b) 噪声成分 E^* 列向量的 l_2 范数

图 5.9   LRMF 方法奇异数据的检测结果

5.5.3　背景建模

本节测试了提出的 LRMF 方法应用于实际监控视频的目标检测与背景分离任务。因为视频各帧的背景部分只受少量的因素控制，展现出低秩的特性；而前景或目标可通过识别空间稀疏分布的残差来检测，所以视频序列满足低秩加稀疏的结构[47]，可作为单子空间数据的鲁棒低秩分解问题。采用的实验数据为 Lobby、Hall 和 Bootstrap 三个监控视频数据集，并各取上述三个视频序列的前 200 帧作为实验数据。因为原始的视频图像都为彩色的，所以先转换为灰度图像，再把每帧图像变为一个列向量，进而得到实验数据。

下面给出了提出的 LRMF 方法在三个监控视频序列上的实验结果，如图 5.10 所示。为了进行比较，还给出了两种相关算法的实验结果，它们分别是非精确增广拉格朗日乘子法[29](IALM,该算法采用部分奇异值分解策略[44])和 GoDec[25] 算法。提出的 LRMF 方法的三个参数分别设置为 $d=30$，$\lambda=0.01$ 和 $\varepsilon=10^{-5}$；IALM 算法的参数分别设置为 $\lambda=0.08$ 和 $\varepsilon=10^{-5}$；GoDec 算法的所有参数设置为默认值。

由图 5.10 所示的结果可知，提出的 LRMF 方法和 IALM 算法都能把背景与移动目标较准确地进行分离，并且 LRMF 算法的分离结果比 IALM 算法更好，特别是在 Bootstrap 视频数据集上。另外，还给出三种算法在上述三个视频数据集上运行的时间，如表 5.2 所示。由此可知，提出的 LRMF 方法比 IALM 算法大约快 4 倍，比 GoDec 算法大约快 5 倍。由文献[19]可知，主成分捕捉(PCP)算法在 Hall 视频数据集上大约运行 200min。

图 5.10　IALM 与 LRMF 算法在三段视频序列上的部分背景分离结果比较

表 5.2　三种算法在监控视频序列上的运行时间比较

视频序列	分辨率	GoDec/s	IALM/s	LRMF/s
Hall	144×176	278.66	202.09	39.97
Lobby	128×160	233.21	184.77	41.36
Bootstrap	120×160	216.40	169.64	30.05

5.5.4 图像修复

本节把提出的 LRMF 方法应用于图像修复任务。实验采用的数据为两张灰度的 Panda 图像和 Kittens 图像，它们的分辨率分别为 1200×1600 和 768×1024，如图 5.11 所示。采用的比较算法为一种经典的不动点连续算法[48](FPCA)，该算法结合了快速蒙特卡罗(Monte-Carlo)近似奇异值分解策略[49]。在该实验中，FPCA 算法的参数设置为默认值，提出的 LRMF 方法的参数分别设置为 $d=30$ 和 $\varepsilon=10^{-2}$。由于图像的部分像素值丢失，图像修复的任务就是恢复那些丢失的像素值，因此，图像修复任务可看成是一种低秩矩阵的填充问题。

为了使得修复问题更具挑战性，对两张图像的随机采样率都设置为较小的值，分别为 20%、15%和 10%。两种算法在上述两张图像三种采样率下的修复结果如图 5.12 和图 5.13 所示，其中除了直观的修复图像显示外，还给出了修复图像的峰值信噪比(PSNR)及各算法运行的时间(s)。由图 5.12 和图 5.13 所示的结果可知，提

(a) Panda   (b) Kittens

图 5.11　两张测试图像

采样率: 20%　PSNR: 25.85　时间: 576.63 s　PSNR: 26.97　时间: 53.88 s

采样率: 15%　PSNR: 25.15　时间: 354.59 s　PSNR: 25.57　时间: 72.76 s

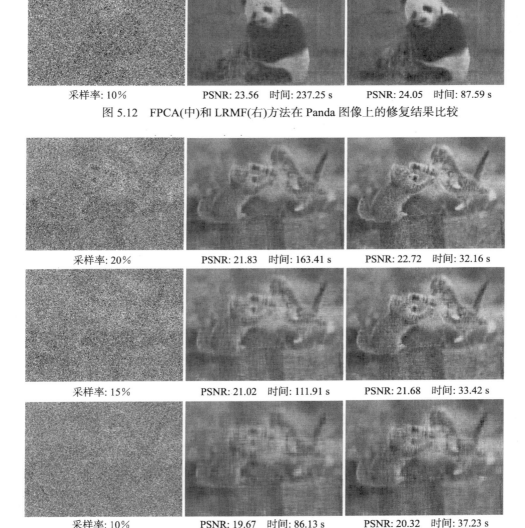

采样率: 10%　　　　PSNR: 23.56　时间: 237.25 s　　　PSNR: 24.05　时间: 87.59 s

图 5.12　FPCA(中)和 LRMF(右)方法在 Panda 图像上的修复结果比较

采样率: 20%　　　　PSNR: 21.83　时间: 163.41 s　　　PSNR: 22.72　时间: 32.16 s

采样率: 15%　　　　PSNR: 21.02　时间: 111.91 s　　　PSNR: 21.68　时间: 33.42 s

采样率: 10%　　　　PSNR: 19.67　时间: 86.13 s　　　PSNR: 20.32　时间: 37.23 s

图 5.13　FPCA(中)和 LRMF(右)算法在 Kittens 图像上的修复结果比较

出的 LRMF 方法无论在各种采样率下图像修复的质量还是运行的时间上都一致地比 FPCA 算法更好，其中在运行时间方面，LRMF 方法比 FPCA 算法一般快 2~11 倍。

参 考 文 献

[1]　MA Y, YANG A Y, DERKSEN H, et al. Estimation of subspace arrangements with applications in modeling and segmenting mixed data[J]. SIAM review, 2008, 50(3): 413-458.

[2]　VIDAL R. Subspace clustering[J]. IEEE signal processing magazine, 2011, 28(2): 52-68.

[3]　FAVARO P, VIDAL R, Ravichandran A. A closed form solution to robust subspace estimation and clustering[C]//IEEE conference on computer vision and pattern recognition (CVPR), 2011: 1801-1807.

[4]　ALDROUBI A, TESSERA R. On the existence of optimal unions of subspaces for data modeling and clustering[J]. Foundations of computational mathematics, 2011, 11(3): 363-379.

[5]　LERMAN G, ZHANG T. Robust recovery of multiple subspaces by geometric lp minimization[J]. The annals of statistics, 2011, 39(5): 2686-2715.

[6]　LIU G, LIN Z, YAN S, et al. Robust recovery of subspace structures by low-rank representation[J]. Pattern analysis & machine intelligence IEEE transactions on, 2013, 35(1): 171-184.

[7]　SOLTANOLKOTABI M, CANDES E J. A geometric analysis of subspace clustering with outliers[J]. The annals of statistics, 2012: 2195-2238.

[8]　SEUNG H S, LEE D D. The manifold ways of perception[J]. Science, 2000, 290(5500): 2268-2269.

[9]　ROWEIS S T, SAUL L K. Nonlinear dimensionality reduction by locally linear embedding[J]. Science, 2000, 290(5500): 2323-2326.

[10]　TENENBAUM J B, DE SILVA V, LANGFORD J C. A global geometric framework for nonlinear dimensionality reduction[J]. Science, 2000, 290(5500): 2319-2323.

[11]　ELHAMIFAR E, VIDAL R. Sparse subspace clustering[C]//IEEE conference on computer vision and pattern recognition, 2009: 2790-2797.

[12]　LIU G C, YAN S C. Latent low-rank representation for subspace segmentation and feature extraction[C]//2011 international conference on computer vision. IEEE, 2011: 1615-1622.

[13]　LIU G C, LIN Z C, YU Y. Robust subspace segmentation by low-rank representation[C]// Proceedings of the 27th international conference on machine learning (ICML-10), 2010: 663-670.

[14]　VIDAL R, MA Y, SASTRY S. Generalized principal component analysis (GPCA)[J]. IEEE transactions on pattern analysis and machine intelligence, 2005, 27(12): 1945-1959.

[15]　LU L, VIDAL R. Combined central and subspace clustering on computer vision applications[C]//Proceedings of the 23th international conference on machine learning (ICML), 2006: 593-600.

[16]　FISCHLER M A, BOLLES R C. Random sample consensus: A paradigm for model fitting with applications to image analysis and automated cartography[J]. Communications of the ACM, 1981, 24(6): 381-395.

[17]　DERKSEN H, MA Y, HONG W, et al. Segmentation of multivariate mixed data via lossy coding and compression[J]. IEEE transactions on pattern analysis and machine intelligence, 2007, 29(9): 1546-1562.

[18]　TAO M, YUAN X M. Recovering low-rank and sparse components of matrices from incomplete and noisy observations[J]. Siam journal on optimization, 2011, 21(1): 57-81.

[19]　CANDÈS E J, LI X D, MA Y, et al. Robust principal component analysis?[J]. Journal of the ACM (JACM), 2011, 58(3): 11.

[20]　CANDÈS E J, RECHT B. Exact matrix completion via convex optimization[J]. Foundations of computational mathematics, 2009, 9(6): 717-772.

[21]　SHANG F H, LIU Y Y, WANG F. Learning spectral embedding for semi-supervised clustering[C]//2011 IEEE 11th international conference on data mining. IEEE, 2011: 597-606.

[22]　SHANG F H, JIAO L C, WANG F. Graph dual regularization non-negative matrix factorization for co-clustering[J]. Pattern recognition, 2012, 45(6): 2237-2250.

[23]　SHANG F H, JIAO L C, WANG F. Semi-supervised learning with mixed knowledge information[C]//Proceedings of the 18th ACM SIGKDD international conference on knowledge discovery and data mining, 2012: 732-740.

[24]　MIN K R, ZHANG Z D, WRIGHT J, et al. Decomposing background topics from keywords by principal component pursuit[C]//Proceedings of the 19th ACM international conference on Information and knowledge management, 2010: 269-278.

[25]　ZHOU T Y, TAO D C. GoDec: Randomized low rank & sparse matrix decomposition in noisy case [C]//International conference on machine learning, ICML 2011, Bellevue, Washington, USA, 2011: 33-40.

[26]　PENG Y G, GANESH A, WRIGHT J, et al. RASL: Robust alignment by sparse and low-rank decomposition for linearly correlated images[J]. IEEE transactions on pattern analysis and machine intelligence, 2012, 34(11): 2233-2246.

[27]　ZHANG Z D, GANESH A, LIANG X, et al. Tilt: Transform invariant low-rank textures[J].

International journal of computer vision, 2012, 99(1): 1-24.

[28] LIN Z C, LIU R S, SU Z X. Linearized alternating direction method with adaptive penalty for low-rank representation[C]//Advances in neural information processing systems, 2011: 612-620.

[29] LIN Z C, CHEN M M, MA Y. The augmented lagrange multiplier method for exact recovery of corrupted low-rank matrices[J]. Eprint arXiv, 2010, 9.

[30] SHI J, MALIK J. Normalized cuts and image segmentation[J]. IEEE transactions on pattern analysis and machine intelligence, 2000, 22(8): 888-905.

[31] NI Y Z, SUN J, YUAN X T, et al. Robust low-rank subspace segmentation with semidefinite guarantees[C]//2010 IEEE international conference on data mining workshops, 2010: 1179-1188.

[32] KIM H, PARK H, DRAKE B L. Extracting unrecognized gene relationships from the biomedical literature via matrix factorizations[J]. BMC bioinformatics, 2007, 8(9): 1.

[33] WRIGHT J, YANG A Y, GANESH A, et al. Robust face recognition via sparse representation[J]. IEEE transactions on pattern analysis and machine intelligence, 2009, 31(2): 210-227.

[34] WAGNER A, WRIGHT J, GANESH A, et al. Toward a practical face recognition system: Robust alignment and illumination by sparse representation[J]. IEEE transactions on pattern analysis and machine intelligence, 2012, 34(2): 372-386.

[35] WEN Z W, YIN W T, ZHANG Y. Solving a low-rank factorization model for matrix completion by a nonlinear successive over-relaxation algorithm[J]. Mathematical programming computation, 2012, 4(4): 333-361.

[36] SHEN Y, WEN Z W, ZHANG Y. Augmented Lagrangian alternating direction method for matrix separation based on low-rank factorization[J]. Optimization methods and software, 2014, 29(2): 239-263.

[37] CHEN C H, HE B S, YUAN X M. Matrix completion via an alternating direction method[J]. IMA journal of numerical analysis, 2012, 32(1): 227-245.

[38] CAI J F, CANDÈS E J, SHEN Z. A singular value thresholding algorithm for matrix completion[J]. Siam journal on optimization, 2008, 20(4): 1956-1982.

[39] CHEN S S, DONOHO D L, SAUNDERS M A. Atomic decomposition by basis pursuit[J]. SIAM review, 2001, 43(1): 129-159.

[40] YANG J, YIN W, ZHANG Y, et al. A fast algorithm for edge-preserving variational multichannel image restoration[J]. Siam journal on imaging sciences, 2009, 2(2): 569-592.

[41] HE B S, TAO M, YUAN X M. Alternating direction method with gaussian back substitution for separable convex programming[J]. Siam journal on optimization, 2012, 22(22): 313-340.

[42] ZHANG Y. Recent advances in alternating direction methods: Practice and theory[C]//IPAM workshop on continuous optimization, 2010, 3: 1-3.

[43] BENNETT J, LANNING S. The netflix prize[C]//Proceedings of KDD cup and workshop, 2007: 35.

[44] LARSEN R M. PROPACK-Software for large and sparse SVD calculations[J]. Available online. URL http://sun.stanford.edu/rmunk/PROPACK, 2004: 2008-2009.

[45] LEE K C, HO J, KRIEGMAN D J. Acquiring linear subspaces for face recognition under variable lighting[J]. IEEE transactions on pattern analysis and machine intelligence, 2005, 27(5): 684-698.

[46] NENE S A, NAYAR S K, MURASE H. Columbia object image library (COIL-20)[R]. Technical report CUCS-005-96, 1996.

[47] CHENG L, GONG M L, SCHUURMANS D, et al. Real-time discriminative background subtraction[J]. IEEE transactions on image processing, 2011, 20(5): 1401-1414.

[48] MA S Q, GOLDFARB D, CHEN L F. Fixed point and Bregman iterative methods for matrix rank minimization[J]. Mathematical programming, 2011, 128(1-2): 321-353.

[49] DRINEAS P, KANNAN R, MAHONEY M W. Fast Monte Carlo algorithms for matrices II: Computing a low-rank approximation to a matrix[J]. SIAM journal on computing, 2006, 36(1): 158-183.

第 6 章　学习谱表示应用于半监督聚类

6.1　引　　言

最近几年，半监督聚类(semi-supervised clustering，SSC)吸引了大量的机器学习、数据挖掘及计算机视觉领域研究人员的关注[1, 2]。不同于传统的聚类方法，半监督聚类（部分文献又称为约束聚类）是一类利用辅助信息(side information)，如成对约束，获得与应用者偏爱尽量一致的划分技术。因此，半监督聚类不仅能减小高层语义概念与底层数据特征间的语义鸿沟问题，而且还可处理多子流形问题，即同类数据处在多个子流形上的问题。很多文献[3-14]的研究表明，合理地利用成对约束信息可显著地提高聚类性能。

而在半监督分类问题中，数据标签是应用最为广泛的监督信息[15]。但数据标签的获取是比较困难、昂贵和非常耗时的，且需要领域内专家的大量工作和努力。而成对约束的获得相对地更加容易，它们表明相应的目标样本属于同类或异类，一般称为 Must-link (ML)或 Cannot-link (CL)[16]。同时随着数据采集技术和计算机硬件技术的发展，收集大量无标签样本已非常容易，而半监督聚类可同时利用成对约束和这些大量无标签数据来进行学习。此外，成对约束既可由领域知识推导得到，且只需要少量的人工努力[1-5]，还可由数据的标签转化得到，即同类样本间为ML 约束而异类样本间为 CL 约束。换句话说，成对约束比标签信息更普遍，也更为一般化，即从数据标签可获得成对约束，反之则不然。另外，Wang 等[17]提出了把实值信任度连同成对约束一起用于半监督聚类问题的思想。

近几年，谱聚类作为一种非常流行的无监督聚类方法被广泛地研究[18, 19]。该方法的思想来源于谱图划分理论。假定将每个数据样本看成图中的顶点 V，根据样本间的相似度将顶点间的边 E 赋权重值 W，就得到一个有向或无向加权图 $G=(V,E)$。这样就把聚类问题转化为图 G 上的图划分问题。现有的划分标准主要有规范切[20]、率切[21]、最小最大切[22]等，其最优值的求解是 NP 难问题。有效的方法是把离散组合问题放松为连续域的形式，将原问题转化为矩阵特征值问题，便可获得全局最优解。此外，大部分谱聚类算法都拥有两个类似的阶段：第一阶段是计算得到谱表示；第二阶段是利用 K-means 算法在新数据空间进行聚类。该类方法的优越表现可部分解释为与核方法有着密切的联系，且已被很多实际应用所验证，如图像分割[20-22]、社会网络挖掘[23]等。

　　本章的目的是利用已知成对约束来学习改进的谱表示(可看成是一种半监督流形学习)，然后应用于半监督聚类任务。根据利用成对约束方式的不同，可把已有的大部分半监督聚类方法分为两类[17]：第一类方法首先利用成对约束修改相似度矩阵，然后运用谱聚类的处理步骤，典型的算法有谱学习[7]和近邻传播约束聚类[24]等；第二类方法是利用成对约束改变可行的数据表示空间，典型的算法有 Yu 等[25]提出的利用部分先验信息进行子空间投影的方法和 Li 等[14]提出的利用谱表示正则的约束聚类算法。此外，本章提出的算法也属于第二类方法。

　　基于图的半监督学习方法的性能通常会受所创建图质量的影响。因此，本章首先提出了一种创建对称偏好 k-最近邻图的方法，该图对噪声数据具有较强的鲁棒性且能准确刻画数据空间分布的潜在几何结构。然后利用给定的成对约束信息去提升图 Laplacian 的谱表示。进而把新数据表示的学习问题转化为一个半正定二次线性规划问题，可由常用的半正定规划软件包进行有效求解。因此，把该算法称为基于提升谱表示的半监督聚类。

6.2　图的创建与谱表示

　　基于图的半监督学习方法一般都用有向或无向图来对数据进行建模。虽然基于图的半监督学习方法已被广泛地研究，但应用于实际聚类问题时通常缺乏足够的鲁棒性[26, 27]。给定数据集 $X = \{x_1, \cdots, x_n\}$，本章以无向加权图 $G = (V, E, W)$ 为输入实施半监督聚类操作，其中节点集合 V 代表所有的数据点 X，E 为连接相邻两点的边集合，而 W 为反映连接节点间相似度的相似度矩阵。

6.2.1　对称偏好图

　　为了创建 k 最近邻图 G，本章也采用自适应调整尺度因子的策略[28]来计算相似度，其中局部尺度因子定义为

$$h(x) = \left\| x - x^{(k)} \right\| \tag{6.1}$$

式中，$x^{(k)}$ 表示数据点 x 的第 k 最近邻。进而非对称的相似度矩阵 A 定义为

$$A_{ij} = \begin{cases} \exp\left(-\dfrac{\left\| x_i - x_j \right\|^2}{h(x_i)h(x_j)} \right), & x_j \in \mathcal{N}(x_i) \\ 0, & \text{其他} \end{cases} \tag{6.2}$$

式中，$\mathcal{N}(x_i)$ 表示数据点 x_i 的 k 最近邻集合。

　　观察：在式(6.2)中，假定 $h(x_i) = h(x_j) = \| x_i - x_j \|$，则 $A_{ij} = \exp(-1) \approx 0.3679$；

若尺度因子为距离的 2 倍，则 $A_{ij} = \exp(-1/4) \approx 0.7788$ ；而 $\exp(-1/9) \approx 0.8948$ 。一般 k-最近邻图的相似度取值范围会很大，为 $0.3\sim1$ 。这与本章后面定义的理想相似度矩阵 K （即同类相似度为 1，反之为 0）差距较大。因此，下面给出一种对称偏好相似度矩阵的定义。

定义 6.1　由上述的非对称矩阵 A，对称偏好相似度矩阵定义为

$$W_{ij} = \begin{cases} 1, & x_i \in \mathcal{N}(x_j) \text{且} x_j \in \mathcal{N}(x_i) \\ A_{ji}, & x_i \in \mathcal{N}(x_j) \text{而} x_j \notin \mathcal{N}(x_i) \\ A_{ij}, & \text{其他} \end{cases} \tag{6.3}$$

式中，$W_{ij} = 1$ 可看成尺度因子取无穷大的极限情况，也避免了对尺度因子增大倍数的选择问题。令 $D \in \mathbb{R}^{n \times n}$ 为矩阵 W 的对角度矩阵，其元素 $D_{ii} = \sum_j W_{ij}$ 。如式(6.3)的定义，直接增大了对称边的相似度，而相对地减小了非对称边的连接权重。这也符合半监督学习的聚类假设，即对称边连接的数据点有很大的可能处在同一个子流形上[19, 26, 27, 29]，如图 6.1 所示。因此，把由式(6.3)创建的图称为对称偏好 k 最近邻图。由图 6.1 所示的结果可知，该图对噪声或异常数据具有很强的鲁棒性，能准确地刻画其空间分布的几何结构。

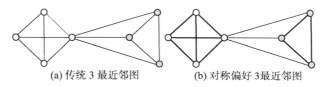

(a) 传统 3 最近邻图　　　　　　　(b) 对称偏好 3 最近邻图

图 6.1　传统 3 最近邻图与对称偏好 3 最近邻图的比较

6.2.2　图拉普拉斯谱嵌入

假设 $f : V \to R$ 为聚类划分函数，其平滑度目标函数为

$$\mathcal{S}(f) = \frac{1}{2} \sum_{i,j=1}^{n} W_{ij} \left\| \frac{f_i}{\sqrt{D_{ii}}} - \frac{f_j}{\sqrt{D_{jj}}} \right\|^2 \tag{6.4}$$

此外，图 G 的拉普拉斯矩阵定义为 $L = D - W$ ，而标准化图拉普拉斯矩阵定义为

$$\bar{L} = D^{-1/2} L D^{-1/2} = I - D^{-1/2} W D^{-1/2} \tag{6.5}$$

式中，$I \in \mathbb{R}^{n \times n}$ 为单位矩阵。

在很多半监督学习算法中，图拉普拉斯 $\bar{L}$ （或 L）起着非常关键的作用，如拉普拉斯支撑向量机[30](LapSVM)、图正则方法[31]等。下面用 $\lambda_0 \leqslant \lambda_1 \leqslant \cdots \leqslant \lambda_{n-1}$ 表示图拉普拉斯 $\bar{L}$ 的特征值，而 $\phi_0, \phi_1, \cdots, \phi_{n-1}$ 表示相应的特征向量，则 $\bar{L}$ 的谱分解为

$$\overline{L} = \sum_{i=0}^{n-1} \lambda_i \phi_i \phi_i^{\mathrm{T}} \tag{6.6}$$

关于上述谱分解的数学方面的详细讨论，可参考文献[32]。下面给出其与本章相关的三个性质。

性质 6.1（图拉普拉斯 $\overline{L}$ 的性质[33]）　令 $\overline{L}$ 为图 G 的图拉普拉斯，则对任意的划分函数 $f \in \mathbb{R}^n$，都有

$$f^{\mathrm{T}} \overline{L} f = \frac{1}{2} \sum_{i,j=1}^{n} W_{ij} \left\| \frac{f_i}{\sqrt{D_{ii}}} - \frac{f_j}{\sqrt{D_{jj}}} \right\|^2 \tag{6.7}$$

式中，$\overline{L}$ 为对称半正定矩阵。

$\overline{L}$ 有且只有一个特征值为 0，其余 $n-1$ 特征值为正数，即

$$0 = \lambda_0 \leqslant \lambda_1 \leqslant \cdots \leqslant \lambda_{n-1}$$

根据上述的分析，平滑度函数[式(6.4)]可重写为

$$\mathcal{S}(f) = F^{\mathrm{T}} \overline{L} F \tag{6.8}$$

式中，$F = (f(x_1), \cdots, f(x_n))^{\mathrm{T}}$。目标函数 $\mathcal{S}(f)$ 的值越小，聚类划分函数 f 也就越平滑[1]。聚类划分函数 f 的平滑粗略地说就是较大权重值对应的数据点以很大的可能性拥有相同的聚类标签。具体地，每个特征向量的平滑度为

$$\mathcal{S}(\phi_i) = \phi_i^{\mathrm{T}} \overline{L} \phi_i = \lambda_i \tag{6.9}$$

因此，越小的特征值对应的特征向量越平滑。令

$$\overline{F}^i = (\phi_1, \cdots, \phi_i) \tag{6.10}$$

称 $\overline{F}^i$ 为数据的 i 阶谱嵌入，其中第 j 行是数据点 x_j 在谱嵌入下新的表示形式。

6.3　问题模型与求解

给定数据集为 X，同时还给出了 Must-link 和 Cannot-link 两个成对约束集合，分别表示为 $\mathrm{ML} = \{(x_i, x_j)\}$，其中数据点 x_i 与 x_j 属于相同的类簇；$\mathrm{CL} = \{(x_i, x_j)\}$，其中数据点 x_i 与 x_j 属于不同的类簇。

下面首先给出利用已知成对约束信息提升谱表示的问题模型，然后把给出的模型转化为半正定二次线性规划问题。传统的谱聚类算法可看成本章模型的特例，即成对约束数目为 0 的情况。

6.3.1　目标函数

受传统谱聚类方法把原始数据投影到单位超球面上的启发，定义理想的核矩

阵[34]为

$$K_{ij} = \begin{cases} 1, & l(x_i) = l(x_j) \\ 0, & l(x_i) \neq l(x_j) \end{cases} \tag{6.11}$$

式中，$l(x_i)$ 为数据点 x_i 的聚类标签。已有的研究[12, 15, 35]表明，应用标准内点法的半正定求解器去学习整个核矩阵的复杂度高达 $O(n^{6.5})$，从而使其无法应用到实际问题中。受启发于图拉普拉斯正则学习[14, 26, 36, 37]，本章也把图拉普拉斯图的谱嵌入作为辅助信息去学习新的数据表示。由文献[26]可知，核矩阵的求解可看成两类分类问题，即 0-1 或正负两类分类问题。因此，可借鉴分类问题中常用的两种损失函数：平方损失和 Hinge 损失函数来进行核矩阵学习的建模。然而结合文献[26]中的大量实验结果及效率与性能的综合考虑，本章只给出采用平方损失函数的情况。下面以原始的谱嵌入为基础，利用给定的成对约束学习并提升该谱嵌入得到想要的数据表示。令 $Y = \{y_1, \cdots, y_n\}^T = F^m Q$ 为待求的数据表示，使其满足成对约束，即

$$y_i^T y_j = F_i QQ^T F_j^T = 1, \quad \forall (x_i, x_j) \in ML$$
$$y_i^T y_j = F_i QQ^T F_j^T = 0, \quad \forall (x_i, x_j) \in CL \tag{6.12}$$

式中，$Q \in \mathbb{R}^{m \times m}$ 为用于提升谱嵌入的矩阵。此外，还要尽量保持新数据表示为单位长度。注意：为了书写方便，F^m 一般都简记为 F。

基于上述的分析，可得到如下的目标函数：

$$L(Y) = \sum_{i=1}^n (y_i^T y_i - 1)^2 + \sum_{(x_i,x_j) \in ML} (y_i^T y_j - 1)^2 + \sum_{(x_i,x_j) \in CL} (y_i^T y_j - 0)^2 \tag{6.13}$$

令 $S = \{(x_i, x_j, t_{ij})\}$ 为成对约束集合，其中 t_{ij} 为二值变量，即当数据点 x_i 和 x_j 属于相同的类簇时，其值为 1，反之为 0。上述的目标函数[式(6.13)]可简化为

$$\min_Y L(Y) = \sum_{(x_i,x_j,t_{ij}) \in S} (y_i^T y_j - t_{ij})^2 \tag{6.14}$$

把 $Y = FQ$ 代入式(6.14)，上述的优化问题[式(6.14)]可转化为

$$\min_Q L(Q) = \sum_{(x_i,x_j,t_{ij}) \in S} (F_i QQ^T F_j^T - t_{ij})^2 \tag{6.15}$$

式(6.15)一般为关于变量 Q 的四次非凸优化问题。然而根据文献[14]，此问题可放松为一个凸优化问题，进而可有效地进行求解。

6.3.2　问题求解

令 $U = QQ^T$ 和 $u = \text{vec}(U)$，其中后者表示罗列矩阵 U 的所有列为一个列向量

u。为了有效地求解上述无约束优化问题[式(6.15)]，先把它放松为一个凸二次半正定规划(QSDP)问题的形式：

$$\min_{u} u^{\mathrm{T}}Au + b^{\mathrm{T}}u \tag{6.16}$$

式中，$A = \sum_{(i,j,t_{ij})} v_{ij}v_{ij}^{\mathrm{T}} \geqslant 0$，$v_{ij} = \mathrm{vec}(F_j^{\mathrm{T}}F_i)$；$b = -2\sum_{(i,j,t_{ij})} t_{ij}v_{ij}$。Li 等[14]提出了一种基于 Schur 补半正定规划的方法对上述的二次半正定规划问题进行求解，然而其时间复杂度为 $O(m^9)$ [37]。

令 r 为式(6.16)中的海森矩阵 A （还是对称半正定的矩阵)的秩。由 Cholesky 分解，可得到一个矩阵 $B \in \mathbb{R}^{r \times m^2}$ 使得 $A = B^{\mathrm{T}}B$ [38]。根据文献[37]，令 $z = Bu$，则二次半正定规划问题[式(6.16)]可转化为如下所示的等价形式：

$$\min_{u,z,\lambda} \lambda + b^{\mathrm{T}}u, \quad \text{s.t. } z = Bu, \quad z^{\mathrm{T}}z \leqslant \lambda, \quad U \geqslant 0 \tag{6.17}$$

令 $\mathcal{K}_l$ 表示 l 维的二阶锥，即

$$\mathcal{K}_l = \left\{(x_0; x) \in \mathbb{R}^l : x_0 \geqslant \|x\|\right\} \tag{6.18}$$

式中，$\|\cdot\|$ 为传统的欧氏距离。再令 $v = ((1+\lambda)/2, (1-\lambda)/2, z^{\mathrm{T}})^{\mathrm{T}}$，$e_i$ $(i = 1, \cdots, r+2)$ 为第 i 个基向量和 $E = (0_{r \times 2}, I_{r \times r})$，则下述的引理成立。

引理 6.1[37]　$z^{\mathrm{T}}z \leqslant \lambda$ 当且仅当 $v \in \mathcal{K}_{r+2}$。

由 $(e_1 - e_2)^{\mathrm{T}}v = \lambda$，$(e_1 + e_2)^{\mathrm{T}}v = 1$ 和 $z = Ev$，再根据上述的引理，则二次半正定规划问题[式(6.16)]可等价为如下的形式：

$$\min_{u,v} (e_1 - e_2)^{\mathrm{T}}v + b^{\mathrm{T}}u, \quad \text{s.t. } (e_1 + e_2)^{\mathrm{T}}v = 1, \quad Bu - Ev = 0, \quad v \in \mathcal{K}_{r+2}, \quad U \geqslant 0 \tag{6.19}$$

上述的问题[式(6.19)]为一个半正定二次线性规划(SQLP)问题，故可采用标准的优化软件包进行求解，如 SDPT3[39]。

6.4　算　　法

6.4.1　半监督聚类

令 U^* 为求解半正定二次线性规划问题[式(6.19)]得到的提升矩阵。然后可应用 K-means 算法对得到的提升谱嵌入 $F^m(U^*)^{1/2}$ 进行划分得到 c 类。基于上述的分析，本章给出了一种高效的半监督聚类算法，具体算法步骤如算法 6.1 所示，又称之为基于提升谱表示的半监督聚类算法(ESE)。

算法 6.1　基于提升谱表示的半监督聚类算法

输入：数据集 $X = \{x_1, \cdots, x_n\}$，$\mathrm{ML} = \{(x_i, x_j)\}$ 和 $\mathrm{CL} = \{(x_i, x_j)\}$ 两个成对约束集合，

以及最近邻数 k 和谱表示的阶数 m 。

输出：聚类结果。

算法步骤：

(1) 创建对称偏好 k 最近邻图，再由式(6.3)计算相似度矩阵 W ；

(2) 计 算 规 范 化 图 拉 普 拉 斯 $\bar{L} = I - D^{-1/2}WD^{-1/2}$ 及 对 角 度 矩 阵 $D = \mathrm{diag}(d_1, \cdots, d_n)$ ，其中 $d_i = \sum_j w_{ij}$ ；

(3) 对 $\bar{L}$ 进行特征值分解，得到最小 m 个特征值对应的特征向量 $\phi_1, \cdots, \phi_m$ ，并行归一化矩阵 $\bar{F}^m = [\phi_1, \cdots, \phi_m] \in \mathbb{R}^{n \times m}$ 得到 $F^m \in \mathbb{R}^{n \times m}$ ；

(4) 由半正定二次线性规划问题[式(6.19)]计算得到提升矩阵 U^* ，进而获得提升的谱表示 $F^m (U^*)^{1/2}$ ；

(5) 应用 K-means 算法对 $F^m (U^*)^{1/2}$ 进行划分得到聚类结果。

下面用一个简单的实例来说明本章提出的半监督聚类算法的思想，如图 6.2 所示。该数据集由三个分离的部分组成，分别是两个近似高斯分布的类簇(各 150 个数据点)和一个曲线形类簇(300 个数据点)。图 6.2 给出了传统谱聚类(采用规范切方法，简称 NCuts)算法与提出的基于提升谱表示的半监督聚类算法的聚类结果。此外，还给出了传统谱聚类算法应用高斯核函数得到的相似度矩阵($\sigma = 0.2$)与本章算法学习得到的核矩阵(后面给出了证明)的比较。为了显示的需要，把数据进行了重新排序，使得两个类高斯的类簇数据出现在前面而曲线形的类簇数据在后面。由图 6.2 的结果可知，提出的 ESE 聚类算法得到了完美的聚类结果，而传统谱聚类产生了较多的误划分。此外，提出的 ESE 算法可解决多子流形数据问题，由它得到的核矩阵具有清楚的块对角结构，这使得两个类簇更易于划分。

6.4.2　直推式分类

由上面求解的最优矩阵 U^* ，可学习得到核矩阵 $K^* = F^m U^* (F^m)^\mathrm{T}$ 。下面证明该矩阵 K^* 为合法的核矩阵。

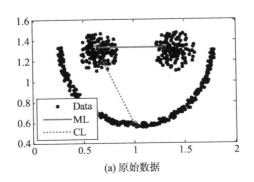

(a) 原始数据

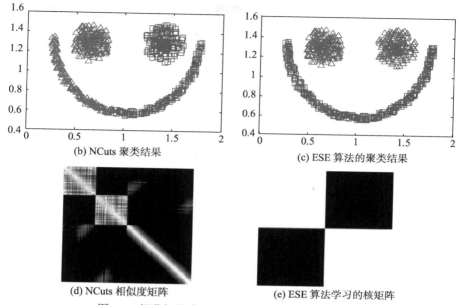

(b) NCuts 聚类结果　　　　　　　　　(c) ESE 算法的聚类结果

(d) NCuts 相似度矩阵　　　　　　　(e) ESE 算法学习的核矩阵

图 6.2　规范切聚类与提出的 ESE 算法的聚类结果比较

引理 6.2　若 $\phi_1,\cdots,\phi_m$ 为规范化图拉普拉斯 $\overline{L}$ 的最小 m 个特征值对应的特征向量，行归一化矩阵 $\overline{F}^m=[\phi_1,\cdots,\phi_m]\in\mathbb{R}^{n\times m}$ 得到 $F^m\in\mathbb{R}^{n\times m}$；且半正定二次线性规划问题[式(6.19)]的最优解 U^* 为对称半正定的。则学习得到的矩阵 $K^*=F^mU^*(F^m)^{\mathrm{T}}$ 为合法的核矩阵。

证明　由于 $U^*=(U^*)^{\mathrm{T}}\geqslant 0$，$U^*=(U^*)^{1/2}[(U^*)^{1/2}]^{\mathrm{T}}$，那么

$$K^*=F^mU^*(F^m)^{\mathrm{T}}=F^m(U^*)^{1/2}[(U^*)^{1/2}]^{\mathrm{T}}(F^m)^{\mathrm{T}}=F^m(U^*)^{1/2}[F^m(U^*)^{1/2}]^{\mathrm{T}} \quad (6.20)$$

为对称半正定的，因此 $K^*=F^mU^*(F^m)^{\mathrm{T}}$ 为合法的核矩阵。

若给定的数据集为 $X=\{x_1,\cdots,x_l,x_{l+1},\cdots,x_n\}$，其中前 l 个数据点为标签数据(l 为非常小的整数)，或再有两个成对约束集 $\mathrm{ML}=\{(x_i,x_j)\}$ 和 $\mathrm{CL}=\{(x_i,x_j)\}$。由上述求解得到的核矩阵 K^*，对数据集可进行直推式分类，而分类函数 g 的目标函数为

$$\hat{g}=\arg\inf_{g\in\mathbb{R}^n}\left(\frac{1}{l}\sum_{i=1}^{l}\mathcal{L}(g_i,y_i)+\lambda g^{\mathrm{T}}k^{-1}g\right) \quad (6.21)$$

式中，$\lambda>0$ 为正则参数；$\mathcal{L}(\cdot,\cdot)$ 为标签损失函数。Zhang 等[40]证明了上述直推式分类问题[式(6.21)]的解与传统监督分类问题的解相同：

$$\hat{f}=\arg\inf_{f\in\mathscr{H}}\left(\frac{1}{l}\sum_{i=1}^{l}\mathcal{L}(f(x_i),y_i)+\lambda\|f\|_{\mathscr{H}}^2\right) \quad (6.22)$$

和

$$\hat{g}_j = \hat{f}(x_j), \quad j = 1, \cdots, n \tag{6.23}$$

式中，$\mathcal{H}$ 表示一个再生希尔伯特空间，$\hat{f}(x) = \sum_{i=1}^{l} \hat{a}_i k(x_i, x)$ 和

$$\hat{a} = \arg\inf_{a \in \mathbb{R}^l} \left(\frac{1}{l} \sum_{i=1}^{l} \mathcal{L}(f(x_i), y_i) + \lambda \sum_{i,j=1}^{l} a_i a_j k(x_i, x_j) \right) \tag{6.24}$$

通过求解上述的二次规划问题(6.24)得到系数 $\hat{a}$，进而可得到最终的直推式分类函数 $\hat{g}$。类似方法有次序约束谱核(OSK)方法[41]和直推谱核(TSK)方法[42]等。

6.4.3　复杂度分析

本章提出的 ESE 算法主要运行时间花费于对称偏好近邻图的创建和提升谱表示的计算。根据文献[37]的分析，采用 SDPT3 优化软件包计算半正定二次线性规划问题[式(6.19)]的时间复杂度为 $O(m^{6.5})$。而 ESE 半监督聚类算法总的时间复杂度为 $O(n^2 + m^{6.5} + nm^2 + tnc)$，空间复杂度为 $O(kn)(kn \ll n^2)$，其中 t 为 K-means 算法的迭代次数。此外，在 ESE 算法中，应用 Lanczos 算法[38]可有效地计算得到图拉普拉斯 $\overline{L}$ 的最小 m 个特征值对应的特征向量。

6.5　实　　验

为了检验提出的半监督聚类算法的聚类质量及效率，下面给出了在很多人工与实际数据集上的聚类实验结果。此外，还把提出的算法推广到了直推式分类问题中。本章所有实验均是在 MATLAB 环境下，P4 3.2GHz、1GB 内存的微机上独立进行 50 次实验取平均的结果。

6.5.1　比较算法与参数设置

为了比较，本章给出了谱聚类方法(SC)的聚类结果(选择典型的规范切算法[20]作为代表)作为基准参考。另外，还给出了四种类似的半监督聚类算法的实验结果，其中包括谱学习(spectral learning, SL)算法[7]、近邻传播约束聚类(constrained clustering through affinity propagation, CCAP)算法[24]、谱正则约束聚类[14](constrained clustering via spectral regularization, CCSR)和半监督核 K-means(semi-supervised kernel K-means, SSKK)算法[5]。以上四种算法和本章提出的 ESE 算法都可直接处理多类聚类问题，可同时利用 ML 和 CL 两类约束信息。但最近提出的一种半监督聚类算法[43]只能处理两类聚类问题，而 Yu 等[25]提出的方法只能利用 ML 一种约束信息。因此，本章没有提供这两种算法的实验结果来进行比较。

对于谱学习算法，根据给定的成对约束信息，直接修改相似度矩阵，即若为

ML, 修改为 1, 反之修改为 0。而半监督核 K-means 算法利用成对约束形成一个惩罚矩阵, 并添加到原来的相似度矩阵里面。本章采用的是半监督核 K-means 算法的规范切版本。此外, 四种比较算法都是基于图的方法, 如文献[14]相同的操作, 本章也是构造多个候选图, 其中最近邻数 k 的范围是 $\{10,15,\cdots,50\}$, 而高斯核函数尺度因子的选择范围是 $\mathrm{linspace}(0.1r,r,5)\bigcup \mathrm{linspace}(r,10r,5)$, 其中 r 为所有数据点到其第 20 最近邻距离的平均值, 而 $\mathrm{linspace}(r_1,r_2,t)$ 表示范围 r_1 到 r_2 的等间距 t 划分数。除此之外, 本章提出的 ESE 算法与 CCSR 算法设置是完全相同的, 一般最近邻数 k 的范围也是 $\{10,15,\cdots,50\}$, 谱嵌入阶数 m 的选择范围为 $\{10,15,\cdots,30\}$。

6.5.2　人工数据集

为了直观地测试本章提出的 ESE 算法的鲁棒性, 本节在两个人工数据集上进行了实验。这两个人工数据集分别为加噪双月数据集和加噪矩形-圆环数据集, 其中加噪双月数据集是在文献常用的双月数据集基础上, 加入 100 个随机噪声数据得到, 共计 500 个样本点; 而加噪矩形-圆环数据集是由两个矩形簇(各 1000 个数据点)与一个圆环簇组成, 再加入 300 个随机噪声数据点得到, 共计 3300 个数据点。四种类似算法与本章提出的 ESE 算法对上述两个人工数据集的聚类结果如图 6.3 和图 6.4 所示。

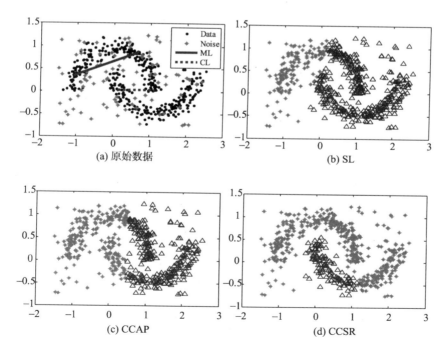

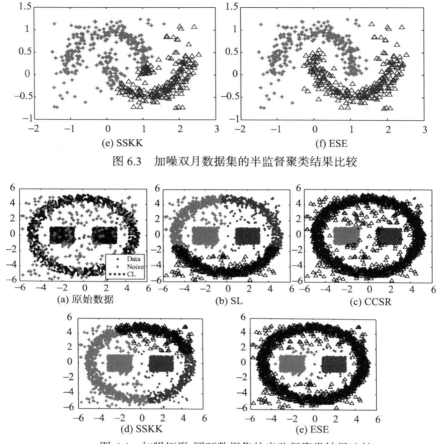

图 6.3　加噪双月数据集的半监督聚类结果比较

图 6.4　加噪矩形-圆环数据集的半监督聚类结果比较

　　由图 6.3 和图 6.4 的聚类结果可知，四种比较的半监督聚类算法 SL、CCAP、CCSR 和 SSKK 都有较多的误划分，而提出的 ESE 算法在两个噪声数据集上都取得了较好的聚类质量。出现以上现象的主要原因是噪声数据点破坏了两个数据集的流形几何结构，因此基于传统图创建的四种比较算法鲁棒性较差，而本章提出的 ESE 算法是基于提出的对称偏好近邻图，对噪声及奇异数据都有很强的鲁棒性。此外，值得注意的是，CCAP 算法在对加噪矩形-圆环数据集处理时，内存溢出而无法给出聚类结果。

6.5.3　向量型数据

　　本节采用了两类实际数据来进行实验，由于每个数据集的各个样本拥有相同的维数，可直接距离测度进行聚类处理，因此称之为向量型数据。

　　UCI 数据：四个 UCI 数据集 Wine、Balance、Iris 和 WDBC，和一个常用的人

工数据集 G50c。

图像数据：四个图像数据集，它们是 MNIST 手写体数字[44]、USPS 手写体数字、COIL20[45]和人脸数据集 YaleB3[46]。关于著名的 MNIST 数据集，本章采用其训练集中的四类数字"0"、"1"、"2"和"3"各 5923、6742、5958 和 6131 个样本，共计 24754 个数据点的较大规模数据集。这些数据集的基本属性如表 6.1 所示。

表 6.1　数据集的基本属性

数据集	样本数目	特征维数	聚类数目
G50c	550	50	2
WDBC	569	30	2
Balance	625	4	3
Iris	150	4	3
Wine	178	13	3
USPS-test	2007	$16 \times 16=256$	10
USPS-train	7291	$16 \times 16=256$	10
MNIST0123	24754	$28 \times 28=784$	4
YaleB3	1755	$30 \times 40=1200$	3
COIL20	1440	$32 \times 32=1024$	20

在所有的实验中，都设置聚类数等于数据集本身的类别数，并采用文献[24]里面的 Rand Index 指标来评价聚类结果的质量。另外，为每个数据集随机生成多种不同数目的成对约束集。例如，若一个数据集为 c 类，每一类随机地产生各 j 个 ML 约束，再为不同的类各随机地产生 j 个 CL 约束，那么生成的约束集共计为 $j \times (c + c(c-1)/2)$ 对。为了比较各种半监督聚类算法在各个约束集下的聚类性能，其聚类结果如图 6.5 和图 6.6 所示，其中聚类结果为随机运行 50 次的平均值，并把谱聚类算法的聚类结果作为基准参考。

由图 6.5 和图 6.6 所示的聚类结果，可得出如下结论。

除了 CCAP 算法在少数几个数据集上的聚类性能较差之外，在绝大多数情况下，半监督聚类算法的聚类性能要比无监督的谱聚类算法好。特别是本章提出的 ESE 算法，CCSR 和 SSKK 算法利用了给定的成对约束信息都能较大地提高聚类的性能。

除了 CCAP 算法对少数几个数据集之外，半监督聚类算法一般随着成对约束数量的增加而一致地提高聚类的性能。这也表明了利用成对约束可有效地减小高层语义概念与底层数据特征间的语义鸿沟。

SL、CCAP 和 SSKK 算法一般比 CCSR 和本章提出的 ESE 算法的聚类性能要差，其中 CCAP 和 SSKK 算法还无法应用到较大规模数据集上，如 USPS-train 和

MINIST0123 数据集。此外，SSKK 算法应用类似核 K-means 算法直接处理修改的核矩阵，而其核矩阵有时无法保证为半正定的[5]。

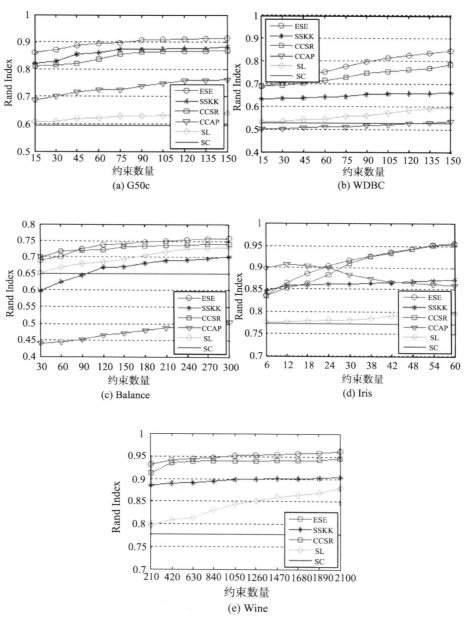

图 6.5　各种算法在 UCI 数据集上随约束数量变化的聚类结果

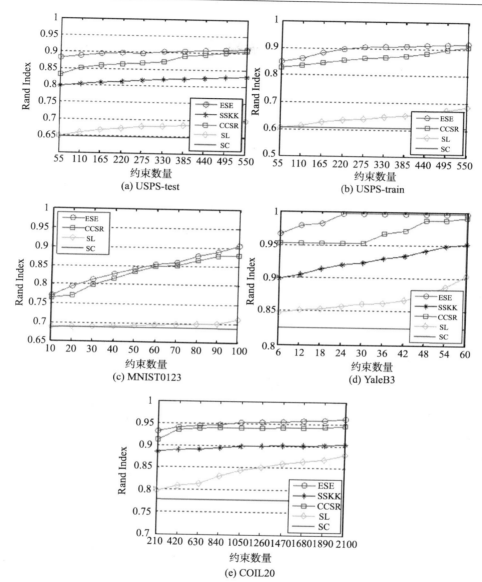

图 6.6　各种算法在图像数据集上随约束数量变化的聚类结果

　　本章提出的 ESE 算法的聚类性能一般都比其余的四种半监督聚类算法 SL、CCAP、SSKK 和 CCSR 要好。特别在 G50c、WDBC 和五个图像数据集上，ESE 算法的聚类质量一致地超过了其余的四种算法。这也验证了本章给出的对称偏好近邻图能准确地刻画数据分布的潜在流形结构。此外，ESE 算法能处理较大规模数据的半监督聚类问题。

本节还比较了各种半监督聚类算法的效率，并给出了四种比较算法和本章提出的 ESE 算法在 10 个 UCI 和图像数据集上的运行时间，如表 6.2 和表 6.3 所示。由此可知，提出的 ESE 算法的时间花费与 SL 算法非常接近，一般比其他三种半监督聚类算法快很多，特别是比聚类质量最接近的 CCSR 算法快 1~25 倍不等，而 SL 算法的聚类质量与 CCSR 算法和提出的 ESE 算法相比差很多。

表 6.2　各种半监督聚类算法在 UCI 数据集上的运行时间比较

数据集	G50c		WDBC		Balance		Iris		Wine	
	约束	时间/s	约束	时间/s	约束	时间/s	约束	时间/s	约束	时间/s
SL	150	2.79	150	2.49	300	3.32	60	0.36	60	0.23
CCAP	150	4.46	150	12.89	300	14.47	60	0.72	60	0.96
CCSR	150	69.48	150	70.63	300	59.76	60	59.15	60	56.12
SSKK	150	4.37	150	6.68	300	11.02	60	4.79	60	5.46
ESE	150	2.90	150	2.72	300	3.63	60	2.01	60	2.13

表 6.3　各种半监督聚类算法在图像数据集上的运行时间比较

数据集	USPS-test		USPS-train		MNIST0123		YaleB3		COIL20	
	约束	时间/s	约束	时间/s	约束	时间/s	约束	时间/s	约束	时间/s
SL	550	11.75	550	139.67	100	1083.50	60	10.63	2100	11.43
CCAP	550	—	550	—	100	—	60	—	2100	—
CCSR	550	79.85	550	212.59	100	1428.79	60	79.55	2100	70.11
SSKK	550	58.35	550	—	100	—	60	33.20	2100	51.93
ESE	550	13.98	550	145.73	100	1248.12	60	12.41	2100	12.66

第二部分实验用于测试本章提出的 ESE 算法的稳定性。该算法主要有两个参数：谱嵌入的维数 m 和最近邻数目 k。在上面实验用到的两类数据中各选择一个数据集，分别是 G50c 和 USPS-test 数据集，同时还分别给定 150 和 550 个成对约束。下面给出了提出的 ESE 算法随每个参数取值不同的聚类性能变化情况，如图 6.7 和图 6.8 所示，同时还给出了 CCSR 算法的聚类结果。由图 6.7 和图 6.8 所示的结果可知，只要两个参数的取值不是太小或太大，提出的 ESE 算法与 CCSR 算法都比较稳定。也毫无疑问，由于两个参数只能取少量的正整数，因此也比较容易选择。总之，提出的 ESE 算法在两个数据集的所有参数集合下，都一致地比 CCSR 算法的聚类质量要好。

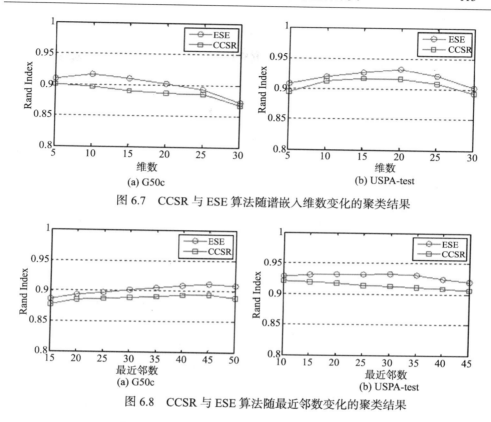

图 6.7　CCSR 与 ESE 算法随谱嵌入维数变化的聚类结果

图 6.8　CCSR 与 ESE 算法随最近邻数变化的聚类结果

　　第三部分实验用于测试本章提出的 ESE 算法对成对约束信息的鲁棒性。由于在实际情况中，给定的成对约束信息里面有可能混入噪声，即真实的约束为 ML 而变成了 CL；反之亦然。也选定 G50c 和 USPS-test 两个数据集为试验数据，同时还分别给定 150 个和 550 个成对约束作为先验信息；然后随机选择给定约束集合中的 2%~10%为噪声约束。下面给出了提出的 ESE 算法随噪声比例增大的聚类性能变化情况，如图 6.9 所示，同时还给出了四种半监督聚类算法的聚类结果。由图 6.9 所示的结果可知，随着噪声约束比例的增大，所有半监督聚类算法的聚类质量都有所降低，然而提出的 ESE 算法在各种噪声比例情况下，都一致地比其余四种算法的性能更好。

6.5.4　图结构数据

　　本节采用 Caltech101 目标识别图像集[47]的四类子集用于半监督聚类实验，包括 1155 张轿车图像、1074 张飞机图像、450 张人脸图像和 800 张摩托车图像，简记为 Caltech-4。还有常用的 Scene-8 场景数据集[48]，包括 8 类自然场景，共计 2688 张图像。由于这些图像的分辨率大小不一致，无法直接应用于半监督聚类。因此，本章采用 Grauman 和 Darrell 的方法[49]来对两个图像数据集进行处理，形成图结构数据。首先对每张图像进行均匀格子划分，然后应用 SIFT 算子提取特征，最后用金字塔匹配核计算得到稠密的核矩阵。该核矩阵可看成图结构数据，并可用作相似度矩阵。

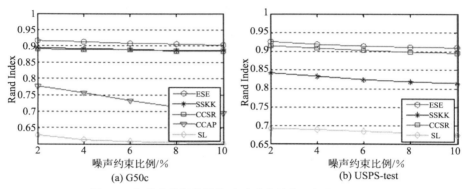

图 6.9　各种半监督聚类算法随噪声约束比例变化的聚类结果

　　把本章提出的 ESE 算法及三种类似的半监督聚类算法（包括 SL、SSKK 和 CCSR）应用于图结构数据的聚类，它们的实验结果如图 6.10 所示。由于 CCAP 算法在这两个数据集上无法运行，因此没有给出实验结果。由图 6.10 所示的结果可知，随着成对约束数量的增加，所有半监督聚类算法的聚类质量都有不同程度的提高，这也进一步说明了成对约束信息可有效地减小高层语义概念与底层数据特征之间的语义鸿沟。此外，因为 CCSR 和提出的 ESE 算法能有效地利用数据的几何结构和成对约束信息，所以它们一致地比其他两种半监督聚类算法的聚类质量要好。而提出的 ESE 算法在这两个数据集的所有成对约束集合上都取得了最好的聚类结果。

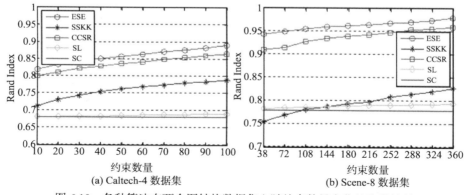

图 6.10　各种算法在两个图结构数据集上随约束数量变化的聚类结果

为了更清楚地说明本章提出的 ESE 算法是如何利用成对约束来提高聚类质量的，显示了 ESE 算法的低维数据表示的距离矩阵。为了进行比较，同时也展示了谱聚类(SC)、谱学习(SL)和谱正则约束聚类(CCSR)算法的低维数据表示的距离矩阵，如图 6.11 所示。由该图所示的结果可知，CCSR 和提出的 ESE 算法得到的距离矩阵具有比另外两种算法的结果更清晰的块结构，这也意味着前两种算法得到的低维数据表示，类簇内的数据点更加相似而类簇间的目标更易划分。

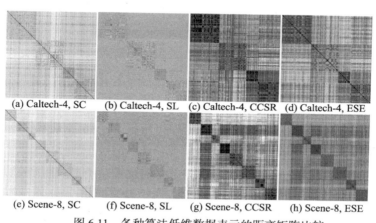

 (a) Caltech-4, SC (b) Caltech-4, SL (c) Caltech-4, CCSR (d) Caltech-4, ESE

 (e) Scene-8, SC (f) Scene-8, SL (g) Scene-8, CCSR (h) Scene-8, ESE

图 6.11 各种算法低维数据表示的距离矩阵比较

6.5.5 半监督聚类应用

本节把本章提出的 ESE 算法应用到雷达高分辨距离像目标的半监督聚类问题。高分辨距离像是高分辨雷达发射宽带雷达信号获取目标沿雷达视线散射点子回波投影的向量和幅值，包含了目标的结构信息，如散射中心位置、回波强度、散射中心的个数等[50-52]。采用的高分辨距离像数据集为航天部二院的逆合成孔径雷达(ISAR)实测飞机数据，即对安-26、雅克-42 和奖状三类飞机飞行实测的数据。根据它的平移不变特性[52]，对每个像的能量谱归一化处理得到 128 维的向量，其中有 3000 个训练样本和 1200 个测试样本。

本章提出的 ESE 算法对训练和测试样本集的半监督聚类结果如图 6.12 所示。此外，本节还提供了其他主流的半监督聚类算法的实验结果，其中包括 SL、CCSR 和 SSKK 算法。由图 6.12 所示的结果可知，提出的 ESE 算法一致地比其他几种算法的聚类精度要高。另外，ESE 算法在测试集(带有 360 个成对约束)上运行的时间约为 16s；而 SSKK 和 CCSR 算法分别运行约 159s 和 837s。

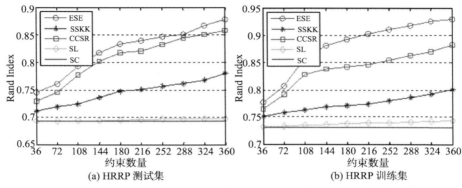

图 6.12　各种算法在 HRRP 数据集上随约束数量变化的聚类结果

6.5.6　直推式分类应用

把本章提出的 ESE 算法推广应用于直推式分类问题中。采用的数据集为上面聚类实验中用到的 UCI 和图像数据中的各两个数据集，分别为 G50c、Balance 和 COIL20、YaleB3。此外，再采用两个应用非常广泛的文本数据集：20-News 和 Text1[53]，其中 20-News 数据集包含汽车、摩托车、棒球和曲棍球四类，Text1 数据集包含 mac 和 mswindows 两类。它们的基本属性及随机选取标签样本的数目如表 6.4 所示。

下面给出本章提出的 ESE 算法对上述六个数据集的直推分类结果，如表 6.5 所示。同时还给出了类似的两种核学习方法：OSK 和 TSK 的实验结果。此外，还提供了两种经典的半监督学习方法拉普拉斯支撑矢量机[30](LapSVM) 和局部与全局一致[31](LGC) 在以上数据集的实验结果，并把传统支撑矢量机[54](SVM) 的结果作为基准。由表 6.5 所示的结果可知，提出的 ESE 算法的直推式分类结果比其他五种相关的半监督学习和核学习算法都更好。

表 6.4　各数据集的基本属性

数据集	样本数目	特征维数	类别数目	标签数目
G50c	550	50	2	20
Balance	625	4	3	20
YaleB3	1755	1200	3	3
COIL20	1440	1024	20	40
Text1	1946	7511	2	20
20-News	3970	8014	4	40

表 6.5 各种算法的分类结果(平均值和标准差) (单位: %)

数据集	G50c	Balance	YaleB3	COIL20	Text1	20-News
SVM	85.36±2.46	71.39±6.14	91.00±7.22	74.96±2.11	76.05±5.18	58.88±8.17
LGC	86.78±2.44	70.03±8.19	94.68±5.47	80.38±2.10	74.89±9.91	73.99±2.48
LapSVM	86.65±3.22	63.86±7.43	96.95±0.51	86.58±1.53	80.72±1.51	74.36±0.18
OSK	91.79±3.25	67.58±8.64	95.14±2.69	86.52±4.51	82.74±4.82	86.19±4.55
TSK	93.09±4.40	72.82±4.05	95.37±7.75	90.00±3.93	85.76±3.63	89.30±2.90
ESE	95.17±0.16	74.45±5.87	98.53±1.61	91.46±3.54	90.40±4.58	92.57±1.80

参 考 文 献

[1] CHAPELLE O, SCHOLKOPF B, ZIEN A. Semi-supervised learning [J]. IEEE transactions on neural networks, 2009, 20(3): 542-542.
[2] ZHU X J. Semi-supervised learning literature survey[J]. Computer science, 2008, 37(1):63-77.
[3] WAGSTAFF K, CARDIE C, ROGERS S, et al. Constrained k-means clustering with background knowledge[C]//ICML, 2001, 1: 577-584.
[4] KLEIN D, KAMVAR S D, MANNING C D. From instance-level constraints to space-level constraints: Making the most of prior knowledge in data clustering[C]//Proceedings of the nineteenth international conference on machine learning, 2002:307-314.
[5] KULIS B, BASU S, DHILLON I, et al. Semi-supervised graph clustering: A kernel approach[J]. Machine learning, 2009, 74(1): 1-22.
[6] XING E P, NG A Y, JORDAN M I, et al. Distance metric learning with application to clustering with side-information[J]. Advances in neural information processing systems, 2003, 15: 505-512.
[7] KAMVAR K, SEPANDAR S, KLEIN K, et al. Spectral learning[C]//International joint conference of artificial intelligence, 2003: 561-566.
[8] GLOBERSON A, ROWEIS S T. Metric learning by collapsing classes[C]//Advances in neural information processing systems, 2005: 451-458.
[9] BASU S, BILENKO M, MOONEY R J. A probabilistic framework for semi-supervised clustering[C]//Proceedings of the tenth ACM SIGKDD international conference on knowledge discovery and data mining, 2004: 59-68.
[10] BILENKO M, BASU S, MOONEY R J. Integrating constraints and metric learning in semi-supervised clustering[C]//Proceedings of the twenty-first international conference on machine learning, 2004: 11.
[11] BAR-HILLEL A, HERTZ T, SHENTAL N, et al. Learning distance functions using equivalence relations[C]// ICML, 2003, 3: 11-18.
[12] HOI S C H, JIN R, LYU M R. Learning nonparametric kernel matrices from pairwise constraints[C]//Proceedings of the 24th international conference on machine learning, 2007: 361-368.
[13] DAVIS J V, KULIS B, JAIN P, et al. Information-theoretic metric learning[C]//Proceedings of the 24th international conference on machine learning, ACM, 2007: 209-216.
[14] LI Z G, LIU J Z, TANG X O. Constrained clustering via spectral regularization[C]//IEEE computer society conference on computer vision and pattern recognition, DBLP, 2009: 421-428.
[15] LI Z G, LIU J Z, TANG X O. Pairwise constraint propagation by semidefinite programming for semi-supervised classification[C]//Proceedings of the 25th international conference on machine learning, 2008: 576-583.
[16] WAGSTAFF K, CARDIE C. Clustering with instance-level constraints[J]. AAAI/IAAI, 2000: 1097.
[17] WANG X, DAVIDSON I. Flexible constrained spectral clustering[C]//Proceedings of the 16th ACM SIGKDD international conference on knowledge discovery and data mining, 2010: 563-572.
[18] DONATH W E, HOFFMAN A J. Lower bounds for the partitioning of graphs[J]. IBM journal of research and development, 1973, 17(5): 420-425.

[19] SHANG F H, JIAO L C, SHI J R, et al. Fast affinity propagation clustering: A multilevel approach[J]. Pattern recognition, 2012, 45(1): 474-486.

[20] SHI J B, MALIK J. Normalized cuts and image segmentation[J]. IEEE transactions on pattern analysis and machine intelligence, 2000, 22(8): 888-905.

[21] HAGEN L, KAHNG A B. New spectral methods for ratio cut partitioning and clustering[J]. IEEE transactions on computer-aided design of integrated circuits and systems, 1992, 11(9): 1074-1085.

[22] DING C H Q, HE X F, ZHA H Y, et al. A min-max cut algorithm for graph partitioning and data clustering[C]// Proceedings IEEE international conference on Data Mining, 2001: 107-114.

[23] WHITE S, SMYTH P. A spectral clustering approach to finding communities in graph[C]//SDM, 2005, 5: 76-84.

[24] LU Z D, CARREIRA-PERPINAN M A. Constrained spectral clustering through affinity propagation[C]// IEEE conference on Computer Vision and Pattern Recognition, 2008: 1-8.

[25] YU S X, SHI J B. Segmentation given partial grouping constraints[J]. IEEE transactions on pattern analysis and machine intelligence, 2004, 26(2): 173-183.

[26] SHANG F H, LIU Y Y, WANG F. Learning spectral embedding for semi-supervised clustering[C]//2011 IEEE 11th international conference on data mining, 2011: 597-606.

[27] LIU W, CHANG S F. Robust multi-class transductive learning with graphs[C]// IEEE conference on Computer Vision and Pattern Recognition, 2009: 381-388.

[28] ZELNIK-MANOR L. Self-tuning spectral clustering[J]. Advances in neural information processing systems, 2004, 17:1601-1608.

[29] SHANG F H, JIAO L C, SHI J R, et al. Fast density-weighted low-rank approximation spectral clustering[J]. Data mining and knowledge discovery, 2011, 23(2): 345-378.

[30] BELKIN M, NIYOGI P, SINDHWANI V. Manifold regularization: A geometric framework for learning from labeled and unlabeled examples[J]. Journal of machine learning research, 2006, 7: 2399-2434.

[31] ZHOU D, BOUSQUET O, LAL T N, et al. Learning with local and global consistency[J]. Advances in neural information processing systems, 2004, 16(16): 321-328.

[32] CHUNG F R K. Spectral Graph Theory[M]. New York: American Mathematical Society, 1997.

[33] VON LUXBURG U. A tutorial on spectral clustering[J]. Statistics and computing, 2007, 17(4): 395-416.

[34] KWOK J T, TSANG I W. Learning with idealized kernels[C]//ICML, 2003: 400-407.

[35] ZHUANG J, TSANG I W, HOI S C H. A family of simple non-parametric kernel learning algorithms[J]. Journal of machine learning research, 2011, 12: 1313-1347.

[36] WEINBERGER K Q, SHA F, ZHU Q H, et al. Graph Laplacian regularization for large-scale semidefinite programming[C]//Advances in neural information processing systems, 2006: 1489-1496.

[37] WU X M, SO A M, LI Z, et al. Fast graph laplacian regularized kernel learning via semidefinite–quadratic–linear programming[C]//Advances in neural information processing systems, 2009: 1964-1972.

[38] GOLUB G H, VAN LOAN C F. Matrix Computations[M]. Baltimore: Johns Hopkins University Press, 1996: 374-426.

[39] TÜTÜNCÜ R H, TOH K C, TODD M J. Solving semidefinite-quadratic-linear programs using SDPT3[J]. Mathematical programming, 2003, 95(2): 189-217.

[40] ZHANG T, ANDO R. Analysis of spectral kernel design based semi-supervised learning[J]. Advances in neural information processing systems, 2006, 18: 1601.

[41] ZHU X, KANDOLA J, GHAHRAMANI Z, et al. Nonparametric transforms of graph kernels for semi-supervised learning[C]//Advances in neural information processing systems, 2004: 1641-1648.

[42] LIU W, QIAN B, CUI J Y, et al. Spectral kernel learning for semi-supervised classification[C]//IJCAI, 2009, 9: 1150-1155.

[43] COLEMAN T, SAUNDERSON J, WIRTH A. Spectral clustering with inconsistent advice[C]//Proceedings of the 25th international conference on machine learning, 2008: 152-159.

[44] LECUN Y, CORTES C, BURGES C J C. The MNIST database of handwritten digits, 1998[J]. Available electronically at http://yann. lecun. com/exdb/mnist, 2012.

[45] NENE S A, NAYAR S K, MURASE H. Columbia object image library (COIL-20)[R]. Technical report CUCS-005-96, 1996.

[46] GEORGHIADES A S, BELHUMEUR P N, KRIEGMAN D J. From few to many: Illumination cone models for face recognition under variable lighting and pose[J]. IEEE transactions on pattern analysis

and machine intelligence, 2001, 23(6): 643-660.

[47] LI F F, FERGUS R, PERONA P. Learning generative visual models from few training examples: An incremental bayesian approach tested on 101 object categories[J]. Computer vision and image understanding, 2007, 106(1): 59-70.

[48] OLIVA A, TORRALBA A. Modeling the shape of the scene: A holistic representation of the spatial envelope[J]. International journal of computer vision, 2001, 42(3): 145-175.

[49] GRAUMAN K, DARRELL T. The pyramid match kernel: Discriminative classification with sets of image features[C]//Tenth IEEE international conference on computer vision (ICCV'05), 2005, 2: 1458-1465.

[50] CHAI J, LIU H W, BAO Z. Generalized re-weighting local sampling mean discriminant analysis[J]. Pattern recognition, 2010, 43(10): 3422-3432.

[51] SHANG F H, JIAO L C, WANG F. Graph dual regularization non-negative matrix factorization for co-clustering[J]. Pattern recognition, 2012, 45(6): 2237-2250.

[52] XING M D, BAO Z, PEI B N. Properties of high-resolution range profiles[J]. Optical engineering, 2002, 41(2): 493-504.

[53] JAAKKOLA M S T, SZUMMER M. Partially labeled classification with Markov random walks[J]. Advances in neural information processing systems (NIPS), 2002, 14: 945-952.

[54] CHANG C C, LIN C J. LIBSVM: A library for support vector machines[J]. ACM transactions on intelligent systems and technology (TIST), 2011, 2(3): 27.

第 7 章 应用低秩矩阵填充学习数据表示

7.1 引　　言

　　学习数据的低维表示是机器学习、数据挖掘及模式识别的一个重要问题。有效的数据表示可帮助研究人员更好地了解数据的本质特性，如几何分布结构[1, 2]、聚类结构[3, 4]等。传统学习数据低维表示的方法可分为两类：①非监督方法，如主成分分析、非负矩阵分解和流形学习(manifold learning)等；②有监督方法，如线性判别分析、最大边界准则(MMC)和典型关联分析(CCA)等。上述各种方法被广泛地应用于建模、聚类、分类和可视化的特征提取处理[4]。但是非监督方法提取的特征由于没有利用监督信息而往往缺乏可靠性；而监督方法一般需要大量的标签数据，它们的获取又非常费时和昂贵。因此，最近几年研究人员开始利用部分监督信息[5-7]，如少量标签数据或成对约束来学习半监督的数据表示。本章也关注于利用成对约束来学习有效的数据低维表示问题。

　　相对于标签数据，成对约束更易于获得，也更普遍，因此已经被广泛应用于诸多领域，如图像检索、道路检测和网页挖掘等。一般成对约束以 Must-link 约束和 Cannot-link 约束的形式出现[8-10]，分别指示相应的样本属于同类或是异类。同时随着采样技术和硬件技术的不断发展，收集大量的无标签样本已非常容易。而半监督学习则既可以利用少量的先验信息，如成对约束或背景知识[11, 12]，又可以充分考虑无标签样本提供的数据结构来提高学习性能。现有的半监督数据表示方法大体可分为三类：第一类是基于约束的半监督数据表示学习方法，如谱正则约束聚类算法[5]和柔性约束的谱聚类[13]算法；第二类是基于距离的半监督表示学习方法，如 Xing 等[14]提出的距离测度学习方法等；第三类是以上两者的结合，如 Bilenko 等[15]提出的结合约束和测度学习的方法等。

　　利用成对约束可直接学习核矩阵，进而得到数据的低维表示。然而已有的研究[16-18]表明：通过内点法求解半正定规划学习整个核矩阵的方法的时间复杂度高达 $O(n^{6.5})$，这使得该类方法很难被应用于实际问题。因此，本章也采用把谱表示作为辅助信息，进而将整个核矩阵的学习转化为提升已有谱表示的问题。谱嵌入方法作为一种流行的数据表示方法，可通过对构造的相似度矩阵、图拉普拉斯矩阵等进行特征值分解得到，如 PCA 方法由协方差矩阵特征值分解得到低维表示；

ISOMAP 算法[1]通过对双中心化的测地线距离矩阵特征值分解得到谱嵌入；谱聚类方法[19]则由图拉普拉斯矩阵的特征值分解得到谱表示。尽管本章仅考虑采用谱聚类方法得到的谱嵌入作为辅助信息的一种情况，其他的嵌入表示完全可通过本章的方法获得更好的低维表示。本章提出的算法属于第一类半监督数据表示学习方法。

总之，本章的目的是利用已知的成对约束学习提高原来的谱表示，使得新的数据表示与成对约束信息尽可能地一致。本章给出了一种新颖的思想去学习提高谱表示，即通过填充理想核矩阵的方式来提高原始的谱嵌入。

最近几年，低秩矩阵恢复或填充已成为机器学习与计算机视觉等领域最热的研究方向之一，并有大量的低秩矩阵填充的算法被提出，具有代表性的方法有 SVT[20]、FPCA[21]、ALM[22]和 APG[23]等。此外，还有不少的研究人员给出了大量的理论研究成果，如文献[24]、[25]在理论上保证了合适的条件下通过求解核范数最小化问题可精确地解决低秩矩阵填充问题。特别是，Candès 等[24]证明了满足特定不相容条件的低秩矩阵 $Z \in \mathbb{R}^{n \times n}$ 最少以概率 $1 - cn^{-3}$ 由较小的随机采样阶 $Crn^{5/4}\mathrm{l}bn$ 通过下述核范数模型[式(7.1)]精确重构，其中 r 为低秩矩阵的秩，c 和 C 为两个常量。

$$\min_A \| A \|_*, \quad \text{s.t.} \ P_\Omega(A) = P_\Omega(Z) \tag{7.1}$$

式中，$\|\cdot\|_*$ 表示矩阵的核范数，即矩阵所有奇异值的和；Ω 为已知元素下标的集合；$P_\Omega(A)$ 定义为如下的形式：

$$P_\Omega(A_{ij}) = \begin{cases} A_{ij}, & (i,j) \in \Omega \\ 0, & \text{其他} \end{cases} \tag{7.2}$$

通常，已知的成对约束的数目比精确重构低秩核矩阵需要的采样数目少很多，因此本章也考虑把图拉普拉斯的谱嵌入作为辅助信息，进而把整个较大规模核矩阵的求解转化为一个较小规模的对称半正定矩阵求解问题[26]。

此外，上述提升谱表示的问题模型为一个核范数正则的最小二乘法问题。针对这一模型，本章同时提出了一种高效的特征值迭代阈值法。因为该算法拥有一个特征值阈值算子，所以命名为特征值迭代阈值法。最后，本章还给出了该算法收敛于其最优解的严格理论证明。另外，本章的主要工作如下所述：提出了一种新颖低秩核矩阵填充的思路采用学习谱表示，并利用谱嵌入作为辅助信息；把学习谱表示问题转化为小规模核范数正则的最小二乘法问题，并提出了一种特征值迭代阈值算法去有效地进行求解；由学习得到的谱表示，进而提出了一种半监督聚类算法并将其推广到直推式分类问题中。

7.2　学习谱表示框架

考虑到公平地与已有算法进行比较，采用普通的 t-最近邻图创建方式。

$$W = \begin{cases} \exp\left(-\dfrac{\|x_i - x_j\|^2}{2\sigma^2}\right), & x_j \in \mathcal{N}(x_i) \text{ 或 } x_i \in \mathcal{N}(x_j) \\ 0, & \text{其他} \end{cases} \tag{7.3}$$

式中，$\mathcal{N}(x_i)$ 表示数据点 x_i 的 t 最近邻集合。令 $(\phi_1, \cdots, \phi_d)$ 为图拉普拉斯矩阵 $L = I - D^{-1/2}WD^{-1/2}$ 的最小 d 个特征值对应的特征向量，则 $F = (\phi_1, \cdots, \phi_d) \in \mathbb{R}^{n \times d}$ 为数据集 $X = \{x_1, \cdots, x_n\}$ 的 d 维谱表示。

7.2.1　核矩阵填充

在低秩矩阵填充问题中，人们想通过已知少量的矩阵元素恢复得到原矩阵。当前该技术已被广泛地应用到机器学习、计算机视觉、数据挖掘、图像与信号处理及系统控制[27]等领域。令 $\tilde{F} \in \mathbb{R}^{n \times d}$ 为待求的数据表示，$K = \tilde{F}\tilde{F}^{\mathrm{T}}$ 为理想的核矩阵[28]，其满足：

$$K_{ij} = \begin{cases} <[\tilde{F}]_{i,:}, [\tilde{F}]_{j,:}> = 1, & l(x_i) = l(x_j) \\ <[\tilde{F}]_{i,:}, [\tilde{F}]_{j,:}> = 0, & \text{其他} \end{cases} \tag{7.4}$$

式中，$l(x_i)$ 为数据点 x_i 的聚类标签；$<\cdot,\cdot>$ 表示内积。

显然，核矩阵 K 满足可精确重构的两个重要条件[29]：低秩性和不相容性。因此，低秩核矩阵填充的模型可表示为

$$\min_{K \in \mathbb{R}_+^{n \times n}} \operatorname{rank}(K), \quad \text{s.t.} \quad P_\Omega(K) = P_\Omega(Z) \tag{7.5}$$

式中，$\operatorname{rank}(\cdot)$ 表示矩阵的秩函数；$\mathbb{R}_+^{n \times n}$ 表示 n 维对称半正定矩阵的集合；Ω 为矩阵 Z 已知元素的下标集合，采样矩阵 Z 为

$$Z_{ij} = \begin{cases} 1, & i = j \\ 1, & (i, j) \in \mathrm{ML} \\ 0, & (i, j) \in \mathrm{CL} \end{cases} \tag{7.6}$$

式中，$\mathrm{ML} = \{(i, j)\}$ 为成对 ML 约束集合，即数据点 x_i 与 x_j 属于相同的类簇；$\mathrm{CL} = \{(i, j)\}$ 为成对 CL 约束集合，即数据点 x_i 与 x_j 属于不同的类簇。

虽然已证实秩函数最小化是很强的二维稀疏性全局约束[30]。然而，非凸函数 $\operatorname{rank}(\cdot)$ 的组合性质导致上述的优化问题[式(7.5)]为 NP 难问题。有效地求解该类问

题的策略是把 rank(·) 函数最小化问题放松到核范数最小化问题[20-25, 30]。众所周知，核范数作为 rank(·) 函数的凸包(convex envelope)具有很强的诱导低秩的能力[31]。那么，学习低秩核矩阵的模型[式(7.5)]可转化为

$$\min_{K} \| K \|_{*}, \quad \text{s.t.} \ P_{\Omega}(K) = P_{\Omega}(Z) \tag{7.7}$$

其拉格朗日形式为

$$\min_{K \in \mathbb{R}^{n \times n}} \mu \| K \|_{*} + \frac{1}{2} \| P_{\Omega}(K) - P_{\Omega}(Z) \|_{F}^{2} \tag{7.8}$$

式中，$\mu > 0$ 为正则参数。

7.2.2　提升矩阵学习模型

由于给定的成对约束的数目一般比精确重构低秩核矩阵所需要的采样数目少很多，并受图拉普拉斯正则学习[6, 32-35]及半监督聚类[5, 7]等工作的启发，因此本章也考虑应用图拉普拉斯的谱嵌入作为辅助信息去学习提升的谱表示。那么上述的低秩核学习模型[式(7.8)]转化为

$$\min_{M \in \mathbb{R}_{+}^{d \times d}} \mu \| K \|_{*} + \frac{1}{2} \| (FMF^{T} - Z)_{\Omega} \|_{F}^{2}, \quad \text{s.t.} \ K = FMF^{T} \tag{7.9}$$

式中，$M \in \mathbb{R}^{d \times d}$ ($d \ll n$) 为待求提升原始谱嵌入 $F \in \mathbb{R}^{n \times d}$ 的对称半正定矩阵；$(\cdot)_{\Omega} : \mathbb{R}^{n \times n} \to \mathbb{R}^{n \times n}$ 为投影算子，即若 $(i, j) \in \Omega$，则 $(A_{ij})_{\Omega} = A_{ij}$，反之，则 $(A_{ij})_{\Omega} = 0$。再考虑到 $F^{T}F = I$ 和 $\| K \|_{*} = \| FMF^{T} \|_{*} = \| M \|_{*}$，上述的优化问题[式(7.9)]可重写为

$$\min_{M \in \mathbb{R}_{+}^{d \times d}} \mu \| M \|_{*} + \frac{1}{2} \| (FMF^{T} - Z)_{\Omega} \|_{F}^{2} \tag{7.10}$$

因此，学习谱表示的优化问题[式(7.8)]被转化为一个学习小规模对称半正定矩阵的核范数正则的最小二乘法问题。

7.3　特征值迭代阈值算法

关于矩阵核范数最小化问题的有效求解算法近年来层出不穷，其中一类方法可把上述的核范数最小化问题[式(7.10)]转化为如下的半正定优化问题：

$$\min_{M, W_{1}, W_{2}} \frac{1}{2} (\text{Tr}(W_{1}) + \text{Tr}(W_{2})),$$

$$\text{s.t.} \begin{bmatrix} W_{1} & M \\ M^{T} & W_{2} \end{bmatrix} \geq 0, (FMF^{T} - Z)_{\Omega} = 0 \tag{7.11}$$

式中，$\text{Tr}(\cdot)$ 表示矩阵的迹。尽管上述问题可利用标准内点法进行求解，但每次迭代的时间复杂度最少为 $O(d^{6})$，并且需要存储相关函数的二阶导数信息[27]。最近，

有很多基于压缩感知(compressed sensing)技术的快速一阶算法被提出，可更有效地求解核范数最小化问题，如基于近似奇异值分解的不动点连续算法[21](简称 FPCA)。此外 FPCA 也已被证明了可收敛到其全局最优解，且在矩阵恢复效果方面比上述的半正定规划方法更好。另外，Ni 等[36]利用一种增广拉格朗日乘子法去求解对称半正定约束的低秩子空间表示问题。而本章给出的求解模型也是一个对称半正定约束的核范数最小化问题，因此下面提出了一种改进的不动点连续(modified fixed point continuation，MFPC)算法用于学习提升矩阵，该算法结合了一个特征值阈值算子(eigenvalue thresholding operator, EVT)，可有效地减少应用到增广拉格朗日乘子法[36]中的辅助变量个数，进而加速算法的收敛。下面详细描述了提出的迭代特征值阈值算法，并引入连续性和 Barzilai-Borwein(BB)步长技术来进一步加速该算法，同时还讨论了算法迭代停止的准则。在本节最后，把提出的算法应用到半监督聚类和直推式分类问题中。

7.3.1　改进的不动点算法

Ma 等[21]提出的不动点连续算法可有效地求解较大规模的核范数最小化问题，并应用于多标签直推学习[37]。下面，本章提出一种带有 EVT 算子的改进不动点迭代算法去求解提出的问题模型[式(7.10)]。

令 $g(M) = \mu \| M \|_* + \frac{1}{2} \| (FMF^T - Z)_\Omega \|_F^2$ 为一个凸函数，其导数函数为

$$\partial g = \mu \partial \| M \|_* + H \tag{7.12}$$

式中，$\partial \| M \|_*$ 为核范数函数的次微分；$H = h(M) := F^T(FMF^T - Z)_\Omega F$。

定义 7.1　分离算子 $T(\cdot)$ 定义为如下的形式：

$$T(\cdot) := \tau \mu \partial \| \cdot \|_* + \tau h(\cdot) \tag{7.13}$$

式中，$\tau > 0$。下面把分离算子 $T(\cdot)$ 分为两部分：

$$T(\cdot) = [\tau \mu \partial \| \cdot \|_* + I(\cdot)] - [I(\cdot) - \tau h(\cdot)] \tag{7.14}$$

式中，$I(\cdot)$ 为恒等算子。令 $Y = I(M) - \tau h(M)$ 和 $M \in \mathbb{R}_+^{d \times d}$，则

$$T(M) = \tau \mu \partial \| M \|_* + M - Y \tag{7.15}$$

为了求解提出的问题模型[式(7.10)]，需要求解如下的核范数最小化问题：

$$\min_{M \in \mathbb{R}_+^{d \times d}} \tau \mu \| M \|_* + \frac{1}{2} \| M - Y \|_F^2 \tag{7.16}$$

上述凸优化问题[式(7.16)]有最优的闭式解[36]：

$$M^* = \chi_{\tau \mu}\left((Y + Y^T)/2\right) \tag{7.17}$$

式中，$\chi_{\tau \mu}(\cdot)$ 为如下定义的特征值阈值算子。

定义 7.2(特征值阈值算子)　假设 $M \in \mathbb{R}_+^{d \times d}$，其特征值分解为 $M = V \text{diag}(\lambda) V^T$，

其中 $V \in \mathbb{R}^{d \times r}$ 和 $\lambda \in \mathbb{R}_+^r$ 分别为特征向量矩阵与相应的特征值向量(从大到小排列)，r 为矩阵 M 的秩。给定 $\nu > 0$，则特征值阈值算子 $\chi_\nu(\cdot)$ 定义为

$$\chi_\nu(M) := V \mathrm{diag}(\max\{\lambda - \nu, 0\})V^{\mathrm{T}} \tag{7.18}$$

式中，$\max\{\cdot, \cdot\}$ 是基于元素的最大算子。

因此，本章求解核范数最小化问题[式(7.10)]的不动点迭代法有如下的两步形式：

$$\begin{cases} Y^k = M^k - \tau h(M^k) \\ M^{k+1} = \chi_{\tau \mu_k}\left([Y^k + (Y^k)^{\mathrm{T}}]/2\right) \end{cases} \tag{7.19}$$

定理 7.1[36]　对于任意给定的 $Y \in \mathbb{R}^{d \times d}$，下述优化问题的唯一闭式解

$$\min_{M \in \mathbb{R}_+^{d \times d}} q(M) := \nu \| M \|_* + \frac{1}{2} \| M - Y \|_F^2 \tag{7.20}$$

取如下的形式：

$$M^* = \chi_\nu(\tilde{Y}) = U \mathrm{diag}[\max(\tilde{\lambda} - \nu, 0)]U^{\mathrm{T}} \tag{7.21}$$

式中，$\tilde{Y} = U \tilde{\Lambda} U^{\mathrm{T}}$ 为对称矩阵 $\tilde{Y} = (Y + Y^{\mathrm{T}})/2$ 的特征值分解，$\tilde{\Lambda} = \mathrm{diag}(\tilde{\lambda})$。

定理 7.2　M^* 为提出的核范数最小化问题[式(7.10)]的最优解当且仅当 $M^* = \chi_\nu(s(M^*))$，其中 $s(\cdot) = \{I(\cdot) - \tau h(\cdot) + [I(\cdot) - \tau h(\cdot)]^{\mathrm{T}}\}/2$。

上述定理的证明见附录 A。

7.3.2　加速策略

为了学习对称半正定的提升矩阵 M，上面给出了一种改进的不动点迭代求解算法。根据已有的很多算法[21, 38]，本章也考虑把连续性技术引入到改进不动点算法中，加速其收敛的速度。令 $\alpha \in (0,1)$ 为衰减因子，并利用它得到正则参数序列 μ_k：

$$\mu_{k+1} = \max\{\mu_k \alpha, \overline{\mu}\} \tag{7.22}$$

式中，$\overline{\mu} > 0$ 为给定的适当小常数。因此，引入连续性策略的改进不动点迭代算法本质上是求解提出模型[式(7.10)]的一系列问题，且问题从易变到难，相应的正则参数序列 μ_k 也是从大变到小的过程。

下面考虑调整步长来进一步加速提出算法的收敛速度。文献[21]中采用的步长自始至终都是 $\tau = 1$。而改进的不动点迭代算法由后面的理论分析可知，只要 $\tau \in (0, 2/\lambda_{\max}(\Psi))$ 就能保证该算法是全局收敛的，其中

$$\Psi := (F^{\mathrm{T}} \otimes F^{\mathrm{T}})I_\Omega(F \otimes F) \tag{7.23}$$

式中，$\otimes$ 表示两个矩阵的 Kronecker 积；$I_\Omega \in \mathbb{R}^{n^2 \times n^2}$ 由投影算子矩阵 Ω 拉成列向量再对角化得到，即若 $(i, j) \in \Omega$，则对角线对应元素取值为 1，反之取值为 0。在

压缩感知和 l_1-稀疏优化领域，有常用的几种选择步长的策略，如非单调线搜索方法[39]、BB 技术[40]等。本章选择 BB 技术自动地确定每次迭代的步长 τ_k。那么不动点迭代算法[式(7.18)]首先以 τ_k 为步长沿着光滑函数 $\|(FMF^T - Z)_\Omega\|_F^2 / 2$ 的负梯度方向下降；然后利用特征值阈值算子 $\chi_v(\cdot)$ 来调整非光滑函数 $\|M\|_*$。因此，步长 τ_k 的选择自然只与光滑函数部分有关。

定义 7.3　令 $H^k = F^T(FM^kF^T - Z)_\Omega F$，$\Delta M = M^k - M^{k-1}$，$\Delta h = H^k - H^{k-1}$，则 BB 步长定义为

$$\tau_k = \frac{\langle \Delta M, \Delta h \rangle}{\langle \Delta h, \Delta h \rangle} \text{ 或 } \tau_k = \frac{\langle \Delta M, \Delta M \rangle}{\langle \Delta M, \Delta h \rangle} \tag{7.24}$$

为了避免 BB 步长取得过大或过小，对它又进行了如下的调整：

$$\tau_k = \max\left\{\tau_{\min}, \min\left\{\tau_k, \tau_{\max}\right\}\right\} \tag{7.25}$$

式中，$\tau_{\min}$ 和 $\tau_{\max}$ 是两个常量，且 $0 < \tau_{\min} < \tau_{\max} < \infty$。

因为本章最终目的是学习谱表示，所以不需要获得提出优化问题[式(7.10)]的精确解。因此，采用如下的算法停止准则

$$\frac{\|M^{k+1} - M^k\|_F}{\max\{1, \|M^k\|_F\}} < \text{mtol} \tag{7.26}$$

式中，mtol 为一个较小的正数。通过后面的数值实验结果可知，$\text{mtol} = 10^{-4}$ 可获得满意的解。

基于上面的分析，本章提出的基于特征值阈值算子的改进不动点连续迭代算法[26](简称迭代特征值阈值算法，iterative eigenvalue thresholding，IET)，如算法 7.1 所示，可有效地求解给出的核范数最小化问题[式(7.10)]。

算法 7.1　迭代特征值阈值算法

输入：原始的谱嵌入，$F \in \mathbb{R}^{n \times d}$。

输出：提升矩阵 M^*。

初始化：给定 M^0，$\mu_0 = 10^4$，$\bar{\mu} = 10^{-10}$，$\alpha = 0.75$，$\text{mtol} = 10^{-4}$；并由式(7.22)计算得到正则参数序列 $\mu_1 > \mu_2 > \cdots > \mu_L = \bar{\mu} > 0$。

对 $\mu = \mu_1, \cdots, \mu_L$，开始循环：

(1) 通过式(7.25)计算 BB 步长 τ_k；

(2) 更新 Y^k，$H^k = F^T(FM^kF^T - Z)_\Omega F$，$Y^k = M^k - \tau_k H^k$；

(3) 更新 M^{k+1}，$M^{k+1} = \chi_{\tau_k \mu_k}\left([Y^k + (Y^k)^T]/2\right)$，

如果满足停止准则 $\dfrac{\|M^{k+1} - M^k\|_F}{\max\{1, \|M^k\|_F\}} < \text{mtol}$，停止循环，返回提升矩阵 M^*。

7.3.3　半监督聚类

由上面提出的 IET 算法可计算得到提升矩阵 M^*，进而可获得改进的谱表示为 $F(M^*)^{1/2}$，再利用 K-means 算法对它进行划分可得到最终的半监督聚类结果。因此，本章提出了一种新的半监督聚类算法，如算法 7.2 所示，称之为基于学习谱表示的半监督聚类算法(learned spectral embedding, LSE)。

算法 7.2　基于学习谱表示的半监督聚类算法

输入：数据集 $X = \{x_1, \cdots, x_n\}$，两个成对约束集合 ML $= \{(i, j)\}$ 和 CL $= \{(i, j)\}$，最近邻数目 t 和常数 d。

输出：聚类结果。

算法步骤：

(1) 创建 t-最近邻图并计算图拉普拉斯矩阵 $L = I - D^{-1/2}WD^{-1/2}$；

(2) 计算图拉普拉斯 L 最小 d 个特征值对应的特征向量 $\phi_1, \cdots, \phi_d$，并组成谱表示 $F = [\phi_1, \ldots, \phi_d] \in \mathbb{R}^{n \times d}$；

(3) 通过算法 7.1 求解优化问题[式(7.10)]得到提升矩阵 M^*；

(4) 学习得到提升的谱表示为 $F(M^*)^{1/2}$；

(5) 利用 K-means 算法划分新的数据表示 $F(M^*)^{1/2}$ 的每一行得到聚类结果。

7.3.4　推广到分类问题

由提出的 IET 算法求解得到矩阵 M^*，可学习得到核矩阵 $K^* = FM^*F^{\mathrm{T}}$。下面证明该矩阵 K^* 为合法的核矩阵。

定理 7.3　若 $\phi_1, \cdots, \phi_d$ 为图拉普拉斯 L 的最小 d 个特征值对应的特征向量，$F = [\phi_1, \cdots, \phi_d] \in \mathbb{R}^{n \times d}$；$M^*$ 为核范数正则最小二乘问题[式(7.10)]的最优解，则学习得到的矩阵 $K^* = FM^*F^{\mathrm{T}}$ 为合法的核矩阵。

上述定理的证明见附录 B。

若给定的数据集为 $X = \{x_1, \cdots, x_l, x_{l+1}, \cdots, x_n\}$，其中前 l 个数据点为标签数据(l 为非常小的整数)，或再有两个成对约束集合 ML $= \{(x_i, x_j)\}$ 和 CL $= \{(x_i, x_j)\}$。由上述求解得到的核矩阵 K^*，对数据集可进行直推式分类，则分类函数 f 的目标函数为

$$\hat{f} = \arg\inf_{f \in \mathbb{R}^n} \left(\frac{1}{l} \sum_{i=1}^{l} \mathcal{L}(f_i, y_i) + \lambda f^{\mathrm{T}} K^{-1} f \right) \tag{7.27}$$

式中，$\lambda > 0$ 为正则参数；$\mathcal{L}(\cdot, \cdot)$ 为标签损失函数。Zhang 等[41]证明了直推式分类问题[式(7.27)]的解与传统监督分类问题的解相同，即

$$\hat{g}=\arg\inf_{g\in\mathcal{H}}\left(\frac{1}{l}\sum_{i=1}^{l}\mathcal{L}(g(x_i),y_i)+\lambda\|g\|_{\mathcal{H}}^2\right) \tag{7.28}$$

则

$$\hat{f}_j=\hat{g}(x_j),\quad j=1,\cdots,n \tag{7.29}$$

式中，$\mathcal{H}$ 表示一个再生核希尔伯特空间，

$$\hat{g}(x)=\sum_{i=1}^{l}\hat{a}_i k(x_i,x) \tag{7.30}$$

$$\hat{a}=\arg\inf_{a\in\mathbb{R}^l}\left(\frac{1}{l}\sum_{i=1}^{l}\mathcal{L}(g(x_i),y_i)+\lambda\sum_{i,j=1}^{l}a_i a_j k(x_i,x_j)\right) \tag{7.31}$$

通过求解上述的二次规划问题[式(7.31)]得到系数 $\hat{a}$，进而可得到最终的直推式分类函数 $\hat{f}$。类似的谱核学习方法有次序约束的谱核(OSK)算法[32]和直推谱核(TSK)算法[33]等。由本章提出 IET 算法学习得到的核矩阵也为无参数谱核，并称之为学习的谱核(learned spectral kernel，LSK)。此外，该学习得到的谱核也可用于传统的核机器，如 SVMs。

7.3.5 复杂度分析

本章提出的 IET 算法主要运行时间花费于谱表示的学习和特征值分解。对较小矩阵 $\tilde{Y}\in\mathbb{R}^{d\times d}$ 特征值分解的时间复杂度为 $O(d^3)$。一些矩阵的乘法只需计算支撑集 Ω 上的元素，故其复杂度为 $O(d^2 n)$。那么，IET 算法总的时间复杂度为 $O(T_1 d^2 n+T_1 d^3)$，其空间复杂度为 $O(kn)$（$kn\ll n^2$），其中 T_1 为该算法的迭代次数。提出的 LSE 算法总的时间复杂度为 $O(n^2+T_1 d^2 n+T_1 d^3+T_2 kn)$，其中 T_2 为 K-means 算法的迭代次数。此外，在 IET 算法中可应用 Lanczos 算法[42]有效地计算得到图拉普拉斯 L 的最小 d 个特征值对应的特征向量。

7.4 收敛性分析

本节给出了改进的不动点迭代算法的收敛性分析。首先给出下面两个定理来说明阈值算子 $\chi_v(s(\cdot))$ 的非扩张性。

定理 7.4 令 $\Psi:=(F^{\mathrm{T}}\otimes F^{\mathrm{T}})I_{\Omega}(F\otimes F)$，那么有下面两个性质：

(1) 特征值阈值算子 χ_v 为非扩张的，即对任意 Y_1，$Y_2\in\mathbb{R}^{d\times d}$，有

$$\|\chi_v(Y_1)-\chi_v(Y_2)\|_F\leqslant\|Y_1-Y_2\|_F \tag{7.32}$$

而且

$$\|Y_1-Y_2\|_F=\|\chi_v(Y_1)-\chi_v(Y_2)\|_F\Leftrightarrow Y_1-Y_2=\chi_v(Y_1)-\chi_v(Y_2) \tag{7.33}$$

(2) 设 $\tau \in (0, 2/\lambda_{\max}(\Psi))$，则算子 $s(\cdot)$ 也是非扩张的，即对任意 M_1，$M_2 \in \mathbb{R}^{d \times d}$ 有

$$\|s(M_1) - s(M_2)\|_F \leqslant \|M_1 - M_2\|_F \tag{7.34}$$

而且

$$\|s(M_1) - s(M_2)\|_F = \|M_1 - M_2\|_F \Leftrightarrow s(M_1) - s(M_2) = M_1 - M_2 \tag{7.35}$$

上述引理的证明见附录 C。

定理 7.5　令 M^* 为优化问题[式(7.10)]的一个最优解，且 $\tau \in (0, 2/\lambda_{\max}(\Psi))$，$\nu = \tau\mu$，那么 M 也是该问题的一个最优解当且仅当

$$\|\chi_\nu(s(M)) - \chi_\nu(s(M^*))\|_F = \|\chi_\nu(s(M)) - M^*\|_F = \|M - M^*\|_F \tag{7.36}$$

证明　类似的证明过程，参见文献[22]。

下面给出收敛性定理，说明改进的不动点迭代算法[式(7.19)]收敛于优化问题[式(7.10)]的最优解。

定理 7.6　设 $\tau \in (0, 2/\lambda_{\max}(\Psi))$，那么本章改进的不动点迭代算法得到的解序列 $\{M^k\}$ 收敛于优化问题[式(7.10)]的最优解。

上述定理的证明见附录 D。

7.5　实　　验

为了测试本章提出的学习谱表示算法的性能，以及应用于半监督聚类和分类问题中的效果。下面进行了三类实验，包括学习谱表示、基于向量与图结构数据的半监督聚类和直推式分类。

7.5.1　学习谱表示

本节利用一个学习低维数据表示的实验来测试提出的 IET 算法的效率。在该实验中采用的数据集为文献[6]中使用的 USPS 数据集的一个子集，包含 10 类数字各 200 个样本，共计 2000 个样本。参照文献[5]的设置，创建 20 最近邻图和随机产生成对约束集。具体地，利用标准高斯函数 $W(x_i, x_j) = \exp(-\|x_i - x_j\|^2 / (2\sigma^2))$ 计算近邻数据点间的相似度，其中尺度因子 σ 为每个数据点到其第 20 最近邻距离的平均值。关于成对约束集，本节为每一类数字随机产生 20 个 ML 约束，同样也为每两类间各产生 20 个 CL 约束，共计 1100 个约束。

比较的算法为基于 Schur 补的半正定规划方法[5](SCSDP)和半正定二次线性规划方法[6](SQLP)，它们又各自利用两个标准的优化软件包 CSDP 6.0.1[43] 和 SDPT3[44] 进行求解。对两种比较方法和本章提出的 IET 算法，它们的相对容许误差都设置

为 10^{-4}，数据表示维数的设置范围为 $\{10,20,30,\cdots,100\}$。三种算法学习低维数据表示花费的时间如表 7.1 所示，其中"—"表示该算法运行时间太长，无法给出结果。由表 7.1 所示的结果可知，提出的 IET 算法通常比 SCSDP 和 SQLP 两种算法快很多，特别是随着低维表示维数的增加，IET 算法的耗时比较稳定，而两种比较算法则呈指数增长趋势。另外，SCSDP 和 SQLP 两种算法能计算到的最大维数分别为30 和 60，其计算时间分别为 9602.76s 和 2572.69s，而本章提出的 IET 算法运行时间分别为 77.20s 和 127.91s，比其他两种算法分别快了接近 125 倍和 20 倍。

表 7.1　在带有 1100 约束的 USPS 数据集上的计算结果比较(时间和迭代次数)

d	SCSDP		SQLP		IET	
	时间/s	迭代次数	时间/s	迭代次数	时间/s	迭代次数
10	8.62	17	1.49	11	39.27	567
20	552.17	22	20.30	13	56.49	652
30	9602.76	22	109.10	12	77.20	745
40	—	—	395.64	13	94.65	776
50	—	—	1086.58	12	113.72	799
60	—	—	2572.69	12	127.91	784
70	—	—	—	—	145.40	785
80	—	—	—	—	159.97	778
90	—	—	—	—	178.43	779
100	—	—	—	—	189.15	761

7.5.2　比较算法与参数设置

关于半监督聚类问题，本章选择经典无监督的规范切算法[45]的聚类结果作为基准参考。另外，还给出了四种相近半监督聚类算法的实验结果与提出的 LSE 算法进行比较，它们分别为谱学习算法[46]、近邻传播约束聚类算法[47]、谱正则约束聚类算法[5]和半监督核 K-means 算法[48]。以上四种算法和提出的 LSE 算法都可直接处理多类聚类问题，又可同时利用 ML 和 CL 两类约束信息。

SL 算法根据给定的成对约束，直接修改相似度矩阵，即若为 ML 约束，修改为 1；反之修改为 0。半监督核 K-means 算法则利用成对约束形成一个惩罚矩阵，并添加到原来的相似度矩阵里面。本章采用的是半监督核 K-means 算法的规范切版本。此外，四种比较算法都是基于图的方法，如同文献[5]的操作，本章也是构造多个候选图，其中最近邻数 t 的选择范围是 $\{10,15,\cdots,50\}$，高斯核函数尺度因子的选择范围是 $\mathrm{linspace}(0.1r,r,5)\bigcup \mathrm{linspace}(r,10r,5)$，其中 r 为所有数据点到其第 20 最近邻距离的平均值，$\mathrm{linspace}(r_1,r_2,s)$ 表示范围 r_1 到 r_2 的等间距 s 划分数。提出的 LSE 算法与 CCSR 算法的设置是完全相同的，其中谱嵌入维数 d 的选择范围为 $\{5,10,\cdots,30\}$。

7.5.3　向量型数据

本节采用了两类实际数据集来进行实验，由于不同的样本拥有相同的维数，可直接利用距离测度进行聚类处理，故此称之为向量型数据。

UCI 数据：三个 UCI 数据集，其中包括 Wine、Iris 和 WDBC，与一个常用的人工数据集 G50c。

图像数据：三个图像数据集，它们是 USPS 手写体数字、COIL20[49] 和人脸数据集 YaleB3[50]。其中对著名的 USPS 数据集，本章将其训练集和测试集分别作为两个实验数据集使用。这些数据集的基本属性如表 7.2 所示。

表 7.2　两类数据集的基本属性

数据集	样本数	特征维数	聚类数
G50c	550	50	2
WDBC	569	30	2
Iris	150	4	3
Wine	178	13	3
USPS-test	2007	16×16 =256	10
USPS-train	7291	16×16 =256	10
YaleB3	1755	30×40 =1200	3
COIL20	1440	32×32 =1024	20

在下面所有的实验中，设置聚类数等于数据集本身的类别数，并采用文献[47]的 Rand Index 评价指标来度量聚类结果的质量。另外，还需为每个数据集随机生成多种不同数目的成对约束集。例如，若一个数据集为 k 类，每一类随机地产生各 j 个 ML 约束，再为不同的类之间各随机地产生 j 个 CL 约束，那么产生的约束集共计为 $j \times [k + k(k-1)/2]$ 对。为了直观地显示各种半监督聚类算法在各个约束集下的聚类质量，它们的聚类结果如图 7.1 和图 7.2 所示，其中所有结果都为随机运行 50 次的平均值，并把规范切算法的聚类结果作为基准参考。

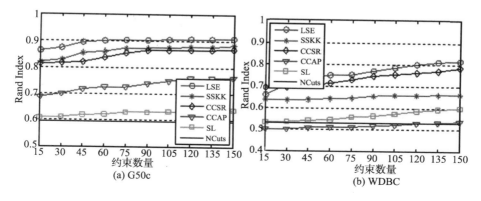

(a) G50c
(b) WDBC

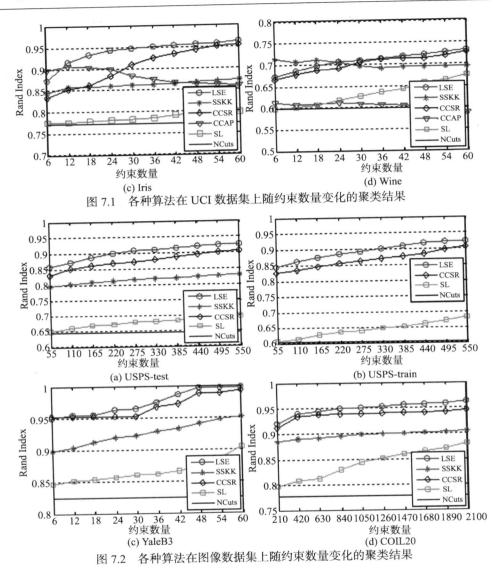

图 7.1　各种算法在 UCI 数据集上随约束数量变化的聚类结果

图 7.2　各种算法在图像数据集上随约束数量变化的聚类结果

　　由图 7.1 和图 7.2 所示的聚类结果，可得出如下的结论。

　　除了 CCAP 算法在少数几个数据集上的聚类性能较差之外，在绝大多数情况下半监督聚类算法的聚类性能都要比无监督的规范切算法好，特别是提出的 LSE 算法、CCSR 和 SSKK 算法，它们都能利用给定的成对约束信息较大地提高聚类的质量。

　　除了 CCAP 算法在少数几个数据集上有所例外，半监督聚类算法一般随着成对约束数量的增加而一致地提高其聚类的质量，这也进一步表明了利用成对约束可有效地减小高层语义概念与底层数据特征间的语义鸿沟。

　　SL、CCAP 和 SSKK 算法一般比 CCSR 和提出的 LSE 算法的聚类性能要差，其中 CCAP 和 SSKK 算法还无法应用到较大规模数据集上，如 USPS-train 数据集。此外，SSKK 算法应用类似核 K-means 算法直接处理修改的核矩阵，然而其核矩阵有时无法保证为半正定的[48]。

　　本章提出的 LSE 算法的聚类性能一般比其余的四种半监督聚类算法都要更好，它们是 SL、CCAP、SSKK 和 CCSR。特别在 G50c、WDBC 和四个图像数据集上，LSE 算法的聚类质量一致地超过了其余的四种算法。这也验证了本章给出的学习谱表示模型的可行性与有效性。此外，LSE 算法能处理较大规模数据的半监督聚类问题。

　　还比较了各种半监督聚类算法的时间效率，并给出了四种比较算法和本章提出的 LSE 算法在 8 个 UCI 和图像数据集上的运行时间，如表 7.3 和表 7.4 所示。由此可知，提出的 LSE 算法的花费时间与 SL 算法比较接近，它们都比其他三种半监督聚类算法快很多，特别是比聚类性能最接近的 CCSR 算法快 1～75 倍不等。然而 SL 算法的聚类性能与 CCSR 算法和提出的 LSE 算法相比差很多。

表 7.3　各种半监督聚类算法在 UCI 数据集上的运行时间比较

数据集	G50c		WDBC		Iris		Wine	
	约束	时间/s	约束	时间/s	约束	时间/s	约束	时间/s
SL	150	2.79	150	2.49	60	0.36	60	0.23
CCAP	150	4.46	150	12.89	60	0.82	60	0.96
CCSR	150	69.48	150	70.63	60	59.15	60	56.12
SSKK	150	6.37	150	8.68	60	4.79	60	5.46
LSE	150	3.19	150	3.67	60	0.78	60	0.89

表 7.4　各种半监督聚类算法在图像数据集上的运行时间比较

数据集	USPS-test		USPS-train		YaleB3		COIL20	
	约束	时间/s	约束	时间/s	约束	时间/s	约束	时间/s
SL	550	11.75	550	139.67	60	10.63	2100	11.43
CCSR	550	79.85	550	212.59	60	79.55	2100	70.11
SSKK	550	58.35	550	—	60	63.20	2100	51.93
LSE	550	40.38	550	165.73	60	28.25	2100	24.19

　　第二部分实验用于测试本章提出的 LSE 算法的稳定性。该算法主要有两个参数：构造图的最近邻数 t 和谱嵌入的维数 d。在上面实验用到的两类数据中各选择一个数据集，它们是 G50c 和 USPS-test 数据集，两个数据集分别给定 150 和 550 个成对约束。下面给出了提出的 LSE 算法随每个参数取值不同的聚类性能变化情

况，同时还给出了聚类性能较好的 CCSR 算法的聚类结果作为比较。由图 7.3 和图 7.4 所示的结果可知，两个参数的取值只要不是过小或过大，提出的 LSE 算法与类似的 CCSR 算法的聚类结果都比较稳定。毫无疑问，因为两个参数只能取少量的正整数，所以也较易选择。总之，提出的 LSE 算法在两个数据集的所有参数集下，都一致地比 CCSR 算法的聚类性能要好。

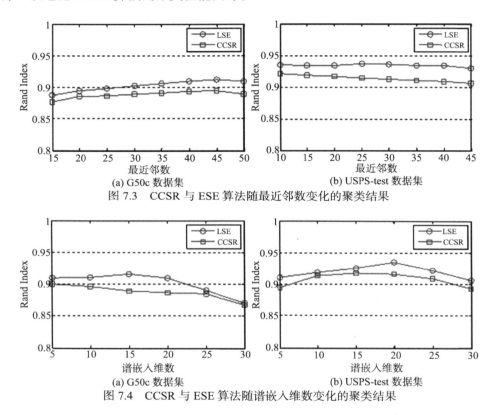

图 7.3　CCSR 与 ESE 算法随最近邻数变化的聚类结果

图 7.4　CCSR 与 ESE 算法随谱嵌入维数变化的聚类结果

7.5.4　图结构数据

本章采用 Caltech101 目标识别图像集[51]的四类子集用于聚类实验，包括 1155 张轿车图像、1074 张飞机图像、450 张人脸图像和 800 张摩托车图像，简记为 Caltech-4。还采用了常用的 Scene-8 场景数据集[52]，包括 8 类自然场景，共计 2688 张图像。两个图像数据集的每类样例图像如图 7.5 所示。由于这些图像的分辨率大小不一致，无法直接应用于半监督聚类。因此，本章采用 Grauman 和 Darrell 提出的方法[53]来对上述的两个图像数据集进行处理形成图结构数据。首先对图像进行均匀格子划分，然后应用 SIFT 算法提取特征，最后用金字塔匹配核计算获得稠密的核矩阵。如此获得的核矩阵可看成图结构数据，并可用作相似度矩阵。

(a) Caltech-4 数据集

海滩　　　　　森林　　　　　山脉　　　　　田野

城市　　　　　高速路　　　　街道　　　　建筑物
(b) Scene-8 数据集

图 7.5　两个图像数据集的各类代表图像

　　把本章提出的 LSE 算法及三种相关的半监督聚类算法应用于上述图结构数据的半监督聚类，其实验结果如图 7.6 所示。三种比较的算法分别是 SL、SSKK 和 CCSR。由于 CCAP 算法在两个图结构数据上无法运行，故没有实验结果给出。由图 7.6 所示的结果可知，随着成对约束数量的增加，所有半监督聚类算法的聚类性能都有不同程度的提高，这也进一步验证了成对约束信息可有效地减小高层语义概念与底层数据特征之间语义鸿沟的结论。此外，因为 CCSR 和提出的 LSE 算法能同时有效地利用数据的几何结构和给定的成对约束信息，所以它们一致地比其他两种半监督聚类算法的聚类性能更好。提出的 LSE 算法在这两个图结构数据的所有成对约束集上都取得了最好的聚类结果。

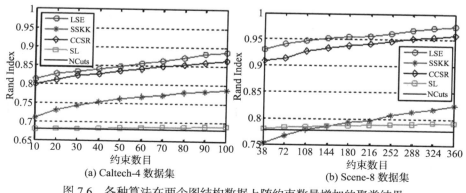

(a) Caltech-4 数据集

(b) Scene-8 数据集

图 7.6　各种算法在两个图结构数据上随约束数量增加的聚类结果

为了更清楚地说明本章提出的 LSE 算法是如何利用成对约束来提高聚类质量的，上面给出了 LSE 算法的低维数据表示的距离矩阵。同时也给出了规范切聚类算法(NCuts)、谱学习(SL)和谱正则约束聚类(CCSR)算法的低维数据表示的距离矩阵，如图 7.7 所示。由该图所示的结果可知，CCSR 和提出的 LSE 算法得到的距离矩阵比另外两种算法的结果具有更清晰的块结构，这也意味着前两种算法得到的低维数据表示，类簇内更加相似而类簇间更易划分。

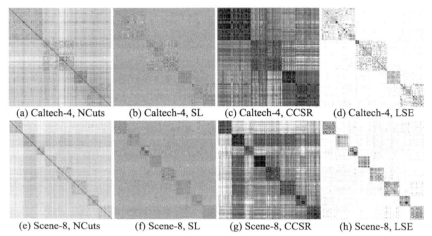

(a) Caltech-4, NCuts (b) Caltech-4, SL (c) Caltech-4, CCSR (d) Caltech-4, LSE

(e) Scene-8, NCuts (f) Scene-8, SL (g) Scene-8, CCSR (h) Scene-8, LSE

图 7.7   各种算法低维数据表示的距离矩阵比较

7.5.5   分类应用

把本章提出的 LSK 算法推广应用于直推式分类问题中。采用的试验数据为上述半监督聚类实验中用到的 UCI 和图像数据中各两个数据集，它们分别为 G50c、Iris 和 COIL20、YaleB3。此外，再采用两个应用非常广泛的文本数据集 20-News 和 Text1[54]，其中 20-News 数据集包含汽车、摩托车、棒球和曲棍球四类，Text1 数据集包含 mac 和 mswindows 两类。它们的基本属性及随机选取标签样本的数目如表 7.5 所示。

表 7.5   各数据集的基本属性

数据集	样本数	特征维数	类别数	标签样本数
G50c	550	50	2	20
Iris	150	4	3	20
YaleB3	1755	1200	3	3
COIL20	1440	1024	20	40
Text1	1946	7511	2	20
20-News	3970	8014	4	40

下面给出了本章提出的 LSK 算法对上述六个数据集的直推式分类结果，如表7.6 所示。同时还给出了 ESE 方法及类似的两种核学习方法 OSK 和 TSK 的实验结果。此外，还提供了两种经典半监督学习方法局部与全局一致[55]和拉普拉斯支撑矢量机[56]的实验结果，并把传统支撑矢量机[57]的结果作为基准。由表 7.6 所示的结果可知，本章提出的 LSK 算法的直推式分类结果比其他六种相关的半监督学习和核学习算法都更好。

表7.6 各种算法的分类结果(平均值和标准差)   (单位：%)

数据集	G50c	Iris	YaleB3	COIL20	Text1	20-News
SVM	85.36±2.46	94.35±2.42	91.00±7.22	74.96±2.11	76.05±5.18	58.88±8.17
LGC	86.78±2.44	93.11±2.40	94.68±5.47	80.38±2.10	74.89±9.91	73.99±2.48
LapSVM	86.65±3.22	95.42±1.83	96.95±0.51	86.58±1.53	80.72±1.51	74.36±0.18
OSK	91.79±3.25	93.83±4.29	95.14±2.69	86.52±4.51	82.74±4.82	86.19±4.55
TSK	93.09±4.40	94.16±1.35	95.37±7.75	90.00±3.93	85.76±3.63	89.30±2.90
ESE	94.86±0.45	95.62±1.90	97.33±3.07	90.38±3.64	88.91±3.43	90.27±2.17
LSK	95.03±0.37	96.54±1.58	97.57±2.26	90.41±2.79	89.72±1.75	91.49±0.82

参 考 文 献

[1] TENENBAUM J B, DE SILVA V, LANGFORD J C. A global geometric framework for nonlinear dimensionality reduction[J]. Science, 2000, 290(5500): 2319-2323.
[2] ROWEIS S T, SAUL L K. Nonlinear dimensionality reduction by locally linear embedding[J]. Science, 2000, 290(5500): 2323-2326.
[3] BELKIN M, NIYOGI P. Laplacian eigenmaps and spectral techniques for embedding and clustering[C]//NIPS, 2001, 14: 585-591.
[4] BENGIO Y, DELALLEAU O, LE ROUX N, et al. Learning eigenfunctions links spectral embedding and kernel PCA[J]. Neural computation, 2004, 16(10): 2197-2219.
[5] LI Z G, LIU J Z, TANG X O. Constrained clustering via spectral regularization[C]//Computer vision and pattern recognition, 2009. CVPR 2009. IEEE conference on, 2009: 421-428.
[6] WU X M, SO A M, LI Z, et al. Fast graph laplacian regularized kernel learning via semidefinite–quadratic–linear programming[C]//Advances in neural information processing systems, 2009: 1964-1972.
[7] SHANG F H, LIU Y Y, WANG F. Learning spectral embedding for semi-supervised clustering[C]//2011 IEEE 11th international conference on data mining, 2011: 597-606.
[8] WAGSTAFF K, CARDIE C. Clustering with instance-level constraints[J]. AAAI/IAAI, 2000: 1097.
[9] WAGSTAFF K, CARDIE C, ROGERS S, et al. Constrained k-means clustering with background knowledge[C]//ICML, 2001, 1: 577-584.
[10] KLEIN D, KAMVAR S D, MANNING C D. From instance-level constraints to space-level constraints: Making the most of prior knowledge in data clustering[C]//Proceedings of the Nineteenth International Conference on Machine Learning, Morgan Kaufmann Publisher Inc, 2002: 307-314.
[11] CHAPELLE O, SCHOLKOPF B, ZIEN A. Semi-supervised learning[J]. IEEE transactions on neural networks, 2009, 20(3): 542-542.
[12] ZHU X. Semi-supervised learning literature survey[J]. Computer science, 2008, 37(1): 63-77.

[13] WANG X, Davidson I. Flexible constrained spectral clustering[C]//Proceedings of the 16th ACM SIGKDD international conference on knowledge discovery and data mining, 2010: 563-572.

[14] XING E P, NG A Y, JORDAN M I, et al. Distance metric learning with application to clustering with side-information[J]. Advances in neural information processing systems, 2003, 15: 505-512.

[15] BILENKO M, BASU S, MOONEY R J. Integrating constraints and metric learning in semi-supervised clustering[C]//Proceedings of the twenty-first international conference on machine learning, 2004: 11.

[16] HOI S C H, JIN R, LYU M R. Learning nonparametric kernel matrices from pairwise constraints[C]//Proceedings of the 24th international conference on machine learning, 2007: 361-368.

[17] LI Z G, LIU J Z, TANG X O. Pairwise constraint propagation by semidefinite programming for semi-supervised classification[C]//Proceedings of the 25th international conference on machine learning, 2008: 576-583.

[18] ZHUANG J, TSANG I W, HOI S C H. A family of simple non-parametric kernel learning algorithms[J]. Journal of machine learning research, 2011, 12: 1313-1347.

[19] VON LUXBURG U. A tutorial on spectral clustering[J]. Statistics and computing, 2007, 17(4): 395-416.

[20] CAI J F, CANDÈS E J, SHEN Z. A singular value thresholding algorithm for matrix completion[J]. SIAM journal on optimization, 2010, 20(4): 1956-1982.

[21] MA S Q, GOLDFARB D, CHEN L F. Fixed point and Bregman iterative methods for matrix rank minimization[J]. Mathematical programming, 2011, 128(1-2): 321-353.

[22] LIN Z C, CHEN M M, Ma Y. The augmented lagrange multiplier method for exact recovery of corrupted low-rank matrices[J]. arXiv preprint arXiv:1009.5055, 2010.

[23] TOH K C, YUN S. An accelerated proximal gradient algorithm for nuclear norm regularized linear least squares problems[J]. Pacific journal of optimization, 2010, 6(3): 615-640.

[24] CANDÈS E J, RECHT B. Exact matrix completion via convex optimization[J]. Foundations of computational mathematics, 2009, 9(6): 717-772.

[25] RECHT B, FAZEL M, PARRILO P A. Guaranteed minimum-rank solutions of linear matrix equations via nuclear norm minimization[J]. SIAM review, 2010, 52(3): 471-501.

[26] SHANG F H, JIAO L C, LIU Y Y, et al. Learning spectral embedding via iterative eigenvalue thresholding[C]//Proceedings of the 21st ACM international conference on information and knowledge management, 2012: 1507-1511.

[27] LIU Z, VANDENBERGHE L. Interior-point method for nuclear norm approximation with application to system identification[J]. SIAM journal on matrix analysis and applications, 2009, 31(3): 1235-1256.

[28] KWOK J T, TSANG I W. Learning with idealized kernels[C]//ICML, 2003: 400-407.

[29] KESHAVAN R H, OH S, MONTANARI A. Matrix completion from a few entries[C]//2009 IEEE international symposium on information theory, 2009: 324-328.

[30] LIN Z C, LIU R S, SU Z X. Linearized alternating direction method with adaptive penalty for low-rank representation[C]//Advances in neural information processing systems, 2011: 612-620.

[31] CANDÈS E J, TAO T. The power of convex relaxation: Near-optimal matrix completion[J]. IEEE transactions on information theory, 2010, 56(5): 2053-2080.

[32] ZHU X J, KANDOLA J, GHAHRAMANI Z, et al. Nonparametric transforms of graph kernels for semi-supervised learning[C]//Advances in neural information processing systems, 2004: 1641-1648.

[33] WEINBERGER K Q, SHA F, ZHU Q H, et al. Graph Laplacian regularization for large-scale semidefinite programming[C]//Advances in neural information processing systems, 2006: 1489-1496.

[34] LIU W, QIAN B Y, CUI J Y, et al. Spectral kernel learning for semi-supervised classification[C]//IJCAI, 2009, 9: 1150-1155.

[35] SHANG F H, JIAO L C, WANG F. Semi-supervised learning with mixed knowledge

information[C]//Proceedings of the 18th ACM SIGKDD international conference on knowledge discovery and data mining, 2012: 732-740.

[36] NI Y Z, SUN J, YUAN X T, et al. Robust low-rank subspace segmentation with semidefinite guarantees[C]//2010 IEEE international conference on data mining workshops, 2010: 1179-1188.

[37] GOLDBERG A, RECHT B, XU J, et al. Transduction with matrix completion: Three birds with one stone[C]//Advances in neural information processing systems, 2010: 757-765.

[38] HALE E T, YIN W T, ZHANG Y. Fixed-point continuation for \ell_1-minimization: Methodology and convergence[J]. SIAM journal on optimization, 2008, 19(3): 1107-1130.

[39] DAI Y H. On the nonmonotone line search[J]. Journal of optimization theory and applications, 2002, 112(2): 315-330.

[40] BARZILAI J, BORWEIN J M. Two-point step size gradient methods[J]. IMA journal of numerical analysis, 1988, 8(1): 141-148.

[41] ZHANG T, ANDO R. Analysis of spectral kernel design based semi-supervised learning[J]. Advances in neural information processing systems, 2006, 18: 1601.

[42] GOLUB G H, VAN LOAN C F. Matrix Computations[M]. Baltimore: Johns Hopkins University Press, 1996: 374-426.

[43] BORCHERS B. CSDP, AC library for semidefinite programming[J]. Optimization methods and software, 1999, 11(1-4): 613-623.

[44] TÜTÜNCÜ R H, TOH K C, TODD M J. Solving semidefinite-quadratic-linear programs using SDPT3[J]. Mathematical programming, 2003, 95(2): 189-217.

[45] SHI J, MALIK J. Normalized cuts and image segmentation[J]. IEEE transactions on pattern analysis and machine intelligence, 2000, 22(8): 888-905.

[46] KAMVAR K, SEPANDAR S, KLEIN K, et al. Spectral learning[C]//International joint conference of artificial intelligence, 2003.

[47] LU Z, CARREIRA-PERPINAN M A. Constrained spectral clustering through affinity propagation[C]//IEEE conference on Computer Vision and Pattern Recognition, 2008: 1-8.

[48] KULIS B, BASU S, DHILLON I, et al. Semi-supervised graph clustering: A kernel approach[J]. Machine learning, 2009, 74(1): 1-22.

[49] NENE S A, NAYAR S K, MURASE H. Columbia object image library (COIL-20)[R]. Technical report CUCS-005-96, 1996.

[50] GEORGHIADES A S, BELHUMEUR P N, KRIEGMAN D J. From few to many: Illumination cone models for face recognition under variable lighting and pose[J]. IEEE transactions on pattern analysis and machine intelligence, 2001, 23(6): 643-660.

[51] LI F F, FERGUS R, PERONA P. Learning generative visual models from few training examples: An incremental bayesian approach tested on 101 object categories[J]. Computer vision and image understanding, 2007, 106(1): 59-70.

[52] OLIVA A, TORRALBA A. Modeling the shape of the scene: A holistic representation of the spatial envelope[J]. International journal of computer vision, 2001, 42(3): 145-175.

[53] GRAUMAN K, DARRELL T. The pyramid match kernel: Discriminative classification with sets of image features[C]//Tenth IEEE international conference on computer vision (ICCV'05), 2005, 2: 1458-1465.

[54] JAAKKOLA M S T, SZUMMER M. Partially labeled classification with Markov random walks[J]. Advances in neural information processing systems (NIPS), 2002, 14: 945-952.

[55] ZHOU D, BOUSQUET O, LAL T N, et al. Learning with local and global consistency[J]. Advances in neural information processing systems, 2004, 16(16): 321-328.

[56] MELACCI S, BELKIN M. Laplacian support vector machines trained in the primal[J]. Journal of machine learning research, 2011, 12: 1149-1184.

[57] CHANG C C, LIN C J. LIBSVM: A library for support vector machines[J]. ACM transactions on intelligent systems and technology (TIST), 2011, 2(3): 27.

[58] CLARKE F H. Optimization and Nonsmooth Analysis[M]. New York: John Wiley&Sons, 1990.

[59] BROOKES M. The matrix reference manual[J]. www.ee.ic.ac.uk/hp/staff/dmb/matrix/intro.html, 2005.

附录 A (定理 7.2 的证明)

证明　令 $M^* = \chi_v(s(M^*))$，其中 $s(M^*) = \{M^* - \tau h(M^*) + (M^* - \tau h(M^*))^{\mathrm{T}}\}/2$，根据引理 7.1，那么 M^* 为优化问题[式(7.20)]的一个最优解。令 $N_{\mathbb{R}_+^{d \times d}}(M^*)$ 为半正定约束在点 M^* 的法锥，那么 M^* 一定满足下面的最优性条件[58]：

$$0 \in \partial q(M^*) + N_{\mathbb{R}_+^{d \times d}}(M^*) \tag{7.37}$$

即

$$0 \in \tau \mu \partial \| M^* \|_* + M^* - \left(M^* - \tau F^{\mathrm{T}}(FM^*F^{\mathrm{T}} - Z)_\Omega F\right) + N_{\mathbb{R}_+^{d \times d}}(M^*) \tag{7.38}$$

因此，上述的最优性条件[式(7.38)]可重写为

$$0 \in \tau \mu \partial \| M^* \|_* + \tau F^{\mathrm{T}}(FM^*F^{\mathrm{T}} - Z)_\Omega F + N_{\mathbb{R}_+^{d \times d}}(M^*) \tag{7.39}$$

且式(7.39)也为优化问题[式(7.10)]的最优性条件，所以 M^* 也是优化问题[式(7.10)]的最优解，反之亦然。

附录 B (定理 7.3 的证明)

证明　因为 $M^* = (M^*)^{\mathrm{T}} \geqslant 0$，$M^* = (M^*)^{1/2}[(M^*)^{1/2}]^{\mathrm{T}}$，所以

$$K^* = FM^*F^{\mathrm{T}} = F(M^*)^{1/2}[(M^*)^{1/2}]^{\mathrm{T}}F^{\mathrm{T}} = F(M^*)^{1/2}[F(M^*)^{1/2}]^{\mathrm{T}} \tag{7.40}$$

为对称半正定的，$K^* = FM^*F^{\mathrm{T}}$ 为合法的核矩阵。

附录 C (定理 7.4 的证明)

证明

性质(1)：它的证明与文献[21]类似，故省略了该性质的证明。

性质(2)：利用著名的三矩阵公式[59]：

$$\mathrm{vec}(ABC) = (C^{\mathrm{T}} \otimes A)\mathrm{vec}(B) \tag{7.41}$$

设 $\tau \in (0, 2/\lambda_{\max}(\Psi))$ 且 $-1 < \gamma_i \leqslant 1$，其中 γ_i 为矩阵 $I - \tau\Psi$ 第 i 个特征值。令 $E := M_1 - M_2 - \tau F^{\mathrm{T}}(F(M_1 - M_2)F^{\mathrm{T}})_\Omega F$，则

$$\| s(M_1) - s(M_2) \|_F = \| E + E^{\mathrm{T}} \|_F / 2$$
$$\leqslant \| E \|_F = \| \mathrm{vec}(M_1 - M_2) - \tau \mathrm{vec}(F^{\mathrm{T}}(F(M_1 - M_2)F^{\mathrm{T}})_{\Omega} F) \|_2$$
$$= \| \mathrm{vec}(M_1 - M_2) - \tau(F^{\mathrm{T}} \otimes F^{\mathrm{T}}) \mathrm{vec}\left[\left(F(M_1 - M_2)F^{\mathrm{T}} \right)_{\Omega} \right] \|_2$$
$$= \| \mathrm{vec}(M_1 - M_2) - \tau(F^{\mathrm{T}} \otimes F^{\mathrm{T}}) I_{\Omega}(F \otimes F) \mathrm{vec}\left(M_1 - M_2 \right) \|_2 \qquad (7.42)$$
$$= \| (I - \tau \Psi) \mathrm{vec}(M_1 - M_2) \|_2$$
$$\leqslant \| (I - \tau \Psi) \|_2 \| \mathrm{vec}(M_1 - M_2) \|_2$$
$$\leqslant \| \mathrm{vec}(M_1 - M_2) \|_2 = \| M_1 - M_2 \|_F$$

此外，$M_1, M_2 \in \mathbb{R}_+^{d \times d}$，则 $\| s(M_1) - s(M_2) \|_F = \| M_1 - M_2 \|_F$，当且仅当上述的公式中不等号变为等号，即

$$(I - \tau \Psi) \mathrm{vec}(M_1 - M_2) = \mathrm{vec}(M_1 - M_2) \qquad (7.43)$$

即当且仅当 $s(M_1) - s(M_2) = M_1 - M_2$。

附录 D (定理 7.6 的证明)

证明　由定理 7.4 可知，算子 $\chi_v(\cdot)$、$s(\cdot)$ 和 $\chi_v(s(\cdot))$ 都为非扩张的，故若令 $\bar{M} = \chi_v(s(\bar{M}))$，则有

$$\| M^{k+1} - \bar{M} \|_F = \| \chi_v(s(M^k)) - \chi_v(s(\bar{M})) \|_F \leqslant \| s(M^k) - s(\bar{M}) \|_F \leqslant \| M^k - \bar{M} \|_F$$

以上过程重复执行可得

$$\| M^{k+1} - \bar{M} \|_F \leqslant \| M^k - \bar{M} \|_F \leqslant \cdots \leqslant \| M^0 - \bar{M} \|_F \qquad (7.44)$$

即序列 $\{M^k\}$ 有界，存在有界闭集 $\mathcal{M}$ 满足 $\{M^k\} \subset \mathcal{M} \cap \mathbb{R}_+^{d \times d}$。由于 $\mathcal{M} \cap \mathbb{R}_+^{d \times d}$ 为紧集，故 $\{M^k\}$ 存在收敛子列。不失一般性，设 $\{M^{k_j}\} \to M^*$ 是 $\{M^k\}$ 的一个收敛子列，其中 $M^* = \lim_{j \to \infty} M^{k_j}$ 为极限点。于是对 $\forall \varepsilon > 0$，存在 k_j^* 使得 $\| M^{k_j} - M^* \|_F < \varepsilon$，再利用式(7.44)的结论，对 $\forall k > k_j^*$ 有

$$\| M^k - M^* \|_F \leqslant \| M^{k_j^*} - M^* \|_F < \varepsilon$$

则 M^* 为序列 $\{M^k\}$ 的任意一个极限点，即 $\{M^k\} \to M^*$。

由算子 $\chi_v(s(\cdot))$ 的连续性可知：

$$\| \chi_\nu(s(M^*)) - \chi_\nu(s(\bar{M})) \|_F$$

$$=\| \chi_\nu(s(M^*)) - \bar{M} \|_F$$

$$=\| \chi_\nu(s(\lim_{k\to\infty} M^{k-1})) - \bar{M} \|_F$$

$$=\| \lim_{k\to\infty} \chi_\nu(s(M^{k-1})) - \bar{M} \|_F \qquad (7.45)$$

$$=\| \lim_{k\to\infty} M^k - \bar{M} \|_F$$

$$=\| M^* - \bar{M} \|_F$$

由定理 7.5 的结论可知，M^* 为优化问题[式(7.10)]的最优解。

第8章 结合约束与低秩核学习的半监督学习

8.1 引　言

近年来，半监督学习吸引了大量机器学习、数据挖掘及计算机视觉等领域研究者的关注[1, 2]。同时还涌现出大量的 SSL 方法，如产生式模型[3]、自学习(self-training)、协同训练(co-training)、直推式 SVMs 和基于图的方法等。其中基于图的 SSL 方法主要有标签传播[4, 5]和图拉普拉斯正则[6, 7]两类方法，并在很多实际问题中取得了很好的分类性能，如手写体和人脸识别、文本分类、语音分类等。虽然基于图的半监督学习已被广泛地研究，但却很少的工作能同时结合少量标签信息和边信息如成对约束一起进行学习。

在半监督学习中，数据的类别标签是应用最广泛的监督信息[8]。但是标注大量的数据是非常困难、昂贵和费时的，并需要领域内专家的大量努力。那么结合其他的监督信息如成对约束到给定少量标签数据的分类问题中将成为了一个新的研究热点[9]。本章主要考虑如何利用额外的成对约束来提高半监督学习的性能。相对于数据标签，成对约束更易于获得，并分别以 Must-link 和 Cannot-link 的形式出现来表明相应数据是否属于同类或异类[10-12]。目前，成对约束信息已被大量地应用于半监督聚类[13-16]和距离测度学习[17-21]问题，也进一步地证实了：若能合理地利用成对约束信息，将会显著地提高学习性能。然而很少的研究工作能同时利用标签数据与额外的成对约束进行半监督学习，其中 Yan 等[9]与 Nguyen 等[22]分别提出了一种基于传统边界学习框架下的判别学习方法来利用成对约束。

目前，半监督学习主要基于两种基本假设，即聚类假设和流形假设。其中聚类假设的内容为处在相同类簇中的实例有较大的可能性拥有相同的标签。由此假设，决策边界应该尽量通过数据分布较为稀疏的区域，从而避免把稠密类簇中的数据点分到决策边界两侧，即又可表述为低密度分离：决策分界线应该在低密度区域。典型的方法有直推式 SVMs[23, 24]及其凸放松算法[25, 26]。流形假设的内容是所有数据都在高维空间中的一个低维潜在子流形上。与聚类假设着眼整体特性不同，流形假设主要考虑模型的局部特性，有很多种 SSL 方法利用图拉普拉斯去刻画数据蕴含的内在几何拓扑结构。典型的方法有高斯随机场(GRF)[4]、局部与全局一致(LGC)[5]和流形正则[6, 7]等。最近，Li 等[8]利用成对约束假设与聚类假设共同应用于分类问题，其中成对约束假设的内容为 ML 约束的未标注数据点应为同类，而 CL 约束的未标注实例应分到不同的类中。

尽管以上涉及的基于图的半监督学习方法都有非常成功的应用，但是它们都存在的一个共同缺点是很难调整到最优的图参数[27]，特别当标注样本非常有限时，交叉验证技术也无法有效地获得较优的参数。为了克服这个问题，各种非参数核学习的方法被提出，可利用标签数据或成对约束与大量无标注样本共同学习一个半正定核矩阵。然而已有文献[8]、[27]～[30]表明，应用基于标准内点法的半正定规划求解器计算整个核矩阵的时间复杂度为 $O(n^{6.5})$ (其中 n 为数据的样本数)，这样势必限制了那些算法应用到实际问题中。另外，还有一类高效的非参数核学习算法，如次序约束谱核[31, 32]和直推谱核[33]，它们都由图拉普拉斯的谱嵌入推导得到，可总结为如下所述的形式：

$$K = \sum_{i=1}^{d} \tau(\lambda_i)\phi_i\phi_i^{\mathrm{T}} \tag{8.1}$$

式中，$\phi_i, i = 1, \cdots, d$ 为图拉普拉斯 L 的最小 d 个特征值 $\{\lambda_i\}_{i=1}^{d}$ 对应的特征向量；而 $\tau(\cdot)$ 为创建待求低秩核矩阵 K 的谱变换。

近几年，衍生于压缩感知技术的低秩矩阵重建已成为机器学习、计算机视觉、信号处理、优化等领域最热的研究方向，主要分为矩阵恢复和矩阵填充两类问题，并在图像与视频处理、计算机视觉、文本分析、多任务学习、推荐系统等领域得到成功的应用。其中矩阵填充问题考虑的是对于某个低秩矩阵 $A \in \mathbb{R}^{n \times n}$ 在只知道其部分元素而其他元素丢失或无法得到的情况下，如何将未知元素合理准确地填充，其中一个著名的应用是 Netflix 推荐系统。为了解决这类问题，一般假设该矩阵为低秩的，也就是说其数据分布在一个低维的线性子空间中，并可通过如下的优化问题来实现矩阵填充：

$$\min_{Z} \mathrm{rank}(Z), \quad \text{s.t. } M \odot (Z - A) = 0 \tag{8.2}$$

式中，$\odot$ 表示 Hadamard 积，即矩阵按元素乘(element-wise multiplication)，采样矩阵 M 定义为

$$M_{ij} = \begin{cases} 1, & \text{若 } (i,j) \in \Omega \\ 0, & \text{其他} \end{cases} \tag{8.3}$$

式中，Ω 为已知元素下标的集合。然而不幸的是，非凸函数 rank($\cdot$) 的组合性质导致上述的问题[式(8.2)]为 NP 难的。为了有效地求解该问题，Fazel[34]证明了 rank($\cdot$) 函数可被其凸包所代替，进而得到一个易于处理的凸优化问题，即上述的优化问题[式(8.2)]可放松为如下的形式：

$$\min_{Z} \|Z\|_*, \quad \text{s.t. } M \odot (Z - A) = 0 \tag{8.4}$$

式中，$\|\cdot\|_*$ 表示矩阵的核范数，或称为迹范数和 Ky Fan 范数，即矩阵奇异值的和，$\|Z\|_* = \sum_{i=1}^{n} \lambda_i(Z)$，其中 $\lambda_i(Z)$ 表示矩阵 Z 的第 i 大的奇异值。核范数也就是奇异值组成向量的 l_1 范数，而函数 $\mathrm{rank}(\cdot)$ 对应的是该向量的 l_0 范数。从这种意义上讲，矩阵的重建问题也就是压缩感知问题的二维推广。其中在矩阵填充方面，已有大量有效的算法被提出，具有代表性的方法主要有 SVT[35]、FPCA[36]、ALM[37] 和 APG[38] 等。

　　本章的目的是解决更加一般的半监督学习问题，既能利用少量的标签样本和一定量的成对约束信息，又能考虑大量的无标注数据，并提出了一种基于复合信息的半监督学习框架，如图 8.1 所示。具体地，首先创建一种统一的可同时满足流形假设和成对约束假设的半监督学习框架。并在该框架下，给出一种核范数正则的基于低秩谱核的半监督学习模型。然后又发展一种两阶段优化策略，并提出一种改进的不动点连续迭代算法去有效地学习低秩谱核。最后，给出了一种基于低秩谱核的半监督学习算法，并提供了它的理论分析。

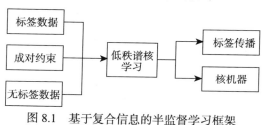

图 8.1　基于复合信息的半监督学习框架

8.2　符号与相关工作

　　给定数据集 $X = \{x_1, x_2, \cdots, x_l, x_{l+1}, \cdots, x_n\}$，其中前 l 个数据 $X_L = \{x_i\}_{i=1}^{l}$ 为属于 c 类的少量有标签样本，而其余的数据 $X_U = \{x_i\}_{i=l+1}^{n}$ 为无标签样本。另外还给定两个成对约束集合：$\mathrm{ML} = \{(x_i, x_j)\}$，其中样本点 x_i 和 x_j 属于同类；$\mathrm{CL} = \{(x_i, x_j)\}$，其中样本点 x_i 和 x_j 属于不同类别。

　　如上所述，基于图的半监督学习方法以图模型对数据建模，即以图 $\mathcal{G} = (\mathcal{V}, \mathcal{E})$ 的顶点集 $\mathcal{V}$ 表示所有数据点 X，$e_{ij} \in \mathcal{E}$ 表示邻近样本点 x_i 和 x_j 间的连接边。为了便于算法性能的比较，本章也采用文献[39]和[40]中类似的方式计算连接边的权重，即相似度：

$$W_{ij} = \begin{cases} \exp\left(-\dfrac{\|x_i - x_j\|^2}{h(x_i)h(x_j)}\right), & x_j \in \mathcal{N}(x_i) \text{或} x_i \in \mathcal{N}(x_j) \\ 0, & \text{其他} \end{cases} \tag{8.5}$$

式中，$\mathcal{N}(x_i)$ 表示数据点 x_i 的 k 最近邻的集合；而 $h(x_i)$ 为如下定义的局部尺度函数

$$h(x_i) = \| x_i - x_i^{(k)} \| \tag{8.6}$$

式中，$x_i^{(k)}$ 为数据点 x_i 的第 k 个最近邻。再令 $W_{ii} = 0, i = 1, \cdots, n$ 避免自循环和 $L = I - D^{-1/2} W D^{-1/2}$，其中 D 为对角度矩阵，$D_{ii} = \sum_j W_{ij}$。

局部与全局一致性正则框架实施标签传播的目标函数为

$$\mathcal{Q}(F) = \mathcal{S}(F) + \mathcal{L}(F) = \frac{1}{2} \sum_{i,j=1}^n W_{ij} \left\| \frac{F_i}{\sqrt{D_{ii}}} - \frac{F_j}{\sqrt{D_{jj}}} \right\|^2 + \mu \sum_{i=1}^n \| F_i - Y_i \|^2 \tag{8.7}$$

式中，$F \in \mathbb{R}^{n \times c}$ 是标签指示矩阵，即数据点 x_i 的标签可获得为 $f_i = \arg\max_{j \le c} F_{ij}$；$\mu > 0$ 为正则参数；$Y \in \mathbb{R}^{n \times c}$ 为标签数据的指示矩阵，即若标注数据点 x_i 属于第 k 类，则 $Y_{ik} = 1$，否则 $Y_{ik} = 0$。另外，$\mathcal{S}(\cdot)$ 为平滑正则项来保持局部不变性，而 $\mathcal{L}(\cdot)$ 为预测标签与实际标签不一致的损失项。上述问题式(8.7)中的未知变量 F 可由文献[5]提供的迭代算法求解，也可得到如下所示的解析解：

$$F^* = \arg\min_F \mathcal{Q}(F) = (1 - \alpha)(I - \alpha S)^{-1} Y \tag{8.8}$$

式中，α 为正则参数，$0 < \alpha = 1/(1 + \mu) < 1$；$S$ 为标准化相似度矩阵，即 $S = D^{-1/2} W D^{-1/2}$。

虽然上述的标签传播算法获得了广泛地应用，但是当只有少量标注数据时，该算法往往是不稳定的[41]。本章将提出一种更稳定结合低秩谱核学习的半监督学习方法。为了更好地说明本章的思想，下面给出了一个简单的半监督分类实例，其中实验数据集由三个分离的类簇数据组成，其实际类别却只有两类，给定的先验信息包括两个标注样本和一个 ML 约束，如图 8.2 所示。

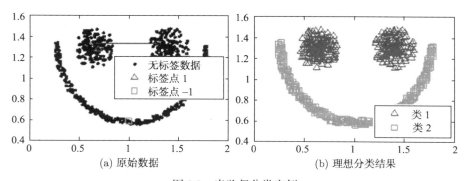

图 8.2　半监督分类实例

8.3 复合信息半监督学习框架

8.3.1 基本框架

本章的目的是利用给定的少量标签数据和成对约束，再结合大量无标签数据来共同进行半监督分类。下面给出一个更加一般化的半监督学习框架：

$$\mathcal{Q}(F,K) = \mathcal{S}(F,K) + \mu_1 \mathcal{L}_1(F) + \mu_2 \mathcal{L}_2(K) \tag{8.9}$$

式中，K 为待求的理想核矩阵[42]；$\mathcal{S}(\cdot,\cdot)$ 为惩罚分类函数 F 平滑度的正则项；$\mathcal{L}_1(\cdot)$ 和 $\mathcal{L}_2(\cdot)$ 分别为给定标签与预测标签和给定约束与学习核矩阵间的损失项，其中损失函数可选择为平方损失或 Hinge 损失函数等；$\mu_1 > 0$ 和 $\mu_2 > 0$ 分别为上述两个损失项的正则参数。上述的半监督学习框架可同时实施流形假设和成对约束假设。

8.3.2 核范数正则模型

本章选择平方函数作为模型[式(8.9)]的损失函数，则上述的模型可重写为

$$
\begin{aligned}
\mathcal{Q}(F,K) = {} & \frac{1}{2}\sum_{i,j=1}^{n} \tilde{K}_{ij} \left\| \frac{F_i}{\sqrt{D_{ii}}} - \frac{F_j}{\sqrt{D_{jj}}} \right\|^2 + \mu_1 \sum_{i=1}^{n} \left\| F_i - Y_i \right\|^2 \\
& + \mu_2 \left(\sum_{i=1}^{n}(K_{ii}-1)^2 + \sum_{(x_i,x_j)\in \mathrm{ML}}(K_{ij}-1)^2 + \sum_{(x_i,x_j)\in \mathrm{CL}}(K_{ij}-0)^2 \right)
\end{aligned}
\tag{8.10}
$$

式中

$$
\tilde{K}_{ij} = \begin{cases} K_{ij}, & K_{ij} \geq 0 \\ 0, & \text{其他} \end{cases}
\tag{8.11}
$$

式(8.10)又可简化为

$$
\mathcal{Q}(F,K) = \frac{1}{2}\sum_{i,j=1}^{n} \tilde{K}_{ij} \left\| \frac{F_i}{\sqrt{D_{ii}}} - \frac{F_j}{\sqrt{D_{jj}}} \right\|^2 + \mu_1 \sum_{i=1}^{n} \left\| F_i - Y_i \right\|^2 + \mu_2 \sum_{(x_i,x_j,t_{ij})\in S}(K_{ij}-t_{ij})^2
\tag{8.12}
$$

式中，$S = \{(x_i,x_j,t_{ij})\}$ 为成对约束集合，即若给定的数据点 x_i 与 x_j 属于同类(包括数据点自身)，则 $t_{ij}=1$，反之，$t_{ij}=0$。

然而直接求解模型[式(8.12)]中的整个核矩阵的时间复杂度为 $O(n^{6.5})$，使其无法应用于实际问题[8, 27-30]。另外，给定成对约束的数量一般要远远小于可精确重构整个核矩阵的需求采样数量。因此，本章把图拉普拉斯正则[43]结合到提出的半监督学习框架中。换句话说，设 $K = QUQ^{\mathrm{T}}$，其中 $Q = (q_1,\cdots,q_n)^{\mathrm{T}} \in \mathbb{R}^{n\times m}$ 由图拉普拉

斯 L 的最小 m 个特征值对应的特征向量构成，且 $Q^{\mathrm{T}}Q = I$，U 为 $m \times m$ 的低秩矩阵。那么原始整个低秩核矩阵 K 的填充问题转化为学习一个小规模对称半正定矩阵 U 的问题。

整个核矩阵 K 为低秩的，且满足可精确重构的两个重要条件[44]：低秩性和不相容性。再由 $\|K\|_* = \|QUQ^{\mathrm{T}}\|_* = \|U\|_*$，本章给出如下的核范数正则模型：

$$\widehat{\mathcal{Q}}(F,U) = \frac{1}{2}\sum_{i,j=1}^{n} \tilde{K}_{ij}\left\|\frac{F_i}{\sqrt{D_{ii}}} - \frac{F_j}{\sqrt{D_{jj}}}\right\|^2 + \mu_1 \sum_{i=1}^{n}\|F_i - Y_i\|^2$$
$$+ \mu_2\left(\mu\|U\|_* + \frac{1}{2}\|M \odot (QUQ^{\mathrm{T}} - A)\|_F^2\right) \quad (8.13)$$

式中，$\mu > 0$ 为正则参数；Ω 为 A 矩阵已知元素下标的集合，矩阵 A 定义为

$$A_{ij} = \begin{cases} 1, & i = j \\ 1, & (i,j) \in \mathrm{ML} \\ 0, & (i,j) \in \mathrm{CL} \end{cases}$$

上述的优化问题式(8.13)是关于变量 F 和 U 的核范数优化问题，也是核矩阵学习与标签传播的耦合问题，因此，直接同时优化这两个变量是非常困难的。本章考虑采用交替优化的方法去求解该问题。下面给出了一种两阶段优化策略，并提出了一种高效的改进不动点连续算法去学习低秩矩阵 U。

8.4　半监督学习算法

本节给出了一种两阶段优化的策略来计算提出的基于复合信息的半监督学习模型[式(8.13)]。此外，考虑到给定的成对约束集是可靠的信息，因此优先实施成对约束假设，而后再实施流形假设。本节还提出了一种高效的改进不定点连续算法去学习低秩矩阵 U，并给出了一种半监督分类算法去完成直推式分类任务。另外，在下一小节中还给出了一种有效实施归纳学习的方法。

提出的模型[式(8.13)]可由如下的两阶段优化过程来近似求解：

$$\begin{cases} \min_U \ \mu\|U\|_* + \frac{1}{2}\|M \odot (QUQ^{\mathrm{T}} - A)\|_F^2 \\ \min_F \ \frac{1}{2}\sum_{i,j=1}^{n} \tilde{K}_{ij}\left\|\frac{F_i}{\sqrt{D_{ii}}} - \frac{F_j}{\sqrt{D_{jj}}}\right\|^2 + \mu_1 \sum_{i=1}^{n}\|F_i - Y_i\|^2 \end{cases} \quad (8.14)$$

也就是说，优化问题[式(8.13)]可有效地被下述的两个阶段近似求解：第一阶段的优化问题只涉及一个变量 U，由给定的成对约束集可计算得到低秩矩阵 U；第二

阶段是通过第一阶段学习得到的核矩阵 $\tilde{K}$ 标签传播获得最终的分类结果。注意：应用标签传播的核矩阵 $\tilde{K}$ 的每个元素必须为非负的。

8.4.1 改进的不动点迭代算法

加入低秩矩阵 U 的对称半正定约束，第一阶段的优化问题可重写为

$$\min_{U \in \mathbb{R}^{m \times m}} \mu \|U\|_* + \frac{1}{2} \| M \odot (QUQ^T - A) \|_F^2, \text{ s.t. } U \geqslant 0 \tag{8.15}$$

上述的优化问题为核范数最小化问题。该问题可通过转化得到的半正定优化问题进行求解，然而利用经典的基于内点法的半正定优化算法每次迭代求解的时间复杂度不少于 $O(m^6)$ [45]，并且需要计算并存储相关函数的二阶导数信息，当矩阵规模较大时，通用的半正定规划软件包(如 SDPT3 和 SeDuMi 等)计算速度较慢，甚至无法计算出结果。近几年，涌现出了大量的一阶快速算法，如 SVT[35]、FPCA[36]、ALM[37] 和 APG[38] 等，虽然此类算法求解得到的解在数值精度上不及半正定规划算法，但是运算速度较快且能解决较大规模的问题。

下面以一种一阶快速的 FPCA[36] 算法为例，本章给出一种改进的不动点迭代算法来求解优化问题[式(8.15)]，同时提供了该算法的全局收敛性证明。与传统 FPCA 算法的主要不同之处如下。

(1) 本章改进的不动点迭代算法结合了一种新的特征值阈值算子，而原始 FPCA 算法利用的是奇异值阈值算子。

(2) 原始 FPCA 算法求解的是整个的低秩矩阵，而本章改进的不动点迭代算法求解的是一个规模较小的低秩矩阵。

(3) 原始 FPCA 算法一般无法直接进行核矩阵的学习，而本章改进的不动点迭代算法可进行低秩核矩阵的学习，把新兴的矩阵填充技术与核学习及传统的核机器有机结合起来，具有非常重要的意义。此外，其他的一阶快速算法如 ALM 和 APG 等也可进行类似的改进来实现低秩核矩阵的学习。

令 $g(U) := \mu \|U\|_* + \frac{1}{2} \| M \odot (QUQ^T - A) \|_F^2$，$g(\cdot)$ 关于变量 U 的导数为

$$\partial g = \mu \partial \|U\|_* + H \tag{8.16}$$

式中，$H = h(U) := Q^T \big(M \odot (QUQ^T - A) \big) Q$；$\partial \|U\|_*$ 为核范数的次微分(subdifferential)，如下述的定义所述。根据文献[46]，下面定义了核范数关于对称矩阵 U 的次微分表达式。

定义 8.1　令 U 为一个对称矩阵，则次微分 $\partial \|U\|_*$ 定义为如下的形式：

$$\partial \|U\|_* = \{V^{(1)}[V^{(1)}]^T - V^{(2)}[V^{(2)}]^T + S : [V^{(1)}, V^{(2)}]^T S = 0, \ \|S\|_2 \leqslant 1\} \tag{8.17}$$

式中，$V^{(1)}$ 和 $V^{(2)}$ 分别为矩阵 U 的正特征值和负特征值对应的特征向量；$\|\cdot\|_2$ 为谱范数，即矩阵的最大奇异值。

根据文献[47]可知，本章提出的核范数最小化问题[式(8.15)]的最优性条件由下述的定理给出。

定理 8.1　令 $g(\cdot)$ 为一个凸函数，则 U^* 为核范数最小化问题[式(8.15)]的最优解，当且仅当 $U^* \geqslant 0$，且存在一个 $E \in \partial g(U^*)$ 使得

$$\langle E, F - U^* \rangle \geqslant 0, \quad \forall F \geqslant 0$$

另外，因为优化问题[式(8.15)]包含一个非光滑项，所以本章采用算子分离技术，其中分离算子 $T(\cdot)$ 定义为

$$T(\cdot) := \tau\mu\partial \| \cdot \|_* + \tau h(\cdot) \tag{8.18}$$

式中，$\tau > 0$。下面再把分离算子 $T(\cdot)$ 表示为两部分：

$$T(\cdot) = T_1(\cdot) - T_2(\cdot) \tag{8.19}$$

式中，$T_1(\cdot) = \tau\mu\partial \| \cdot \|_* + I(\cdot)$；$T_2(\cdot) = I(\cdot) - \tau h(\cdot)$ 和 $I(\cdot)$ 为恒等算子。

令 $Y = T_2(U)$，则

$$T(U) = \tau\mu\partial \| U \|_* + U - Y \tag{8.20}$$

为了求解提出的优化问题[式(8.15)]，需要对如下的核范数最小化问题进行计算：

$$\min_{U \geqslant 0} \tau\mu \| U \|_* + \frac{1}{2} \| U - Y \|_F^2 \tag{8.21}$$

根据文献[48]可知，上述的核范数最小化问题有闭式的解析解，且最优解可通过下面定义的特征值阈值算子计算得到，即

$$U^* = \mathrm{EVT}_{\tau\mu}(Y) \tag{8.22}$$

因此，给定步长 $\tau > 0$，$\mu > 0$ 以及初始矩阵 U^0，对 $k = 1, 2, \cdots$ 本章改进的不动点迭代算法求解核范数最小化问题[式(8.15)]有如下的两步形式：

$$\begin{cases} Y^k = U^k - \tau h(U^k) \\ U^{k+1} = \mathrm{EVT}_{\tau\mu}(Y^k) \end{cases} \tag{8.23}$$

定义 8.2(特征值阈值算子)　假设 $U \geqslant 0$，其特征值分解为 $U = V\mathrm{diag}(\lambda)V^{\mathrm{T}}$，其中 $V \in \mathbb{R}^{m \times r}$ 和 $\lambda \in \mathbb{R}_+^r$ 分别为特征向量矩阵与相应的特征值向量(从大到小排列)，r 为矩阵 U 的秩。给定 $v > 0$，则特征值阈值算子 $\mathrm{EVT}_v(\cdot)$ 定义为

$$\mathrm{EVT}_v(U) := V\mathrm{diag}(\max\{\lambda - v, 0\})V^{\mathrm{T}} \tag{8.24}$$

式中，$\max\{\cdot, \cdot\}$ 是基于元素的最大算子。

定理 8.2　设对称半正定矩阵 U^* 满足对于给定的 $\mu > 0$，$\| M \odot (QU^*Q^{\mathrm{T}} - Z) \|_F^2 < \mu / m$，$U^* = \mathrm{EVT}_{\tau\mu}(U^* + \tau h(U^*))$，则 U^* 为提出的核范数最小化问题[式(8.15)]的唯一最优解。

因为上述定理的证明思路与文献[36]和[47]类似，所以在此省略其证明过程。

8.4.2　连续性策略和 BB 步长技术

如同文献[36]和[37]，本章也采用连续性策略和 BB 步长法[49]来加速改进的不动点迭代算法的收敛速度。令 β 为衰减因子，并利用它得到正则参数序列 μ_k，

$$\mu_{k+1} = \max\{\mu_k\beta,\overline{\mu}\} \tag{8.25}$$

式中，$\overline{\mu}$ 为给定适当小的正常数。因此，采用连续性策略的不动点迭代算法本质上是求解提出问题[式(8.15)]的一系列从易到难的问题。

由下面的定理知道，只要 $\tau \in (0,2/\|\varPsi\|_2)$，本章改进的不动点迭代算法收敛到其全局最优点，其中 $\varPsi := (Q^T \otimes Q^T) I_\varOmega (Q \otimes Q)$，$\otimes$ 表示两个矩阵的 Kronecker 积，$I_\varOmega \in \mathbb{R}^{n^2 \times n^2}$ 由投影算子矩阵 $\varOmega$ 拉成列向量再对角化得到，若 $(i,j) \in \varOmega$，则取值为 1，反之取值为 0。为了进一步加速算法的收敛速度，下面给出了每步迭代需要的相应 BB 步长。

令 $\Delta U = U^k - U^{k-1}$，$\Delta h = H^k - H^{k-1}$，$H^k = Q^T\left(M \odot (QUQ^T - Z)\right)Q$，则 BB 步长 τ_k 定义为

$$\tau_k = \frac{\langle \Delta U, \Delta h\rangle}{\langle \Delta h, \Delta h\rangle} \text{ 或 } \tau_k = \frac{\langle \Delta U, \Delta U\rangle}{\langle \Delta U, \Delta h\rangle} \tag{8.26}$$

为了避免 BB 步长取得过大或过小，令

$$\tau_k = \max\left\{\tau_{\min}, \min\left\{\tau_k, \tau_{\max}\right\}\right\} \tag{8.27}$$

式中，$0 < \tau_{\min} < \tau_{\max} < \infty$ 是两个常量。

由于该算法最终的目的是学习低秩核矩阵，因此不需要获得提出优化问题[式(8.15)]的精确解。故此，本章采用如下的迭代停止准则：

$$\frac{\|U^{k+1} - U^k\|_F}{\max\{1, \|U^k\|_F\}} < \text{tol} \tag{8.28}$$

式中，tol 为较小的容许误差。通过下面实验可知，$\text{tol} = 10^{-4}$ 可获得满意的结果。

综上所述，本章提出了一种新的不动点迭代算法，如算法 8.1 所示，可有效地求解给出的核范数最小化问题[式(8.15)]。

算法 8.1　改进的不动点迭代算法

输入：给定数据为 X，其中 $X_L = \{x_i\}_{i=1}^l$ 为标注数据，$X_U = \{x_i\}_{i=l+1}^n$ 为未标注数据。另外 $\text{ML} = \{x_i, x_j\}$ 和 $\text{CL} = \{x_i, x_j\}$ 分别为两个成对约束集，最近邻数目 k 和常数 m。

初始化：首先给定采样矩阵 M、初始矩阵 U^0、衰减因子 β 和两个较小的常数 $\overline{\mu}$ 和 tol；并由式(8.25)生成正则参数序列：$\mu_1 > \mu_2 > \cdots > \mu_L = \overline{\mu} > 0$。

(1) 创建 k-NN 图，并由式(8.5)计算相似度矩阵 W；

(2) 计算图拉普拉斯 $L = I - D^{-1/2}WD^{-1/2}$ 的最小 m 个特征值对应的特征向量 $\phi_1, \cdots, \phi_m$，并得到 $Q = [\phi_1, \cdots, \phi_m] \in \mathbb{R}^{n \times m}$。

对 $\mu = \mu_1, \mu_2, \cdots, \mu_L$，开始循环：

(1) 由式(8.27)计算每步迭代的 BB 步长 τ_k；

(2) 计算 $H^k = Q^{\mathrm{T}} \left(M \odot (QUQ^{\mathrm{T}} - Z) \right) Q$，更新 Y^k，$Y^k = U^k - \tau_k H^k$；

(3) 更新 U^{k+1}，$U^{k+1} = \mathrm{EVT}_{\tau_k \mu_k}(Y^k)$；

如果误差小于容许误差，即 $\dfrac{\|U^{k+1} - U^k\|_F}{\max\{1, \|U^k\|_F\}} < \mathrm{tol}$，停止循环，返回矩阵 U^*。

输出：学习得到的低秩矩阵 U^*。

定理 8.3　设 $\tau \in (0, 2/\|\Psi\|_2)$，那么改进的不动点迭代算法得到的解序列 $\{M^k\}$ 收敛于优化问题[式(8.15)]的最优解。

由于上述定理的证明思路与文献[36]和[47]类似，因此也省略其证明过程。由此可知，改进的不动点迭代算法可收敛于提出的核范数最小化问题[式(8.15)]的全局最优解。

8.4.3　标签传播

令 U^* 为提出的 MFPC 算法计算得到的提升矩阵，进而可学习得到的低秩谱核矩阵为 $K^* = QU^*Q^{\mathrm{T}}$。下面利用该谱核矩阵来进行标签传播，提出一种类似于文献[5]的半监督学习算法，如算法 8.2 所示，称为基于低秩谱核(low-rank spectral kernel，LRSK)的半监督学习算法。令 $F^0 = Y$ 和 F^t 为标签传播第 t 次迭代得到的标签预测矩阵，则本章提出如下的标签传播迭代公式：

$$F^{t+1} = \alpha P F^t + (1 - \alpha) Y \tag{8.29}$$

式中，$P = D^{-1/2} \tilde{K} D^{-1/2}$。迭代标签传播式(8.29)直到收敛为止，即连续多次迭代预测的标签不再变动。

算法 8.2　基于低秩谱核的半监督学习算法

输入：低秩矩阵 U^* 和常量 a。

输出：所有数据点的分类结果。

(1) 计算得到的低秩谱核矩阵为 $K = QU^*Q^{\mathrm{T}}$；

(2) 迭代标签传播式(8.29)，直到收敛至 F^*；

(3) 由 $y(x_i) = \arg\max_{k \leq c} F_{ik}^*$ 计算得到分类结果。

下面以图 8.3 所示人工数据集的分类实例来说明本章提出的半监督学习方法的思想。该数据集由三个分离的部分组成，分别是两个近似高斯分布的类簇(各 150

个数据点)和一个曲线形类簇(300 个数据点)。图 8.3 给出了相关半监督学习方法 LGC、OSK、TSK 和本章提出的半监督学习算法 LRSK 的分类结果。另外，还给出了经典的半监督学习方法 LGC 的相似度矩阵($\sigma = 0.2$)与 OSK、TSK 和 LRSK 学习得到的低秩核矩阵的比较。为了便于显示，把该数据集进行了重新排序，使得两个近似高斯的类簇数据出现在前而曲线形的类簇数据出现在后。由图 8.3 所示的结果可知，提出的半监督学习方法得到了完美的分类结果而经典半监督学习的 LGC 方法与其他两种谱核学习的 OSK 和 TSK 方法都产生了较大的分类错误。此外，提出的 LRSK 方法学习得到的低秩核矩阵具有清楚的两个块对角结构，也表明了该算法使得人工数据集更容易分类。因此，得出了与文献[29]类似的结论：两种谱核学习的OSK和TSK方法虽由各自的优化准则得到图拉普拉斯矩阵特征向量的最优组合，但由于它们无法合理地利用成对约束信息而对该数据集产生较多的错误分类。

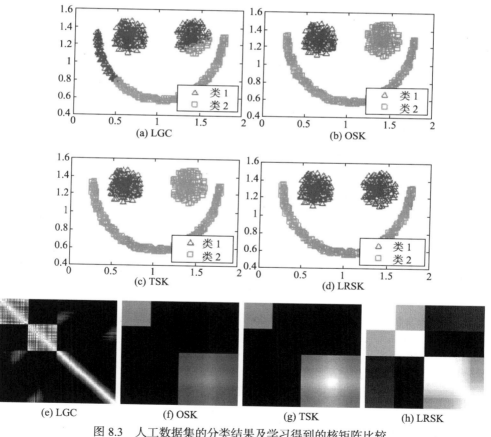

图 8.3　人工数据集的分类结果及学习得到的核矩阵比较

8.5　算法分析

下面给出标签传播式(8.29)的迭代收敛性分析，并证明该标签传播迭代公式可由一个正则框架推导得到，也进一步提供提出的半监督学习方法的理论保证。另外，还给出了一种简单的拓展提出的半监督学习方法应用到新来数据的方法。

8.5.1　收敛性分析

下面证明标签传播迭代式(8.29)收敛于一个不动点，并给出如下的定理。

定理 8.4　令 $F^0 = Y$ ，当迭代次数 t 趋于无穷大时，即 $t \to \infty$ ，由标签传播迭代式(8.29)得到的序列 $\{F^t\}$ 将收敛于

$$F^* = (1-\alpha)(I-\alpha P)^{-1}Y \tag{8.30}$$

上述定理的证明可参见文献[41]。所有数据的标签可由 $y(x_i) = \arg\max_{k \leq c} F_{ik}^*$ 得到，也称为一步算法。紧接着，由下面的定理来说明：标签传播迭代式(8.29)的稳定点可由下述的正则框架推导得到。

定理 8.5　标签传播迭代式(8.29)的稳定点式(8.30)也是如下所述目标函数的最优解：

$$\mathcal{L}(F) = \frac{1}{2}\sum_{i,j=1}^{n}\tilde{K}_{ij}\left\|\frac{F_i}{\sqrt{D_{ii}}} - \frac{F_j}{\sqrt{D_{jj}}}\right\|^2 + \mu_1\sum_{i=1}^{n}\|F_i - Y_i\|^2 \tag{8.31}$$

式中， $\mu_1 > 0$ 为正则参数。

证明　令式(8.31)的导数为零，即

$$\frac{\partial \mathcal{L}}{\partial F} = F - PF + \mu_1(F - Y) = 0 \tag{8.32}$$

可重写为

$$F - \frac{1}{1+\mu_1}PF - \frac{\mu_1}{1+\mu_1}Y = 0 \tag{8.33}$$

令 $\alpha = 1/(1+\mu_1)$ ，则可得到式(8.30)。

8.5.2　合法核

定理 8.6　若 $\phi_1, \cdots, \phi_m$ 为图拉普拉斯 L 的最小 m 个特征值对应的特征向量，谱嵌入为 $Q = [\phi_1, \cdots, \phi_m] \in \mathbb{R}^{n \times m}$ ；若 U^* 为核范数最小化问题式(8.15)的最优解且为对称半正定的，则学习得到的低秩矩阵 $K^* = QU^*Q^T$ 为合法的核矩阵。

由上述的定理可知，如同几种谱核学习方法(如 OSK 和 TSK)一样，本章学习

得到的核矩阵也是非参数谱核，称为低秩谱核。因此，该低秩谱核可应用于各种传统的核机器，如 SVMs。

8.5.3 复杂度分析

本章提出的基于低秩谱核的半监督学习方法运行时间主要花费在近邻图的创建、计算低秩矩阵及标签传播迭代等。具体地，计算低秩谱核的时间复杂为 $O(n^2 + t_1 m^2 n + t_1 m^3)$，其中 t_1 为改进不动点连续算法的迭代次数。而总的时间复杂度为 $O(n^2 + t_1 m^2 n + t_1 m^3 + n^2 m + t_2 n^2 c)$，其中 t_2 为标签传播式(8.29)的迭代次数。此外，该方法可应用 Lanczos 算法[50]有效地计算得到图拉普拉斯 L 的最小 m 个特征值对应的特征向量。

8.5.4 归纳分类

本章还给出了一种有效的归纳分类方法，可使得提出的半监督分类方法应用于新来的样本。与文献[51]类似，把新样本引入到原始的目标函数式(8.31)中，简化可得到如下的目标函数：

$$\mathcal{L}(F(x)) = \frac{1}{2}\sum_{i=1}^{n} K(x,x_i)\left\|\frac{F(x)}{\sqrt{D_{xx}}} - \frac{F_i}{\sqrt{D_{ii}}}\right\|^2 \tag{8.34}$$

式中

$$K(x,x_i) = \exp\left(-\frac{\|x-x_i\|^2}{h(x)h(x_i)}\right), \quad i=1,\cdots,n, \quad D_{xx} = \sum_{i=1}^{n} K(x,x_i) \tag{8.35}$$

F 为提出的 LRSK 方法在直推集上得到的分类指示矩阵。由于 $\mathcal{L}(F(x))$ 为二次凸函数，求导可得最优解为

$$F(x) = \frac{\sum_{x_i \in X} K(x,x_i)F_{i,:}}{\sum_{x_i \in X} K(x,x_i)} \tag{8.36}$$

由此，给出如下所述的推导新样本标签的方法：

$$y(x) = \arg\max_{k \leq c} F(x)_{1,k} = \arg\max_{k \leq c} \frac{\sum_{x_i \in X} K(x,x_i)F_{i,k}}{\sum_{x_i \in X} K(x,x_i)} \tag{8.37}$$

8.6 实　验

为了测试本章提出的半监督学习方法的性能，共进行了四部分实验，其中包括人工数据集、18 个实际数据直推集、3 个归纳测试集及参数的稳定性分析。

8.6.1　比较算法与参数设置

本章选择了 6 种相关的半监督学习算法与提出的方法进行比较，以支撑矢量机[52]的分类结果作为基准，选择径向基(RBF)函数作为支撑向量机的核函数，其尺度参数由 5 次交叉验证确定。对比算法如下。

GRF[4]和 LGC[5]：它们的高斯函数尺度因子都由 5 次交叉验证确定。

LapSVM[7]：该算法也选择径向基核，其参数也由 5 次交叉验证确定。另外，该算法的超参数(如最近邻数)由格子法寻找。

TSK[33]和 OSK[31]：关于 TSK，其谱衰减因子设置为 2，其余的参数都与 OSK 和本章提出方法的设置相同。

提出的基于低秩谱核的半监督学习方法[53]：常量 α 设置为 0.01，最近邻数由与文献[7]相同的方式来确定。

8.6.2　交叉螺旋线数据

采用的人工数据为文献[54]使用的交叉双螺旋线数据集，其中有两个标注数据点和一个 ML 约束与一个 CL 约束，分别用方块、三角形及实线或虚线显示，如图 8.4 所示。图 8.5 给出了 5 种相关的半监督学习算法与提出的 LRSK 方法在交叉双螺旋线数据集上的分类结果。由此可知，四种相关的算法如 GRF、LGC、LapSVM 和 OSK 产生了较大的分类错误，且它们无法利用成对约束信息；TSK 算法即使利用了给定的成对约束信息，其分类结果也比提出的 LRSK 方法相对较差。与其他的 5 种半监督学习方法的分类结果相比，提出的 LRSK 方法获得了明显优势的分类结果，其中最近邻数设置为 11，图拉普拉斯特征向量的个数设置为 5。

此外，还给出了 5 种相关的半监督学习算法与本章提出的 LRSK 方法在该人工数据集的效率比较。逐步增加该数据集的样本数目，由 1000 增至 4000，所有算法平均运行的时间如图 8.6 所示。由此可知，随着数据集样本数目的增加，本章提出的 LRSK 方法与 OSK 和 TSK 有非常接近的时间花费，它们都比其他三种方法 GRF、LGC 和 LapSVM 要快很多。

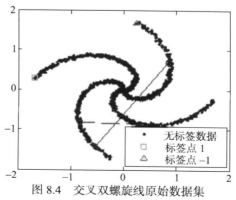

图 8.4　交叉双螺旋线原始数据集

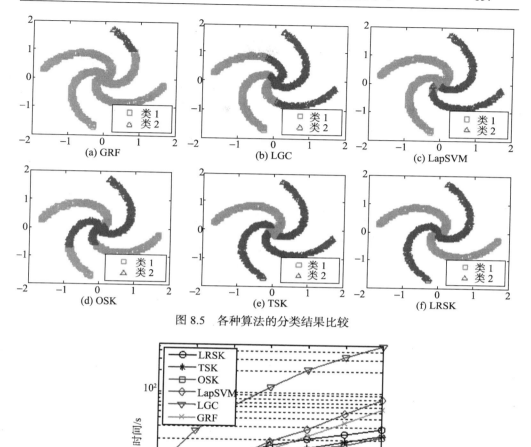

图 8.5　各种算法的分类结果比较

图 8.6　各种算法的运行时间比较

8.6.3　实际数据

该部分实验选择了三类数据集，希望能涵盖更广泛的应用范围。

UCI 数据集：G50c、Ionosphere、Sonar、Balance、Iris 及 Glass。

图像数据集：MNIST0123[55]、USPS0123、COIL20[56]、Caltech4、ORL 和 YaleB3[57]。

文本数据集：20-Newsgroup、Text1、WK-CL、WK-TX、WK-WT 和 WK-WC。这些数据集的基本属性如表 8.1 所示。

表 8.1　三类数据集的基本属性

范围	数据集	类别数目	特征维数	标签数目	样本数目	ML 数目	CL 数目
UCI	G50c	2	50	20	550	10	5
	Ionosphere	2	33	20	351	10	5
	Sonar	2	60	20	208	10	5
	Balance	3	4	20	625	15	15
	Iris	3	4	20	150	15	15
	Glass	6	9	30	214	12	30
图像	MNIST0123	4	784	8	4157	8	12
	USPS0123	4	256	8	3588	8	12
	COIL20	20	1024	40	1440	40	100
	Caltech4	4	4200	20	3479	8	12
	ORL	40	1024	80	400	80	200
	YaleB3	3	1200	3	1755	6	6
文本	20-Newsgroup	4	8014	40	3970	20	30
	Text1	2	7511	20	1946	20	10
	WK-CL	7	4134	70	827	14	72
	WK-TX	7	4029	70	814	14	72
	WK-WT	7	4165	70	1166	14	72
	WK-WC	7	4189	70	1,210	14	72

8.6.4　直推式分类

5 种相关的半监督学习算法及支撑矢量机与本章提出的 LRSK 方法在选定的 18 个数据集上的分类结果，如表 8.2～表 8.4 所示，其中把每个数据集只用标签信息得到的最好分类结果用粗体显示。

表 8.2　各种算法在 UCI 数据集上的分类结果比较(均值±标准差) (单位：%)

数据集	G50c	Ionosphere	Sonar	Balance	Iris	Glass
SVM	85.36±2.46	74.54±6.79	66.24±4.83	71.39±6.14	94.35±2.42	57.38±3.64
GRF	57.36±9.36	78.54±6.84	60.82±6.35	67.46±6.93	93.81±2.46	57.81±5.32
LGC	86.78±2.44	83.10±4.39	62.18±6.03	70.03±8.19	93.11±2.40	56.25±3.92
LapSVM	86.65±3.22	82.95±1.84	**68.24±1.28**	63.86±7.43	95.42±1.83	60.11±4.98
TSK	92.69±2.13	76.10±7.19	64.31±5.02	68.41±4.19	93.89±3.88	57.80±4.02
LRSK_L	**94.57±0.25**	**84.72±1.52**	66.86±1.43	**71.70±4.06**	**96.10±1.36**	**60.87±3.63**
LRSK_LC	94.64±0.27	85.69±1.33	67.54±1.75	72.55±3.87	96.74±1.40	62.21±3.38
OSK+SVM	91.79±3.25	82.43±3.40	64.57±1.66	67.58±8.64	93.83±4.29	58.70±5.94
TSK+SVM	93.09±4.40	86.59±3.15	69.68±2.97	72.82±4.05	94.16±1.35	61.96±8.05
LRSK+SVM	95.06±0.21	87.43±2.01	69.22±2.13	73.64±5.61	96.58±1.45	63.49±4.62

表 8.3　各种算法在图像数据集上的分类结果比较(均值±标准差) (单位：%)

数据集	MNIST0123	USPS0123	COIL20	Caltech4	ORL	YaleB3
SVM	74.06±4.20	84.35±4.27	74.96±2.11	59.89±7.40	76.82±2.71	91.00±7.22
GRF	68.94±6.03	77.09±7.54	82.36±2.76	65.84±4.40	76.92±2.77	95.18±6.92
LGC	80.13±3.32	90.14±4.14	80.38±2.10	88.00±5.69	76.40±2.39	94.68±5.47
LapSVM	76.36±5.02	87.88±5.75	86.58±1.53	**90.81±4.98**	77.34±2.60	**96.95±0.51**
TSK	93.49±0.73	95.25±1.79	83.19±1.29	87.81±6.98	76.13±3.02	93.35±3.92
LRSK_L	**95.56±2.15**	**95.82±0.93**	**87.75±1.26**	90.74±3.87	**78.91±2.31**	96.87±1.13
LRSK_LC	95.90±1.86	96.45±0.74	88.66±2.45	91.03±3.62	83.44±2.27	97.35±1.22
OSK+SVM	81.35±6.72	90.57±4.11	86.52±4.51	88.51±8.23	76.34±4.22	95.14±2.69
TSK+SVM	94.08±4.23	95.79±1.26	90.00±3.93	91.96±6.16	82.22±8.63	95.37±7.75
LRSK+SVM	96.17±1.65	96.92±3.08	90.39±2.67	91.58±4.70	83.51±4.82	97.60±1.64

表 8.4　各种算法在文本数据集上的分类结果比较(均值±标准差) (单位：%)

数据集	20-News	Text1	WK-CL	WK-TX	WK-WT	WK-WC
SVM	58.88±8.17	76.05±5.18	73.00±0.46	71.92±0.53	79.48±0.25	75.36±0.22
GRF	71.63±1.83	77.55±9.79	73.26±0.36	72.20±0.41	79.57±0.28	75.56±0.29
LGC	73.99±2.48	74.89±9.91	73.15±0.41	71.86±0.31	79.40±0.26	75.40±0.24
LapSVM	74.36±0.18	80.72±1.51	74.62±0.80	72.50±0.52	80.18±0.23	76.25±0.28
TSK	86.07±3.24	87.91±2.93	75.28±2.62	74.98±3.99	80.39±1.92	75.79±1.70
LRSK_L	**89.16±0.74**	**89.65±2.63**	**79.53±3.18**	**78.60±4.21**	82.93±1.57	**80.49±1.63**
LRSK_LC	89.32±0.67	89.77±2.25	79.74±2.85	79.16±3.42	83.46±1.60	81.35±1.49
OSK+SVM	86.19±4.55	82.74±4.82	76.63±2.32	75.50±3.36	81.48±0.76	77.86±1.68
TSK+SVM	89.30±2.90	85.76±3.63	77.25±1.67	76.77±2.82	82.04±2.63	79.93±0.45
LRSK+SVM	91.57±0.76	89.93±1.69	81.76±2.96	79.61±3.69	83.78±1.34	82.26±1.55

　　为了公平比较，本章给出了 LRSK 方法只用标签数据得到的分类结果，简记为 LRSK_L；还给出了 LRSK 方法同时利用标注数据与成对约束信息得到的分类结果，简记为 LRSK_LC。最后采用 SVMs 作为最终的分类器，比较了本章学习得到 LRSK 与两个已有谱核学习方法 OSK 和 TSK 的分类结果。由表 8.2~表 8.4 所示的实验结果可得出如下结论。

　　一般情况下，LapSVM 的分类结果比 SVMs、GRF 和 LGC 的结果更好。特别在一些图像数据集上(它们具有潜在的流形结构)，LapSVM 可比较有效地利用标签数据和几何结构信息，这也是该方法比以上几种方法性能更好的一个重要因素。

　　三种基于核学习的半监督学习方法 TSK、OSK 和 LRSK 要比其他四种半监督学习方法(GRF、LGC 和 LapSVM 及 SVMs)的结果更好，而前三种方法学习得到的谱核要比普通的核函数(如高斯核函数)能更好地刻画数据点间的相似关系。

　　本章提出的 LRSK 方法一般比其他方法分类性能要更好。特别在文本数据集上，LRSK 方法显著地超过其他任何一种方法。另外，额外的成对约束可明显地提高 LRSK 的分类表现。

　　以 SVMs 为最终的分类器，学习得到的 LRSK 比其他两种谱核机即 OSK+SVM 和 TSK+SVM 的分类性能更好。

　　该部分第二个实验测试了本章提出的 LRSK 方法和 5 种比较算法在三个选定数据集上随标签数据增加的分类结果变化情况，如图 8.7 所示。其中选定的数据集分别为三类数据集的代表，即 G50c、USPS0123 和 20-News 数据集，而随机选择的标签数据个数分别是 2～20、4～40 和 4～40。另外，还测试了提出的 LRSK 方法与图拉普拉斯正则核[40]方法随成对约束数量增加的分类结果变化，如图 8.8 所示，其中要保证每类有一个标签数据。由图 8.7 和图 8.8 所示的结果可知，本章提出的 LRSK 方法的分类性能非常稳定，也就是说即使只有很少的标签样本，LRSK 方法也能获得较高的分类准确率；并且在所有标签数据集下，LRSK 方法一致地比其他方法的分类结果更好。此外，随着成对约束数量的增加，LRSK 方法也一致地比 LRK 方法的性能更好。这也说明了本章提出的谱核学习模型的合理性，且能避免 LRK 方法中存在过学习的情况。

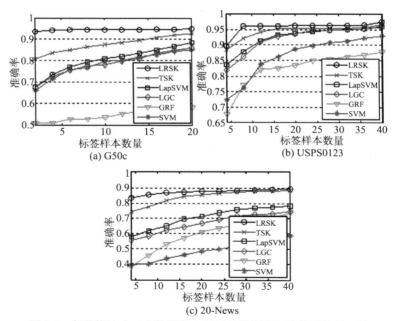

图 8.7　各种算法在三个数据集上随标签数据增加的分类结果比较

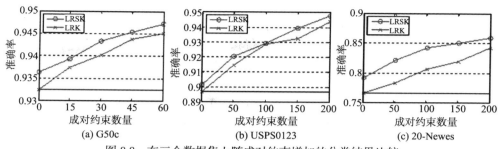

图 8.8　在三个数据集上随成对约束增加的分类结果比较

该部分第三个实验测试本章提出的 LRSK 方法的参数稳定性，其中选定的数据集还是三类数据集的代表：G50c、USPS0123 和 20-News。在 LRSK 方法中，两个参数是最近邻数 k 和图拉普拉斯特征向量个数 m。LRSK 方法随着两个参数取值不同的分类结果变化情况，如图 8.9～图 8.11 所示。由此可得出如下结论。

只要给定的标签数据适当多，而特征向量数量不是太多，本章提出的 LRSK 方法的分类准确率结果就非常稳定。这也验证了学习得到的谱核矩阵应该是低秩的，多余的特征向量可看成是噪声数据[16]。毫无疑问，只选择少量整数的参数 m 是比较容易调整的。

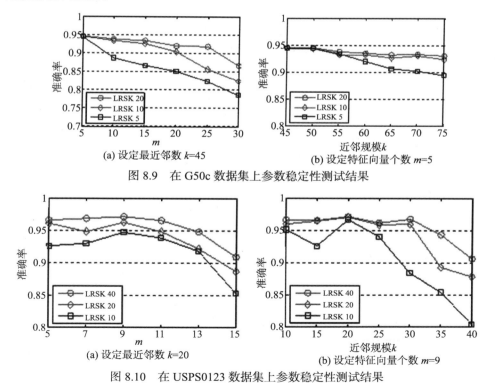

图 8.9　在 G50c 数据集上参数稳定性测试结果

图 8.10　在 USPS0123 数据集上参数稳定性测试结果

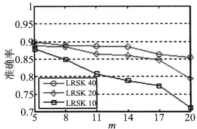

图 8.11 在 20-News 数据集上参数稳定性测试结果

只要最近邻数的取值不是太大，本章提出的 LRSK 方法的分类准确率结果也是非常稳定的，由于最近邻数太大，图拉普拉斯无法准确地反映数据的固有流形结构。

8.6.5 归纳分类

最后还测试了本章提出的归纳分类方法在三个选定数据集(包括 G50c、USPS0123 和 20-News 数据集)的分类性能。首先对三个数据集各自分为彼此不重复的两部分：一部分作为直推数据集；另一部分作为归纳数据集，其中把 G50c、USPS0123 和 20-News 分别分成 400 个、2400 个和 2800 个样本的直推集以及 150 个、1188 个和 1170 个样本的归纳集。在三个直推集中，各随机选择 2~20 个、4~40 个和 4~40 个标签样本，本章提出的 LRSK 方法得到的分类结果，如图 8.12 所示。

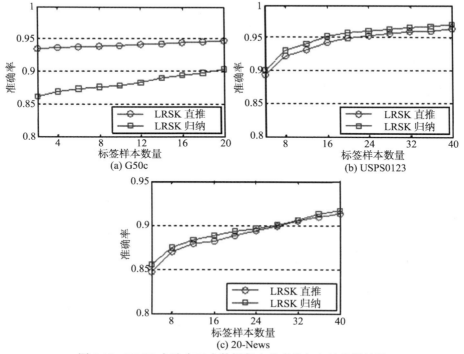

图 8.12 LRSK 方法在三个数据集上的直推与归纳分类结果

此外，还给出了 LRSK 方法在三个归纳集上得到的分类结果。由图 8.12 所示的结果可知，本章提出的归纳分类方法具有很高的分类精度。

参 考 文 献

[1] CHAPELLE O, SCHOLKOPF B, ZIEN A. Semi-supervised learning[J]. IEEE transactions on neural networks, 2009, 20(3): 542-542.

[2] ZHU X J. Semi-supervised learning literature survey[J]. Computer science, 2008, 37(1): 63-77.

[3] NIGAM K, MCCALLUM A K, THRUN S, et al. Text classification from labeled and unlabeled documents using EM[J]. Machine learning, 2000, 39 (2-3): 103-134.

[4] ZHU X J, GHAHRAMANI Z, LAFFERTY J. Semi-supervised learning using gaussian fields and harmonic functions[C]//ICML, 2003, 3: 912-919.

[5] ZHOU D Y, BOUSQUET O, LAL T N, et al. Learning with local and global consistency[J]. Advances in neural information processing systems, 2004, 16(16): 321-328.

[6] BELKIN M, NIYOGI P, SINDHWANI V. Manifold regularization: A geometric framework for learning from labeled and unlabeled examples[J]. Journal of machine learning research, 2006, 7: 2399-2434.

[7] MELACCI S, BELKIN M. Laplacian support vector machines trained in the primal[J]. Journal of machine learning research, 2011, 12: 1149-1184.

[8] LI Z G, LIU J Z, TANG X O. Pairwise constraint propagation by semidefinite programming for semi-supervised classification[C]//Proceedings of the 25th international conference on machine learning, 2008: 576-583.

[9] YAN R, ZHANG J, YANG J, et al. A discriminative learning framework with pairwise constraints for video object classification[J]. IEEE transactions on pattern analysis and machine intelligence, 2006, 28(4): 578-593.

[10] WAGSTAFF K, CARDIE C. Clustering with instance-level constraints[J]. AAAI/IAAI, 2000, 1097.

[11] WAGSTAFF K, CARDIE C, ROGERS S, et al. Constrained k-means clustering with background knowledge[C]//ICML, 2001, 1: 577-584.

[12] KLEIN D, KAMVAR S D, MANNING C D. From instance-level constraints to space-level constraints: Making the most of prior knowledge in data clustering[C]//Proceedings of the Nineteenth International Conference on Machine Learning, Morgan Kaufmann Publishers Inc, 2002: 307-314.

[13] KAMVAR K, SEPANDAR S, KLEIN K, et al. Spectral learning[C]//International joint conference of artificial intelligence, 2003.

[14] BASU S, BILENKO M, MOONEY R J. A probabilistic framework for semi-supervised clustering[C]//Proceedings of the tenth ACM SIGKDD international conference on knowledge discovery and data mining, 2004: 59-68.

[15] KULIS B, BASU S, DHILLON I, et al. Semi-supervised graph clustering: A kernel approach[J]. Machine learning, 2009, 74(1): 1-22.

[16] LI Z G, LIU J Z, TANG X O. Constrained clustering via spectral regularization[C]//Computer Vision and Pattern Recognition, 2009: 421-428.

[17] XING E P, NG A Y, JORDAN M I, et al. Distance metric learning with application to clustering with side-information[J]. Advances in neural information processing systems, 2003, 15: 505-512.

[18] BAR-HILLEL A, HERTZ T, SHENTAL N, et al. Learning distance functions using equivalence relations[C]//ICML, 2003, 3: 11-18.

[19] BILENKO M, BASU S, MOONEY R J. Integrating constraints and metric learning in semi-supervised clustering[C]//Proceedings of the twenty-first international conference on machine learning, 2004: 11.

[20] GLOBERSON A, ROWEIS S T. Metric learning by collapsing classes[C]//Advances in neural information processing systems, 2005: 451-458.

[21] DAVIS J V, KULIS B, JAIN P, et al. Information-theoretic metric learning[C]//Proceedings of the 24th international conference on machine learning, 2007: 209-216.

[22] NGUYEN N, CARUANA R. Improving classification with pairwise constraints: A margin-based approach[C]//Joint european conference on machine learning and knowledge discovery in databases, Springer Berlin Heidelberg, 2008: 113-124.

[23] JOACHIMS T. Transductive inference for text classification using support vector machines[C]// ICML, 1999, 99: 200-209.

[24] CHAPELLE O, ZIEN A. Semi-supervised classification by low density separation[C]// AISTATS, 2005: 57-64.

[25] XU L, SCHUURMANS D. Unsupervised and semi-supervised multi-class support vector machines[C]//The twentieth national conference on artificial intelligence and the seventeenth innovative applications of artificial intelligence conference, Pittsburgh, Pennsylvania, USA, 2005:904-910.

[26] XU Z L, JIN R, ZHU J K, et al. Efficient convex relaxation for transductive support vector machine[C]//Advances in neural information processing systems, 2008: 1641-1648.

[27] ZHUANG J F, TSANG I W, HOI S C H. A family of simple non-parametric kernel learning algorithms[J]. Journal of machine learning research, 2011, 12: 1313-1347.

[28] HOI S C H, JIN R, LYU M R. Learning nonparametric kernel matrices from pairwise constraints[C]//Proceedings of the 24th international conference on machine learning, 2007: 361-368.

[29] HU E L, CHEN S C, ZHANG D Q, et al. Semisupervised kernel matrix learning by kernel propagation[J]. IEEE transactions on neural networks, 2010, 21(11): 1831-1841.

[30] WU X M, SO A M, LI Z G, et al. Fast graph laplacian regularized kernel learning via semidefinite–quadratic–linear programming[C]//Advances in neural information processing systems, 2009: 1964-1972.

[31] ZHU X J, KANDOLA J, GHAHRAMANI Z, et al. Nonparametric transforms of graph kernels for semi-supervised learning[C]//Advances in neural information processing systems, 2004: 1641-1648.

[32] HOI S C H, LYU M R, CHANG E Y. Learning the unified kernel machines for classification[C]// Proceedings of the 12th ACM SIGKDD international conference on knowledge discovery and data mining, 2006: 187-196.

[33] LIU W, QIAN B Y, CUI J Y, et al. Spectral kernel learning for semi-supervised classification[C]//IJCAI, 2009, 9: 1150-1155.

[34] FAZEL M. Matrix rank minimization with applications[D]. California: Stanford University, 2002.

[35] CAI J F, CANDÈS E J, SHEN Z. A singular value thresholding algorithm for matrix completion[J]. SIAM journal on optimization, 2010, 20(4): 1956-1982.

[36] MA S Q, GOLDFARB D, CHEN L F. Fixed point and Bregman iterative methods for matrix rank minimization[J]. Mathematical programming, 2011, 128(1-2): 321-353.

[37] LIN Z C, CHEN M M, MA Y. The augmented lagrange multiplier method for exact recovery of corrupted low-rank matrices[J]. arXiv preprint arXiv:1009.5055, 2010.

[38] TOH K C, YUN S. An accelerated proximal gradient algorithm for nuclear norm regularized linear least squares problems[J]. Pacific journal of optimization, 2010, 6(3): 615-640.

[39] ZELNIK-MANOR L, PERONA P. Self-tuning spectral clustering[C]//Advances in neural information processing systems (NIPS), 2004: 1601-1608.

[40] SHANG F H, LIU Y Y, WANG F. Learning spectral embedding for semi-supervised clustering[C]// 2011 IEEE 11th international conference on data mining, 2011: 597-606.

[41] WANG F, ZHANG C S. Label propagation through linear neighborhoods[J]. IEEE transactions on knowledge and data engineering, 2008, 20(1): 55-67.

[42] KWOK J T, TSANG I W. Learning with idealized kernels[C]//ICML, 2003: 400-407.

[43] WEINBERGER K Q, SHA F, ZHU Q H, et al. Graph Laplacian regularization for large-scale semidefinite programming[C]//Advances in neural information processing systems, 2006: 1489-1496.

[44] KESHAVAN R H, OH S, MONTANARI A. Matrix completion from a few entries[C]//2009 IEEE international symposium on information theory, 2009: 324-328.

[45] LIU Z, VANDENBERGHE L. Interior-point method for nuclear norm approximation with application to system identification[J]. SIAM journal on matrix analysis and applications, 2009, 31(3): 1235-1256.

[46] WATSON G A. Characterization of the subdifferential of some matrix norms[J]. Linear algebra and its applications, 1992, 170: 33-45.

[47] MA Y, ZHI L H. The minimum-rank gram matrix completion via modified fixed point continuation method[C]//Proceedings of the 36th international symposium on symbolic and algebraic computation, 2011: 241-248.

[48] NI Y Z, SUN J, YUAN X T, et al. Robust low-rank subspace segmentation with semidefinite guarantees[C]//2010 IEEE international conference on data mining workshops, 2010: 1179-1188.

[49] BARZILAI J, BORWEIN J M. Two-point step size gradient methods[J]. IMA journal of numerical analysis, 1988, 8(1): 141-148.

[50] GOLUB G, LOAN C. Matrix Computations (Third Edition). Baltimore: Johns Hopkins University Press, 1996.

[51] DELALLEAU O, BENGIO Y, LE ROUX N. Efficient non-parametric function induction in semi-supervised learning[C]//AISTATS, 2005, 27(28): 100.

[52] CHANG C C, LIN C J. LIBSVM: A library for support vector machines[J]. ACM transactions on intelligent systems and technology (TIST), 2011, 2(3): 27.

[53] SHANG F H, JIAO L C, WANG F. Semi-supervised learning with mixed knowledge information[C]//Proceedings of the 18th ACM SIGKDD international conference on knowledge discovery and data mining, 2012: 732-740.

[54] SOUVENIR R, PLESS R. Manifold clustering[C]//Tenth IEEE international conference on computer vision (ICCV'05), 2005, 1: 648-653.

[55] LECUN Y, CORTES C, BURGES C J C. The MNIST database of handwritten digits[J]. Available: http://yann.lecun.com/exdb/mnist/, 1998.

[56] NENE S A, NAYAR S K, MURASE H. Columbia object image library (COIL-20)[R]. Technical report CUCS-005-96, 1996.

[57] VIDAL R, YI M, PIAZZI J. A new GPCA algorithm for clustering subspaces by fitting, differentiating and dividing polynomials[C]// Computer vision and pattern recognition, 2004. CVPR 2004. proceedings of the 2004 IEEE computer society conference on, 2004:510-517.

第9章 基于子空间类标传播和正则判别分析的单标记图像人脸识别

9.1 引 言

人脸识别的一个挑战是单训练图像人脸识别。在很多实际场景下，如法律实施、驾驶照验证、护照验证等，通常只有每个人的单个带类标样本。在这种情况下，传统人脸识别方法，如主成分分析(PCA)[1]和线性判别分析(LDA)[2]，要么性能大大下降，要么无法使用。在每类只有一个样本的情况下，由于类内散度矩阵退化为零矩阵，LDA 无法使用。为修正该问题，Zhao 等[3]提出了修正 LDA 的方法，该方法用一个单位矩阵来代替类内散度矩阵以使 LDA 可在单标记样本情况下正常工作，但其性能仍不尽如人意。为解决单训练图像人脸识别问题，人们提出了一些 Ad hoc 的方法，Tan 等[4]在最近的一个综述中讨论了这些方法。

得益于数码相机工业的快速发展，获得大量无类标图像成为可能。这使得使用半监督维数约简方法来处理单标记图像人脸识别问题成为可能。半监督判别分析(SDA)[5]是一种已被成功用于单标记图像人脸识别问题的半监督维数约简方法。SDA 首先基于无类标数据学习一个局部邻域结构[6]，然后使用学习到的局部邻域结构去正则化线性判别分析，以期获得一个在数据流形上尽可能平滑的判别函数。其他已提出的半监督维数约简方法还包括 LapLDA[7]、SSLDA[8]和 SSMMC[8]，它们都能提高其对应的监督方法线性判别分析和最大边界准则(MMC)[9]的性能。这些方法都考虑了局部邻域结构，且可被统一在图嵌入框架下[8]。尽管这些方法都很成功，但仍存在如下问题：①这些方法基于流形假设，该假设要求充分多的样本才能较好地描述数据流形；②这些方法中的近邻图是人工定义的，这就带来了选择邻域大小和边权值参数的参数选择问题。稀疏保持判别分析(sparsity preserving discriminant analysis，SPDA)[10]能较好地解决上述问题，但由于要求解大量l_1范数优化问题，导致其计算复杂度过高，不利于大规模应用。

为解决上述问题，本章提出了一种新的基于子空间类标传播和正则判别分析的半监督维数约简方法。首先，基于子空间假设设计了一种类标传播方法，将类标信息传播到无类标样本上。其次，在传播得到的带类标数据集上使用正则判别分析对数据进行维数约简。最后，在低维空间使用最近邻方法对测试人脸完成识别。另外，为了提高所提方法处理非线性数据的能力，本章基于核方法推导出了所提方法的非线性版本。在三个公共人脸数据库 CMU PIE、Extended Yale B 和 AR 上的实验验证了所提方法的可行性和有效性。

9.2　正则判别分析和稀疏保持判别分析

已知训练样本集 $\{x_i\}_{i=1}^n$，其中 $x_i \in \mathbb{R}^m$，令 $X=[x_1,x_2,\cdots,x_n] \in \mathbb{R}^{m \times n}$ 表示所有样本组成的数据矩阵，假定样本来自 K 类。线性判别分析以同时最大化类间散度和最小化类内散度为目的，其目标函数定义如下：

$$\max_w \frac{w^{\mathrm{T}} S_{\mathrm{B}} w}{w^{\mathrm{T}} S_{\mathrm{W}} w} \tag{9.1}$$

$$S_{\mathrm{B}} = \sum_{k=1}^K N_k (m-m_k)(m-m_k)^{\mathrm{T}} \tag{9.2}$$

$$S_{\mathrm{W}} = \sum_{k=1}^K \sum_{i \in \mathcal{C}_k} (x_i - m_k)(x_i - m_k)^{\mathrm{T}} \tag{9.3}$$

式中，$m_k = \dfrac{1}{N_k} \sum_{i \in \mathcal{C}_k} x_i$；$m = \dfrac{1}{n} \sum_{i=1}^n x_i$；$\mathcal{C}_k$ 是第 k 类样本的索引集；N_k 是第 k 类中的样本数；S_{B} 是类间散度矩阵；S_{W} 是类内散度矩阵。那么最优解 w 就是对应于 $S_{\mathrm{W}}^{-1} S_{\mathrm{B}}$ 的最大特征值的特征向量。为了使线性判别分析在单标记情况下仍然能够使用，Zhao 等[3]提出了修正线性判别分析，该方法用一个单位矩阵来代替线性判别分析中的类内散度矩阵。本章后续部分，在单标记场景下，修正线性判别分析仍然被称为线性判别分析。

LDA 虽然处理分类问题简捷有效，但受到小样本问题的困扰。在解决小样本问题的诸多方法中，正则判别分析(regularized discriminant analysis, RDA)[11,12]是一种简单有效的方法，其目标函数定义如下：

$$\max_w \frac{w^{\mathrm{T}} S_{\mathrm{B}} w}{w^{\mathrm{T}} S_{\mathrm{W}} w + \lambda_1 w^{\mathrm{T}} w} \tag{9.4}$$

式中，λ_1 是一个正则参数。该问题的最优解 w 就是对应于 $(S_{\mathrm{W}} + \lambda_1 I)^{-1} S_{\mathrm{B}}$ 的最大特征值的特征向量。

稀疏保持判别分析是一个基于稀疏表示[13-15]图构造的半监督维数约简算法。假设同类样本位于一个低维线性子空间上，SPDA 首先通过用训练样本集 X 中除样本 x_i 外尽可能少的样本线性表示 x_i 来构造图。这可以用如下 l_1 范数优化问题来完成：

$$\min_{s_i} \| s_i \|_1 + \lambda \| t_i \|_2, \quad \text{s.t.} \quad x_i = Xs_i + t_i \tag{9.5}$$

式中， $s_i = [s_{i1}, \cdots, s_{i,i-1}, 0, s_{i,i+1}, \cdots, s_{in}]^{\mathrm{T}}$ ； t_i 表示误差； λ 是控制稀疏性和表示误差平衡的正则参数。求解上述问题所得的稀疏系数向量 s_i 就包含样本 x_i 与其他样本的边权值。按此方式，对每个训练样本求解上述优化问题，就可构造一个图 $G = \{X, S\}$ ，其中 $S = [s_1, s_2, \cdots, s_n]$ 是稀疏边权值矩阵。然后基于构造的图 G ，以保持数据的稀疏表示结构为目的，定义如下的稀疏保持正则项：

$$J_{\text{Sparsity}}(w) = \sum_{i=1}^{n} \| w^{\mathrm{T}} x_i - w^{\mathrm{T}} X s_i \|^2 = w^{\mathrm{T}} X L_s X^{\mathrm{T}} w \tag{9.6}$$

式中， $L_s = I - S - S^{\mathrm{T}} + SS^{\mathrm{T}}$ ，最后基于稀疏保持正则项将 LDA 扩展成一个半监督维数约简方法，其目标函数如下：

$$\max_{w} \frac{w^{\mathrm{T}} S_{\mathrm{B}} w}{w^{\mathrm{T}} (S_{\mathrm{W}} + \lambda_1 I + \lambda_2 X L_s X^{\mathrm{T}}) w} \tag{9.7}$$

SPDA 的计算复杂度主要集中在图构造上，因为图构造需要对每个训练样本都求解一个 l_1 范数优化问题。求解一个 l_1 范数优化问题的计算复杂度大致为 $O(n^3)$ [16]，那么对所有训练样本都求解一个 l_1 范数优化问题的计算复杂度就为 $O(n^4)$ 。 S_{B} 和 S_{W} 的计算代价分别为 $O(m^2 K)$ 和 $O(m^2 n)$ ， $XL_s X^{\mathrm{T}}$ 的计算代价为 $O(mn^2 + m^2 n)$ 。而问题[式(9.7)]的求解涉及一个广义特征值问题，其计算复杂度为 $O(m^3)$ 。所以 SPDA 总计算复杂度为 $O(n^4 + mn^2 + m^2 n + m^3)$ 。

9.3　子空间类标传播

假定训练样本集 $X = [x_1, x_2, \cdots, x_l, x_{l+1}, \cdots, x_{l+u}] = [X_L, X_U] \in \mathbb{R}^{m \times n}$ ， X 的每一列 $x_i (1 \leqslant i \leqslant l + u)$ 表示一个训练样本， $X_L = [x_1, x_2, \cdots, x_l]$ 表示带类标样本集，包含 l 个带类标样本， $X_U = [x_{l+1}, \cdots, x_{l+u}]$ 表示无类标样本集，包含 u 个无类标样本， $n = l + u$ 表示总训练样本个数。令 $X_L = [X_{L1}, X_{L2}, \cdots, X_{LK}]$ ，其中 K 表示样本类别数， $X_{Lj} \in \mathbb{R}^{m \times l_j} (1 \leqslant j \leqslant K)$ 包含第 j 类带类标样本，这里 l_j 表示第 j 类带类标样本数。假设每类样本位于一个低维线性子空间上[17]。类标传播的目的是基于带类标样本集 X_L 和子空间假设来对无类标样本完成类标标注。

首先，将某个无类标样本 x 和某个带类标样本集 X_{Lj} 的距离定义为 x 与 X_{Lj} 所张成的子空间之间的距离：

$$\text{dist}(x, X_{Lj}) = \text{dist}(x, \text{span}(X_{Lj})) \tag{9.8}$$

式中， $\text{span}(X_{Lj})$ 表示 X_{Lj} 的列向量张成的子空间。要计算该距离，首先需要计算 x

在子空间 $\text{span}(X_{Lj})$ 上的投影 $\text{proj}(x, \text{span}(X_{Lj}))$。然后 $\text{dist}(x, X_{Lj})$ 可计算如下：

$$\text{dist}(x, X_{Lj}) = \text{dist}(x, \text{span}(X_{Lj})) = \| x - \text{proj}(x, \text{span}(X_{Lj})) \| \tag{9.9}$$

式中，$\|\cdot\|$ 表示欧几里得范数。$\text{proj}(x, \text{span}(X_{Lj}))$ 可以通过最小二乘法估计[18]：

$$\text{proj}(x, \text{span}(X_{Lj})) = X_{Lj}(X_{Lj}{}^{\text{T}} X_{Lj})^{-1} X_{Lj}{}^{\text{T}} x \tag{9.10}$$

为了完成类标传播，首先按如下方式选出最可靠的待标记无类标样本并对其标记：

$$\text{dist}(\hat{x}, X_{Lj^\cdot}) = \min_{x \in X_U, 1 \leqslant j \leqslant K} \text{dist}(x, X_{Lj}) \tag{9.11}$$

具体来说，对每个无类标样本，首先计算其到所有类的距离。然后找出一个无类标样本 $\hat{x}$ 和一个类 $X_{Lj^\cdot}$ 的组合，该组合使得上述距离最小。因此，$\hat{x}$ 被选为最可靠的待标记无类标样本，并将其标记为类 j^*。接着将 $\hat{x}$ 加入到 $X_{Lj^\cdot}$，并将其从无类标样本集 X_U 中删除。下一个最可靠的待标记无类标样本以相同的方法从更新后的 X_L 和 X_U 中选出并标记。当 X_U 为空时，也就是所有无类标样本都被标记时，类标传播停止。该过程被总结在算法 9.1 中。

算法 9.1　子空间类标传播算法 (SLP)

输入：训练样本集 $X = [x_1, x_2, \cdots, x_l, x_{l+1}, \cdots, x_{l+u}] = [X_L, X_U] \in \mathbb{R}^{m \times n}$，其中 X_L 是带类标样本集，X_U 是无类标样本集。

输出：所有训练样本的类标。

算法步骤：

(1) 对所有 $x \in X_U$ 和 $1 \leqslant j \leqslant K$，计算 $\text{proj}(x, \text{span}(X_{Lj})) = X_{Lj}(X_{Lj}{}^{\text{T}} X_{Lj})^{-1} X_{Lj}{}^{\text{T}} x$；

(2) 计算 $\text{dist}(\hat{x}, X_{Lj^\cdot}) = \min\limits_{x \in X_U, 1 \leqslant j \leqslant K} \text{dist}(x, X_{Lj})$，选 $\hat{x}$ 为最可靠待标记样本并将其标记为类 j^*；

(3) 将 $\hat{x}$ 加入到 $X_{Lj^\cdot}$，并将其从 X_U 删除；

(4) 若 X_U 为空，转到步骤(5)，否则转到步骤(1)；

(5) 停止。

9.4　基于子空间类标传播和正则判别分析的半监督维数约简

在完成 9.3 节所述的子空间类标传播过程后，训练样本集 $X = [x_1, x_2, \cdots, x_n] \in \mathbb{R}^{m \times n}$ 的所有类标都已通过类标传播得到。令 $X = [X_1, X_2, \cdots, X_K]$，其中 $X_j \in \mathbb{R}^{m \times n_j}$ 包含第 j 类样本。这时在基于子空间类标传播得到的带类标训练样本集上进行正则判别分析：

$$\max_{w} \frac{w^{\mathrm{T}} S_{\mathrm{B}} w}{w^{\mathrm{T}} S_{\mathrm{W}} w + \lambda_1 w^{\mathrm{T}} w} \tag{9.12}$$

式中，S_{B} 和 S_{W} 分别是类间和类内散度矩阵，都是基于类标传播得到的带类标样本集 $X = [X_1, X_2, \cdots, X_K]$ 分别按式(9.2)和式(9.3)计算；$w^{\mathrm{T}} w$ 是 Tikhonov 正则项；λ_1 是正则参数。通过简单的代数操作，式(9.12)可变形为

$$\max_{w} \frac{w^{\mathrm{T}} S_{\mathrm{B}} w}{w^{\mathrm{T}} (S_{\mathrm{W}} + \lambda_1 I) w} \tag{9.13}$$

该问题可以通过如下的广义特征值问题来求解：

$$S_{\mathrm{B}} w = \eta (S_{\mathrm{W}} + \lambda_1 I) w \tag{9.14}$$

基于子空间类标传播和正则判别分析的半监督维数约简方法被总结在算法 9.2 中。

算法 9.2　基于子空间类标传播和正则判别分析的半监督维数约简(SLPRDA)

输入：训练样本集 $X = [x_1, x_2, \cdots, x_l, x_{l+1}, \cdots, x_{l+u}] = [X_L, X_U] \in \mathbb{R}^{m \times n}$，其中 X_L 是带类标样本集，X_U 是无类标样本集，正则参数 λ_1。

输出：投影矩阵 $W = [w_1, w_2, \cdots, w_d]$。

算法步骤：

(1) 执行算法 9.1 以获得所有训练样本 $X = [x_1, x_2, \cdots, x_n] \in \mathbb{R}^{m \times n}$ 的类标；

(2) 根据式(9.2)和式(9.3)分别计算 S_{B} 和 S_{W}；

(3) 求解式(9.14)中的广义特征值问题，得到所求投影矩阵 $W = [w_1, w_2, \cdots, w_d]$；

(4) 停止。

算法 9.1(子空间类标传播)的计算复杂度主要集中在对所有 $x \in X_U$ 和 $1 \leqslant j \leqslant K$ 计算投影 $\mathrm{proj}(x, \mathrm{span}(X_{Lj})) = X_{Lj} (X_{Lj}^{\mathrm{T}} X_{Lj})^{-1} X_{Lj}^{\mathrm{T}} x$ 上。对所有 $x \in X_U$ 和 $1 \leqslant j \leqslant K$ 计算投影的计算代价为 $O(\sum_{j=1}^{K} (mn_{ji}^2 + mn_{ji}(u - i + 1) + n_{ji}^3))$，其中 i 是算法 9.1 中的迭代编号，n_{ji} 是第 i 次迭代时第 j 类的带类标样本数。因为总迭代次数为 u，所以类标传播的计算代价为 $O(\sum_{i=1}^{u} \sum_{j=1}^{K} (mn_{ji}^2 + mn_{ji}(u - i + 1) + n_{ji}^3))$。$S_{\mathrm{B}}$ 和 S_{W} 的计算代价分别为 $O(m^2 K)$ 和 $O(m^2 n)$。式(9.14)中广义特征值问题的计算代价为 $O(m^3)$。因此 SLPRDA 的总计算复杂度为 $O(\sum_{i=1}^{u} \sum_{j=1}^{K} (mn_{ji}^2 + mn_{ji}(u - i + 1) + n_{ji}^3) + m^2 n + m^3)$。

上述所提出的方法可以通过核技巧得到核化后的非线性版本。为便于后续推导，先对目标函数[式(9.12)]进行变形。令 $S_{\mathrm{T}} = S_{\mathrm{B}} + S_{\mathrm{W}}$，$S_{\mathrm{T}}$ 称为总体散度矩阵，可以证明式(9.12)等价于如下问题：

$$\max_{w} \frac{w^T S_B w}{w^T S_T w + \lambda_1 w^T w} \tag{9.15}$$

假定训练样本的均值为 0，则 S_B 和 S_T 可分别表示为

$$S_B = XHX^T, \quad S_T = XX^T \tag{9.16}$$

式中，$H = \mathrm{diag}(H_1, H_2, \cdots, H_K)$ 是一个块对角矩阵，H_K 是一个所有元素都等于 $1/n_k$ 的 $n_k \times n_k$ 矩阵。式(9.15)可以变形为

$$\max_{w} \frac{w^T XHX^T w}{w^T XX^T w + \lambda_1 w^T w} \tag{9.17}$$

令 $\phi(x)$ 为一个非线性特征空间映射，其将原输入空间中的数据点映射到特征空间中。根据核技巧，想要用核函数 $K(x_i, x_j) = <\phi(x_i), \phi(x_j)>$ 来代替显式映射。令 $\Phi = [\phi(x_1), \phi(x_2), \cdots, \phi(x_n)]$，特征空间中的类间散度矩阵和总体散度矩阵可分别表示为

$$S_B^F = \Phi H \Phi^T, \quad S_T^F = \Phi \Phi^T \tag{9.18}$$

根据再生核希尔伯特空间中的表示定理[19]，特征空间中的投影 w^F 可以表示为 $w^F = \Phi a$，a 是在特征空间中表示 w^F 的系数向量。令 $K = \Phi^T \Phi$ 为核矩阵，核 SLPRDA 的目标函数可表示为

$$\max_{a} \frac{a^T KHK a}{a^T (KK + \lambda_1 K) a} \tag{9.19}$$

最优解 a 可以通过求解如下广义特征值问题获得：

$$KHKa = \eta (KK + \lambda_1 K) a \tag{9.20}$$

对于一个给定数据点 x，其低维表示可计算如下：

$$(w^F)^T \phi(x) = a^T K(\cdot, x) \tag{9.21}$$

式中，$K(\cdot, \cdot)$ 是一个核函数。

9.5　相关方法比较

PCA 是一种无监督维数约简方法，LDA 和 RDA 都是有监督维数约简方法。在单标记图像人脸识别的场景下，这三种方法的关系可以用如下定理 9.1 描述。

定理 9.1　在单标记样本情况下，PCA、LDA 和 RDA 退化为同一方法。

证明　LDA 的目标函数是 $\max\limits_{w} \dfrac{w^T S_B w}{w^T S_W w}$。当每类只有一个带类标样本时，LDA 失效，这是由于 S_W 在该情况下是一个零矩阵。Zhao 等[3]提出了一个修正 LDA 来处理该问题，在修正 LDA 中 S_W 被替换为一个单位矩阵，其目标函数变为

$\max\limits_{w} \dfrac{w^T S_B w}{w^T I w} = \max\limits_{\|w\|=1} w^T S_B w$。而在单标记样本情况下，$S_B$ 恰好就是训练集的数据协方差矩阵，因此修正 LDA 的目标函数退化为 PCA 的目标函数。故在单标记样本情况下，PCA 与 LDA 等价。

RDA 的目标函数是 $\max\limits_{w} \dfrac{w^T S_B w}{w^T S_W w + \lambda_1 w^T w}$。当每类只有一个带类标样本时，因为 S_W 是一个零矩阵，该目标函数退化为 $\max\limits_{w} \dfrac{w^T S_B w}{\lambda_1 w^T w}$。而退化后的目标函数与 LDA 的目标函数有相同的解，所以此时，LDA 与 RDA 等价。

综上所述可知，在单标记样本情况下，PCA、LDA 和 RDA 退化为同一方法。

SDA、SPDA 和所提出的 SLPRDA 是半监督维数约简方法。当 $\lambda_1=\lambda_2=0$ 时，SDA、SPDA 和 SLPRDA 都退化成 LDA；当 $\lambda_1 \neq 0, \lambda_2=0$ 时，它们都退化成 RDA。SDA 通过一个局部保持正则项来利用无类标样本，SPDA 通过一个稀疏保持正则项来利用无类标样本，而本章所提出的 SLPRDA 通过子空间类标传播来利用无类标样本。构造局部保持正则项需要人工选择邻域大小和边权值两个参数，本章所提的子空间类标传播并不需要选择这两个参数。SPDA 和本章提出的 SLPRDA 都基于子空间假设。SPDA 基于子空间假设学习数据的稀疏表示结构，然后利用稀疏表示结构构造一个稀疏保持正则项 $J_{\text{Sparsity}}(w)$，而 SLPRDA 基于子空间假设设计了一种类标传播方法——子空间类标传播(SLP)。SPDA 和 SLPRDA 都将 LDA 从一个有监督维数约简方法扩展成为一个半监督维数约简方法。SPDA 对无类标样本的使用主要体现在稀疏保持正则项的构造中，而 SLPRDA 对无类标样本的使用主要体现在类标传播的过程中。另外，根据 9.2 节的分析，SPDA 的计算复杂度为 $O(n^4 + mn^2 + m^2 n + m^3)$，根据 9.4 节的分析，SLPRDA 的计算复杂度为 $O(\sum\limits_{i=1}^{u}\sum\limits_{j=1}^{K}(mn_{ji}^2 + mn_{ji}(u-i+1) + n_{ji}^3) + m^2 n + m^3)$。因为 $n_{ji} \ll n$ 且 $K \ll n$，所以所提方法 SLPRDA 的计算复杂度低于 SPDA 的计算复杂度。

9.6　实　　验

实验选择三个公共人脸数据库 CMU PIE、Extended Yale B 和 AR 来评价本章所提算法 SLPRDA 的性能，并和经典方法 PCA、LDA、RDA、SDA 和 SPDA 进行对比分析。本章的实验环境：Pentium4 双核 3.2GHz CPU，3GB 内存，实现算法的软件是 MATLAB7.0.1。

CMU PIE 数据库包含 68 个人的 41368 张人脸图像。这些图像在不同的姿态、光照和表情下拍摄。与文献[5]相同，实验选用变光照的前向图像(C27)，这样每个人有 43 张人脸图像。每张图像被缩放成大小为 32×32 的图像。图 9.1(a)是取自于 CMU PIE 数据库的第一个人的样本。

Extended Yale B 数据库包含 38 个人的 2414 张前向人脸图像。每个人有大约 64 张不同光照条件下的人脸图像。本章实验使用 32×32 大小的图像。图 9.1(b)是取自于 Extended Yale B 数据库的第一个人的样本。

AR 数据库包含 126 个人的 4000 张人脸图像。每个人有 26 张图像，这 26 张图像分别在两个不同时间(分隔两周)拍摄，每次拍摄 13 张。每次拍摄都包括不同表情、光照和遮挡的人脸图像。本章实验采用文献[20]提出的 AR 数据库的无遮挡图像。该子集包含 100 个人(50 男 50 女)的 1400 张图像，每个人都包含两次拍摄的 14 张图像。每张图像被缩放成大小为 66×48 的图像。图 9.1(c)是取自于 AR 数据库的第一个人的样本。

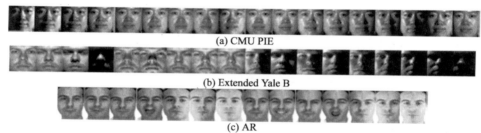

(a) CMU PIE

(b) Extended Yale B

(c) AR

图 9.1　三个人脸数据库的人脸图像样本

对于 CMU PIE 和 Extended Yale B，先从每类数据库中随机选 30 个图像形成训练集，剩余图像作为测试集。从训练集中每类随机选一个图像进行标记形成带类标样本集，其余图像不标记形成无类标样本集。对于 AR，先从每类中随机选 10 个图像形成训练集，剩余图像作为测试集。从训练集中每类随机选一个图像进行标记形成带类标样本集，其余图像不标记形成无类标样本集。在实验中，平均 30 次随机训练/测试划分的实验结果，记录平均分类精度和标准差。

根据定理 9.1，在单标记样本情况下，PCA、LDA 和 RDA 等价，而 LDA 没有参数。SDA 有 4 个参数，两个正则参数是 λ_1 和 λ_2，两个图构造参数是邻域大小 k 和边权值参数，这 4 个参数的设置与文献[5]相同。SPDA 的两个正则参数是 λ_1 和 λ_2，其设置与 SDA 相同。本章算法 SLPRDA 中的 λ_1 设置与 SDA 相同。各方法的具体参数设置如表 9.1 所示。

表 9.1　各方法的具体参数设置

方法	λ_1	λ_2	邻域大小 k	边权值
SDA	0.01	0.1	2	Cosine
SPDA	0.01	0.1	自动	自动
SLPRDA	0.01	无	无	无

不同方法在不同数据库上的识别结果如表 9.2 所示。因为在单标记样本情况下 PCA、LDA 和 RDA 等价，所以它们的实验结果相同。表中的 Baseline 方法表示不进行维数约简，直接在原始高维空间上使用最近邻分类器。由于所提子空间类标传播算法 SLP 本身是一种半监督分类方法，所以表 9.2 也列出了单独使用 SLP 的实验结果。SPDA 和 SLPRDA 学习嵌入函数所需时间如表 9.3 所示。根据表 9.2 和表 9.3 中的实验结果，可以得到如下结论。

表 9.2　各种方法在测试数据库上的实验结果(识别率 ± 标准差)(单位：%)

方法	Baseline	PCA /LDA/RDA	SDA	SPDA	SLP	SLPRDA
CMU PIE	25.60 ± 1.65	25.60 ± 1.65	59.46 ± 3.12	71.24 ± 3.36	68.55 ± 4.65	88.81 ± 3.81
Extended Yale B	12.90 ± 1.19	12.90 ± 1.19	27.00 ± 3.96	35.79 ± 3.52	34.46 ± 2.85	41.30 ± 3.59
AR	26.98 ± 1.96	26.98 ± 1.96	29.38 ± 2.87	61.96 ± 2.93	43.82 ± 3.15	63.90 ± 3.35

表 9.3　SPDA 和 SLPRDA 学习嵌入函数所需时间比较　　(单位：s)

方法	CMU PIE	Extended Yale B	AR
SPDA	729.6	208.8	1577
SLPRDA	463.4	80.70	153.2

半监督维数约简方法得到的识别结果比只使用带类标样本的维数约简方法好。这说明对识别问题，无类标样本可以起到重要作用。

SPDA 和所提的 SLPRDA 在所有测试数据库上的识别结果一致优于其他比较方法，这说明子空间假设对人脸识别是一个有效的假设。

所提方法 SLPRDA 在所有测试数据库上的识别性能都一致优于其他方法。这进一步验证了所提出的类标传播方法的有效性。

所提方法 SLPRDA 的识别性能明显好于单独使用 SLP 或单独使用 RDA 的方法，这表明 SLP 和 RDA 只有作为整体形成半监督维数约简方法 SLPRDA 时才能更好地用于单标记图像人脸识别。

在所有实验中 SLPRDA 都比 SPDA 更高效。SLPRDA 在三个测试数据库上比 SPDA 快 $1.57 \sim 10.3$ 倍。

为了分析在 SLP 出现较大类标传播错误时对其后的正则判别分析和识别产生的影响，设计了当无类标样本和带类标样本的分布差异较大时的实验，并称其为类标传播错误影响实验。对 CMU PIE 数据库，每个人选择光照最暗的一张图像作为带类标样本[图 9.2(a)]，在其余图像中随机选取 29 个无类标样本，形成每类 30 个图像的训练集，剩余图像作为测试集；对 Extended Yale B 数据库，每个人选择左边有光照右边无光照的一张图像作为带类标样本[图 9.2(b)]，在其余图像中随机选取 29 个无类标样本，形成每类 30 个图像的训练集，剩余图像作为测试集；对 AR 数据库，每个人选择表情最夸张的一张图像作为带类标样本[图 9.2(c)]，在其余图像中随机选取 9 个无类标样本,形成每类 10 个图像的训练集,剩余图像作为测试集。其他实验设置与之前的实验相同,称之前的实验为原实验。实验结果如图 9.3 所示,图 9.3 对比了所提算法 SLPRDA 的原实验结果(表 9.2 实验结果)和类标传播错误影响实验结果。相对于原实验,在类标传播错误影响实验中,由于无类标样本和带类标样本的分布差异较大,所提算法 SLPRDA 在 CMU PIE 上的识别率下降了 12%,在 Extended Yale B 上的识别率下降了 6%,在 AR 上的识别率下降了 14%。在 AR 上的识别率下降最大,这是由于在 AR 上所选的带类标样本表情夸张,对识别很重要的眼睛、嘴等都有较大变形,与无类标样本的分布差异很大。在 CMU PIE 上的识别率下降排在第二,这是由于在 CMU PIE 上所选的带类标样本光照很暗,很多具有判别性的细节都丢失了,导致与无类标样本的分布差异相当大。在 Extended Yale B 上的识别率下降排在最后,这可能是因为虽然单边光照会使带类标样本和无类标样本的分布产生一定差异,但由于人脸具有左右对称性,在只有左边脸清楚的情况下,仍能包含较多的判别信息,所以在 Extended Yale B 上的识别率下降没有前两者那么大。

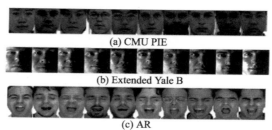

图 9.2　类标传播错误影响实验中三个数据库所选的带类标样本例子

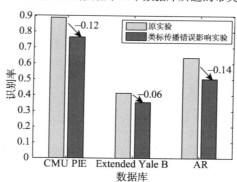

图 9.3　SLPRDA 的原实验和类标传播错误影响实验的结果对比

另外,本章实验还对所提方法 SLPRDA 和有代表性的结构模式识别方法——弹性束图匹配(elastic bunch graph matching, EBGM)[21]进行了比较。实验设置与上述实验相同,实验结果如图 9.4 所示。根据图 9.4 中的实验结果可知本章所提方法 SLPRDA 在单标记图像人脸识别问题上的识别性能优于 EBGM 方法。

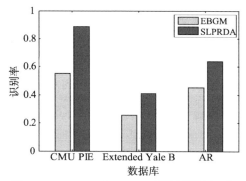

图 9.4   SLPRDA 和 EBGM 的识别结果比较

本章所提方法有一个模型参数 λ_1。图 9.5 展示了 λ_1 在三个测试数据库上对所提方法 SLPRDA 性能的影响。从图中的实验结果可知所提方法对参数 λ_1 是鲁棒的。

总之，本章所提方法 SLPRDA 有如下优势：与 SDA 相比，所提方法 SLPRDA 不需要选择邻域大小参数和边权值参数；与 SPDA 相比，SLPRDA 的计算复杂度远远低于 SPDA 的计算复杂度。实验表明，相比于其他方法，所提方法 SLPRDA 能获得更好的识别性能。

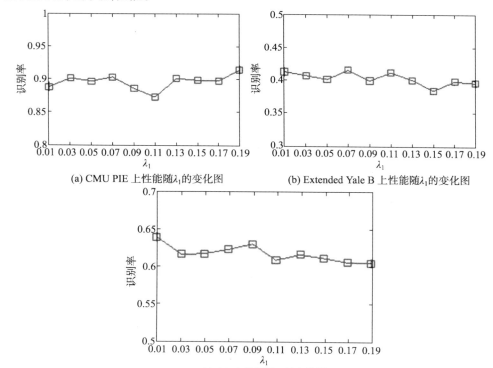

图 9.5   模型参数 λ_1 在三个测试数据库上对所提方法 SLPRDA 性能的影响

参 考 文 献

[1] TURK M, PENTLAND A. Eigenfaces for recognition[J]. Journal of cognitive neuroscience, 1991, 3(1): 71-86.

[2] BELHUMEUR P N, HESPANHA J P, KRIEGMAN D J. Eigenfaces vs. fisherfaces: Recognition using class specific linear projection[J]. IEEE transactions on pattern analysis and machine intelligence, 1997, 19(7): 711-720.

[3] ZHAO W, CHELLAPPA R, PHILLIPS P J. Subspace Linear Discriminant Analysis for Face Recognition[M]. Computer Vision Laboratory, Center for Automation Research, University of Maryland, 1999.

[4] TAN X, CHEN S, ZHOU Z H, et al. Face recognition from a single image per person: A survey[J]. Pattern recognition, 2006, 39(9): 1725-1745.

[5] CAI D, HE X, HAN J. Semi-supervised discriminant analysis[C]//2007 IEEE 11th international conference on computer vision, 2007: 1-7.

[6] HE X, NIYOGI P. Locality preserving projections[C]//Neural information processing systems, 2004, 16: 153.

[7] CHEN J H, YE J P, LI Q. Integrating global and local structures: A least squares framework for dimensionality reduction[C]//2007 IEEE conference on computer vision and pattern recognition, 2007: 1-8.

[8] SONG Y Q, NIE F P, ZHANG C S, et al. A unified framework for semi-supervised dimensionality reduction[J]. Pattern recognition, 2008, 41(9): 2789-2799.

[9] LI H F, JIANG T, ZHANG K S. Efficient and robust feature extraction by maximum margin criterion[J]. IEEE transactions on neural networks, 2006, 17(1): 157-165.

[10] QIAO L, CHEN S, TAN X. Sparsity preserving discriminant analysis for single training image face recognition[J]. Pattern recognition letters, 2010, 31(5): 422-429.

[11] FRIEDMAN J H. Regularized discriminant analysis[J]. Journal of the American statistical association, 1989, 84(405): 165-175.

[12] JI S, YE J. Generalized linear discriminant analysis: A unified framework and efficient model selection[J]. IEEE transactions on neural networks, 2008, 19(10): 1768-1782.

[13] CHENG H, LIU Z, YANG L, et al. Sparse representation and learning in visual recognition: Theory and applications[J]. Signal processing, 2013, 93(6): 1408-1425.

[14] WRIGHT J, MA Y, MAIRAL J, et al. Sparse representation for computer vision and pattern recognition[J]. Proceedings of the IEEE, 2010, 98(6): 1031-1044.

[15] 宋相法, 焦李成. 基于稀疏表示及光谱信息的高光谱遥感图像分类[J]. 电子与信息学报, 2012, 34(2): 268-272.

[16] BARANIUK R G. Compressive sensing[J]. IEEE signal processing magazine, 2007, 24(4): 118-121.

[17] WRIGHT J, YANG A, SASTRY S, et al. Robust face recognition via sparse representation[J]. IEEE transactions on pattern analysis and machine intelligence, 2009, 31(2): 210-227.

[18] NASEEM I, TOGNERI R, BENNAMOUN M. Linear regression for face recognition[J]. IEEE transactions on pattern analysis and machine intelligence, 2010, 32(11): 2106-2112.

[19] SCHOLKOPF B, HERBRICH R, SMOLA A J. A generalized representer theorem[C]// International conference on computational learning theory, Springer Berlin Heidelberg, 2001: 416-426.

[20] MARTÍNEZ A M, KAK A C. PCA versus LDA[J]. IEEE transactions on pattern analysis and machine intelligence, 2001, 23(2): 228-233.

[21] WISKOTT L, FELLOUS J M, KRUGER N, et al. Face recognition by Elastic bunch graph matching[J]. IEEE transactions on pattern analysis and machine intelligence, 1997, 19(7): 775-779.

第 10 章　基于双线性回归的单标记图像人脸识别

10.1　引　　言

在科学研究的很多领域，如人脸识别[1]、生物信息学[2]、信息检索[3]等，所获取的数据往往具有很高的维数。这使得研究人员面临维数灾难问题[4]。高维空间中过高的计算代价限制了很多技术在实际问题中的使用。当训练样本数小于特征维数时，模型估计的性能也会大大下降。在实践中，人们通常使用维数约简来处理维数灾难问题。在过去几十年中，人们提出了各种各样的维数约简方法[5-10]。

根据所利用的几何结构，已有的维数约简方法可以分为三类：基于全局结构的方法、基于局部邻域结构的方法和最近提出的基于稀疏表示结构[11,12]的方法。经典维数约简方法主成分分析 PCA[13]和线性判别分析 LDA[14]属于基于全局结构的方法。PCA 和 LDA 在人脸识别领域分别称为"Eigenfaces"方法[15]和"Fisherfaces"方法[16]。常用的基于局部邻域结构的方法包括局部保持投影(locality preserving projections，LPP)[17]和邻域保持嵌入(neighborhood preserving embedding，NPE)[18]。LPP 和 NPE 在人脸识别领域分别称为"Laplacianfaces"[19]和"NPEfaces"[18]。有代表性的基于稀疏表示结构的方法包括稀疏保持投影(sparsity preserving projections，SPP)[20]、稀疏保持判别分析 SPDA[21]和快速 Fisher 稀疏保持投影(fast Fisher sparsity preserving projections，FFSPP)[22]。这些方法也已被成功用于人脸识别。为了更好处理数据中的非线性结构，上述大部分方法都被扩展到相应的核化版本——在再生核希尔伯特空间[23]中运行的版本。PCA 和 LDA 对应的非线性维数约简方法分别是核 PCA(KPCA[24])和核 LDA (KLDA[25])。LPP 和 NPE 的核化版本分别是核 LPP(kernel LPP，KLPP)[17,26]和核 NPE(kernel NPE，KNPE)[27]。SPDA 的非线性版本是核 SPDA[21]。

单训练图像人脸识别是全局人脸识别的一个很大的挑战[28,29]。所谓的单人单样本问题描述如下：给定只包含每个人一幅人脸图像的数据集，目的是之后基于该数据集识别出一个人脸，而待识别人脸有可能是在各种不同姿态和光照下获得的[28]。由于其重要性和困难性，每人单样本问题激发了人脸识别领域的广泛兴趣。为解决该问题，人们提出了一些 Ad hoc 的方法，包括综合虚拟样本方法[31,32]、局部化单训练图像方法[33]、概率匹配方法[34]和基于神经网络的方法[35]等。关于该问题的更多细节可以参考最近的一个综述[28]。

得益于数码相机工业的快速发展，使获得大量无类标图像成为可能。这使得使用半监督维数约简方法处理单标记图像人脸识别问题成为可能。半监督判别分析[29]是一种已成功用于单标记图像人脸识别问题的半监督维数约简方法。半监督判别分析首先基于无类标数据学习一个局部邻域结构[6]，然后使用学习到的局部邻域结构正则化线性判别分析，以期获得一个在数据流形上尽可能平滑的判别函数。其他已提出的半监督维数约简方法还包括 LapLDA[36]、SSLDA[37]和 SSMMC[37]，它们都能提高其对应的监督方法线性判别分析和最大边界准则[38]的性能。这些方法都考虑了局部邻域结构，且可被统一在图嵌入框架下[37,39]。尽管这些方法都很成功，但仍存在如下问题：这些方法基于流形假设，该假设要求充分多的样本才能较好描述数据流形[40]；这些方法中的近邻图是人工定义的，这就带来了选择邻域大小和边权值参数的参数选择问题。为解决这些问题，有学者提出了 SPDA[21]。SPDA 首先通过求解 n 个 l_1 范数优化问题学习稀疏表示结构，然后使用学习到的稀疏表示结构正则化 LDA。SPDA 在单标记图像人脸识别问题上获得了较好的性能，但仍存在如下缺点：由于在学习稀疏表示结构时需要求解 n 个 l_1 范数优化问题，SPDA 的计算复杂度很高；在学习稀疏表示结构的过程中，SPDA 并没有利用类标信息。

为解决上述问题，本章提出了一个新的半监督维数约简方法——双线性回归(double linear regressions，DLR)。DLR 的目的是在学习最优判别子空间的同时保持问题的稀疏表示结构。具体来说，首先提出了一种基于子空间假设的类标传播方法以将类标信息传播到无类标样本中去，该过程主要使用线性回归来完成。然后基于类标传播得到的有类标数据集，通过线性回归构造一个稀疏表示正则项。 最后，DLR 通过学到的稀疏表示正则项正则化 LDA 来达到同时考虑判别效率和稀疏表示结构的目的。DLR 有如下几个特点。

(1) DLR 是一种新的半监督维数约简方法，它以同时寻找最优判别子空间并保持稀疏表示结构为目的。

(2) DLR 能够通过 n 个小的类内线性回归来获得稀疏表示结构，这比 SPDA 在时间上更有效率。

(3) 在 DLR 中，类标信息首先被传播到整个训练集，然后被用于学习一个更具判别性的稀疏表示结构。

(4) 与 SDA 不同，DLR 中没有图构造参数，这样就能避免图构造参数的选择问题。

(5) 所提出的类标传播方法是一种通用的方法，它可以与其他基于图的半监督学习方法相结合来构造一个更具有判别性的图。

本章剩余部分组织如下：10.2 节是对 LDA 和 RDA 的简述；10.3 节详细介绍所提方法 DLR；10.4 节对 DLR 和相关工作进行比较；10.5 节介绍实验结果及其分析讨论。

10.2　LDA 和 RDA 简述

在详细介绍所提方法 DLR 之前，先对 LDA 和 RDA 进行简单回顾。

10.2.1　LDA

已知训练样本集 $\{x_i\}_{i=1}^n$，其中 $x_i \in \mathbb{R}^m$，令 $X=[x_1,x_2,\cdots,x_n] \in \mathbb{R}^{m \times n}$ 表示所有样本组成的数据矩阵，假定样本来自 K 类。LDA 的目的是同时最大化类间散度并最小化类内散度，其目标函数定义如下：

$$\max_w \frac{w^T S_B w}{w^T S_W w} \tag{10.1}$$

$$S_B = \sum_{k=1}^K N_k (m-m_k)(m-m_k)^T \tag{10.2}$$

$$S_W = \sum_{k=1}^K \sum_{i \in \mathcal{C}_k} (x_i-m_k)(x_i-m_k)^T \tag{10.3}$$

式中，$m_k = \dfrac{1}{N_k}\sum_{i \in \mathcal{C}_k} x_i$；$m=\dfrac{1}{n}\sum_{i=1}^n x_i$；$\mathcal{C}_k$ 是第 k 类样本的索引集；N_k 是第 k 类的样本数；S_B 称为类间散度矩阵；S_W 称为类内散度矩阵。最优 w 是 $S_W^{-1} S_B$ 最大特征值对应的特征向量[14]。

当每类只有一个有类标样本时，由于 S_W 退化为零矩阵，LDA 失效。为修正该问题，Zhao 等[30]提出了修正 LDA 的方法，该方法用一个单位矩阵来代替类内散度矩阵以使 LDA 可在单标记样本情况下正常工作。

10.2.2　RDA

尽管对分类问题简单有效，LDA 却遭受小样本问题的困扰[41]。在处理该问题的诸多方法中，RDA[42,43]是一种简单有效的方法，其目标函数定义如下：

$$\max_w \frac{w^T S_B w}{w^T S_W w + \lambda_1 w^T w} \tag{10.4}$$

式中，λ_1 是平衡参数。最优 w 就是 $(S_W + \lambda_1 I)^{-1} S_B$ 最大特征值对应的特征向量。

10.3　双线性回归

　　本节提出一种新的半监督维数约简方法——双线性回归，该方法以同时寻找最优判别子空间并保持稀疏表示结构为目的。DLR 由如下四部分组成：通过线性回归完成基于子空间的类标传播；使用线性回归学习稀疏表示结构；构造稀疏表示正则项；将稀疏表示正则项整合进线性判别分析的目标函数中以形成 DLR 的目标函数，并求解该优化问题获得嵌入函数。

10.3.1　基于子空间假设的类标传播

　　假定训练样本集 $X = [x_1, x_2, \cdots, x_l, x_{l+1}, \cdots, x_{l+u}] = [X_L, X_U] \in \mathbb{R}^{m \times n}$，其中 X_L 表示前 l 个带类标样本，X_U 表示后 u 个无类标样本，$n = l + u$。令 $X_L = [X_{L1}, X_{L2}, \cdots, X_{LK}]$，其中 $X_{Lj} \in \mathbb{R}^{m \times l_j}$ 是一个矩阵，其包含类 j 中的 l_j 个带类标样本。假定每类样本位于一个线性子空间上。子空间模型是一个足够灵活的模型，它能描述现实世界数据集中的大多数变化，而且已有研究表明它在人脸识别问题中是一个简单有效的模型[44]。已有研究还发现各种光照和表情下的人脸图像位于一个特殊的低维子空间上[16,45]。接下来，基于带类标样本集 X_L 和子空间假设对无类标样本集 X_U 完成类标标记。

　　首先，一个样本 x 和一个带类标样本集 X_{Lj} 的距离定义为 x 和 X_{Lj} 所张成的子空间之间的距离：

$$d(x, X_{Lj}) = d(x, \mathrm{span}(X_{Lj})) \tag{10.5}$$

式中，$\mathrm{span}(X_{Lj})$ 表示 X_{Lj} 的列张成的子空间。要计算该距离，首先需要得到 x 在子空间 $\mathrm{span}(X_{Lj})$ 上的投影 $\mathrm{proj}(x, \mathrm{span}(X_{Lj}))$，然后 $d(x, X_{Lj})$ 按如下方法计算：

$$d(x, X_{Lj}) = d(x, \mathrm{span}(X_{Lj})) = \| x - \mathrm{proj}(x, \mathrm{span}(X_{Lj})) \|_2 \tag{10.6}$$

式中，$\| . \|_2$ 表示欧几里得范数。为了计算投影 $\mathrm{proj}(x, \mathrm{span}(X_{Lj}))$，首先求解如下线性回归(linear regression, LR)问题：

$$\min_{\beta} \| x - X_{Lj} \beta \|_2 \tag{10.7}$$

β 通过最小二乘估计获得[46,47]：

$$\hat{\beta} = (X_{Lj}^{\mathrm{T}} X_{Lj})^{-1} X_{Lj}^{\mathrm{T}} x \tag{10.8}$$

然后 $\mathrm{proj}(x, \mathrm{span}(X_{Lj}))$ 可计算如下：

$$\text{proj}(x, \text{span}(X_{Lj})) = X_{Lj}\hat{\beta}$$
$$= X_{Lj}(X_{Lj}{}^{\mathrm{T}}X_{Lj})^{-1}X_{Lj}{}^{\mathrm{T}}x \quad (10.9)$$

为了传播类标，最可靠的待标记无类标样本按如下方式选择并标记：

$$d(\hat{x}, X_{Lj^{\cdot}}) = \min_{x \in X_U, 1 \leqslant j \leqslant K} d(x, X_{Lj}) \quad (10.10)$$

也就是说，首先计算所有无类标样本和所有类之间的距离。然后找出使该距离最小的一对无类标样本 $\hat{x}$ 和类 $X_{Lj^{\cdot}}$。将 $\hat{x}$ 选为最可靠的待标记无类标样本并将其标记为类 j^*。将 $\hat{x}$ 加入到 $X_{Lj^{\cdot}}$，并将其从无类标样本集 X_U 中删除。下一个要被标记的无类标样本在更新后的 X_L 和 X_U 上以相同的方式选择和标记。该过程持续进行直到 X_U 为空，也就是对所有无标记样本都已经完成了标记，其过程总结在算法 10.1 中。

算法 10.1 基于子空间假设的类标传播(SALP)

输入：训练样本集 $X = [x_1, x_2, \cdots, x_l, x_{l+1}, \cdots, x_{l+u}] = [X_L, X_U] \in \mathbb{R}^{m \times n}$，其中 X_L 表示带类标样本集，X_U 表示无类标样本集。

输出：所有样本的类标。

算法步骤：

(1) 对 $x \in X_U$ 和 $1 \leqslant j \leqslant K$，计算 $\hat{\beta} = (X_{Lj}{}^{\mathrm{T}}X_{Lj})^{-1}X_{Lj}{}^{\mathrm{T}}x$ 和 $\text{proj}(x, \text{span}(X_{Lj})) = X_{Lj}\hat{\beta}$；

(2) 对 $x \in X_U$ 和 $1 \leqslant j \leqslant K$，计算 $d(x, X_{Lj})$；

(3) 计算 $d(\hat{x}, X_{Lj^{\cdot}}) = \min_{x \in X_U, 1 \leqslant j \leqslant K} d(x, X_{Lj})$，并选 $\hat{x}$ 为最可靠的待标记无类标样本并将其标记为类 j^*；

(4) 将 $\hat{x}$ 加入到 $X_{Lj^{\cdot}}$ 并将其从 X_U 删除；

(5) 如果 X_U 为空，转到步骤(6)，否则转到步骤(1)；

(6) 结束。

10.3.2 学习稀疏表示结构

完成类标传播后，训练样本集 $X = [x_1, x_2, \cdots, x_n] \in \mathbb{R}^{m \times n}$ 的所有样本类标都已得到。令 $X = [X_1, X_2, \cdots, X_K]$，其中 $X_j = [x_{j1}, x_{j2}, \cdots, x_{jn_j}] \in \mathbb{R}^{m \times n_j}$ 包含类 j 中的样本。假定每类样本来自一个线性子空间。类 j 中的一个样本 x_{ji} 可以表示为

$$x_{ji} = X_j s_j$$
$$= [x_{j1}, x_{j2}, \cdots, x_{jn_j}] s_j \quad (10.11)$$

式中，$s_j = [s_{j1}, s_{j2}, \cdots, s_{j,i-1}, 0, s_{j,i+1}, \cdots, s_{jn_j}]^{\mathrm{T}}$ 是一个 n_j 维列向量，它的第 i 个元素等于 0，表示已将 x_{ji} 从 X_j 移除。s_j 可以按如下方法计算。

(1) 将 x_{ji} 从 X_j 删除形成 $X_j^- = [x_{j1}, x_{j2}, \cdots x_{j,i-1}, x_{j,i+1}, x_{jn_j}]$。

(2) 求解如下线性回归问题获得 s_j^-

$$\min_{s_j^-} \| x_{ji} - X_j^- s_j^- \|_2 \tag{10.12}$$

该线性回归问题可以通过最小二乘估计[46,47]求解：

$$s_j^- = (X_j^{-\mathrm{T}} X_j^-)^{-1} X_j^{-\mathrm{T}} x_{ji} \tag{10.13}$$

(3) 将 0 插入到 s_j^- 的第 i 个位置获得 s_j。那么，x_{ji} 可表示为

$$\begin{aligned} x_{ji} &= X_j s_j \\ &= [X_1, X_2, \cdots, X_K] s \\ &= Xs \end{aligned} \tag{10.14}$$

式中，$x_{ji} = Xs$ 是对 x_{ji} 的稀疏表示；X 是字典；s 是稀疏表示系数向量。所有训练样本的稀疏表示系数向量都可按上式计算。需要指出的是，式(10.14)中的线性重构相对于所有类的样本来说是稀疏的，而对 x_{ji} 所属类的样本来说不一定稀疏。

一旦对每个训练样本 $x_i, i = 1, 2, \cdots, n$ 计算出了稀疏系数向量 s_i，就可以定义如下的稀疏系数矩阵：

$$S = [s_1, s_2, \cdots, s_n] \tag{10.15}$$

稀疏表示结构的学习过程总结在图 10.1 中。

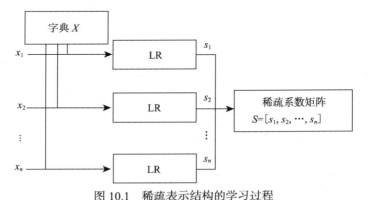

图 10.1　稀疏表示结构的学习过程

10.3.3　稀疏保持正则项

根据上述设计，稀疏系数矩阵 S 在一定程度上反映了数据的内部几何结构并编码了训练样本的判别信息。因此希望高维空间中的稀疏表示结构能在投影后的

低维空间中得到保持。为寻找能最好保持稀疏表示结构的投影，可以定义如下目标函数：

$$\min_{w} \sum_{i=1}^{n} \| w^{\mathrm{T}} x_i - w^{\mathrm{T}} X s_i \|^2 \tag{10.16}$$

式中，s_i 是 x_i 对应的稀疏表示系数向量。该目标函数可以用来形成如下的稀疏保持正则项：

$$J(w) = \sum_{i=1}^{n} \| w^{\mathrm{T}} x_i - w^{\mathrm{T}} X s_i \|^2 \tag{10.17}$$

通过一些代数操作，稀疏保持正则项可以重写为

$$\begin{aligned} J(w) &= \sum_{i=1}^{n} \| w^{\mathrm{T}} x_i - w^{\mathrm{T}} X s_i \|^2 \\ &= w^{\mathrm{T}} \left(\sum_{i=1}^{n} (x_i - X s_i)(x_i - X s_i)^{\mathrm{T}} \right) w \\ &= w^{\mathrm{T}} \left(\sum_{i=1}^{n} (x_i x_i^{\mathrm{T}} - x_i s_i^{\mathrm{T}} X^{\mathrm{T}} - X s_i x_i^{\mathrm{T}} + X s_i (X s_i)^{\mathrm{T}}) \right) w \\ &= w^{\mathrm{T}} \left(XX^{\mathrm{T}} - XS^{\mathrm{T}} X^{\mathrm{T}} - XSX^{\mathrm{T}} + XSS^{\mathrm{T}} X^{\mathrm{T}} \right) w \end{aligned} \tag{10.18}$$

10.3.4　基于双线性回归的半监督维数约简

以同时寻找最优判别子空间并保持稀疏表示结构为目的，定义如下目标函数：

$$\max_{w} \frac{w^{\mathrm{T}} S_{\mathrm{B}} w}{w^{\mathrm{T}} S_{\mathrm{W}} w + \lambda_1 w^{\mathrm{T}} w + \lambda_2 J(w)} \tag{10.19}$$

式中，S_{B} 和 S_{W} 分别是类间散度矩阵和类内散度矩阵，其定义可参看式(10.2)和式(10.3)。$w^{\mathrm{T}} w$ 是 Tikhonov 正则项[48]，$J(w)$ 是稀疏保持正则项，λ_1 和 λ_2 是两个正则化参数。

将式(10.18)代入式(10.19)，并进行一些代数变形可得

$$\begin{aligned} &\frac{w^{\mathrm{T}} S_{\mathrm{B}} w}{w^{\mathrm{T}} S_{\mathrm{W}} w + \lambda_1 w^{\mathrm{T}} w + \lambda_2 J(w)} \\ &= \frac{w^{\mathrm{T}} S_{\mathrm{B}} w}{w^{\mathrm{T}} S_{\mathrm{W}} w + \lambda_1 w^{\mathrm{T}} w + \lambda_2 w^{\mathrm{T}} \left(XX^{\mathrm{T}} - XS^{\mathrm{T}} X^{\mathrm{T}} - XSX^{\mathrm{T}} + XSS^{\mathrm{T}} X^{\mathrm{T}} \right) w} \\ &= \frac{w^{\mathrm{T}} S_{\mathrm{B}} w}{w^{\mathrm{T}} \left(S_{\mathrm{W}} + \lambda_1 I + \lambda_2 \left(XX^{\mathrm{T}} - XS^{\mathrm{T}} X^{\mathrm{T}} - XSX^{\mathrm{T}} + XSS^{\mathrm{T}} X^{\mathrm{T}} \right) \right) w} \end{aligned} \tag{10.20}$$

令 $R = XX^T - XS^T X^T - XSX^T + XSS^T X^T$，式(10.19)中的问题可以重写为

$$\max_w \frac{w^T S_B w}{w^T (S_W + \lambda_1 I + \lambda_2 R) w} \tag{10.21}$$

式中，I 是与 Tikhonov 正则项相关的单位矩阵；R 是与稀疏保持正则项对应的矩阵。式(10.21)中的问题可以通过如下的广义特征值问题求解：

$$S_B w = \eta (S_W + \lambda_1 I + \lambda_2 R) w \tag{10.22}$$

式中，η 表示上述广义特征值问题的特征值。那么投影矩阵 $W = [w_1, w_2, \cdots, w_d]$ 就是由 d 个最大特征值所对应的特征向量组成。

基于上述讨论，所提 DLR 算法总结在算法 10.2 中。

算法 10.2　双线性回归

输入：训练样本集 $X = [x_1, x_2, \cdots, x_l, x_{l+1}, \cdots, x_{l+u}] = [X_L, X_U] \in \mathbb{R}^{m \times n}$，其中 X_L 是带类标样本集，X_U 是无类标样本集，正则化参数 λ_1 和 λ_2。

输出：投影矩阵 $W = [w_1, w_2, \cdots, w_d]$。

算法步骤：

(1) 执行 SALP 算法(算法 10.1)以获得所有训练样本 $X = [x_1, x_2, \cdots, x_n]$ 的类标；

(2) 根据式(10.2)和式(10.3)计算 S_B 和 S_W；

(3) 通过线性回归计算每个训练样本对应的稀疏表示系数向量 s，组成稀疏矩阵 S；

(4) 通过求解式(10.22)中的广义特征值问题计算投影矩阵 $W = [w_1, w_2, \cdots, w_d]$；

(5) 结束。

10.3.5　核 DLR

上面提出的 DLR 是一种线性维数约简方法，在处理高度非线性数据时有可能会失效。为处理该问题，下面通过核技巧扩展出 DLR 的非线性版本。

为便于推导，首先对式(10.21)进行变形。令 $S_T = S_B + S_W$，其中 S_T 称为总体散度矩阵，式(10.21)等价于如下式[49]：

$$\max_w \frac{w^T S_B w}{w^T (S_T + \lambda_1 I + \lambda_2 R) w} \tag{10.23}$$

不失一般性，假定样本均值为 0，那么 S_B 和 S_T 可重写为

$$S_B = XHX^T, \quad S_T = XX^T \tag{10.24}$$

式中，$H = \mathrm{diag}(H_1, H_2, \cdots, H_K)$ 是一个块对角矩阵，H_K 是一个所有元素都等于 $1/n_k$ 的 $n_k \times n_k$ 矩阵。

那么，式(10.21)就可以重写为

$$\max_{w} \frac{w^{\mathrm{T}} XHX^{\mathrm{T}} w}{w^{\mathrm{T}} \left(XX^{\mathrm{T}} + \lambda_1 I + \lambda_2 \left(XX^{\mathrm{T}} - XS^{\mathrm{T}} X^{\mathrm{T}} - XSX^{\mathrm{T}} + XSS^{\mathrm{T}} X^{\mathrm{T}} \right) \right) w} \tag{10.25}$$

令 $\phi(x)$ 为一个非线性特征空间映射，其将原输入空间中的数据点映射到特征空间中。根据核技巧[50]，要使用内积 $K(x_i, x_j) = <\phi(x_i), \phi(x_j)>$ 来代替对 $\phi(x)$ 的显式使用。令 $\Phi = [\phi(x_1), \phi(x_2), \cdots, \phi(x_n)]$，特征空间中的类间散度矩阵和总体散度矩阵可分别表示为

$$S_{\mathrm{B}}^{F} = \Phi H \Phi^{\mathrm{T}}, \quad S_{\mathrm{T}}^{F} = \Phi \Phi^{\mathrm{T}} \tag{10.26}$$

根据再生核希尔伯特空间(RKHS)中的表示定理[51]，特征空间中的投影 w^F 可以表示为 $w^F = \Phi a$，a 是在特征空间中表示 w^F 的系数向量。令 $K = \Phi^{\mathrm{T}} \Phi$ 为核矩阵，核 DLR 的目标函数可表示为

$$\max_{a} \frac{a^{\mathrm{T}} KHKa}{a^{\mathrm{T}} (KK + \lambda_1 K + \lambda_2 K(I - S^{\mathrm{T}} - S + SS^{\mathrm{T}})K)a} \tag{10.27}$$

式中，$K = \Phi^{\mathrm{T}} \Phi$ 是核矩阵。

最优解 a 可以通过求解如下广义特征值问题获得

$$KHKa = \eta(KK + \lambda_1 K + \lambda_2 K(I - S^{\mathrm{T}} - S + SS^{\mathrm{T}})K)a \tag{10.28}$$

对于一个给定数据点 x，其低维表示可计算如下：

$$(w^F)^{\mathrm{T}} \phi(x) = \hat{a}^{\mathrm{T}} K(\cdot, x) \tag{10.29}$$

式中，$K(\cdot, \cdot)$ 是一个核函数。

10.3.6　计算复杂性分析

子空间类标传播的计算复杂度主要集中在对所有 $x \in X_U$ 和 $1 \leqslant j \leqslant K$ 计算投影 $\mathrm{proj}(x, \mathrm{span}(X_{Lj})) = X_{Lj} (X_{Lj}^{\mathrm{T}} X_{Lj})^{-1} X_{Lj}^{\mathrm{T}} x$ 上。对所有 $x \in X_U$ 和 $1 \leqslant j \leqslant K$ 计算投影的计算代价为 $O(\sum_{j=1}^{K} (mn_{ji}^2 + m^2 n_{ji} + n_{ji}^3) + (u-i+1)m^2)$，其中 i 是算法 10.1 中的迭代编号，n_{ji} 是第 i 次迭代时第 j 类的带类标样本数，u 是无类标样本集的大小。因为总迭代次数为 u，所以类标传播的计算代价为 $O(\sum_{i=1}^{u} \sum_{j=1}^{K} (mn_{ji}^2 + m^2 n_{ji} + n_{ji}^3) + (u-i+1)m^2))$。$S_{\mathrm{B}}$ 和 S_{W} 的计算代价分别为 $O(m^2 K)$ 和 $O(m^2 n)$。稀疏系数矩阵 S 的计算涉及 n 个类内线性回归问题，其计算代价为 $\sum_{j=1}^{K} n_j (mn_j^2 + n_j^3)$。矩阵 R 的计算代价为 $O(m^2 n)$。式(10.22)中广义特征值问题的计算代价为 $O(m^3)$。因此 DLR 的总计算复杂度为 $O(\sum_{i=1}^{u} (\sum_{j=1}^{K} (mn_{ji}^2 + m^2 n_{ji} + n_{ji}^3) + (u-i+1)m^2) + \sum_{j=1}^{K} n_j (mn_j^2 + n_j^3) + m^2 n + m^3)$。

10.4　相关方法比较

根据"监督模式"，维数约简方法可以分为三类：无监督方法、有监督方法和半监督方法[37,20]。PCA、LPP 和 SPP 属于无监督维数约简方法；LDA 和 RDA 属于有监督维数约简方法；SDA、SPDA 和所提出的 DLR 属于半监督维数约简方法。根据方法所利用的"几何结构"，维数约简方法也可分为三类：基于全局结构的方法、基于局部邻域结构的方法和基于稀疏表示结构的方法。PCA、LDA 和 RDA 是基于全局结构的方法；LPP 和 SDA 是基于局部邻域结构的方法；SPP、SPDA 和所提出的 DLR 属于基于稀疏表示结构的方法。这两种分类方法总结在图 10.2 中。

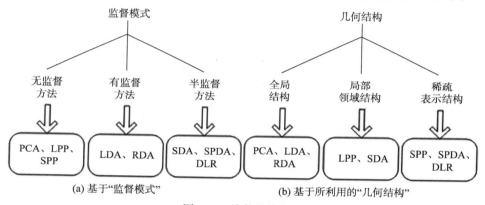

(a) 基于"监督模式"　　　　　　　　　(b) 基于所利用的"几何结构"

图 10.2　维数约简方法

在单标记图像人脸识别的场景下，PCA、LDA 和 RDA 有着特殊的关系。下述定理说明了这种关系：

定理 10.1　在单标记样本情况下，PCA、LDA 和 RDA 退化为同一方法。

证明　LDA 的目标函数是 $\max\limits_{w} \dfrac{w^{\mathrm{T}} S_{\mathrm{B}} w}{w^{\mathrm{T}} S_{\mathrm{W}} w}$。当每类只有一个带类标样本时，LDA 失效，这是由于 S_{W} 在该情况下是一个零矩阵。Zhao 等[30]提出了一个修正 LDA 来处理该问题，在修正 LDA 中 S_{W} 被替换为一个单位矩阵，其目标函数变为 $\max\limits_{w} \dfrac{w^{\mathrm{T}} S_{\mathrm{B}} w}{w^{\mathrm{T}} I w} = \max\limits_{\|w\|=1} w^{\mathrm{T}} S_{\mathrm{B}} w$。而在单标记样本情况下，$S_{\mathrm{B}}$ 恰好就是训练集的数据协方差矩阵，因此修正 LDA 的目标函数退化为 PCA 的目标函数。故在单标记样本情况下，PCA 与 LDA 等价。

RDA 的目标函数是 $\max\limits_{w} \dfrac{w^{\mathrm{T}} S_{\mathrm{B}} w}{w^{\mathrm{T}} S_{\mathrm{W}} w + \lambda_{1} w^{\mathrm{T}} w}$。当每类只有一个带类标样本时，因

为 S_W 是一个零矩阵，该目标函数退化为 $\max\limits_{w} \dfrac{w^T S_B w}{\lambda_1 w^T w}$ ，而该退化后的目标函数与 LDA 的目标函数有相同的解，所以此时，LDA 与 RDA 等价。

综上所述，在单标记样本情况下，PCA、LDA 和 RDA 退化为同一方法。

当 $\lambda_1 = \lambda_2 = 0$ 时，SDA、SPDA 和 DLR 都退化成 LDA。当 $\lambda_1 \neq 0, \lambda_2 = 0$ 时，它们都退化成 RDA。SDA 利用局部邻域结构来正则化 LDA，而 SPDA 和 DLR 利用稀疏表示结构来正则化 LDA。DLR 与 SPDA 的主要区别在于如何学习稀疏表示结构。SPDA 通过求解 n 个耗时的 l_1 范数优化问题来学习稀疏表示结构，而 DLR 通过 n 个类内线性回归来学习稀疏表示结构，DLR 的计算效率更高。另外，SPDA 在学习稀疏表示结构时并未利用类标信息，而 DLR 在学习稀疏表示结构时利用了类标信息，这就可能导致一个更具有判别性的稀疏表示结构。

10.5　实　　验

本节通过在三个公共人脸数据库 CMU PIE、Extended Yale B 和 AR 上的实验验证所提方法 DLR 的性能。首先，将所提出的方法 DLR 与 PCA、ReLDA、RDA、LPP、SPP、SDA 和 SPDA 进行比较。这里实际上比较了三类考虑不同"几何结构"的方法：全局结构 (PCA、ReLDA 和 RDA)；局部邻域结构(LPP 和 SDA)和稀疏表示结构(SPP、SPDA 和 DLR)。从"监督模式"的角度来说，比较了无监督方法(PCA、LPP 和 SPP)、有监督方法(ReLDA 和 RDA)和半监督方法(SDA、SPDA 和 DLR)。通常识别过程由如下三步组成：①使用子空间学习方法(PCA、ReLDA、RDA、LPP、SPP、SDA、SPDA 或 DLR)计算人脸子空间；②将测试人脸投影到所学的人脸子空间中；③在人脸子空间中使用最近邻分类器对测试人脸完成识别。另外，对 DLR 与流行的基于分类误差的方法也进行了比较。这些方法包括非参数判别分析 (nonparametric discriminant analysis，NDA)[52]、邻域分量分析 (neighborhood components analysis, NCA)[53]和大边界最近邻(large margin nearest neighbor, LMNN)方法[54]。此外，本节还研究了无类标样本个数对所提方法 DLR 的影响，并讨论了 DLR 对参数的敏感性。本章的实验环境：Pentium4 双核 3.2GHz CPU，2GB 内存，Windows XP 操作系统，实现算法的软件是 MATLAB7.0.1。

10.5.1　数据库介绍

CMU PIE 数据库[55]包含 68 个人的 41368 张人脸图像。这些图像在不同的姿态、光照和表情下拍摄。与文献[29]相同，实验选用变光照的前向图像(C27)，这样每个人有 43 张人脸图像。每张图像被缩放成大小为 32×32 的图像。

Extended Yale B[56]数据库包含 38 个人的 2414 张前向人脸图像。每个人有大约

64 张不同光照条件下的人脸图像。本章实验使用 32×32 大小的图像。由于光照变化较大，该数据库的识别难度要大于上述 PIE 数据库。

AR 数据库包含 126 个人的 4000 张人脸图像。每个人有 26 张图像，这 26 张图像分别在两个不同时间(分隔两周)拍摄，每次拍摄 13 张。每次拍摄都包括不同表情、光照和遮挡的人脸图像。本章实验采用文献[57]提出的 AR 数据库的无遮挡图像。该子集包含 100 个人(50 男 50 女)的 1400 张图像，每个人都包含两次拍摄的 14 张图像。原始图像大小为 165×120，为计算方便，每张图像都被缩放成大小为 66×48 的图像。

图 10.3 展示了上述三个人脸数据库的图像样例。对所有后续实验，每幅图像都首先被归一化成单位范数。

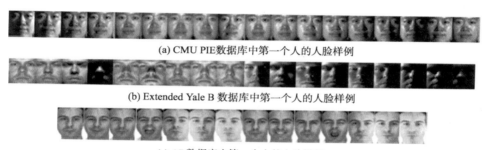

(a) CMU PIE数据库中第一个人的人脸样例

(b) Extended Yale B 数据库中第一个人的人脸样例

(c) AR数据库中第一个人的人脸样例

图 10.3　三种数据库中第一个人的人脸样例

10.5.2　实验设置

在每个数据库上完成不同个数无类标样本的两组实验。在第一组实验中，每类随机选取 3 个人脸图像形成训练集，其余图像作为测试集。每类从训练集中随机选取一个人脸图像进行标记，其他两个人脸图像不标记。在第二组实验中，样本选择方法与第一组实验相同，不同之处在于，每类训练样本数从第一组实验中的 3 个增加到 30 个(对 CMU PIE 和 Extended Yale B)或 10 个(对 AR)。两组实验在三个测试数据库上的具体设置如表 10.1 所示。在实验中，平均 30 次随机训练/测试划分的实验结果，记录平均分类精度和标准差。

表 10.1　两组实验的具体实验设置

数据库	每类样本数	类数	实验 1 (E1)		实验 2 (E2)	
			无类标	带类标	无类标	带类标
CMU PIE	43	68	2	1	29	1
Extended Yale B	64	38	2	1	29	1
AR	14	100	2	1	9	1

在上述两组实验中，对所提方法 DLR 与 Baseline、PCA、ReLDA、RDA、LPP、SPP、SDA 和 SPDA 进行比较。10.4 节已经证明，在单标记样本场景下 PCA、ReLDA 和 RDA 退化为同一方法。Baseline 方法表示在原始人脸空间上直接使用最近邻分类器，这时每类只有一个有类标样本可以被作为训练样本。ReLDA/RDA/PCA 在学习人脸子空间时只利用了有类标样本。LPP 和 SPP 在学习人脸子空间时利用了所有无类标训练样本。SDA、SPDA 和 DLR 在学习人脸子空间时既利用了有类标样本又利用了无类标样本。

ReLDA 和 SPP 都没有可调参数。LPP 需要设定两个参数：邻域大小 k 和边权值参数。SDA 需要设定 4 个参数，两个正则参数 λ_1 和 λ_2，还有两个图构造参数邻域大小 k 和边权值参数，这 4 个参数按文献[29]中的方法设置。SPDA 和 DLR 都有两个正则参数 λ_1 和 λ_2 需要设置。为方便比较，LPP 中的两个图构造参数及 SPDA 和 DLR 中的两个正则参数的设置都与 SDA 相同。LPP、SDA、SPDA 和 DLR 的具体参数设置总结在表 10.2 中。"Cosine"表明两个样本的边权值用它们之间的角度来度量。"Cosine"函数定义如下：

$$\text{Cosine}(x_1, x_2) = \frac{x_1^{\mathrm{T}} x_2}{\| x_1 \|_2 \cdot \| x_2 \|_2} \tag{10.30}$$

"Auto"表明 SPDA 使用稀疏重构系数作为边权值，那么邻域大小 k 自然就是非 0 系数的个数，这样边权值就无须人工定义。

表 10.2　LPP、SDA、SPDA 和 DLR 的参数设置

方法	λ_1	λ_2	邻域大小 k	边权值
LPP	无	无	2	Cosine
SDA	0.01	0.1	2	Cosine
SPDA	0.01	0.1	Auto	Auto
DLR	0.01	0.1	无	无

10.5.3　实验结果与讨论

各种方法在三个测试数据库上的两组实验的实验结果总结在表 10.3 中，其中 E1 和 E2 分别表示第一组和第二组实验。如文献[58]，标准差、平均分类精度差和基于显著水平 $\alpha=0.05$ 的逐对 t 检验结果也列在表 10.3 中。表 10.4 总结了在上述逐对 t 检验下，DLR 相对于其他比较方法的 Win/tie/loss 数。10.4 节已经证明，在单标记样本场景下，PCA、ReLDA 和 RDA 退化为同一方法，因此它们的实验结果相同。在三个测试数据库上的两组实验设置下，SPDA 和 DLR 学习嵌入函数所需时间如表 10.5 所示，其中每个数据集上的最好性能用粗体表示。

表 10.3　在三个测试数据库上两组实验下各种方法识别率比较(mean ± std)　　（单位：%）

方法		Baseline (x_1)			PCA/ReLDA/RDA (x_2)			LPP[19] (x_3)			SPP[20] (x_4)			SDA[29] (x_5)			SPDA[21] (x_6)			DLR (y)	
		mean ± std	y-x_1	H	mean ± std	y-x_2	H	mean ± std	y-x_3	H	mean ± std	y-x_4	H	mean ± std	y-x_5	H	mean ± std	y-x_6	H	mean ± std	H
CMU PIE	E1	25.43 ± 1.15	37.78	1	25.43 ± 1.15	37.78	1	38.15 ± 2.81	25.06	1	62.55 ± 2.00	0.66	1	30.51 ± 1.97	32.70	0	67.47 ± 1.80	-4.26	1	63.21 ± 1.76	1
	E2	25.60 ± 1.65	67.81	1	25.60 ± 1.65	67.81	1	57.90 ± 1.94	35.51	1	51.29 ± 3.10	42.12	1	59.46 ± 3.12	33.95	1	70.44 ± 3.00	22.97	1	93.41 ± 1.84	1
Extended Yale B	E1	12.95 ± 1.10	20.85	1	12.95 ± 1.10	20.85	1	22.32 ± 2.48	11.48	1	17.95 ± 3.10	15.85	1	16.41 ± 2.12	17.39	1	31.27 ± 3.60	2.53	0	33.80 ± 3.28	0
	E2	12.90 ± 1.19	42.97	1	12.90 ± 1.19	42.97	1	25.36 ± 2.57	30.51	1	14.28 ± 3.20	41.59	1	27.00 ± 3.96	28.87	1	35.44 ± 3.30	20.43	1	55.87 ± 4.26	1
AR	E1	26.96 ± 1.58	30.49	1	26.96 ± 1.58	30.49	1	33.52 ± 2.05	23.93	1	44.57 ± 2.60	12.88	1	24.58 ± 1.92	32.87	1	58.46 ± 2.00	-1.01	0	57.45 ± 2.95	1
	E2	26.98 ± 1.96	42.85	1	26.98 ± 1.96	42.85	1	36.28 ± 2.39	33.55	1	55.06 ± 3.10	14.77	1	29.38 ± 2.87	40.45	1	61.23 ± 2.50	8.60	1	69.83 ± 3.39	1

注：H 为 1 表示拒绝零假设(在置信度水平为 0.05 时所比较的两个均值是相等的)；反之，H 为 0。

表 10.4   在置信度水平 $\alpha = 0.05$ 的逐对 t 检验下 DLR 与其他方法比较的 Win/tie/loss 数

方法	Baseline	PCA /ReLDA/RDA	LPP	SPP	SDA	SPDA	In All
Win/tie/loss	6/0/0	6/0/0	6/0/0	5/1/0	6/0/0	3/2/1	32/3/1

表 10.5   SPDA 和 DLR 学习嵌入函数所需时间比较   (单位:s)

方法	CMU PIE		Extended Yale B		AR	
	E1	E2	E1	E2	E1	E2
SPDA	82.99	729.6	7.189	208.8	147.2	1577
DLR	**10.13**	**503.2**	**0.8327**	**119.0**	**15.05**	**191.1**

根据表 10.3～表 10.5 中的实验结果，可以得到如下结论。

(1) ReLDA 的识别率较低，因为它只使用每类的单个带类标样本学习人脸子空间。相比之下，LPP 和 SPP 虽然是无监督方法，但是因为利用了辅助的无类标样本，所以它们的识别率超过了 ReLDA。

(2) 半监督维数约简方法的性能总是优于只用带类标样本的方法。这说明无类标样本在获得好的数据描述和好的识别性能上都很重要。

(3) 对所有参与比较的半监督方法(SDA、SPDA 和 DLR)，第二组实验的性能在三个测试数据库上都优于第一组实验的性能，这是由于可以利用的无类标样本越多，半监督方法就能更好地捕获数据潜在的几何结构。

(4) 在两组实验中，SPDA 和 DLR 的性能总是优于 SDA 的性能，这说明一个好的数据依赖正则项对最终识别结果是很重要的。

(5) 在第二组实验中 DLR 的识别性能在三个数据库上一致高于 SPDA，这表明在无类标样本充足的情况下 DLR 能获得比 SPDA 更好的识别率，也验证了类标信息对学习稀疏表示结构的重要性。第一组实验中，在 Extended Yale B 上 DLR 的识别率高于 SPDA，而在 CMU PIE 和 AR 上 DLR 的识别率略低于 SPDA。这是由于，一方面在第一组实验中，只有少量无类标样本可以利用，它们本身不能较好地描述数据潜在的子空间结构，这就会使类标传播和稀疏表示结构学习的性能有所下降；另一方面，SPDA 中的合作表示机制[59]使其在无类标样本很少时仍能得到较好的识别性能。另外，当训练集的大小从 3 增加到 30/10(从第一组实验到第二组实验)时，SPDA 在三个测试数据库上的识别率增长只有 2%～4%，而 DLR 在三个测试数据库上的识别率增长都超过了 12%，在 CMU PIE 数据库上的增长甚至达到了 30%。这表明，当无类标样本充足时，DLR 能够比 SPDA 更加有效地利用无类标样本。

(6) 在所有实验中 DLR 的速度都比 SPDA 快，在第一组实验中，DLR 的速度是 SPDA 的 8～10 倍，在第二组实验中 DLR 的速度是 SPDA 的 1.5～8 倍。

此外,对 SPDA 和 DLR 在两组实验上的平均性能进行比较,结果展示在图 10.4

和图 10.5 中。由图 10.4 和图 10.5 中的实验结构可知，在第一组实验(E1)中，DLR 的平均识别率略低于 SPDA，但其识别速度远远快于 SPDA；在第二组实验(E2)中，DLR 不仅识别率远远高于 SPDA，而且识别速度也比 SPDA 快。

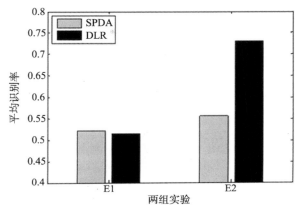

图 10.4 两组实验中 SPDA 和 DLR 的平均识别率比较

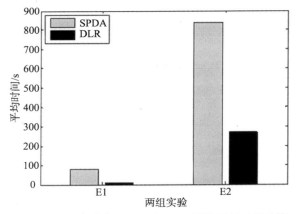

图 10.5 两组实验中 SPDA 和 DLR 平均运行时间比较

对比方法在所有测试数据集上的平均识别率如图 10.6 所示。从图 10.6 中可以看出，DLR 的平均识别性能最好，其次是 SPDA，且 DLR 的平均识别率比 SPDA 高出 8 个百分点以上。因此，平均来说 DLR 的识别率在所比较的方法中是最好的。

此外，对 DLR 与流行的基于分类误差的方法 NDA、NCA 和 LMNN 也进行了比较。这些方法需要每类至少有两个带类标样本才能正常工作[52,60]，故对 DLR 和这些方法在一个不同于之前的实验设置下进行比较。每类随机选取 30/10(对 CMU PIE、Extended Yale B 和 AR 数据库)个人脸图像形成训练集，其余图像用作测试集。从训练集中每类随机选取两幅人脸图像进行标记，其余图像不标记。每个比较方法中的参数都进行适当调整并记录最好实验结果。平均 30 次随机训练/测试的划分结果、记录平均聚精度和分类误差，如表 10.6 所示。从表 10.6 中可知，在三个测试数据库上所提方法 DLR 的识别性能统计上显著高于流行的基于分类误差的方法。这是由于当只有非常有限的带类标样本可用时，基于分类误差的方法容易对带类标样本过拟合[54]，而 DLR 能够通过有效利用无类标样本避免过拟合。

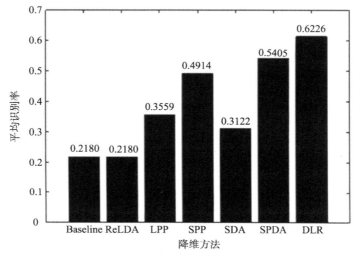

图 10.6   各种方法在所有数据库上的平均识别率比较

表 10.6   基于分类误差的方法和 **DLR** 的识别率(mean ± std)比较   (单位：%)

方法	NDA	NCA	LMNN	DLR
CMU PIE	74.86 ± 3.49	83.63 ± 1.91	87.94 ± 2.47	98.67 ± 1.12
Extended Yale B	39.25 ± 3.09	44.57 ± 2.94	49.03 ± 3.51	79.29 ± 3.33
AR	64.20 ± 2.97	71.85 ± 2.04	77.33 ± 1.82	81.50 ± 1.42

10.5.4   DLR 方法的进一步探索

首先研究无类标样本数对 DLR 性能的影响。在 CMU PIE 和 Extended Yale B 数据库上考察带类标样本数为 1，无类标样本数分别为 2、5、8、11、14、17、20、23、26 和 29 时 DLR 的性能。在 AR 数据库上考察带类标样本数为 1，无类标样本数分别为 2、3、4、5、6、7、8 和 9 时 DLR 的性能。实验结果如图 10.7 所示。从图 10.7 中的实验结果可知，随着无类标样本的增加，DLR 在三个测试数据库上的性能都一致提升。这验证了无类标样本的有用性，并说明可利用的无类标样本越多，DLR 的识别性能越好。

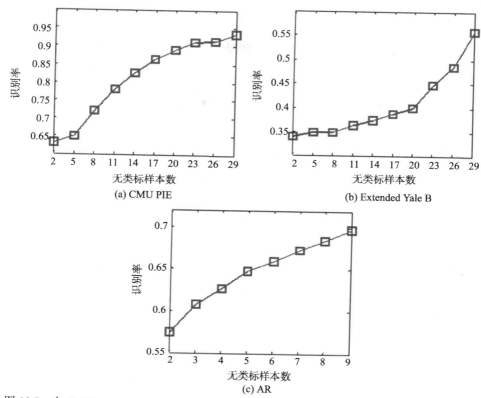

图 10.7　在 CMU PIE、Extended Yale B 和 AR 数据库上识别率随无类标样本数的变化情况

　　DLR 中有两个参数，正则参数 λ_1 和 λ_2。与其他正则化 LDA 方法[21,29,61]一样，将 λ_1 设为 0.01，本部分研究 λ_2 对 DLR 性能的影响。λ_2 在 CMU PIE、Extended Yale B 和 AR 数据库上对 DLR 性能的影响如图 10.8～图 10.10 所示，其中 λ_2 的变化范

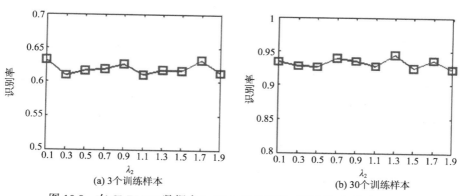

图 10.8　在 CMU PIE 数据库上 DLR 的性能随正则参数 λ_2 的变化情况

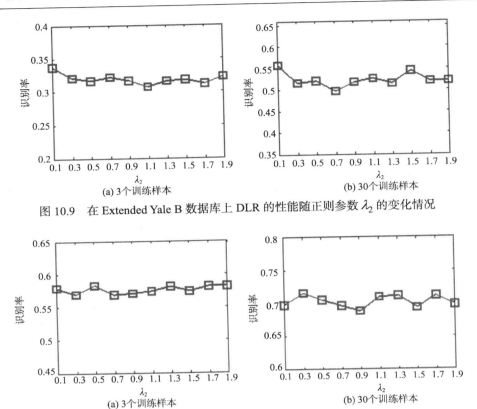

(a) 3个训练样本　　　　　　　　　　(b) 30个训练样本

图 10.9　在 Extended Yale B 数据库上 DLR 的性能随正则参数 λ_2 的变化情况

(a) 3个训练样本　　　　　　　　　　(b) 30个训练样本

图 10.10　在 AR 数据库上 DLR 的性能随正则参数 λ_2 的变化情况

围为 0.1~2，变化间隔为 0.2。从图中的实验结果可知，在三个测试数据库上 DLR 的识别率随 λ_2 的变化都不太大，故 DLR 对正则参数 λ_2 的变化是鲁棒的。

参 考 文 献

[1] ZHAO W, CHELLAPPA R, PHILLIPS P J, et al. Face recognition: A literature survey[J]. ACM computing surveys (CSUR), 2003, 35(4): 399-458.

[2] BALDI P, BRUNAK S. Bioinformatics: The Machine Learning Approach[M]. Massachusetts: MIT Press, 2001.

[3] MANNING C D, RAGHAVAN P, SCHÜTZE H. Introduction to Information Retrieval[M]// Introduction to Information Retrieval. Cambridge: Cambridge University Press, 2008: 824-825.

[4] BISHOP C M. Pattern Recognition and Machine Learning[M]. New York: Springer-Verlag, 2006.

[5] JIMENEZ L O, LANDGREBE D A. Supervised classification in high-dimensional space: Geometrical, statistical, and asymptotical properties of multivariate data[J]. IEEE transactions on systems, man, and cybernetics, part C (Applications and Reviews), 1998, 28(1): 39-54.

[6] ZHOU T, TAO D, WU X. Manifold elastic net: A unified framework for sparse dimension reduction[J]. Data mining and knowledge discovery, 2011, 22(3): 340-371.

[7] GUNAL S, EDIZKAN R. Subspace based feature selection for pattern recognition[J]. Information sciences, 2008, 178(19): 3716-3726.

[8] LU H, PLATANIOTIS K N, VENETSANOPOULOS A N. A survey of multilinear subspace learning for tensor data[J]. Pattern recognition, 2011, 44(7): 1540-1551.

[9] ZHANG D, ZHOU Z H, CHEN S. Semi-supervised dimensionality reduction[C]//SDM, 2007: 629-634.

[10] ZHANG L, CHEN S, QIAO L. Graph optimization for dimensionality reduction with sparsity constraints[J]. Pattern recognition, 2012, 45(3): 1205-1210.

[11] WRIGHT J, MA Y, MAIRAL J, et al. Sparse representation for computer vision and pattern recognition[J]. Proceedings of the IEEE, 2010, 98(6): 1031-1044.

[12] CHENG H, LIU Z, YANG L, et al. Sparse representation and learning in visual recognition: Theory and applications[J]. Signal processing, 2013, 93(6): 1408-1425.

[13] JOLLIFFE I T. Principal Component Analysis[M]. New York: Springer-Verlag, 1986.

[14] FUKUNAGA K. Introduction to Statistical Pattern Recognition[M]. New York: Academic Press, 1990.

[15] TURK M, PENTLAND A. Eigenfaces for recognition[J]. Journal of cognitive neuroscience, 1991, 3(1): 71-86.

[16] BELHUMEUR P N, HESPANHA J P, KRIEGMAN D J. Eigenfaces vs. fisherfaces: Recognition using class specific linear projection[J]. IEEE transactions on pattern analysis and machine intelligence, 1997, 19(7): 711-720.

[17] NIYOGI X. Locality preserving projections[C]//Neural information processing systems, MIT, 2004, 16: 153.

[18] HE X, CAI D, YAN S, et al. Neighborhood preserving embedding[C]//Tenth IEEE international conference on computer vision (ICCV'05), 2005, 2: 1208-1213.

[19] HE X, YAN S, HU Y, et al. Face recognition using Laplacianfaces[J]. IEEE transactions on pattern analysis and machine intelligence, 2005, 27(3): 328-340.

[20] QIAO L, CHEN S, TAN X. Sparsity preserving projections with applications to face recognition[J]. Pattern recognition, 2010, 43(1): 331-341.

[21] QIAO L, CHEN S, TAN X. Sparsity preserving discriminant analysis for single training image face recognition[J]. Pattern recognition letters, 2010, 31(5): 422-429.

[22] YIN F, JIAO L C, SHANG F, et al. Fast fisher sparsity preserving projections[J]. Neural computing and applications, 2013, 23(3-4): 691-705.

[23] ARONSZAJN N. Theory of reproducing kernels[J]. Transactions of the American mathematical society, 1950, 68(3): 337-404.

[24] SCHÖLKOPF B, SMOLA A, MÜLLER K R. Kernel principal component analysis[C]// International conference on artificial neural networks, Springer Berlin Heidelberg, 1997: 583-588.

[25] MIKA S, RATSCH G, WESTON J, et al. Fisher discriminant analysis with kernels[J]. Neural networks for signal processing IX, 1999, 1(1): 1.

[26] LI J, PAN J, CHU S. Kernel class-wise locality preserving projection[J]. Information sciences, 2008, 178(7): 1825-1835.

[27] WANG Z, SUN X. Face recognition using kernel-based NPE[C]//Computer science and software engineering, 2008 international conference on, 2008, 1: 802-805.

[28] TAN X, CHEN S, ZHOU Z H, et al. Face recognition from a single image per person: A survey[J]. Pattern recognition, 2006, 39(9): 1725-1745.

[29] CAI D, HE X, HAN J. Semi-supervised discriminant analysis[C]//2007 IEEE 11th international conference on computer vision, 2007: 1-7.

[30] ZHAO W, CHELLAPPA R, PHILLIPS P J. Subspace Linear Discriminant Analysis for Face Recognition[M]. Computer Vision Laboratory, Center for Automation Research, University of Maryland, 1999.

[31] BEYMER D, POGGIO T. Face recognition from one example view[C]//Computer vision, 1995. proceedings, fifth international conference on, 1995: 500-507.

[32] NIYOGI P, GIROSI F, POGGIO T. Incorporating prior information in machine learning by creating virtual examples[J]. Proceedings of the IEEE, 1998, 86(11): 2196-2209.

[33] CHEN S C, LIU J, ZHOU Z H. Making FLDA applicable to face recognition with one sample

per person[J]. Pattern recognition, 2004, 37(7): 1553-1555.

[34] MARTÍNEZ A M. Recognizing imprecisely localized, partially occluded, and expression variant faces from a single sample per class[J]. IEEE transactions on pattern analysis and machine intelligence, 2002, 24(6): 748-763.

[35] TAN X, CHEN S C, ZHOU Z H, et al. Recognizing partially occluded, expression variant faces from single training image per person with SOM and soft k-NN ensemble[J]. IEEE transactions on neural networks, 2005, 16(4): 875-886.

[36] CHEN J H, YE J P, LI Q. Integrating global and local structures: A least squares framework for dimensionality reduction [C]//2007 IEEE conference on computer vision and pattern recognition, 2007: 1-8.

[37] SONG Y Q, NIE F P, ZHANG C S, et al. A unified framework for semi-supervised dimensionality reduction[J]. Pattern recognition, 2008, 41(9), 2789-2799.

[38] LEE K C, HO J, KRIEGMAN D J. Acquiring linear subspaces for face recognition under variable lighting[J]. IEEE transactions on pattern analysis and machine intelligence, 2005, 27(5): 684-698.

[39] YAN S, XU D, ZHANG B, et al. Graph embedding and extensions: A general framework for dimensionality reduction[J]. IEEE transactions on pattern analysis and machine intelligence, 2007, 29(1): 40-51.

[40] BELKIN M, NIYOGI P, SINDHWANI V. Manifold regularizatio198: A geometric framework for learning from labeled and unlabeled examples[J]. Journal of machine learning research, 2006, 7: 2399-2434.

[41] RAUDYS S J, JAIN A K. Small sample size effects in statistical pattern recognition: Recommendations for practitioners[J]. IEEE transactions on pattern analysis and machine intelligence, 1991, 13(3): 252-264.

[42] FRIEDMAN J H. Regularized discriminant analysis[J]. Journal of the American statistical association, 1989, 84(405): 165-175.

[43] JI S, YE J. Generalized linear discriminant analysis: A unified framework and efficient model selection[J]. IEEE transactions on neural networks, 2008, 19(10): 1768-1782.

[44] WRIGHT J, YANG A Y, GANESH A, et al. Robust face recognition via sparse representation[J]. IEEE transactions on pattern analysis and machine intelligence, 2009, 31(2): 210-227.

[45] BASRI R, JACOBS D W. Lambertian reflectance and linear subspaces[J]. IEEE transactions on pattern analysis and machine intelligence, 2003, 25(2): 218-233.

[46] FRIEDMAN J, HASTIE T, TIBSHIRANI R. The Elements of Statistical Learning[M]. Berlin: Springer Series in Statistics, 2001.

[47] SEBER G A F, LEE A J. Linear Regression Analysis[M]. New York: John Wiley & Sons, 2012.

[48] TIKHONOV A N, ARSENIN V Y. Solution of Ill-posed problems[J]. Mathematics of computation, 1978, 32(144):491-491.

[49] LU J, PLATANIOTIS K N, VENETSANOPOULOS A N. Face recognition using LDA-based algorithms[J]. IEEE transactions on neural networks, 2003, 14(1):195-200.

[50] SCHÖLKOPF B, SMOLA A J. Learning with Kernels[M]. Massachusetts: MIT Press, 2002.

[51] SCHÖLKOPF B B, HERBRICH R, WILLIAMSON R. A generalized representer theorem, Royal Holloway[M]//Computational Learning Theory. Berlin: Springer-Verlag, 2001:416-426.

[52] BRESSAN M, VITRIÀ J. Nonparametric discriminant analysis and nearest neighbor classification[J]. Pattern recognition letters, 2003, 24(15): 2743-2749.

[53] GOLDBERGER J, ROWEIS S T, HINTON G E, et al. Neighbourhood components analysis[J]. Advances in neural information processing systems, 2004, 83(6): 513-520.

[54] WEINBERGER K Q, SAUL L K. Distance metric learning for large margin nearest neighbor classification[J]. Journal of machine learning research, 2009, 10(1):207-244.

[55] SIM T, BAKER S, BSAT M. The CMU pose, illumination, and expression database[J]. Pattern analysis & machine intelligence IEEE transactions on, 2010, 25(12):1615-1618.

[56] LEE K C, HO J, KRIEGMAN D J. Acquiring linear subspaces for face recognition under variable lighting[J]. IEEE transactions on pattern analysis & machine intelligence, 2005, 27(5):684-698.

[57] MARTINEZ A M, KAK A C. PCA versus LDA[J]. IEEE transactions on pattern analysis & machine intelligence, 2001, 23(2): 228-233.

[58] TOH K A, ENG H L. Between classification-error approximation and weighted least-squares learning[J]. IEEE transactions on pattern analysis & machine intelligence, 2008, 30(4): 658-669.

[59] ZHANG L, YANG M, FENG X. Sparse representation or collaborative representation: Which helps face recognition?[C]//International conference on computer vision. IEEE computer society, 2011:471-478.

[60] BUTMAN M, GOLDBERGER J. Face recognition using classification-based linear projections[J]. EURASIP journal on advances in signal processing, 2007, 2008(1): 1-7.

[61] QIAO L S, ZHANG L M, CHEN S C. An empirical study of two typical locality preserving linear discriminant analysis methods[J]. Neurocomputing, 2010, 73(10-12):1587-1594.

第11章　基于旋转扩展和稀疏表示的鲁棒遥感图像目标识别

11.1　引　言

随着技术的进步和发展，人们获取的遥感图像种类越来越多，数量越来越大，对遥感图像的精确鲁棒分类识别逐渐成为研究的热点和挑战[1-6]。由于遥感图像获取方式的特殊性，所获取的图像往往是残缺的，这就要求针对遥感图像的识别方法对残缺图像具有较好的鲁棒性。

由于所获取的遥感图像往往有不同角度的旋转，已有的识别方法[1,6]一般先提取旋转不变特征(如不变矩)，然后选择一种常用的分类器分类(如最近邻)。这些识别方法虽然能克服旋转变化的影响，但没有针对残缺图像设计相应的方法和策略，因此虽取得了不错的结果，但还是不能使人满意。文献[7]提出了一种基于稀疏表示[8-12]的人脸识别方法(sparse representation-based classification，SRC)，该方法对遮挡人脸理论上具有一定的鲁棒性。基于稀疏表示的识别方法本质上是在寻找测试图像相对于训练集的最稀疏表示[13]，并基于得到的稀疏表示对测试图像分类，该方法的前提是对任一测试图像存在一个稀疏表示。文献[7]假定同类数据处于一个低维子空间上，这样任一测试图像都可以用相应类训练图像线性表示，进而能用训练集稀疏表示，人脸图像的遮挡对应于遥感图像中的残缺，本章想用基于稀疏表示的识别方法来解决遥感图像识别问题，以提高对残缺图像的鲁棒性，而由于有不同角度的旋转，遥感图像每一类并不处于一个低维子空间上，而处于一个低维非线性流形上，测试图像并不能用训练集稀疏表示。本章通过旋转扩展训练集来保证每个测试图像近似位于相应类的部分训练图像张成的低维子空间上，使得测试图像可以近似用训练集稀疏表示，进而通过稀疏表示方法进行识别。

本章将提出的方法用于遥感飞机目标识别，与几种已有的识别方法进行比较，实验结果与分析表明该方法具有较高的识别率，对残缺图像的识别有很好的鲁棒性，而且在小样本情况下也非常有效。在实验部分，还讨论了旋转扩展倍数对识别性能的影响。

11.2　基于稀疏表示的识别

11.2.1　稀疏表示

要处理的问题是根据有 k 个类别的带类标训练图像集来对一幅测试图像分类。把每一幅 $w \times h$ 的图像按列拉成一个列向量 $v \in \mathbb{R}^m (m = wh)$，那么 n 个训练图像就组成矩阵 $A = [v_1, \cdots, v_n] \in \mathbb{R}^{m \times n}$，令 $A_i \in \mathbb{R}^{m \times n_i}$ 表示第 i 类的 n_i 个训练样本，则 $A = [A_1 \cdots A_k]$。假设数据集符合子空间模型，即来自同一类的数据位于一个低维线性子空间上。

在子空间模型假设下，第 i 类的无残缺测试图像 y_0 将位于与其类标相同的训练图像张成的线性子空间上[7]，即 $y_0 = A_i x_i$，其中 $x_i \in \mathbb{R}^{n_i}$ 是一个系数向量，这时 y_0 就可以用训练集 A 表示为

$$y_0 = A x_0 \tag{11.1}$$

式中，$x_0 = [0 \cdots 0 \ x_i^\mathrm{T} \ 0 \cdots 0]^\mathrm{T} \in \mathbb{R}^n$ 是一个稀疏向量，只有与第 i 类训练样本对应的位不为 0。

假定测试图像 y 是一个第 i 类的部分残缺图像，r 表示残缺部分在整幅图像中所占的比例，假定测试图像对应的无残缺图像为 y_0，$e \in \mathbb{R}^m$ 表示它们之间的误差向量，那么

$$y = y_0 + e = A x_0 + e \tag{11.2}$$

式中，e 是只有 rm 个元素非 0 的稀疏向量，图 11.1 展示了一个例子及它们在向量空间中的示意图。

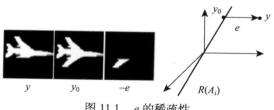

图 11.1　e 的稀疏性

目标识别问题可描述为：已知训练集由来自 k 个不同类的遥感图像 $A_1, \cdots, A_k$ 组成，测试图像 y 是一个按式(11.2)产生的第 i 类残缺图像，问题是要识别出 y 的正确类标 i。

需要指出的是，式(11.2)中系数向量 x_0 的稀疏结构对分类非常有用。理想情况下，如果 x_0 的分量只在第 i 类训练样本对应的位置上非 0，即 $x_0 = [0 \cdots 0 \ x_i^\mathrm{T} \ 0 \cdots 0]^\mathrm{T}$，

则 y 应该属于第 i 类。在子空间假设近似满足的情况下，x_0 的非 0 分量也应该主要集中在第 i 类训练样本对应的位置上。如果能根据训练样本 A、测试图像 y 以及残缺图像 e 和 y 对应的那个潜在的 x_0 所共有的稀疏性对 x_0 进行估计，根据得到的 x_0 就可以对 y 进行分类。

式(11.2)可以等价写成如下形式：

$$y = [A\ I]\begin{bmatrix} x_0 \\ e \end{bmatrix} = Bw \tag{11.3}$$

式中，$B = [A\ I] \in \mathbb{R}^{m \times (n+m)}$；$w = [x_0^{\mathrm{T}}\ e^{\mathrm{T}}]^{\mathrm{T}} \in \mathbb{R}^{(n+m)}$。式(11.3)中的 B 和 y 是已知的，分别对应训练集和测试图像，想要求出 w，即测试图像在训练集中对应的系数向量 x_0 和残缺向量 e，B 的行数少于列数，式(11.3)是一个欠定方程，因此没有唯一解，但已知 x_0 和 e 都是稀疏向量，x_0 最多有 n_i 个非 0 分量，e 有 rm 个非 0 分量，故 w 最多有 $n_i + rm$ 个非 0 分量，所以就要求式(11.3)的最稀疏解

$$\hat{w}_0 = \arg\min \|w\|_0, \quad Bw = y \tag{11.4}$$

式中，$\|w\|_0$ 表示 w 中非 0 分量个数。如果 B 的任意 m 列线性无关，可以证明如果某个 w 满足 $Bw = y$ 且其非 0 分量个数小于 $m/2$，那么它就是唯一最稀疏解 $\hat{w}_0$ [14]，因此如果残缺向量 e 的非 0 分量个数 rm 小于 $m/2 - n_i$，就可以通过解式(11.4)求出测试图像 y 对应的 x_0 和 e。

但式(11.4)是一个 NP 难问题，无法在多项式复杂度时间内求解，幸运的是，近几年兴起的压缩感知理论证明了如下结论[11]：如果式(11.4)的最稀疏解 $\hat{w}_0$ 充分稀疏，那么它就等于 l^1 范数最小解

$$\hat{w}_1 = \arg\min \|w\|_1, \quad Bw = y \tag{11.5}$$

该问题是一个凸优化问题，存在有效的求解方法。这表明只要系数向量 x_0 和残缺向量 e 组成的 w 足够稀疏，它们就可以通过 l^1 范数最小化精确而且有效地恢复出来。关于式(11.4)和式(11.5)等价的具体条件可参考文献[11]、[15]、[16]。

11.2.2　稀疏表示用于识别

根据以上讨论，如果测试图像 y 按式(11.2)产生，且 w 充分稀疏，那么通过求解凸优化问题[式(11.5)]就可以得到系数向量 x_0 和残缺向量 e，这时得到的 x_0 已经包含了测试图像的类别信息，如果第 i 类对应的稀疏表示能最好地近似 y 就把 y 分为第 i 类。具体来说把 x_0 中除第 i 类对应位置的分量外其余分量都置 0 得到向量 $\delta_i = [0 \cdots 0\ x_i^{\mathrm{T}}\ 0 \cdots 0]^{\mathrm{T}}$，第 i 类对应的稀疏表示对测试图像 y 的近似可表示为 $y_i = A\delta_i + e$，把 y 分为使 $\|y - y_i\|_2$ 最小的那一类。

11.3　基于旋转扩展和稀疏表示的遥感目标识别

虽然 11.2 节讨论的基于稀疏表示的识别方法理论上对遮挡有很好的鲁棒性，但该方法有一个假设：同一类图像位于一个低维线性子空间上。这个要求的目的是使测试图像能够用相应类的训练图像线性表示，进而保证测试图像可以用训练集稀疏表示[式(11.1)]，这样才能保证 l_1 范数最小化问题[式(11.5)]和 l_0 范数最小化问题[式(11.4)]等价，同时也能保证求出的稀疏解包含了测试图像的类别信息。而所要处理的遥感飞机图像中某一类的几幅图像如图 11.2 所示，同一类图像不同旋转角度的变化使得它们不位于一个低维子空间上，而实际上位于一个低维非线性流形上，这时一幅第 i 类的测试图像就不能用相应类的训练图像 A_i 线性表示[图 11.3(a)]，也不能用整个训练集稀疏表示，那么基于稀疏表示方法的前提条件就不能满足。

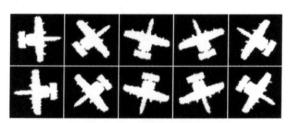

图 11.2　某一类遥感飞机图像

本章通过旋转扩展训练集的方法解决这个问题。具体来说，对训练集中的每一幅图像 v_j ，连续进行一定角度的旋转变换得到多幅图像 $v_{j,1}, v_{j,2}, \cdots, v_{j,s}$ ，其中 $v_{j,1} = v_j$ ，用这些旋转得到的图像扩展训练集得到新训练集

$$A' = [v_{1,1}, v_{1,2}, \cdots, v_{1,s}, v_{2,1}, v_{2,2}, \cdots, v_{2,s}, \cdots, v_{n,1}, v_{n,2}, \cdots, v_{n,s}] \qquad (11.6)$$

式中，$A' \in \mathbb{R}^{m \times (n \times s)}$ ，该过程称为对训练集进行 s 倍旋转扩展，图 11.4 表示了这个过程。令 $A_i' \in \mathbb{R}^{m \times (n_i \times s)}$ 表示新训练集中第 i 类的 $n_i \times s$ 个训练图像，这时第 i 类的测试图像 y 将近似位于 A_i' 中与其旋转角度相近的那些图像张成的子空间上(图 11.3(b)展示了这一点)，故 y 可由 A_i' 线性表示为 $y = A_i' x_i'$ ，$x_i' = [0, \cdots, 0, x_p, x_q, \cdots, x_r, 0, \cdots, 0]^T$ ，进而可用 A' 表示为 $y = A' x_0'$ ，$A' = [A_1' \cdots A_k']$ ，$x_0' = [0 \cdots 0\ x_i'^T\ 0 \cdots 0]^T \in \mathbb{R}^{n \times s}$ 是一个稀疏向量，只有与第 i 类对应的那些位的一部分非 0。因此经过旋转扩展训练集后，任一测试图像都可以用训练集稀疏表示，稀疏表示识别方法的前提就满足了，这时就可以根据基于稀疏表示的识别方法来对测试图像分类，整个识别过程总结在算法 11.1 中，对算法 11.1 中的 l_1 范数最小化问题[式(11.7)]，本章通过基于梯度投影

的优化算法求解，具体求解方法可参见文献[17]。

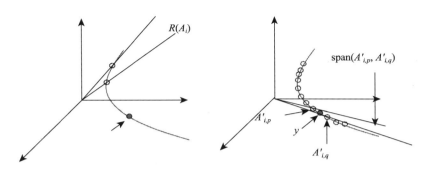

(a) y不位于A_i张成的子空间上   (b) y近似位于A_i'的子集张成的子
                                        空间span$(A_{i,p}',A_{i,q}')$上

图 11.3   旋转扩展训练集的有效性

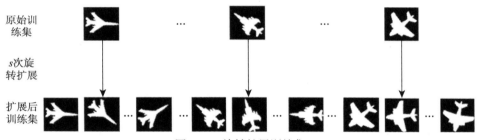

图 11.4   旋转扩展训练集

算法 11.1   基于旋转扩展训练集和稀疏表示的识别算法(RETSRC)

输入：包含 n 个样本的 k 类训练样本集 $\{A_1,\cdots,A_k\}$，测试样本 y。

输出：y 的类别为 $\arg\min_{i=1,\cdots,k} r_i'$。

算法步骤：

(1) s 倍旋转扩展训练集得到新训练集 $A' = [A_1' \cdots A_k']$；

(2) 单位化训练样本和测试样本使它们的 l_1 范数为 1，令 $B' = [A_1' \cdots A_k'\ I]$，$I$ 是 $m \times m$ 单位阵；

(3) 求解 l_1 范数最小化问题

$$\hat{w}_1 = \arg\min \|w\|_1, \quad B'w = y \tag{11.7}$$

得到 $\hat{w}_1 = [x_0'^{\mathrm{T}}\ e'^{\mathrm{T}}]^{\mathrm{T}}$；

(4) 对 $i = 1,\cdots,k$，根据式(11.7)的解计算 $\delta_i' = [0\cdots0\ x_i'^{\mathrm{T}}\ 0\cdots0]^{\mathrm{T}}$，并计算近似误差 $r_i' = \|y - y_i'\|_2 = \|y - A'\delta_i' - e'\|_2$。

　　图 11.5 以一个具体的例子展示了算法 11.1 的工作过程,从 6 类飞机组成的 604 幅 64×64 图像的数据集中每类随机选 40% 作为训练集,对图 11.5 所示的残缺测试图像进行识别,每幅训练图像,按列拉成一列,形成大小为 4096×245 的训练集 A ,对其进行 10 倍旋转扩展(即每幅图像每次旋转 36°,旋转 9 次,加上原图像共 10 幅图像)得到大小为 4096×2450 的旋转扩展训练集 A' ,然后得到大小为 4096×6546 的矩阵 B' ,通过求解式(11.7)得到稀疏系数。图 11.5(a)展示了一个第 1 类残缺测试图像所对应的稀疏系数以及对应于最大三个系数的训练图像,这三个图像都属于第 1 类;图 11.5(b)展示了不同类训练图像在相应稀疏系数 δ_i' 下对测试图像的近似误差,其中第 1 类的近似误差明显小于其他类,因此算法 11.1 将测试图像正确地分为第 1 类。

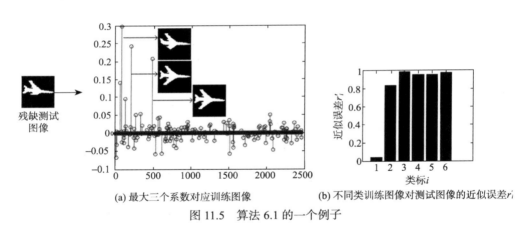

(a) 最大三个系数对应训练图像　　　　(b) 不同类训练图像对测试图像的近似误差 r_i'

图 11.5　算法 6.1 的一个例子

　　需要说明的是,由于对训练集旋转扩展后,任意旋转角度的测试图像都可以用训练集稀疏表示,进而可以基于算法 11.1 完成识别,这样就克服了旋转变化的问题。

11.4　实验结果与分析

　　本章使用的数据集由 6 类不同旋转角度和包含残缺图像的 604 幅 64×64 遥感飞机图像组成,每类飞机图像的数目分别是 189、226、76、38、38、37,每类图像都有部分图像残缺,残缺图像共 157 幅,非残缺图像共 447 幅,部分图像如图 11.6 所示。本章的实验环境:Pentium4 双核 3.2GHz CPU,3GB 内存,实现算法的软件是 MATLAB7.0.1。

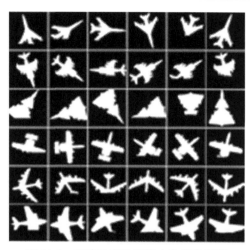

图 11.6　遥感飞机数据集中的部分图像

11.4.1　基于 RETSRC 的遥感图像目标识别

本实验测试了基于旋转扩展训练集和稀疏表示的识别算法在上述遥感飞机数据集上的识别率，分别随机选取原数据集中的 40%、30%、20%、10% 和 5% 作为训练集，旋转扩展倍数为 10 倍，测试算法在各种训练集大小下的识别率。由于训练样本是随机选择的，在每个训练集大小下进行 10 次测试，取识别结果的平均值作为算法在该训练集大小下的识别率。在上述实验设置下，将本章算法 11.1 同四种算法进行了比较，这四种算法分别是不进行旋转扩展直接用稀疏表示识别方法(SRC)、基于不变矩和最近邻的识别方法[6](Hu 矩+1NN)、基于不变矩和支持矢量机的识别方法[6](Hu 矩+SVM，这里的 SVM[18] 选用 RBF 核，并记录不同核参数下的最优识别率)和基于 SWBCT 和投影特征的识别方法[1](SWBCT+1NN)。后三种方法是已有文献中用于求解遥感目标识别问题的方法。

实验结果如表 11.1 所示，无旋转扩展的 SRC 识别率明显低于其他方法，这是由于原始数据集并不满足稀疏表示方法的前提条件：存在一个测试图像相对于训练集的稀疏表示，而 RETSRC 通过旋转扩展使稀疏表示方法的前提条件得到满足，理论上对残缺图像有了一定的鲁棒性，得到了较好的识别率。在各种训练集大小下，Hu 矩+1NN 和 SWBCT+1NN 的识别率不相上下、互有高低，且都略高于 Hu 矩+SVM，而 RETSRC 的识别率高于上面三个方法，这是由 RETSRC 对残缺图像有较好的鲁棒性导致的。另外，Hu 矩+1NN、Hu 矩+SVM 和 SWBCT+ 1NN 的识别率都随训练集的减小明显下降，而 RETSRC 在训练集小到只占原数据集 5% 时才有小幅下降，这说明 RETSRC 和它们相比对小样本有更好的鲁棒性。

表 11.1　不同算法在各种训练集大小下的识别率　　　　（单位：%）

识别方法	训练集比例				
	40%	30%	20%	10%	5%
RETSRC	100	100	100	100	95.79
SRC	85.49	82.40	78.52	73.69	65.66
Hu 矩+1NN	89.08	88.02	85.46	79.11	71.38
Hu 矩+SVM	88.86	86.57	83.25	77.05	72.62
SWBCT+1NN	90.50	87.87	84.90	78.15	73.59

需要指出的是，RETSRC 是一种基于实例(instance-based)的学习方法[19]，无须训练，但对每一个测试图像进行分类都需要求解一个 l_1 范数最小化问题，故测试时间较长。为了提高该方法的实用性，可以使用下采样方法在识别率降低很少的前提下提高识别速度。

11.4.2　旋转扩展倍数对识别性能的影响

通过实验可知，当采样率很低(1/8，1/16)或训练样本很少(5%)时，识别率相对比较低，本节尝试通过增大旋转扩展倍数来提高这种情况下的识别率，并讨论 RETSRC 方法识别率随旋转扩展倍数的变化规律。所以本节实验主要考察问题 1-5%、1/2-5%、1/4-5%、1/8-40%、1/8-30%、1/8-20%、1/8-10%、1/8-5%、1/16-40%、1/16-30%、1/16-20%、1/16-10%、1/16-5%(其中 $a-b$ 表示采样率为 a 训练集所占比例为 b 的识别问题)在旋转扩展倍数分别为 5 倍、10 倍、20 倍、40 倍、80 倍时的识别率，实验基本设置与 11.4.1 小节相同。

实验结果如表 11.2 所示，其中每一个问题在不同旋转扩展倍数下的最高识别率都用粗体标了出来。从实验结果可以看出，对不同问题总体来说并不是旋转扩展倍数越大识别率越高(如问题 1/8-40%、1/8-30%、1/8-20%、1/8-10%、1/16-40%)，这是由于根据压缩感知恢复理论[9,10]：式(11.4)和式(11.5)的等价性不但与稀疏表示的稀疏程度有关，还与式(11.4)中 B 的列数(即训练集大小)有关，当式(11.4)的最稀疏解 $\hat{w}_0$ 的稀疏度和 B 的行数已定时，如果 B 的列数太大(即旋转扩展后的训练集太大)，式(11.4)和式(11.5)就不能保证等价。因此如果旋转扩展倍数太大，RETSRC 求到的就不是真正的稀疏表示，基于它的识别也就不准确了。从表 11.2 还可以看出，当训练样本很少但采样率不是太低时(如问题 1-5%、1/2-5%、1/4-5%)，通过增大旋转扩展倍数，可以比较有效地提高识别率；而当采样率很低时(如问题 1/16-40%、1/16-30%、1/16-20%、1/16-10%、1/16-5%)，通过增大旋转扩展倍数，识别率只能有较小幅度的提高。

最后需要指出的是，通过增大旋转扩展倍数来提高识别率，由于会增大问题规模，需要付出更大的计算量。所以如果对识别率很敏感而对识别速度不很敏感，这是一个可选的方法；而当对识别速度比较敏感时，不宜通过这种方法来提高识别率。

表 11.2 旋转扩展倍数对识别率的影响 （单位：%）

识别问题	旋转扩展倍数				
	5	10	20	40	80
1-5%	85.42	95.79	98.29	**98.34**	98.29
1/2-5%	84.77	95.98	97.74	97.73	**97.80**
1/4-5%	82.01	93.39	93.60	93.55	**94.55**
1/8-40%	89.03	**93.62**	92.79	92.45	93.20
1/8-30%	87.07	**93.02**	91.02	91.45	91.95
1/8-20%	84.67	**91.48**	90.08	89.85	90.10
1/8-10%	79.74	**87.08**	85.06	85.74	86.33
1/8-5%	73.64	81.24	79.67	80.79	**81.54**
1/16-40%	65.24	**68.02**	65.85	67.27	67.38
1/16-30%	64.52	66.33	**67.26**	66.88	66.52
1/16-20%	62.67	65.75	65.94	**66.00**	**66.00**
1/16-10%	60.33	60.98	61.83	**63.03**	62.99
1/16-5%	55.37	55.65	56.68	57.43	**57.67**

参 考 文 献

[1] 胡颖, 王爽, 侯彪, 等. 基于 SWBCT 和投影特征的遥感目标识别[J]. 红外与毫米波学报, 2007, 26(6): 451-455.
[2] 陈凤, 杜兰, 刘宏伟, 等. 一种利用强度信息的雷达 HRRP 自动目标识别方法[J]. 电子学报, 2009, 37(3): 459-463.
[3] 刘靳, 姬红兵. 一种改进的红外目标识别算法[J]. 模式识别与人工智能, 2010, 28(3): 477-480.
[4] 李强, 王正志. 基于人工神经网络和经验知识的遥感信息分类综合方法[J]. 自动化学报, 2000, 26(2): 233-239.
[5] 张向荣, 阳春, 焦李成. 基于 Laplacian 正则化最小二乘的半监督 SAR 目标识别[J]. 软件学报, 2010, 21(4): 586-596.
[6] 张艳宁, 郑江滨, 王晓红, 等. 一种有效的遥感图像目标识别方法[J]. 信号处理, 2002, 18(1): 1-4.
[7] WRIGHT J, YANG A Y, GANESH A, et al. Robust face recognition via sparse representation[J]. IEEE transactions on pattern analysis and machine intelligence, 2009, 31(2): 210-227.
[8] CANDES E, RUDELSON M, TAO T, et al. Error correction via linear programming[C]//46th annual IEEE symposium on foundations of computer science (FOCS'05), 2005: 668-681.
[9] CANDES E J, RANDALL P A. Highly robust error correction by convex programming[J]. IEEE

transactions on information theory, 2008, 54(7): 2829-2840.

[10] CANDÈS E J. Compressive sampling[C]//Proceedings of the international congress of mathematicians, 2006, 3: 1433-1452.

[11] DONOHO D L. For most large underdetermined systems of linear equations the minimal l_1 norm solution is also the sparsest solution[J]. Communications on pure and applied mathematics, 2006, 59(6): 797-829.

[12] DONOHO D L. Compressed sensing[J]. IEEE transactions on information theory, 2006, 52(4): 1289-1306.

[13] KROEKER K L. Face recognition breakthrough[J]. Communications of the ACM, 2009, 52(8): 18-19.

[14] CHEN S S, DONOHO D L, SAUNDERS M A. Atomic decomposition by basis pursuit[J]. SIAM review, 2001, 43(1): 129-159.

[15] DONOHO D L. Neighborly polytopes and sparse solutions of underdetermined linear equations[J]. 2005.

[16] SHARON Y, WRIGHT J, MA Y. Computation and relaxation of conditions for equivalence between l_1 and l_0 minimization[J]. Submitted to IEEE transactions on information theory, 2007: 5.

[17] NOWAK R D, WRIGHT S J. Gradient projection for sparse reconstruction: Application to compressed sensing and other inverse problems[J]. IEEE journal of selected topics in signal processing, 2007, 1(4): 586-597.

[18] CHANG C C, LIN C J. LIBSVM: A library for support vector machines[J]. ACM transactions on intelligent systems & technology, 2007, 2(3, article 27): 389-396.

[19] MITCHELL T M. Machine Learning[M]. New York: McGraw-Hill, 1997.

第 12 章　压缩感知理论基础

12.1　压缩感知概述

压缩感知作为一种关于信号获取、表示和处理的新思想，它不仅让人们重新审视现有的信号处理方法和技术，而且带来了丰富的关于信号获取和处理的新思想，极大地促进了数学理论和工程应用的结合[1]，并将在大规模和复杂数据的处理中发挥重要作用。压缩感知研究受到关注源于 Candès 等[2, 3]和 Donoho[4]的工作，他们提出的经典压缩感知理论框架指出，对于具有稀疏性或者能够稀疏表示的信号，可以将它们从小规模的、非自适应的压缩观测中精确恢复。压缩感知框架主要包含了三个部分：稀疏表示、压缩观测方式以及重构模型与方法。其中，信号的稀疏表示是压缩感知的基本要求和前提；压缩观测方式的理论和获取技术是压缩感知研究的基础；重构模型与方法是压缩感知研究的核心内容。本节按照压缩感知的三个组成部分展开讨论，从经典的压缩感知理论框架出发，讨论压缩感知的基本理论、方法和应用的发展概况，并侧重介绍基于过完备字典的结构化压缩感知以及压缩感知的图像应用等研究热点。

12.1.1　基于字典的稀疏表示

稀疏表示是压缩感知的前提和先决条件。一个具有稀疏性的 n 维信号 $x \in \mathbb{R}^n$ 可以表示为

$$x = \mathcal{D}s \tag{12.1}$$

或者

$$\|x - \mathcal{D}s\|^2 \leqslant \varepsilon \tag{12.2}$$

当信号 x 自身具有稀疏性时，即 x 仅有 K（$K \ll n$）个非零元素或者能够用其自身的 K 个非零元素近似表示的情况，$\mathcal{D}$ 为单位阵，信号被称为 K 稀疏信号(K-sparse signal)或 K 可压缩信号(K-compressible signal)，K 则被称为信号 x 的稀疏度[5]，也就是信号稀疏性的度量。经典压缩感知理论中，主要研究信号 x 为稀疏信号或者可压缩信号，以及 $\mathcal{D}$ 为正交矩阵(此时 $\mathcal{D} \in \mathbb{R}^{n \times n}$，代表正交基)，而信号的表示系数 s 为稀疏信号或可压缩信号的情况[3, 6, 7]。

在压缩感知理论中，具有稀疏性的信号中所包含的信息是可以用信号的稀疏

性进行度量的。因此，在压缩感知应用中，稀疏性与信号的采样率以及可恢复性是密切相关的，这与传统的采样方式中数据采样率与信号的带宽和奈奎斯特频率有关不同。在传统的采样方式中，信号的最高频率越高，所需的均匀采样频率越高。而在压缩感知中，信号越稀疏，精确重构该信号所需要的压缩观测越少。因此，在实际信号的压缩感知应用中，首先需要发现或者获得信号的稀疏性或稀疏表示。正交变换分析和构造稀疏字典是常用的获得信号稀疏表示的方式。

　　传统的稀疏表示是通过将信号在一组正交完备的基函数上分解获得的，如傅里叶变换、离散余弦变换[8]和小波变换[9]等。但正交基没有冗余性，并且有对误差不敏感、计算不稳定等缺点。之后发展起来的基于框架的稀疏表示，框架具有一定的冗余性，其基本函数之间具有一定的相关性，计算上相对比较稳定。然而，信号处理和调和分析的实验表明，过完备字典在本质上可以获得比单个正交基和框架更好的稀疏特性[10]。基于过完备字典的信号稀疏表示的基本思想最早由 Mallat 在 1993 年提出[11]。Olshausen 等则认为自然图像都具有稀疏的结构，过完备字典下的图像表示符合人类视觉认知的 V1 区域的工作原理[12, 13]。一般来说，字典中原子的数量远远大于信号的维数，也就是说，在式(12.1)和式(12.2)中，稀疏字典 $\mathcal{D}$ 是一个长方形矩阵，即 $\mathcal{D} \in \mathbb{R}^{n \times n}$，$n << N$。在正交基中，信号的表示具有唯一性，而且稀疏分解通常能够通过快速正交变换完成；而在字典中，原子间不一定相互正交，信号在字典下的表示也并不一定唯一，同时，基于过完备字典的稀疏分解和压缩感知也比使用正交基更为复杂。综合来说，过完备字典与正交基相比，能够为信号提供更稀疏、更灵活和更自适应的表示。在压缩感知应用中，通过利用字典也可以获得更高的感知效率和更低的数据采样率。并且基于字典的稀疏表示也为多种图像处理应用带来了新的思路和处理方法。

　　根据过完备字典的构造方式，可以将现有的字典分为两类：固定字典和学习字典。固定字典中原子的形态或原型函数一旦固定将不再改变。一种固定字典是将正交基和框架的基函数间的"缝隙"进行填充得到的，即减小基函数的参数空间中各个参数的离散间隔。在这种参数空间的离散化方案下，字典原子间不能保持相互正交，而信号在字典下的分解也并不唯一。使用这种方法，Bergeaud 构造了一种各向同性的 Gabor 字典[14]，Ventura 等构造了一种基于 Gauss 函数与 Gauss 导数函数的字典[15]，孙玉宝等根据图像的不同成分，用三种 Gaussian 原型函数构造了多成分字典[16]，此外，还有小波字典[17]和其他 Gaussian 字典[18]等。另外，为了克服单一原型的字典或正交基只能表示单一特定结构的问题，有学者提出了级联字典[10,19-21]，也就是将多个正交基或字典联合作为稀疏字典，从而能够对具有多种结构类型的信号进行有效稀疏表示。这些字典都是正交基和框架的延伸，同时也是多尺度几何分析方法[22, 23]的一种扩展，因此，它们具有与正交基和多尺度几何分析相似的结构特性。从理论上来说，它们对信号的逼近能力相当于或者优于相应的正交基和框架，而很多正交基和框架的逼近能力已经有了理论上的分析和结论，因此这些字典具备对自然信号的良好的逼近能力。在字典构造和应用中，这种字典的构造方法比较简单，但规模通常比较大，原子间的相关性也比较大，字典具有较强的冗余性。因此，在字典的稀疏表示和压缩感知应用中，往往难以获得快速而准确的解，对搜索方法的寻优能力要求较高。

学习字典通过学习或训练的方式得到，通常是基于某一类信号的训练样本，通过迭代优化的方法来获得能够表示该类信号的字典。字典学习的思想由 Olshausen 提出[13]，已有的字典学习方法包括 MOD 方法[24]、RLS-DLA 方法[25]、KSVD 方法[26]和双稀疏方法[27]等。其中的 KSVD 方法是最广为人知的一种方法，并被应用于多种图像应用中[24, 28, 29]。在该方法中，迭代地进行字典学习和对训练样本的稀疏表示，在字典学习中则采用对字典原子逐个优化的策略。与固定字典相比，KSVD 字典的优点是规模较小、训练方法有效、能够获得对待处理的信号自适应表示。该字典方法存在的问题包括[30]：训练字典的方法比较复杂，更适用于低维和结构简单的信号，并且，由于在训练中采用了局部的搜索策略，影响了字典对训练集的表示精度；获得的原子形态和字典结构通常难以形式化描述，并且字典没有多尺度的特性，所能处理的信号必须与训练样本具有相同的尺度；缺乏很多应用中所需的不变特性，如平移、旋转和尺度不变性等，当所处理的信号(如图像)为训练样本的平移和旋转版本时，无法获得有效的表示。

还有一类学习字典是在信号重构过程中，针对待重构的信号通过学习得到的，如盲压缩感知[15]和基于混合高斯模型的重构[31, 32]中的字典。这两种方法中，交迭进行字典优化和信号的重构估计。但其中的字典学习问题也是欠定的优化问题，通常需要施加额外的约束条件。在盲压缩感知框架中，提出了三种对训练字典的结构先验约束：字典是给定的一组基中的其中一个；字典中的每个原子都能用给定的另一个字典进行稀疏表示；字典是正交的，并且具有块对角结构。方法中还给出了字典的唯一性条件和相应的求解算法，该方法的直接应用还比较少。基于混合高斯模型的重构方法中所用的 PCA 混合字典在初始化时，对每组具有相同方向结构的训练样本进行奇异值分解，从而获得一个方向 PCA 字典。之后在每次字典更新时，集合所有使用该字典的图像块对字典进行优化。

在字典应用中，除了字典的构造方法和对信号的表示逼近能力，字典的结构分析以及结构化字典的构造在压缩感知及其他实际应用中也是被广泛关注和研究的课题。在图像应用中，由于图像的结构，特别是边缘和突变内容，对于人类正确感知和理解信号有至关重要的作用，因此，在构造图像的稀疏字典时，往往希望字典的原子具有某些可表征和描述的特性，并能够确保所获得的字典在某些结构上是完备或者冗余的。事实上，目前很多性能良好的图像处理方法都设计和使用了结构化的字典。为了获得具有多尺度特性的字典，Elad 等在 KSVD 的基础上构造了一种多尺度的 KSVD 字典并用于图像和视频恢复[33]。该方法用不同大小的图像块分别构造 KSVD 字典，并将这些字典联合用作信号的稀疏字典。在 NHDW[34] 方法中也采用了类似的思路，结合小波分析构造了多尺度的层次字典用于图像去噪。此外，在 Shao 等的综述文献[35]中对用于图像去噪的结构化字典的学习方法进行了总结。Dong 等提出了一种包含多个 PCA 子字典的冗余字典，并将其应用于多种图像逆问题[36-39]，其中的每个子字典是由具有同一方向结构的自然图像块进行训练得到的，能够表示特定方向上的图像结构。Yu 等也提出了具有方向结构的 PCA 字典[31]，但字典的初始化是在人工构造黑白方向块上进行的，并且字典优化是与图像的压缩感知重构交迭进行的。Zhang 等提出了一种用于图像超分辨重构的几何字典[29]，其中包含了分别针对光滑、单方向和随机方向结构的多个子字典。该字典的构造方法是，设计算法来挑选具有特定结构的图像块，并将它们用作训练样本来学习得到结构子字典。

除此以外，前面提到的参数化的固定字典，是多尺度几何分析的一种延伸，也具有多尺度和多方向等结构特性。因此，也是一种高度结构化的字典，能够在方向和尺度等结构上对图像进行准确逼近。刘芳、许敬缓和黄婉玲等分别以 Ridgelet 和 Curvelet 函数为字典原子的原型，通过离散化字典的参数空间来构造过完备字典，并用于在分块策略下的自然图像稀疏表示[40-42]。字典中的每个原子都由三个参数确定：方向、尺度和位移。原子的参数不仅唯一确定了原子的形态，也描述了原子的结构，如方向和尺度等。因此，根据参数对字典进行组织，就能够获得表示特定结构的子字典。此外，分析用于表示一个图像块的各个原子的参数，也就能够获取图像块的结构信息。这种结构化的大规模过完备字典正是本书工作的基础。

综上所述，在稀疏重构中，稀疏性决定了精确重构所需要的观测数量，也决定了重构所能得到的精度上限。随着人们关注点从理想的稀疏信号投向更为广泛和复杂的实际信号，从单个信号的稀疏表示投向更为丰富的低维结构和信号关系，获得稀疏性的方式也趋于多样化和丰富化。其中，具有高度冗余性的字典和结构化的字典是很多应用中所亟须的，也因此成为热点研究内容。随之而来的，是对具有高精度和高稳定性的稀疏表示和重构方法的需求和广泛研究。

12.1.2　压缩观测

压缩观测理论和技术的研究内容是如何用尽可能少的非自适应观测包含足够多的用于重构的信号信息。在压缩感知中，采样和压缩是同步进行的，通常是以低速率的非自适应的线性投影，即信号与观测的内积运算，来得到信号样本的。

在理论研究上，通常采用的采样模型为

$$y = \Phi x \qquad (12.3)$$

式中，观测向量 $y \in \mathbb{R}^m$ 是通过对 n 维信号 x 进行线性投影得到的；矩阵 $\Phi \in \mathbb{R}^{m \times n}$（$m \ll n$）为观测矩阵。在经典压缩感知中，要求观测矩阵 Φ 对向量的投影是唯一和保距的，同时具有一定的抗噪能力。Candès 等提出了观测矩阵的有限等距性质[2,3,6,7](restricted isometry property, RIP)，并给出了精确重构稀疏和可压缩信号所需要的观测数量以及使用凸规划方法进行重构的误差界，从而奠定了压缩感知的理论框架基础。然而，在实际应用中，很难验证所设计的观测矩阵是否满足 RIP 性质，这是一个组合优化问题。目前被广泛使用的观测矩阵是一些随机矩阵，如高斯矩阵、二值矩阵、傅里叶矩阵等，它们已经被证实，能够以极高的概率满足 RIP 条件[2,42]。此外，衡量压缩观测矩阵是否适用的方法还包括 Spark 判据[43]，相关性判别理论[44]和零空间理论[45]等。

考虑到过完备字典在压缩感知中日益广泛的应用，学者对基于过完备字典的压缩感知中的观测方式也进行了分析。在最初的工作中，研究聚焦在字典 $\mathcal{D}$ 引入后，乘积矩阵 $\Phi \mathcal{D} \in \mathbb{R}^{m \times N}$ 的保距特性上。一种观点是对字典 $\mathcal{D}$ 施加约束，以确保矩阵 $\Phi \mathcal{D}$ 仍满足 RIP 性质[3,46]。而 Candès 等则建立了更为通用的 D-RIP[47]条件。该条件并不要求字典中的原子之间存在不相关性，同时指出，即使原子间有很强的相关性，并且信号在字典中的稀疏表示不具有唯一性，仍可以获得信号的准确重构估计。除此以外，还有学者指出，RIP 条件过于严格和保守[48]，在实际应用中，利用与信号相关的其他先验知识，能够在 RIP 条件不满足的条件下精确重构信号，同时能够有效减少精确重构所需要的观测数量[49]。

在硬件实现上，已有的压缩感知观测系统，包括单像素相机[50]、基于核的磁共振成像[51]、用于获取周期多频模拟信号的随机采样 ADC[52]等。在结构压缩感知框架中，提出了结构化的观测方式，即采用与信号的结构或者传感器的传感模式相匹配的采样方式[53]，以便能够用更少的代价获取信号，并得到可以应用于实际信号的硬件实现[54]。此外，还有很多针对专门应用建立的压缩感知硬件系统在不断研发中。

在自然图像应用中，目前还没有可以对自然场景进行直接观测的压缩感知硬件系统和平台，一般都是对数字化的图像进行仿真和实验。这样的研究虽然缺乏一定的实用性，但作为一种最典型和常用的自然信号，图像的压缩感知应用研究对于压缩感知和图像处理的发展有着深远的意义。按照观测信号的不同，可以将观测方式分为变换域观测和空域观测两种。变换域观测是对图像的正交变换系数进行压缩采样。在压缩感知过程中，采样和重构的都是稀疏的系数信号。已被采用的正交变换包括小波变换、DCT 变换、Fourier 变换等。其中一种小波域采样方法被称为多尺度压缩采样方法[55]。该方法保留图像小波系数的所有低频分量,再对三个方向的高频子带中的小波系数进行分别采样。空域观测的方法是直接对图像进行压缩观测,观测方式主要有随机取点观测、Gaussian 观测、部分正交变换矩阵观测等。另外,为了能够对大尺寸图像进行处理,Gan 等提出了分块压缩感知(block compressed sensing,BCS)框架[56],对图像进行分块处理,并对每个图像块用相同的观测操作来获得压缩观测值。在重构中,则对每个图像块进行重构估计,再将估计值按顺序拼接,进而得到对整幅图像的重构估计。在 BCS 框架下,块图像中的结构相比整幅图像简单得多,因此更容易构造稀疏字典获得稀疏表示,也可以方便地利用图像块之间的相似性,建立结构化的重构模型。

　　此外,还出现了一种被称为自适应观测的采样机制。这种观测机制的基本思想是根据信号的局部信息量来调整采样率,使得压缩观测中能包含更多的信号信息(与非自适应观测方式相比)。在 Bayesian 自适应感知方法[57]中,提出了“序列感知”的思路,即当前的采样操作是依据之前获得的观测进行信息最大化推论后采取的,从而确保获得的观测值包含更多 Bayesian 推论所需的信息。王蓉芳等提出了针对自然图像分块模型的自适应观测方法[58, 59],对各个图像块进行两次观测采样。第一次观测用于判断图像块的结构信息(纹理或边缘)的含量,第二次观测则根据第一次的判断结果调整采样率。最终根据两次观测得到的观测值进行重构。在任务驱动的自适应统计压缩感知方法[60]中,也采用了两步采样的思路:第一步的非自适应观测采样用于进行 IDA 分析,以确认图像块所满足的高斯模型;第二步的自适应采样则采用与图像块的高斯模型最为匹配的感知矩阵,使得待重构图像块与其二次观测之间的互信息最大化。自适应观测机制考虑了信号中信息分布的情况,虽然能够使得观测中的结构信息最大化,但同时也增加了前端采样的软硬件开销。

12.1.3　结构化稀疏重构模型

　　信号重构是压缩感知的核心内容,研究的是从信号的压缩观测中获得对原信号重构估计的方法和技术。

　　压缩感知中信号重构的基本模型为

$$x^* = \arg\min_x \|x\|_0, \quad \text{s.t.} \quad \|y - \Phi x\|^2 \leqslant \varepsilon \tag{12.4}$$

式中,$\|\cdot\|_0$ 称为 l_0 范数或零范数,用于计算信号中非零元素的个数,是一个度量信号稀疏性的非凸优化项。当信号的稀疏度,即非零元素的个数,为已知条件时,重构也可以通过求解下列模型完成:

$$x^* = \arg\min_x \|y - \Phi x\|^2, \quad \text{s.t.} \quad \|x\|_0 \leqslant K \tag{12.5}$$

除此以外,重构模型还有很多其他的版本。Elad 等指出,现有的常用模型属于综合模型，还有一大类基于分析模型的稀疏重构框架和方法[61, 62]。虽然稀疏重构模型有多种，但它们在本质上是具有非凸稀疏约束的优化问题，并且已经被证明是计算复杂度很高的 NP 难问题[17, 63]。虽然 RIP 条件研究和经典的压缩感知理论给出了在特定条件下，信号的稀疏性与重构信号所需的观测数量以及重构算法性能之间的关系，但在实际应用中，除了稀疏性以外，待重构的信号往往还蕴含稀疏性以外的先验结构，充分挖掘和利用这些先验结构，能够进一步降低精确重构信号所需的观测数量，并由此产生更丰富的重构策略和方法[5, 64]。

在信号自身不稀疏的情况下，可以利用字典对信号进行稀疏表示以获得稀疏先验。基于字典的一种重构模型为

$$\pmb{s}^* = \arg\min_{\pmb{s}} \|\pmb{s}\|_0, \quad \text{s.t.} \quad \|y - \pmb{\varPhi}\pmb{\mathcal{D}}\pmb{s}\|^2 \leqslant \varepsilon \tag{12.6}$$

该模型将对信号 $x \in \mathbb{R}^n$ 的求解转换为对 x 在字典下的稀疏表示系数 $\pmb{s} \in \mathbb{R}^N$ 的求解。对信号的重构估计则由 $x^* = \pmb{\mathcal{D}}\pmb{s}^*$ 计算获得。进一步约束表示系数的稀疏度，设定其上限值为 K 时，重构模型可以改写为如下形式

$$\pmb{s}^* = \arg\min_{\pmb{s}} \|y - \pmb{\varPhi}\pmb{\mathcal{D}}\pmb{s}\|^2, \quad \text{s.t.} \quad \|\pmb{s}\|_0 \leqslant K \tag{12.7}$$

定义稀疏向量 $\pmb{s}$ 的支撑集为 $\varLambda \triangleq \{i \mid \pmb{s}_i \neq 0\}$，它的势(cardinality)$|\varLambda|$ 与信号 $\pmb{s}$ 的稀疏度、信号 x 的维数以及字典的原子个数 N(同时也是 $\pmb{s}$ 的维数)之间的关系为 $|\varLambda| \leqslant K \ll n \ll N$，即稀疏信号 $\pmb{s}$ 中非零元素的个数远少于信号 x 的维数和字典中的原子个数。

值得注意的是，在实际应用中使用过完备字典的情况下，式(12.6)和式(12.7)中的问题的解通常是不唯一的[17]，也就是说，信号在字典中有多种稀疏表示方式，而通常关心的是最终对信号 x 的准确估计而非稀疏信号 $\pmb{s}$ [47]。并且在实际应用中能够使观测残差项 $\|y - \pmb{\varPhi}\pmb{\mathcal{D}}\pmb{s}\|^2$ 的取值很小的信号估计值，不一定对应有实际意义的信号，也可以理解为问题的解空间与真实的信号空间并不完全一致。因此，在基于过完备字典的实际应用中，常常利用稀疏性以外的先验知识来减少重构问题的不确定性和不稳定性，以确保获得准确和稳定的信号估计值。其中一种表达信号先验的方法是将信号的结构信息也作为稀疏测度，建立基于结构稀疏的重构模型[26, 53]。这是结构压缩感知中的重要研究内容，同时也是将压缩感知推向应用的关键技术。

综上所述，在丰富的信号应用中，信号的结构先验对于减少精确重构所需的观测数量以及减少重构模型的不确定性起着至关重要的作用。而对于千差万别的信号稀疏结构，需要设计和使用不同的结构化模型，并建立相应的模型处理方法，也因此产生了非常丰富的结构压缩感知重构理论和方法。

　　在 Bayesian 压缩感知框架中，提出利用稀疏信号的统计分布先验，并根据信号的观测通过后验推理进行重构[65, 66]。这类方法的优点是利用概率推理进行建模和计算，往往能推导出问题的解析解[67-69]。因此，所设计的算法具有较低的计算复杂度。缺点是方法的性能极度依赖于模型先验的准确性，而信号的先验分布模型往往难以获得或者难以准确估计。

　　在模型压缩感知[64]框架中，提出了利用信号系数的取值与位置间的关系来减少重构估计所必需的观测数量，建立了基于模型稀疏的压缩感知理论，以及基于小波域树形稀疏和块稀疏两种模型的重构算法，并从理论上证明，这些算法能够有效减少对具有特定稀疏结构的信号进行精确重构所需的观测数量。该文中提到的块稀疏模型是一种被广泛研究的稀疏模型[70-74]。模型中的稀疏信号的支撑被限定在特定的区域(即块)中，可以用于对具有多类联合特征的信号进行建模。此外，还有学者提出了其他的一些基于树形稀疏结构和 Markov 模型结构的重构方法[75-78]，这些方法都结合和利用了信号特有的稀疏结构和模型。

　　在很多应用领域，如医学成像、阵列处理、认知无线电和多波段通信等，需要处理的并不是单个的信号，而是一组具有共同特征的信号，因此，需要建立描述一组信号及其相互关系的稀疏模型，并建立相应的重构和处理方法。其中，最广为人知的模型是多观测向量(multiple measurement vectors，MMV)模型[79-84]，有的文献中也将它称为联合稀疏模型[85]。MMV 模型利用了一组信号间的相似关系，所处理的一组信号具有相同支撑，即相同的非零值位置。在重构中，MMV 用单个重构模型来同时估计一组信号，并用多个单观测信号作为先验条件来约束这个重构模型，从而能够减少精确重构所需的观测数量，或者在现有观测条件下提高信号的重构精度。在分布式压缩感知[86-89]研究中，提出了联合稀疏模型，将具有相似稀疏性的一组信号建模为共同成分和差异成分之和，并根据两种成分的稀疏特性将联合模型分为三种：信号有稀疏的共同成分和差异成分、信号有共同的稀疏支撑、信号有非稀疏的共同成分和稀疏的差异成分。MMV 模型就是其中的第二种联合稀疏模型。现有研究中，对各个联合稀疏模型的求解策略都进行了分析，并建立了相应的求解算法[89]。分布式压缩感知的研究为分布式系统和分布式信号处理带来了全新的研究气象，将该领域的研究推向新的高度。

　　在结构压缩感知[42, 53]框架中，将稀疏信号推广为更一般的信号类，即联合子空间信号[90-92]，其中涵盖了有限和无限子空间的情况。在有限维框架下的模型主要有结构化的稀疏支撑和子空间的稀疏联合两种。前者指的是对信号的支撑进行约束，只有特定位置的元素可以取非零值，如对图像的小波系数施加的树形约束模型。后者指的是，信号位于有限个子空间的值和空间中，块稀疏模型就是其中最典型的一种。当然，这两种模型还可以叠加使用。无限维信号和空间主要研究子空间的数量无穷多或者子空间维数无穷大的情况，是针对模拟信号以及采样硬件展开的研究。

在具体信号的压缩感知应用中，除了运用已有的结构稀疏模型对信号进行建模外，还可以根据具体信号和应用的特点，挖掘结构先验并建立有效的重构模型。在自然图像的压缩感知重构应用中，结合已有图像表示和处理技术，如图像字典的设计、图像自相似性(包括局部和非局部的自相似性)、图像统计特性、低维模型的综合运用等，学者提出了很多性能优良的方法[93, 94]。武娇和刘芳等结合了Bayesian 学习和图像小波分解系数的先验统计模型，为基于小波域稀疏采样的图像压缩感知重构问题建立了多个快速的压缩感知重构算法[95-98]，其中涉及的图像类别包括自然图像、遥感图像和医学图像等。Dong 等通过训练学习获得了 PCA 联合字典，提出了基于自回归模型的图像恢复方法[39, 99, 100]。方法中提出，图像不仅具有基于 PCA 字典的稀疏特性，还具有局部和非局部的自回归结构。在他们所设计的图像恢复方法中，交迭地估计图像和分析自适应于图像局部结构的回归模型。这些方法在很多图像应用中取得了领先的处理效果。此外，该研究团队还提出了结合非局部低秩模型的图像恢复方法[100, 101]，并进一步通过结合高斯尺度混合模型[102, 103]提升了现有图像恢复方法的性能。Zhou 等提出了基于非参 Bayesian 字典学习和 Bayesian 推理的图像稀疏恢复方法[104]。Yu 等利用混合高斯模型进行字典训练和重构[31, 32]，随后 Yang 等提出利用观测和高斯混合模型通过后验推理进行图像和视频恢复[32, 105]。这些方法在图像的稀疏表示或恢复模型中挖掘和利用了图像的统计先验信息，获得了对图像的快速恢复和估计。

综上所述，建立面向应用的结构化重构模型仍是值得持续关注的研究热点。此外，设计稀疏恢复模型与建立相应的求解方法，这两者是密不可分的。信号恢复的实际效果和性能既取决于所建立的恢复模型对于实际应用问题的适用性，也取决于所建立的求解算法对于模型的求解性能。

12.2　稀疏重构方法

稀疏压缩感知重构问题是具有零范数约束的非凸问题，现有的重构算法大多采用了凸松弛或局部搜索的近似和逼近手段，以便建立可快捷求解的重构算法。

重构方法的分类方法有多种，根据稀疏测度的凸性质，可以分为凸松弛方法和贪婪算法。本书将重点讨论非凸重构方法以及它们求解结构化重构模型的基本思路。

12.2.1　凸松弛方法

凸松弛方法将非凸稀疏测度 l_0 范数项用非光滑但具有凸性质的 l_1 范数代替，进而获得一个更容易求解的凸优化问题，之后就可以使用高效的数值优化方法进行求解。例如，可以将式(12.4)中零范数最小化的重构问题凸松弛为

$$x^* = \arg\min_x \|x\|_1, \quad \text{s.t.} \quad \|y - \varPhi x\|^2 \leqslant \varepsilon \tag{12.8}$$

这样的凸优化问题比原来的非凸优化问题更容易求解。还有很多凸松弛重构方法是通过求解以下正则模型建立的[5]

$$x^* = \arg\min_x \frac{1}{2}\|y - \varPhi x\|^2 + \lambda\|x\|_1 \tag{12.9}$$

l_1 范数最小化重构方法是获得最广泛研究的一类重构方法。这一方面得益于凸规划方法已有的丰富研究成果，另一方面得益于 Donohol 和 Candès 等提出的基于凸松弛方法获得精确重构的理论保证[4, 6]。

Schmidt 等根据优化策略将 l_1 范数优化方法分为次梯度方法、无约束逼近方法和有约束优化方法[106, 107]。在 Zhang 等关于稀疏表示方法的综述文献[108]中，则将 l_1 范数优化方法分为三种：约束优化策略、基于近似算法的优化策略和同伦算法。由于压缩感知重构与稀疏表示模型有很多相似之处，很多稀疏表示方法被改进和应用在稀疏重构中，因此，本书也将 l_1 范数重构方法分为这三种。

约束优化策略将不可导的优化问题用光滑的可导约束优化问题进行逼近，用一个凸的光滑项代替非光滑的 l_1 范数，从而可以利用高效的优化方法进行求解。其中的典型算法包括梯度投影(GPSR)方法[109]、方法交替方向(ADM)方法[110]和各种内点方法[111]等。

基于近似算法的优化策略[112]的主要思想是利用近似算子，如收缩算子、软阈值和硬阈值算子等，来分解原优化问题。在重构过程中，交替地求解各个原优化问题的子问题，并应用近似算子来逼近稀疏项。该方法常常被用于求解大规模或分布式的非光滑受约束的凸优化问题。这种方法主要包括 Bergman 迭代算法[113, 114]、近似消息传递(AMP)方法[78]、交选收缩阈值(IST)方法[115]及其改进方法[116]等。

同伦算法[117]的主要思想是在迭代优化中逐步地调整同伦参数，直至获得最优解，该方法已被广泛应用于 K 稀疏信号的 l_1 范数压缩感知重构问题。其中最具代表性的方法是基追踪(basis pursuit，BP)算法[2, 118]、Lasso 方法[119]、交选重加权方法[120]等。

在结构压缩感知重构中，运用凸松弛方法求解结构模型的方法也有很多。例如，将 Lasso 方法推广到结合了块稀疏模型的 Group-Lasso 方法[121]、结合了层次和协同模型的 HiLasso 和 C-HiLasso 方法[122]以及结合其他稀疏正则条件的方法[123, 124]；Eldar 等提出的基于凸规划的求解块稀疏和 MMV 模型的方法[91]；求解 MMV 模型的凸松弛方法[125]；以及用于小波树和隐马尔可夫模型的凸集投影方法[77]等。在实际应用中，为了获得可以用凸松弛方法求解的模型，可以将应用相关的先验知识

表示为多个正则约束项，并通过交迭优化来求解各个未知变量，从而获得重构估计。但这种方法的缺点主要有两个方面，一方面是涉及多个先验模型时，与之对应的多个正则参数难以准确估计，在很多应用中，即便是使得式(12.8)和式(12.9)等价的正则参数 $|S_i|$ 的值都是难以确定的[5]；另一方面是为了获得可求解的凸问题，与问题相关的先验知识必须用线性项进行表达和逼近，这会使得非线性和非凸的约束项，以及难以形式化表达的先验往往难以处理。

12.2.2　贪婪方法

贪婪方法又称迭代方法，其主要特点是交替地估计稀疏信号的支撑和非零元素的取值，而在每一次迭代中，采用局部最优的搜索策略来减小当前的重构残差，从而获得对待重构信号的一个更准确的估计。贪婪方法主要有两种：贪婪追踪方法和阈值方法[126]。

贪婪追踪的典型方法是匹配追踪(matching pursuit, MP)方法[14,17,127]和正交匹配追踪(orthogonal matching pursuit, OMP)方法[128-130]，其重构模型如式(12.5)和式(12.7)所示，其中，稀疏度的上界事先给定为 K，稀疏测度使用的是非凸的 l_0 范数。考虑到求解稀疏信号的支撑是一个组合优化问题，为了降低问题求解的难度，这两种匹配追踪方法对信号支撑采取逐个估计的方式，在每次迭代中将与当前观测残差的相关性最大的原子加入支撑集中，并计算新的观测残差值，重复这个过程，直到原子数量达到 K 或者其他停止条件被满足。MP 方法和 OMP 方法的区别是后者会在每次迭代中更新当前支撑集中原子的系数，而前者不更新。在这两种方法中，逐个更新支撑集的做法容易受到噪声以及原子间相关性的干扰，并且原子一旦被选入支撑集合中就不会被删除。因此，每次原子的选择都受到之前被选择的原子的影响，一旦"错误"的原子被选择，就很难获得对信号的准确估计。一种改进思路是每次选择多个原子加入候选集中或者加入原子修剪操作，以增加算法的鲁棒性。例如，分段正交匹配追踪方法(StOMP)[131]就在一次迭代中加入多个原子，正则化匹配追踪方法(ROMP)[132, 133]则利用 RIP 性质和修剪操作来设计每次迭代的操作等。Blumensath 等指出，在一些应用中，基于贪婪策略的非凸优化方法能够获得比凸优化方法更好的解[134]。他们还提出了梯度追踪算法，用于提高贪婪算法的性能，其中给出了三种方向优化策略：梯度方法、共轭梯度方法和近似共轭梯度方法。

阈值方法中的经典方法是迭代硬阈值(iterative hard thresholding, IHT)方法[135]。IHT 方法在重构过程中交替地进行梯度下降优化和阈值操作。其中的梯度下降优化操作用于保证观测残差的减小，阈值操作仅保留具有最大值的系数值，并将其他系数置零，以确保信号的稀疏度满足预设的要求。由于方法中采用了梯度下降优化步骤，因此只有在特定条件下，才能在理论上确保算法能够收敛到全局最优解。

在过完备字典的应用中，很难确保算法的性能。其他的阈值方法包括稀疏匹配追踪算法[136]、具有稀疏约束的交迭算法[137]等。

此外，还有两种比较特殊的算法，分别是压缩采样追踪(CoSaMP)方法[138]和子空间追踪(SP)方法[139]，这两种方法在每次迭代中挑选多个原子以更新活跃集合，并按照一定原则在活跃集中采用修剪操作，以一定的准则挑选出用于重构信号的原子。这两种方法一方面可以看成贪婪追踪方法，只是在每次迭代中扩大了搜索范围，一次挑选多个原子；另一方面也可以认为是阈值方法，因为它们在每次迭代后都保留了 K 个原子。这两种方法在特定应用中，能够有效提高已有算法的重构精度、稳定性以及鲁棒性。

在压缩感知中，对贪婪方法的理论性能进行分析是比较困难的[126]，特别是贪婪追踪方法。目前有研究认为，贪婪方法的理论保证比凸松弛方法所需要的 RIP 条件更为严格[140]；也有研究指出，一些贪婪方法的理论性能在特定的应用场合中与凸松弛方法非常接近[129,133,141]，甚至超过凸松弛方法[134]。这一课题的研究仍持续受到关注。

贪婪方法的最大优点是简单和快速，并且与凸松弛的方法难以获得与原问题等价的代价函数[126]相比，更易于表达和求解复杂的结构模型,并且更适用于高维数据。目前，已经有很多用于求解子空间联合模型的贪婪方法，如求解块稀疏模型的 BMP 和 BOMP 方法[72]、求解结构稀疏模型的结构贪婪方法[64,92,142]，求解树模型的贪婪追踪方法[143,144]、求解 MMV 模型的贪婪追踪方法[81,145,146]、结合了统计先验的图像多变量追踪重构[95,163]等。

12.2.3　其他重构方法

除了凸松弛方法和贪婪方法,还有其他的一些重构思路和方法。一种思路是 l_p 范数重构，即将稀疏测度 l_0 范数项用 l_p 范数(0<p<1)代替，从而通过求解一个 l_p 范数约束的非凸问题，获得对信号的高效重构估计。其中，l_p 范数是 l_0 范数的一个非凸松弛,是一个比 l_1 范数稀疏的稀疏测度。现有的这类方法包括 FOCUSS 方法[147]、IRLS 方法[120]等。此外，Xu 等提出了基于 $l_{1/2}$ 范数的正则化框架[148,149]，并建立了基于 $l_{1/2}$ 范数的非凸重构框架和快速求解方法[150,151]。该理论研究和实验结果表明，基于 l_p 范数的非凸重构方法能够在一定条件下获得精确重构[152]，并在低采样率下优于凸松弛方法[153]。由于 l_p 范数是优于 l_1 范数的稀疏测度，在很多应用中，基于 p 范数的重构方法能获得比凸松弛方法更好的性能。这些方法的应用推广正在展开。

在实际应用中，除了在已有的重构方法中进行挑选，还可以结合特定领域的信号处理方法来设计重构方法。在自然图像的压缩感知中，有学者提出结合图像处理中的滤波技术进行压缩感知重构。Mun 等在块压缩感知框架下，提出用迭代滤波进行图像重构[154]。具体做法是，在图像的初始估计图上交迭地进行滤波和凸投影操作。其中，滤波操作是根据图像的局部模型逐步地增强图像结构估计，凸投影则用于确保获得的估计值与图像的观测值一致。王蓉芳等在此基础上提出了自适应压缩感知方法，从观测方式和滤波器设计两方面入手进行了改进[58, 59]。Egiazarian 等提出了基于递归自适应滤波的图像重构方法，在算法的每次迭代中向当前图像估计值添加随机噪声，并设计自适应滤波器对加噪图像进行去噪，从而进一步发现图像中的特征和结构[155]。在此基础上，他们还结合图像的非局部相似特性，利用已有 BM3D 算法[156]中"分组匹配+协同滤波"的去噪策略，提出了基于BM4D 去噪的重构方法[157]。

12.2.4 基于自然计算优化方法的稀疏重构

自然计算涵盖了一大批受到自然现象和生物规律的启发，如自然进化学说、生物免疫系统、生物群体行为、人类神经网络等，而建立的人工智能方法。它们以自然界或生物体的功能和机理为基础，研究其中包含的信息处理机制，设计和构造计算模型和算法，并运用于各个应用领域[158]。在自然计算的众多研究分支中，有一种基于自然计算机理的优化方法在实际问题中得到了广泛应用。这种优化方法采用有向随机搜索的策略，能够对问题解空间进行全局最优搜索。这类方法对非线性的复杂问题，如组合优化问题，具有传统的优化方法所不能比拟的优势。将自然计算优化方法应用于压缩感知应用中是一种非常自然的想法。

在已有的此类方法中，一种思路是将自然计算优化方法应用于已有方法的局部优化中。例如，有学者提出了将 OMP 算法与进化算法结合，用群体并行搜索策略改进 OMP 算法的性能[159-161]。虽然这些方法着力于提高 OMP 每次迭代搜索的精度或速度，但 OMP 算法自身的局部搜索策略会制约方法的重构性能。也就是说，这些方法并不是全局寻优意义下的重构方法。Van Ruitenbeek 提出了一种基于粒子群算法的稀疏重构方法[162]，其中，信号的稀疏度用信号中系数最小的$(n-K)$(n 和 K分别是信号的长度和稀疏度)个值的平方和进行度量，适应度函数则设计为上述稀疏性度量值与重构残差值的加权和。其他的应用包括：Wu 等运用进化算法来求解图像重构中 l_p 范数约束的重构子问题[163]；Li 等利用了多目标进化机制来求解 l_1 范数约束的重构问题[164]；Li 等将经典多目标优化 MOEA/D 方法与迭代硬阈值方法结合[165]等。这些方法在结构压缩感知上的推广还不多见。

本书作者所在的研究团队提出了利用自然计算优化方法在全局寻优意义下求解 l_0 范数约束的压缩感知问题，并持续和深入地进行了研究和探讨。杨丽和马红梅分别提出了利用遗传算法和克隆选择算法进行非凸压缩感知重构[166, 167]。在这些方法中，对图像块在过完备字典下的稀疏表示系数进行编码，将稀疏表示系数对观测的重构残差值定义为评价函数，并利用遗传算法和克隆选择算法中的各种算子操作在评价函数指导下，实现对表示系数的解空间的搜索。此外，杨丽还提出了对图像块的观测向量进行聚类，对同一类的观测所对应的图像块进行共同估计。这实际上是实现了对具有结构稀疏特点的一组系数进行联合求解，是首次利用遗传算法实现的结构化压缩感知重构。在此基础上，崔白杨和董航提出对过完备字典按照原子的方向结构进行组织，在遗传算法中，将种群中的个体按照方向进行初始化，并将算法中对不同方向个体的交叉操作对应为图像块的方向结构估计，从而赋予了遗传进化算子在图像结构估计中的物理含义[168, 169]。随后，王增琴提出基于遗传算法对单个图像块的重构估计值进行结构判别，将图像块分为光滑和非光滑两种，并针对这两种图像块分别设计进化重构策略以适应图像块的结构[170]。另外，为了加快已有方法的重构速度，全昌艳引入了粒子群搜索算法，提出了基于交叉算子和粒子群搜索的重构方法[171]。本书部分工作与这些研究工作属于同一个研究方向，是一种全新的非凸压缩感知重构思路，能够对过完备字典进行全局搜索，获得对自然图像准确的重构估计。

此外，上述工作是在分块压缩感知框架下提出的，对图像的观测在空域完成。团队的另一个研究方向是基于小波域采样的非凸重构，也取得了一些成果。其中包括了基于免疫优化的重构方法[172,173]、基于遗传算法和联合约束的重构方法[174]、基于进化多目标优化的重构方法[175]等。这些研究工作还将持续进行。

参 考 文 献

[1] 焦李成, 杨淑媛, 刘芳, 等. 压缩感知回顾与展望[J]. 电子学报, 2011, 39(7): 1651-1662.

[2] CANDÈS E J. Compressive sampling[C]//Proceedings of the international congress of mathematicians, 2006, 3: 1433-1452.

[3] CANDÈS E J, ROMBERG J, TAO T. Robust uncertainty principles: Exact signal reconstruction from highly incomplete frequency information[J]. IEEE transactions on information theory, 2006, 52(2): 489-509.

[4] DONOHO D L. Compressed sensing[J]. IEEE transactions on information theory, 2006, 52(4): 1289-1306.

[5] DAVENPORT M A, DUARTE M F, ELDAR Y C, et al. Introduction to Compressed Sensing[M]//YONINA E, GITTA K. Compressed Sensing: Theory and Applications. Cambridge: Cambridge University Press, 2012.

[6] CANDÈS E J, TAO T. Decoding by linear programming[J]. IEEE transactions on information theory, 2005, 51(12): 4203-4215.

[7] CANDÈS E J, TAO T. Near-optimal signal recovery from random projections: Universal encoding strategies?[J]. IEEE transactions on information theory, 2006, 52(12): 5406-5425.

[8] OPPENHEIM A V, WILLSKY A S, HAMID S. Signals and Systems (2nd Edition)[M]. New Jersey: Prentice Hall, 1996.

[9] MALLAT S. A Wavelet Tour of Signal Processing: The Sparse Way, Third Edition[M]. Beijing: China Machine Press, 2010.

[10] ELAD M. Sparse and Redundant Representations: From Theory to Applications in Signal and Image Processing[M]. New York: Springer-Verlag, 2010.

[11] MALLAT S G, ZHANG Z F. Matching pursuits with time-frequency dictionaries[J]. IEEE transactions on signal processing, 1993, 41(12): 3397-3415.

[12] OLSHAUSEN B A, FIELD D J. Sparse coding with an overcomplete basis set: A strategy employed by V1?[J]. Vision research, 1997, 37(23): 3311-3325.

[13] OLSHAUSEN B A. Emergence of simple-cell receptive field properties by learning a sparse code for natural images[J]. Nature, 1996, 381(6583): 607-609.

[14] BERGEAUD F, MALLA S. Matching pursuit of images[C]//International conference on image processing, 1995: 53-56.

[15] VENTURA R M F, VANDERGHEYNST P, FROSSARD P. Low-rate and flexible image coding with redundant representations[J]. IEEE transactions on image processing, 2006, 15(3): 726-739.

[16] 孙玉宝, 肖亮, 韦志辉. 基于 Gabor 感知多成分字典的图像稀疏表示算法研究[J]. 自动化学报, 2008, 34(21): 1379-1387.

[17] NATARAJAN B K. Sparse approximate solutions to linear systems[J]. SIAM journal on computing, 1995, 24(2): 227-234.

[18] QIAN S, CHEN D. Signal representation using adaptive normalized Gaussian functions[J]. Signal processing, 1994, 36(1): 1-11.

[19] GRIBONVAl R, NIELSEN M. Sparse representations in unions of bases[J]. IEEE transactions on information theory, 2003, 49(12): 3320-3325.

[20] STARCK J L, DONOHO D L, CANDES E J. Very high quality image restoration by combining wavelets and curvelets[C]//International symposium on optical science and technology. international society for optics and photonics, 2001: 9-19.

[21] STARCK J L, ELAD M, DONOHO D L. Image decomposition via the combination of sparse representations and a variational approach[J]. IEEE transactions on image processing, 2005, 14(10): 1570-1582.

[22] 焦李成, 谭山. 图像的多尺度几何分析回顾和展望[J]. 电子学报, 2003, 31(12A): 1975-1981.

[23] JIAO L C, SHAN T. Development and prospect of image multiscale geometric analysis[J]. Acta electronica sinica, 2003, 31: 1975-1981.

[24] ELAD M, AHARON M. Image denoising via sparse and redundant representations over learned dictionaries[J]. IEEE transactions on image processing, 2006, 15(12): 3736-3745.

[25] SKRETTING K, ENGAN K. Recursive least squares dictionary learning algorithm[J]. IEEE transactions on signal processing, 2010, 58(4): 2121-2130.

[26] AHARON M, ELAD M, BRUCKSTEIN A. K-SVD: An algorithm for designing overcomplete dictionaries for sparse representation[J]. IEEE transactions on singnal processing, 2006, 54(11): 4311-4322.

[27] RUBINSTEIN R, ZIBULEVSKY M, ELAD M. Double sparsity: Learning sparse dictionaries for sparse signal approximation[J]. IEEE transactions on signal processing, 2010, 58(2): 1553-1564.

[28] BRYT O, ELAD M. Compression of facial images using the K-SVD algorithm[J]. Journal of visual communication and image representation, 2008, 19(4): 270-283.

[29] ZHANG Q, LI B X. Discriminative K-SVD for dictionary learning in face recognition[C]//IEEE conference on computer vision & pattern recognition, 2010: 2691-2698.

[30] GLEICHMAN S, ELDAR Y C. Blind compressed sensing [J]. IEEE transactions on information theory, 2011, 57(12): 6958-6975.

[31] YU G S, SAPIRO G, MALLAT S. Solving inverse problems with piecewise linear estimators: From Gaussian mixture models to structured sparsity[J]. IEEE transactions on image processing, 2012, 21(5): 2481-2499.

[32] YANG J B, LIAO X J, YUAN X, et al. Compressive sensing by learning a Gaussian mixture model from measurements[J]. IEEE transactions on image processing, 2015, 24(1): 106-119.

[33] MAIRAL J, SAPIRO G, ELAD M. Learning multiscale sparse representations for image and video restoration[J]. SIAM multiscale modeling and simulation, 2008, 7(1): 214-241.

[34] YAN R M, SHAO L, LIU Y. Nonlocal hierarchical dictionary learning using wavelets for image denoising [J]. IEEE transactions on image processing, 2013, 22(12): 4689-4698.

[35] SHAO L, YAN R M, LI X L, et al. From heuristic optimization to dictionary learning: A review and comprehensive comparison of image denoising algorithms[J]. IEEE transactions on cybernetics, 2014, 44(7): 1001-1013.

[36] DONG W S, ZHANG L, SHI G M, et al. Nonlocally centralized sparse representation for image restoration[J]. IEEE transactions on image processing, 2013, 22(4): 1620-1630.

[37] YANG J C, WRIGHT J, HUANG T S, et al. Image super-resolution via sparse representation[J]. IEEE transactions on image processing, 2010, 19(11): 2861-2873.

[38] WU X L, DONG W S, ZHANG X J, et al. Model-assisted adaptive recovery of compressed sensing with imaging applications[J]. IEEE transactions on image processing, 2012, 21(2): 451-458.

[39] DONG W S, ZHANG L, LUKAC R, et al. Sparse representation based image interpolation with nonlocal autoregressive modeling[J]. IEEE transactions on image processing, 2013, 22(4): 1382-1394.

[40] 许敬缓. 脊波框架下稀疏冗余字典的设计及重构算法研究[D]. 西安: 西安电子科技大学硕士毕业论文, 2011.

[41] 黄婉玲. 过完备 Curvelets 字典的图像的稀疏表示与重构[D]. 西安: 西安电子科技大学, 2011.

[42] 刘芳, 武娇, 杨淑媛, 等. 结构化压缩感知研究进展[J]. 自动化学报, 2013, 39(12): 1980–1995.

[43] ELAD M, BRUCKSTEIN A M. A generalized uncertainty principle and sparse representation in pairs of bases[J]. IEEE transactions on information theory, 2002, 48(9): 2558-2567.

[44] DONOHO D L, HUO X. Uncertainty principles and ideal atomic decomposition[J]. IEEE transactions on information theory, 2001, 47(7): 2845-2862.

[45] KASHIN B S, TEMLYAKOV V N. A remark on compressed sensing [J]. Mathematical notes, 2007, 85(5-6): 748-755.

[46] RAUHUT H, SCHNASS K, VANDERGHEYNST P. Compressed sensing and redundant dictionaries[J]. IEEE transactions on information theory, 2008, 54(5): 2210-2219.

[47] CANDÈS E J, ELDAR Y C, NEEDELL D, et al. Compressed sensing with coherent and redundant dictionaries[J]. Applied and computational harmonic analysis, 2011, 31(1): 59-73.

[48] CANDÈS E J, PLAN Y. A probabilistic and RIPless theory of compressed sensing[J]. IEEE transactions on information theory, 2011, 57(11): 7235-7254.

[49] ZHANG Y. Theory of compressive sensing via l_1-minimization: A non-RIP analysis and extensions[J]. Journal of the operations research society of China, 2013, 1(1): 79-105.

[50] DUARTE M F, DAVENPORT M A, TAKHAR D, et al. Single-pixel imaging via compressive sampling[J]. IEEE signal processing magazine, 2008, 25(2): 83.

[51] LUSTIG M, DONOHO D L, SANTOS J M, et al. Compressed sensing MRI[J]. IEEE signal processing magazine, 2008, 25(2): 72-82.

[52] PFETSCH S, RAGHEB T, LASKA J, et al. On the feasibility of hardware implementation of sub-Nyquist random-sampling based analog-to-information conversion[C]//IEEE international symposium on circuits and systems, 2008: 1480-1483.

[53] DUARTE M F, ELDAR Y C. Structured compressed sensing: From theory to applications[J]. IEEE transactions on signal processing, 2011, 59(9): 4053-4085.

[54] MISHALI M, ELDAR Y C. Xampling: Compressed Sensing for Analog Signals[M]. Cambridge, UK: Cambridge University Press, 2012.

[55] TSAIG Y, DONOHO D L. Extensions of compressed sensing[J]. Signal processing, 2006, 86(3): 549-571.

[56] GAN L. Block compressed sensing of natural images[C]//Proceedings of international conference on digital signal processing, 2007: 403-406.

[57] HAUPT J, NOWAK R. Adaptive sensing for sparse recovery [M]//YONINA E, GITTA K. Compressed Sensing: Theory and Applications. Cambridge: Cambridge University Press, 2012.

[58] 王蓉芳, 焦李成, 刘芳, 等. 利用纹理信息的图像分块自适应压缩感知[J]. 电子学报, 2013,

(8): 1506-1514.

[59] 王蓉芳, 刘璐, 焦李成, 等. 利用边缘信息的多尺度分块压缩感知自适应采样方法[J]. 信号处理, 2014, 30(12): 1457-1463.

[60] DUARTE-CARVAJALINO J M, YU G, CARIN L, et al. Task-driven adaptive statistical compressive sensing of Gaussian mixture models[J]. IEEE transactions on signal processing, 2013, 61(3): 585-600.

[61] ELAD M, MILANFAR P, RUBINSTEIN R. Analysis versus synthesis in signal priors[J]. Inverse problems, 2007, 23(3): 947.

[62] GIRYES R, NAM S, ELAD M, et al. Greedy-like algorithms for the cosparse analysis model[J]. Linear algebra and applications, 2014, 441: 22-60.

[63] YUAN M, LIN Y. Model selection and estimation in regression with grouped variables[J]. Journal of the royal statistical society, series B, 2006, 68(1): 49-67.

[64] BARANIUK R G, CEVHER V, DUARTE M F, et al. Model-based compressive sensing[J]. IEEE transactions on information theory, 2010, 56(4): 1982-2001.

[65] JI S H, XUE Y, CARIN L. Bayesian compressive sensing[J]. IEEE transactions on signal processing, 2008, 56(6): 2346-2356.

[66] WIPF D P, RAO B D. Sparse Bayesian learning for basis selection[J]. IEEE transactions on signal processing, 2004, 52(8): 2153-2164.

[67] BECKER S, BOBIN J, CANDÈS E J. NESTA: A fast and accurate first-order method for sparse recovery[J]. SIAM Journal on Imaging Sciences, 2011, 4(1): 1-39.

[68] WU J, LIU F, JIAO L C, et al. Multivariate compressive sensing for image reconstruction in the wavelet domain: Using scale mixture models[J]. IEEE transactions on image processing, 2011, 20(12): 3483-3494.

[69] BARON R, SARVOTHAM S, BARANIUK R G. Bayesian compressive sensing via belief propagation[J]. IEEE transactions on signal processing, 2010, 58(1): 269-280.

[70] PEOTTA L, VANDERGHEYNST P. Matching pursuit with block incoherent dictionaries[J]. IEEE transactions on information theory, 2007, 55(9): 4549-4557.

[71] STOJNIC M, PARVARESH F, HASSIBI B. On the reconstruction of block-sparse signals with an optimal number of measurements[J]. IEEE transactions on signal processing, 2009, 57(8): 3075-3085.

[72] ELDAR Y C, KUPPINGER P, BOLCSKEI H. Block-sparse signals: Uncertainty relations and efficient recovery[J]. IEEE transactions on signal processing, 2010, 58(6): 3042-3054.

[73] 付宁, 曹离然, 彭喜元. 基于子空间的块稀疏信号压缩感知重构算法[J]. 电子学报, 2011, 39(10): 2338-2342.

[74] 付宁, 乔立岩, 曹离然. 面向压缩感知的块稀疏度自适应迭代算法[J]. 电子学报, 2011, 39(3A): 75-79.

[75] HE L H, CARIN L. Exploiting structure in wavelet-based Bayesian compressive sensing[J]. IEEE transactions on signal processing, 2009, 57(9): 3488-3497.

[76] 练秋生, 肖莹. 基于小波树结构和迭代收缩的图像压缩感知算法研究[J]. 电子与信息学报, 2011, 33(4): 967-971.

[77] 练秋生, 王艳. 基于双树小波通用隐马尔可夫树模型的图像压缩感知[J]. 电子与信息学报, 2010, 32(10): 2301-2306.

[78] SOM S, SCHNITER P. Compressive imaging using approximate message passing and a Markov-tree prior[J]. IEEE transactions on signal processing, 2012, 60(7): 3439-3448.

[79] BARON D, WAKIN M B, DUARTE M F, et al. Distributed compressed sensing[J]. Preprint, 2005, 22(10): 2729-2732.

[80] CHEN J, HUO X M. Sparse representations for multiple measurement vectors (MMV) in an over-complete dictionary[C]//Proceedings of IEEE international conference on acoustics, speech, and signal processing(ICASSP '05), 2005, (4): 257-260.

[81] CHEN J, HUO X M. Theoretical results on sparse representations of multiple-measurement vectors[J]. IEEE transactions on signal processing, 2006, 54(12): 4534-4643.

[82] DAVIES M E, ELDAR Y C. Rank awareness in joint sparse recovery[J]. IEEE transactions on information theory, 2012, 58(2): 1135-1146.

[83] WANG F S, ZHANG L R, ZHOU Y. Multiple measurement vectors for compressed sensing: Model and algorithms analysis[J]. Signal processing, 2012, 28(6): 785-792.

[84] JIN Y Z, RAO B D. Support recovery of sparse signals in the presence of multiple measurement vectors[J]. IEEE transactions on information theory, 2013, 59(5): 3139-3157.

[85] EWOUT V D B, MICHAEL P F. Joint-sparse recovery from multiple measurements[J]. IEEE transactions on information theory, 2010, 56(5): 2516-2527.

[86] DUARTE M F, SARVOTHAM S, BARON D, et al. Distributed compressed sensing of jointly sparse signals[C]//Proceedings of the 2005 asilomar conference on signals, systems, and computers, 2005: 1537-1541.

[87] MICHAEL B W, MARCO F D, SHRIRAM S, et al. Recovery of jointly sparse signals from few random projections[C]//Proceeding of neural information processing systems(NIPS), 2005: 1433-1440.

[88] BARON D, DUARTE M F, SARVOTHAM S, et al. An information-theoretic approach to distributed compressed sensing[C]//Allerton conference communication control and computing, 2005.

[89] GIULIO C, ENRICO M. Compressed Sensing for Distributed Systems[M]. Singapore: Springer-Verlag, 2015.

[90] GRIBONVAL R, NIELSEN M. Sparse representations in unions of bases[J]. IEEE transactions on information theory, 2003, 49(12): 3320-3325.

[91] ELDAR Y C, MISHALI M. Robust recovery of signals from a structured union of subspaces [J]. IEEE transactions on information theory, 2009, 55(11): 5302-5316.

[92] BLUMENSATH T. Sampling and reconstructing signals from a union of linear subspaces[J]. IEEE transactions on information theory, 2010, 57(7): 4660-4671.

[93] TAN S, JIAO L C. Multivariate statistical models for image denoising in the wavelet domain[J]. International journal of computer vision, 2007, 75(2): 209-230.

[94] MALLAT S G. Theory for multiresolution signal decomposition: The wavelet representation[J]. IEEE transactions on pattern analysis and machine intelligence, 1989, 11(7): 674-693.

[95] WU J, LIU F, JIAO L C, et al. Multivariate compressive sensing for image reconstruction in the wavelet domain: Using scale mixture models[J]. IEEE transactions on image processing, 2011, 20(12): 489-509.

[96] 武娇. 基于 Bayesian 学习和结构先验模型的压缩感知图像重建算法研究[D]. 西安: 西安电子科技大学, 2012.

[97] WU J, LIU F, JIAO L C, et al. Multivariate pursuit image reconstruction using prior information beyond sparsity[J]. Signal processing, 2013, 93(6): 1662-1672.

[98] WU X L, ZHANG X J, WANG J. Model-guided adaptive recovery of compressive sensing[C]//Proceedings of the data compression conference, 2009:123-132.

[99] DONG W S, ZHANG L, SHI G M, et al. Sparse representation based image interpolation with nonlocal autoregressive modeling[J]. IEEE transactions on image processing, 2013, 22(4): 1382-1394.

[100] DONG W S, SHI G M, LI X. Nonlocal image restoration with bilateral variance estimation: A low-rank approach[J]. IEEE transactions on image processing, 2012, 22(2): 700-711.

[101] DONG W S, SHI G M, Li X, et al. Compressive sensing via nonlocal low-rank regularization[J]. IEEE transactions on image processing, 2014, 23(8): 3618-3632.

[102] DONG W S, LI X, MA Y, et al. Image restoration via Bayesian structured sparse coding[C]//2014 IEEE international conference on image processing (ICIP), 2014: 4018-4022.

[103] DONG W S, SHI G M , MA Y, et al. Image restoration via simultaneous sparse coding: Where structured sparsity meets Gaussian scale mixture[J]. International journal of computer vision, 2015, 114: 217-232.

[104] ZHOU M Y, CHEN H J, PAISLEY J W, et al. Non-parametric Bayesian dictionary learning for sparse image representation[C]//Advances in neural information processing systems, 2009:

2295-2303.

[105] YANG J B, YUAN X, LIAO X J, et al. Video compressive sensing using Gaussian mixture models[J]. IEEE transactions on image processing, 2014, 23(11): 4863-4878.

[106] SCHMIDT M, FUNG G,ROSALES R. Fast optimization methods for l1 regularization: A comparative study and two new approaches[C]//European conference on machine learning, Springer Berlin Heidelberg, 2007: 286-297.

[107] SCHMIDT M, FUNG G, ROSALESS R. Optimization methods for l1-regularization[R]. Vancouver: University of British Columbia, 2009.

[108] ZHANG Z, XU Y, YANG J, et al. A survey of sparse representation: Algorithms and applications[J]. IEEE access, 2015, 3: 1.

[109] NOWAK R D, WRIGHT S J. Gradient projection for sparse reconstruction: Application to compressed sensing and other inverse problems[J]. IEEE journal of selected topics in signal processing, 2007, 1(4): 586-597.

[110] YANG J F, ZHANG Y, YIN W T. A fast alternating direction method for TVL1-L2 signal reconstruction from partial Fourier data[J]. IEEE journal of selected topics in signal processing, 2010, 4(2): 288-297.

[111] KIM S J, KOH K, LUSTIG M, et al. An interior-point method for large-scale-regularized least squares[J]. IEEE journal of selected topics in signal processing, 2007, 1(4): 606-617.

[112] PARIKH N, BOYD S P. Proximal algorithms[J]. Foundations and trends in optimization, 2014, 1(3): 127-239.

[113] YIN W T, OSHER S, GOLDFARB D, et al. Bregman iterative algorithms for l1-minimization with applications to compressed sensing[J]. SIAM journal on imaging sciences, 2008, 1(1): 143-168.

[114] CAI J F, OSHER S, SHEN Z. Linearized Bregman iterations for compressed sensing[J]. Mathematics of computation, 2009, 78(267): 1515-1536.

[115] DAUBECHIES I, DEFRISE M. An iterative thresholding algorithm for linear inverse problems with a sparsity constraint[J]. Communications on pure and applied mathematics, 2004, 57(11): 1413-1457.

[116] BECK A, TEBOULLE M. A fast iterative shrinkage-thresholding algorithm for linear inverse problems[J]. SIAM journal on imaging sciences, 2009, 2(1): 183-202.

[117] 王则柯. 同伦方法引论[M]. 重庆: 重庆出版社, 1990.

[118] CHEN S S, DONOHO D L, SAUNDERS M A. Atomic decomposition by basis pursuit[J]. SIAM journal on scientific computing, 1998, 20(1): 33-61.

[119] TIBSHIRANI R. Regression shrinkage and selection via the LASSO[J]. Journal of the royal statistical society, series B, 1996, 58(1): 267-288.

[120] CHARTRAND R, YIN W T. Iteratively reweighted algorithms for compressive sensing[C]//Processing of IEEE international conference on acoustics, speech, and signal processing, 2008: 3869-3872.

[121] YUAN M, LIN Y. Model selection and estimation in regression with grouped variables[J]. Journal of the royal statistical society, series B, 2006, 68(1): 49-67.

[122] SPRECHMANN P, RAMIREZ I, SAPIRO G, et al. C-HiLasso: A collaborative hierarchical sparse modeling framework[J]. IEEE transactions on signal processing, 2011, 59(9): 4183-4198.

[123] JACOB L, OBOZINSKI G, VERT J P. Group lasso with overlap and graph lasso[C]//Proceedings of the 26th annual international conference on machine learning, 2009: 433-440.

[124] JENATTON R, AUDIBERT J Y, BACH F. Structured variable selection with sparsity-inducing norms[J]. Journal of machine learning research, 2011, 12: 2777-2824.

[125] TROPP J A. Algorithms for simultaneous sparse approximation. Part II: Convex relaxation[J]. Signal processing, 2006, 86(3): 589-602.

[126] BLUMENSATH T, DAVIES M E, RILLING G. Greedy algorithms for compressed sensing[J]. YC eldar and G. kutyniok, 2012: 348-393.

[127] PEOTTA L, VANDERGHEYNST P. Matching pursuit with block incoherent dictionaries[J].

IEEE transactions on signal processing, 2007, 55(9): 4549-4557.

[128] PATI Y C, REZAIIFAR R, KRISHNAPRASAD P S. Orthogonal matching pursuit: Recursive function approximation with applications to wavelet decomposition[C]//Signals, systems and computers, 1993 conference record of the twenty-seventh asilomar conference on, 1993: 40-44.

[129] TROPP J A. Greed is good: Algorithmic results for sparse approximation[J]. IEEE transactions on information theory, 2004, 50(10): 2231-2242.

[130] TROPP J A, GILBERT A C. Signal recovery from random measurements via orthogonal matching pursuit[J]. IEEE transactions on information theory, 2007, 53(12): 4655-4666.

[131] DONOHO D L, TSAIG Y, DRORI I, et al. Sparse solution of underdetermined systems of linear equations by stagewise orthogonal matching pursuit[J]. IEEE transactions on information theory, 2012, 58(2): 1094-1121.

[132] NEEDELL D, VERSHYNIN R. Uniform uncertainty principle and signal recovery via regularized orthogonal matching pursuit[J]. Foundations of computational mathematics, 2009, 9(3): 317-334.

[133] NEEDELL D, VERSHYNIN R. Signal recovery from incomplete and inaccurate measurements via regularized orthogonal matching pursuit[J]. IEEE journal of selected topics in signal processing, 2010, 4(2): 310-316.

[134] BLUMENSATH T, DAVIES M E. Gradient pursuits[J]. IEEE transactions on signal processing, 2008, 56(6): 2370-2382.

[135] BLUMENSATH T, YAGHOOBI M, DAVIES M E. Iterative hard thresholding and l0 regularisation[C]//IEEE international conference on acoustics, speech and signal processing(ICASSP 2007), 2007: III-877-III-880.

[136] BERINDE R, INDYK P, RUZIC M. Practical near-optimal sparse recovery in the l1 norm[C]//Communication, control, and computing, 2008 46th annual allerton conference on, 2008: 198-205.

[137] DAUBECHIES I, DEFRISE M, DE MOL C. An iterative thresholding algorithm for linear inverse problems with a sparsity constraint[J]. Communications on pure and applied mathematics, 2004, 57(11): 1413-1457.

[138] NEEDELL D, TROPP J A. CoSaMP: iterative signal recovery from incomplete and inaccurate samples[J]. Communication of ACM, 2010, 53(12): 93-100.

[139] DAI W, MILENKOVIC O. Subspace pursuit for compressive sensing signal reconstruction[J]. IEEE transactions on information theory, 2009, 55(5): 2230-2249.

[140] DAVENPORT M A, WAKIN M B. Analysis of orthogonal matching pursuit using the restricted isometry property[J]. IEEE transactions on information theory, 2010, 56(9): 4395-4401.

[141] DONOHO D L, TSAIG Y. Fast solution of l1-norm minimization problems when the solution may be sparse[J]. IEEE transactions on information theory, 2008, 54(11): 4789-4812.

[142] HUANG J Z, ZHANG T, METAXAS D. Learning with structured sparsity[J]. Journal of machine learning research, 2011, 12: 3371-3412.

[143] LA C, DO M N. Signal reconstruction using sparse tree representations[J]. Proceedings wavelets XI at SPIE optics and photonics, 2005: 5914, 5273-5283.

[144] DUARTE M F, WAKIN M B, BARANIUK R G. Fast reconstruction of piecewise smooth signals from incoherent projections[C]//Proceedings of workshop on signal processing with adaptive sparse structured representations (SPARS), 2005.

[145] COTTER S F, RAO B D, ENGAN K, et al. Sparse solution to linear inverse problems with multiple measurement vectors[J]. IEEE transactions on signal processing, 2005, 53(7): 2477-2488.

[146] TROPP J A, GILBERT A C, STRAUSS M J. Algorithms for simultaneous sparse approximation. part I: Greedy pursuit [J]. Signal processing, 2006, 86(3): 572-588.

[147] RAO B D, KREUTZ-DELGADO K. An affine scaling methodology for best basis selection[J]. IEEE transactions on signal processing, 1999, 47(1): 187-200.

[148] 赵谦, 孟德宇, 徐宗本. L1/2 正则化 Logistic 回归[J]. 模式识别与人工智能, 2012, 25(5): 721-728.

[149] 谢林林. 一种快速求解 L1/2 正则化问题的新算法[D]. 大连: 大连理工大学硕士毕业论文, 2014.

[150] XU Z B, ZHANG H, WANG Y, et al. L1/2 regularization[J]. Science China information sciences, 2010, 53(6): 1159-1169.

[151] XU Z B, CHANG X Y, XU F M, et al. L1/2 regularization: A thresholding representation theory and a fast solver[J]. IEEE transactions on neural networks and learning systems, 2012, 23(7): 1013-1027.

[152] DAVIES M E, GRIBONVAL R. Restricted isometry constant where lp sparse recovery can fail for 0<p<=1[J]. IEEE transactions on information theory, 2009, 55(5): 2203-2214.

[153] TRZASKO J, MANDUCA A. Relaxed conditions for sparse signal recovery with general concave priors[J]. IEEE transactions on signal processing, 2009, 57(11): 4347-4354.

[154] MUN S, FOWLER J E. Block compressed sensing of images using directional transforms[C]//Proceedings of international conference on image processing, 2009: 3021-3024.

[155] EGIAZARIAN K, FOI A, KATKOVNIK V. Compressed sensing image reconstruction via recursive spatially adaptive filtering[C]//Proceedings of IEEE international conference on image processing, 2007, (1): 549-552.

[156] DABOV K, FOI A, KATKOVNIK V, et al. Image denoising by sparse 3D transform-domain collaborative filtering[J]. IEEE transactions on image processing, 2007, 16(8): 2080-2095.

[157] MAGGIONI M, KATKOVNIK V, EGIAZARIAN K, et al. A nonlocal transform-domain filter for volumetric data denoising and reconstruction[J]. IEEE transactions on image processing, 2013, 22(1): 119-133.

[158] 焦李成, 公茂果, 王爽, 等. 自然计算、机器学习与图像理解前沿[M]. 西安: 西安电子科技大学出版社, 2008.

[159] 王国富, 张海如, 张法全, 等. 基于改进遗传算法的正交匹配追踪信号重构算法[J]. 系统工程与电子技术, 2011, 33(5): 974-977.

[160] 赵知劲, 马春晖. 一种基于量子粒子群的二次匹配 OMP 重构算法[J]. 计算机工程与应用, 2012, 48(29): 157-161.

[161] 相同. 基于改进量子粒子群算法的压缩感知重构算法及应用研究[D]. 天津: 天津师范大学硕士毕业论文, 2014.

[162] VAN RUITENBEEK B D. Image compression and recovery using compressive sampling and particle swarm optimization[D]. Texas: Baylor University, 2009.

[163] WU J, LIU F, JIAO L C, et al. Compressive sensing SAR image reconstruction based on Bayesian framework and evolutionary computation[J]. IEEE transactions on image processing, 2011, 20(7): 1904-1911.

[164] LI L, YAO X, STOLKIN R, et al. An evolutionary multiobjective approach to sparse reconstruction[J]. IEEE transactions on evolutionary computation, 2014, 18(6): 827-845.

[165] LI H, SU X L, XU Z B, et al. MOEA/D with iterative thresholding algorithm for sparse optimization problems[C]//International conference on parallel problem solving from nature, Springer Berlin Heidelberg, 2012: 93-101.

[166] 杨丽. 基于 Ridgelet 冗余字典和遗传进化的压缩感知重构[D]. 西安: 西安电子科技大学硕士毕业论文, 2012.

[167] 马红梅. 基于 Curvelet 冗余字典和免疫克隆优化的压缩感知重构[D]. 西安: 西安电子科技大学硕士毕业论文, 2012.

[168] 崔白杨. 基于 Ridgelet 冗余字典的非凸压缩感知重构方法[D]. 西安: 西安电子科技大学硕士毕业论文, 2013.

[169] 董航. 基于 PCA 字典和两阶段优化的非凸压缩感知重构[D]. 西安: 西安电子科技大学硕士毕业论文, 2013.

[170] 王增琴. 基于冗余字典方向参数判别策略的非凸压缩感知图像重构[D]. 西安: 西安电子科

技大学, 2014.

[171] 全昌艳. 基于块约束和粒子群优化的非凸压缩感知图像重构[D]. 西安: 西安电子科技大学硕士毕业论文, 2015.

[172] 孙菊珍. 基于先验模型的压缩感知免疫优化重构[D]. 西安: 西安电子科技大学硕士毕业论文, 2011.

[173] 郜国栋. 基于交替学习和免疫优化的压缩感知图像重构[D]. 西安: 西安电子科技大学硕士毕业论文, 2012.

[174] 李微微. 基于联合约束和遗传进化的压缩感知图像重构[D]. 西安: 西安电子科技大学硕士毕业论文, 2014.

[175] 宁文学. 进化多目标优化的稀疏重构方法研究[D]. 西安: 西安电子科技大学硕士毕业论文, 2014.

第13章 基于分块策略和过完备字典的非凸压缩感知框架

13.1 引　言

自然图像是一类常见和重要的人类用于感知自然环境的信号。本书工作以自然图像为应用研究对象，从压缩感知的稀疏表示和重构估计两方面入手，研究压缩感知的应用理论和方法，以促进压缩感知在自然信号及其他相关领域的应用研究。

为了获得对自然图像的稀疏表示，本书构造了 Ridgelet 过完备字典，并通过理论和实验证明，该字典能够在分块策略下为图像提供灵活和自适应的稀疏表示。然而，由于基于字典的图像块稀疏表示存在冗余和多峰值的特点，基于该字典进行压缩感知时，会带来重构问题的不确定性和不稳定性。为了提高重构精度，必须挖掘利用稀疏性外的其他图像先验结构，即结构稀疏先验，并建立结构化的稀疏重构模型及相应的求解策略和方法。

在众多重构策略和方法中，选择研究基于零范数稀疏约束的非凸重构策略和方法。这一方面是由于零范数约束的重构模型是压缩感知的本源问题；另一方面则考虑到现有的 l_1 范数松弛方法在求解结构化的重构模型时可能会造成精度损失。本书所研究的非凸重构策略有两种，一种是基于贪婪搜索的重构策略，该方法采用次优搜索策略，虽然存在精度损失，但简单快速，适用于验证结构化的重构模型；另一种方法则是提出的新的基于进化搜索的重构策略，将进化方法与压缩感知结合是考虑到进化方法在求解非凸和非线性等复杂问题时的卓越性能，并且能够实现对非凸重构问题的解空间进行全局搜索。

基于上述研究动机，本书提出了分块策略下的基于过完备字典的图像非凸压缩感知框架。其中，对图像的观测方式采用分块压缩观测，将一幅图像分成大小相等的不重叠的图像块，再对所有的图像块采用同样的随机高斯方式进行观测；利用 Ridgelet 过完备字典来获得任意图像块的稀疏表示；在此基础上，挖掘和利用图像块在字典中的结构稀疏先验，主要包括图像块间的相似关系以及图像块与字典的方向结构的匹配关系，并建立相应的结构化重构模型和非凸重构方法。

13.2　基于过完备字典的分块压缩感知框架

13.2.1　分块压缩感知

本书在图像的块压缩感知框架下展开[1,2]。所采用的观测方式是基于分块策略的随机观测方式，即将一幅图像分成大小相等的不重叠的图像块，再对所有的图像块采用同样的随机观测方式，如高斯观测等，获得观测值。

在分块策略下，图像块的结构相对于整幅图像简单得多，因此，容易构造和获得规模较小的，并且在结构上相对于图像块结构充分冗余的稀疏字典。在图像压缩感知中采用分块处理的好处还有，图像具有自相似的特性，在一幅图像中，只有有限的几类不同的图像块结构。对于相似的图像块，其观测向量必定相似，可以通过观测向量间的相似性度量，找到具有相似结构的一类图像块。并且，每个类中的图像块可以用一组相同的原子进行表示，结合这样的结构稀疏先验知识，能够降低图像分块重构问题的不确定性和不稳定性。

分块处理是图像处理中的常用策略，可以方便快速地对信号进行采样和处理。分块方式一般可以分为不重叠分块和滑块两种：采用滑块处理，图像块之间的相似性强，但图像块的数量较多；采用不重叠分块，图像块之间的相似性相对较弱，但图像块的数量较少。本书采用不重叠分块的方式，并且结合过完备字典的结构特点获得图像块的结构稀疏先验。

13.2.2　过完备字典

压缩感知重构中的核心问题包括如下。

(1) 如何为待重构的信号构造自适应的稀疏字典？对于图像信号，其中的边缘和纹理是有方向的，并且这些方向可以是任意的。因此，所构造的字典要有足够多的方向结构，这样才能自适应和稀疏地表示任意方向的边缘和纹理块信号。

(2) 假设已有满足上述条件的过完备字典，在这个具有足够多方向的过完备字典中，如何设计有效的算法进行搜索和优化？该算法要在合理的时间内针对待重构的信号求解到关于过完备字典的稀疏表示，即稀疏系数的非零元素的位置和取值，也对应一个原子组合和原子的组合系数。

对于第一个问题，优化已有的过完备字典构造方法[3]，获得了用于图像稀疏表示的 Ridgelet 过完备字典。字典中有足够多的方向结构，能够为图像块的任意方向内容提供有效的稀疏表示；对于第二个问题，设计了基于自然计算优化和协同优化的非凸重构策略，以便在合理的时间内有效搜索 Ridgelet 字典，并获得对图像的方向和尺度等几何结构信息的准确重构估计。

13.2.3　结构化压缩感知模型

为了克服由字典的冗余性引起的重构中的病态和多峰值问题，本书挖掘和利用图像在字典中的结构稀疏先验，即图像块在字典中的稀疏表示的结构特性，以降低单个图像块重构问题的不确定性，提高图像重构的精度和稳定性。

在本书中，首先利用图像的自相似特性，为具有相似结构的图像块在字典中的稀疏表示，即用于表示图像块的原子组合，建立联系，并提出了基于分块策略和过完备字典的非凸重构模型。在该模型中，具有相似结构的图像块被认为能够用一组相同或具有参数相似关系的原子进行表示。因此，相似的一类图像块可以联合进行求解，单个重构模型的信息量得以增加，图像块间的重构信息得以交流和传递，从而图像的整体重构质量获得提升。

此外，为了提升对图像局部结构的准确估计，建立基于图像块结构估计的重构模型。该模型的建立是考虑到 Ridgelet 字典的结构，特别是方向结构，相对于图像块的方向结构是冗余的，因此，少量的具有与图像块的结构一致的原子组成的子字典，就足够作为图像块的稀疏字典。在该模型中，提出了根据图像块的压缩观测估计图像块的结构类型，并且利用获得的结构估计值指导图像块的稀疏子字典的选择。此外，还将基于结构估计的重构模型与已有的基于协同优化和进化搜索优化的重构策略结合，建立了方向指导的重构方法。这些方法能够在减少重构时间的同时，提高对图像局部结构估计的准确性。

13.3　基于 Ridgelet 过完备字典的图像稀疏表示

图像的多尺度几何分析的研究成果表明，一种好的图像表示方法应该具有多分辨、局域性和方向性[4-6]。多分辨，即带通性，是指对图像从粗到细分辨率的连续逼近；局域性，表示图像的基本原子在空域和频域为有限支撑；方向性，指基本原子具有任意的方向指向。一种构造具有上述特征的过完备冗余字典的方法是将多尺度几何的原型函数进行平移，通过方向变换和尺度变换等线性操作来获得字典的原子。其中还涉及两个基本问题：原型原子的选择和参数空间的离散化。

Candès 指出，无论正弦函数和 Gabor 函数，还是 Gauss 函数和小波函数，都无法稀疏表示二维甚至高维空间中分片光滑信号（包括图像信号）的线状奇异性[7]。而图像中的边缘，往往呈现线状奇异性。以脊波（Ridgelet）为基础的多尺度几何分析理论和应用表明，Ridgelet 能有效检测和匹配图像中的直线状奇异性。为了有效表示图像中人眼最敏感的信息——边缘，本书选用 Ridgelet 函数作为字典原子的原型函数。将用于表示图像块的过完备字典 $\mathcal{D} \in \mathbb{R}^{B \times N}$ 记为 $\mathcal{D} = (d_1, d_2, \cdots, d_N)$ ，其中 d_i ， $i = 1, 2, \cdots N$ ，是字典中序号为 i 的原子，其生成方式是按照以下公式进行计

算

$$d_i(z) = \frac{1}{W}\left[e^{-(a_i u_i^{\mathrm{T}} z - b_i)^2/2} - \frac{1}{2}e^{-(a_i u_i^{\mathrm{T}} z - b_i)^2/8} \right] \tag{13.1}$$

式中，$d_i(z) \in \mathbb{R}^{\sqrt{B} \times \sqrt{B}}$ 是与图像块大小一致的原子，而 $d_i \in \mathbb{R}^B$ 是其向量化后的版本；$z = (z_1, z_2) \in \left[0,1,2,\cdots,\sqrt{B}-1 \right]^2$ 是原子的位置变量。该原子与参数组 $\gamma_i = (\theta_i, a_i, b_i)$ 一一对应：a_i 为尺度参数；b_i 为位移参数；θ_i 为方向参数；式中 $u_i = (\cos\theta_i, \sin\theta_i)^{\mathrm{T}}$，$W$ 用于对原子进行归一化操作，将原子的范数归一化为 1。Ridgelet 原型函数的 3D 模型如图 13.1(a)所示，Ridgelet 字典的部分原子如图 13.1 (b)所示。

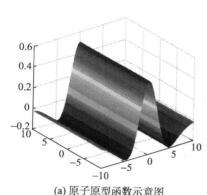

(a) 原子原型函数示意图　　　　　　(b) Ridgelet 字典示意图

图 13.1　Ridgelet 原型函数及部分字典原子示意图

　　选定了原型原子，字典的原子规模以及对图像的稀疏表示能力还取决于三个参数的取值范围和它们各自的离散间隔。参照已有的 Ridgelet 字典构造方法[3]，将参数空间设置为

$$\bar{E} = \bar{D}_{1:m_2,1:m_2}^{-1/2} \bar{W} \bar{D}_{1:m_2,1:m_2}^{-1/2} \tag{13.2}$$

式中，位移参数的取值范围与方向参数有关

$$\Gamma_b = \begin{cases} \left[0, \sqrt{B}(\sin\theta + \cos\theta) \right], & \theta \in [0, \pi/2) \\ \left[\sqrt{B}\cos\theta, \sqrt{B}\sin\theta \right], & \text{其他} \end{cases} \tag{13.3}$$

　　用字典对图像进行稀疏表示时，字典原子将响应与其形状、尺度、位置和方向相一致的图像内容。因此，针对自然图像所设计的过完备字典，其结构相对于所表示的图像内容必须足够冗余。考虑到方向结构对于人眼感知和理解图像的重要作用，字典中必须有充足的方向结构，能够自适应地表示任意图像块的方向。也就是说，在字典的离散化方案中，方向参数的离散间隔必须足够小。

　　图 13.2 中展示了方向参数的离散间隔对于字典稀疏表示性能的影响。在实验

中，构造了两个字典，并分别对图像进行稀疏表示。其中，两个字典的尺度参数和位移参数的离散间隔相同，分别为 0.2 和 1；字典的方向参数 θ 的离散间隔分别为 $\pi/4$ 和 $\pi/45$，即两个字典分别具有 4 个方向和 45 个方向；字典的原子规模分别为 1201 和 14116。用这两个字典分别对 Lena 的局部图像用 OMP[8]方法进行稀疏表示，结果如图 13.2 所示。对比两个结果图可以看出，用具有 4 个方向的字典进行稀疏表示，得到的图像有明显的块效应；而用具有 45 个方向的字典进行稀疏表示，得到的图像几乎没有块效应，视觉效果有明显优势。

在本书应用中，将方向参数 θ 的离散间隔设置为 $\pi/36$，并将字典按照方向进行组织。也就是在分配原子序号时，首先为方向参数取第一个离散值的所有原子连续分配序号，其次是取第二个离散值的原子，以此类推。具有相同方向参数的原子将组成一个方向子字典。本书字典中，原子的方向参数离散为 36 个值，共产生 36 个方向子字典。参数 a 和 b 的离散间隔分别设置为 0.2 和 1。这样，针对大小为 16×16 的图像块所构造的 Ridgelet 字典中共有 11281 个原子。

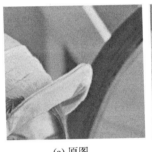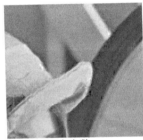

(a) 原图　　　　　　(b) 方向数4，　　　　　　(c) 方向数45，
　　　　　　　　　32.85dB(0.9824)　　　　　　41.42dB(0.9975)

图 13.2　具有不同方向数量的字典对自然图像的稀疏表示效果图

为了验证字典对图像的稀疏表示性能，采用 Ridgelet 字典对大小为 512×512 的图像进行分块稀疏表示。具体实验方法是，把图像进行不重叠分块，再用字典对图像块进行逐块稀疏分解，并将对图像块的表示结果按顺序进行拼接，最后得到对原图像的逼近表示。其中所采用的稀疏分解方法是 OMP 方法[8]，稀疏度设置为 32，即每个图像块使用字典中的 32 个原子的线性组合进行稀疏逼近。图 13.3 是对两幅自然图像的稀疏表示结果，其中 PSNR 为峰值信噪比；SSIM 为结构相似比。从图中可以看出，即便是使用贪婪匹配追踪的稀疏分解方法，Ridgelet 字典仍然能够获得对自然图像的良好稀疏表示效果。获得的图像在视觉上与原图像保持一致，并保持了连贯和清晰的线状边缘和纹理，特别是图像中几乎没有块效应。因此，本书构造的 Ridgelet 字典能够在分块策略下对自然图像进行有效的稀疏表示，并且可以用于多种图像应用中。

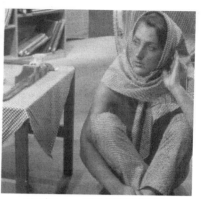

(a) 对Lena图像的稀疏表示结果，
PSNR:37.35dB, SSIM:0.9862

(b) 对Barbara图像的稀疏表示结果，
PSNR:34.10dB, SSIM:0.9843

图 13.3 Ridgelet 字典对两幅自然图像的稀疏表示结果图

13.4 结构化重构模型

13.4.1 基于图像自相似性的结构稀疏先验

与单幅图像相比，分块方式下图像块的结构表现出较单一且一致的特点，并且一个图像块往往存在结构上与其一致或相似的大量其他图像块。以 Barbara 图像为例，对其进行分块，块大小为 16×16，在图 13.4 中展示了分块结果，从该图中可以看出，单个图像块中通常只包含了单一的结构。此外，图 13.4 中还展示了两组结构相似的图像块，一组是具有光滑结构的图像块，另一组是具有条状纹理结构的图像块。如该图所示，相似的图像块在位置上可能相邻也可能不相邻，但整

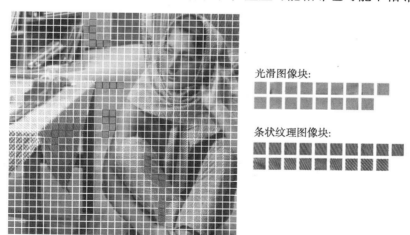

图 13.4 Barbara 图的分块及块相似性展示

幅图像中往往只有少数的几类结构。在稀疏重构中只需要分别重构估计这几类结构，就可以获得对整幅图像的重构估计。

结合图像块在过完备字典中的稀疏表示，注意到，具有相似结构的一类图像块能够用字典中的同一组原子进行表示。因此，根据图像的自相似特性以及一组字典原子可以表示图像中的一组相似块的结构先验，可以建立结构稀疏先验约束的重构模型，从而增加用于单个图像块重构的信息，减少分块策略下基于过完备字典的稀疏重构问题的不确定性。

在本书工作中，以两种方式利用这一结构先验，一种是先将图像块分类，对每类图像块进行联合重构的方式；另一种是为每个图像块进行匹配搜索，并利用一组相似图像块的信息来重构单个图像块。前一种方式的特点是需要求解的问题数量大大少于图像块的数量，并且求解每个类的重构问题中利用了一组图像块的信息；后一种方式的特点是需要求解的问题数量与图像块的数量一致，但重构估计每个图像块时都利用了一组与之相似的图像块的观测向量和信息。两种方式下建立的重构模型对于求解搜索算法的要求有所不同，因此建立了分别基于自然计算优化和协同优化的重构方法来求解这些模型，并在后续章节展开讨论。

13.4.2　基于图像块方向结构估计的重构模型

Ridgelet 过完备字典对自然图像的优良稀疏表示性能源于字典的结构，如方向和尺度结构，相对于单个图像块是冗余的。此外，按照字典原子的参数来组织原子，能够获得用于有效表达某一结构的子字典。例如，按照方向参数组织原子，可以得到多个方向字典，每个方向字典能够用于有效表达与其指向一致的线状突变内容；按照尺度参数组织原子，可以得到多个尺度字典，每个尺度字典能用于表达与其尺度结构一致的图像块。因此，提出了根据图像的结构来挑选字典原子，并构造图像的稀疏子字典，从而在基于字典稀疏表示的图像应用中，获得对图像块结构的准确估计。

在本书的图像压缩感知应用中，提出了从图像块的压缩观测中获得图像块方向结构估计的重构模型。该模型将过完备字典的方向信息与图像块的压缩观测联系在一起，提出了基于图像块的压缩观测来估计待重构图像块结构类型，并根据得到估计值为图像块构造稀疏子字典。再结合基于图像自相似性的结构稀疏先验，分别设计了方向指导的协同重构方法和进化搜索重构方法，并通过实验证明，这些重构方法能够获得较优的局部结构估计。

13.5　非凸重构策略

在为结构化的稀疏重构模型选择和设计搜索策略时，需要考虑该策略是否适用于所设计的结构模型的求解，同时需要考虑搜索策略是否能够确保信号重构估计的精度和速度。根据对 l_0 范数的处理方式以及算法中稀疏测度的凸性质，可以将已有的重构方法分为两种：凸松弛重构方法和非凸重构方法。凸松弛重构方法通过松弛稀疏项获得具有凸性质的重构模型，并在结构压缩感知中，使复杂的结构模型的求解和计算变得简单而有效。但凸松弛操作会导致无法避免的重构精度损失。而目前直接求解 l_0 范数约束的非凸重构方法主要是贪婪方法。这类方法适用于对过完备字典进行快速搜索并完成重构，并且适用于很多结构化的重构模型。其缺点主要是由于采用了局部搜索策略，重构精度不高。

本书主要研究和设计基于进化搜索的重构策略。该类方法考虑到已有的基于进化搜索的优化方法能够采用全局策略进行搜索，并且已经在很多非线性的复杂问题上取得了传统优化算法无法比拟的效果。因此，提出了基于进化搜索的重构策略和方法来求解基于结构稀疏先验的结构化重构模型。实验证明，该类新方法能够处理具有非凸稀疏约束的复杂结构化重构模型，并且获得较高的重构精度。但方法的缺点是搜索和重构的时间较长、实用性较差。

为了改善基于进化搜索的重构方法存在的运行时间较长的问题，提出了一种基于贪婪搜索的协同重构策略，以少量的精度损失换取方法的实用性。该类方法采用次优搜索策略，虽然存在精度损失，但简单快速，适用于所设计的结构化重构模型，同时可用于验证新的重构模型的可行性和有效性。

参 考 文 献

[1] GAN L. Block compressed sensing of natural images[C]//Proceedings of international conference on digital signal processing, 2007: 403-406.
[2] MUN S, FOWLER J E. Block compressed sensing of images using directional transforms[C]//2009 16th IEEE international conference on image processing (ICIP), 2009: 3021-3024.
[3] 许敬缓. 脊波框架下稀疏冗余字典的设计及重构算法研究[D]. 西安: 西安电子科技大学硕硕士毕业论文, 2011.
[4] 焦李成, 谭山. 图像的多尺度几何分析回顾和展望[J]. 电子学报, 2003, 31(12A): 1975-1981.
[5] DONOHO D L, LEVI O, STARCK J L, et al. Multiscale geometric analysis for 3D catalogues[C]//SPIE conference on astronomical data analysis, 2002: 101-111.
[6] DO M N, VETTERLI M. The contourlet transform: An efficient directional mulfiresolution image representation[J]. IEEE transactions on image processing, 2005, 14(12): 2091-2106
[7] CANDÈS E J. Ridgelets: Theory and applications[D]. California: Stanford University, 1998.
[8] PATI Y C, REZAIIFAR R, KRISHNAPRASAD P S. Orthogonal matching pursuit: Recursive function approximation with applications to wavelet decomposition[C]//Signals, systems and computers, 1993 conference record of the twenty-seventh asilomar conference on, 1993: 40-44.

第14章　基于协同优化的稀疏重构

14.1　引　　言

基于进化搜索策略的两阶段重构 TS_RS 方法虽然性能较优,但重构速度较慢。为了提高重构速度,一种改进思路是用局部搜索和迭代优化的策略代替 TS_RS 中的全局搜索和并行优化策略。具体做法是用匹配追踪方法的局部搜索策略代替 TS_RS 一阶段中遗传算法的全局搜索策略,并用对原子组合中的原子进行交迭优化的策略代替二阶段中克隆选择算法对原子组合进行并行更新的策略。另外,为了提高匹配追踪算法的重构精度,将 TS_RS 重构模型中利用图像自相似特性的"分类+联合求解"的重构方式,改为"匹配分组+协同重构"方式,从而能够在精度损失不大的情况下,提高 TS_RS 算法的重构速度。

在本章中提出了基于过完备字典的协同压缩感知重构(collaborative reconstruction compressed sensing,CR_CS)方法。该方法在分块压缩感知框架下,将图像的重构问题建模为从图像块的压缩观测中获得对各图像块基于过完备字典的稀疏表示系数的估计问题。CR_CS 协同重构主要利用了图像的自相似特性以及图像块在过完备字典中的稀疏特性,其主要思想是用一组具有相似结构的图像块的信息来协助单个图像块的重构估计,同时实现图像中局部重构信息的传递和交换,进而减少基于过完备字典的分块图像重构问题的不确定性和不稳定性。

在协同重构 CR_CS 模型中,设计了两种协同方式:第一种协同方式是在每个图像块及其非局部相似块之间展开的,利用一组相似图像块的观测向量来重构估计单个图像块在稀疏字典中的表示系数;另一种协同方式在每个图像块及其局部和非局部相似块之间展开,利用一组图像块的稀疏表示系数的估计值来获得对单个图像块的更优重构估计。实验结果表明,协同重构模型是可行有效的,而且所设计的基于贪婪匹配追踪的协同重构算法能够有效减少采用进化搜索策略的重构方法的运行时间,并且能够获得比经典匹配追踪算法更好的重构数值指标和视觉效果。

14.2　基于过完备字典的协同压缩感知

14.2.1　基于过完备字典的结构稀疏先验

稀疏表示是压缩感知的基本要求和前提。在稀疏重构应用中，对一个信号进行稀疏表示所能获得的精度决定了这个信号在重构时所能获得的重构精度的上限。很多理论研究和实验结果表明，使用过完备字典对图像进行稀疏表示时，能够比使用传统压缩感知中的正交基和框架获得更为灵活和稀疏的图像表示。

虽然过完备字典对图像具有良好的稀疏表示能力，但由于字典的冗余性，图像信号在字典中的表示并不唯一，也使得重构问题更为"病态"，带来重构问题的不确定性和复杂性。因此，在基于过完备字典的图像稀疏重构中，除了图像在字典中的稀疏性，还需要利用图像的其他先验信息，建立相应的结构化重构模型和求解方法，以提高重构精度。在分块压缩感知框架下，每个图像块都通过独立的压缩采样获得观测向量。在重构时，则需要利用过完备字典对每个图像块进行重构估计，也就是需要为一组图像块信号建立基于结构稀疏的重构模型和方法。

根据所处理的信号对象的数量，已有的结构稀疏模型可以分为两种：一种是对单个信号的先验，如单个信号的块稀疏结构、高斯统计分布等；另一种是对多个信号的结构约束，如 MMV 模型、联合稀疏模型等。本章使用的方法属于后者，是通过利用图像块间的结构相似性，为单个图像块的重构提供其观测向量以外的更多重构信息。

14.2.2　基于协同优化的稀疏重构策略

本章中提出的协同重构 CR_CS 方法的总体框图如图 14.1 所示。该方法包含了两种协同方式和重构模型。在第一种协同方式中，重构一个图像块时，不仅利用该图像块的观测向量，同时也利用了一组与其相似的图像块的观测向量，将单个图像块的重构建模为一个结构稀疏重构问题。通过这种协同方式，能够为单个图像块的重构提供其自身观测向量以外的更多信息和约束，从而减少单个图像块重构的不确定性。当然，在这种协同方式中，重构精度会由于匹配分组的不准确以及重构方法的精度而受到影响。基于这个考虑，在第一种协同方式的重构结果基础上，CR_CS 中还设计了第二种协同方式对之前的结果进行修正和优化。

第二种协同方式中，为了更好地估计每个图像块在字典中的稀疏表示系数，对图像块以协同的方式逐个优化。具体方法是，首先为每个图像块生成一组候选解，这组候选解是通过将图像块的非局部和局部相似块在第一种协同方式中获得的解进行组合得到的；其次根据每个图像块的观测值优化候选集中的每个解；最后将优化后的候选集中的解根据相邻图像块的自回归模型融合在一起，得到图像块的更优估计值。在这种协同方式中，图像块之间进行大量的重构信息交流，好的重构解能够通过局部相邻和非局部相似关系"传播"出去，从而提高图像的整体重构质量。

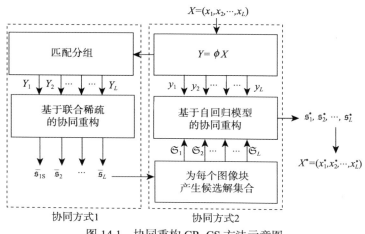

图 14.1　协同重构 CR_CS 方法示意图

14.2.3　相关工作

人们很早就发现了图像的自相似特性，并在图像处理领域的很多应用中加以利用。根据图像的自相似特性，图像中某一个局部内容，很容易在同一图像中的其他地方被发现，因此，图像中往往存在大量的冗余信息。结合和利用图像的这种冗余性，能够在多种图像处理应用中，如图像去噪、增强和恢复等，获得良好的效果。

根据对图像自相似特性的使用方式，可以将现有的方法分为两种：基于分类的方法和基于协同的方法。

基于分类的方法中，一幅图像的每个（重叠或不重叠）图像块要求满足若干个模型中的一个。这些模型可以是预先设置好的，也可以是在处理过程中自适应学习得到的，而模型的数量通常远少于图像块的数量。在实际应用中，可以先将图像块进行分类，然后为每个类中的图像块设置或学习一个模型。例如，在非局部稀疏模型恢复方法[1]中就采取了这样的方式。也可以为单个图像块选择已有模型中的一个。例如，在文献[2]和[3]中的图像去噪方法以及在文献[4]~[7]中的图像插值、去模糊和超分辨方法等。

基于协同的方法中，相似的图像块并不要求必须满足同一个模型，每一个图像块都利用其局部或非局部相似块来进行协同处理，并且，这些非局部相似块是通过某种匹配的方法找到的。典型的协同处理方法包括非局部均值的去噪方法[8]和 BM3D 方法[9]，后者也是目前最好的图像去噪方法之一。本章提出的 CR_CS 重构方法就是一种基于协同的方法。该方法中设计了"匹配分组+协同重构"的方式，在第一个重构过程为每个图像块构造一组观测向量，然后用它们来重构估计该图像块在字典中的稀疏表示系数；在第二个重构过程则为每个图像块找到一组稀疏表示系数，然后用它们来获得对该图像块的更优重构估计。

本章中所建立的自回归模型与已有的分片自回归（piecewise autoregressive，PAR）模型[4, 5, 7, 10]不同。已有的 PAR 模型是建立在单个像素点或者说是重叠滑块上的回归模型，相似或相邻的图像块之间的相似性和相关性比较大。本章中的图像块之间是互不重叠的，相邻图像块的结构相似性没有重叠滑块情况下的大。在基于过完备字典的图像块稀疏表示应用背景中，图像块之间的回归模型被转换为表示这些图像块的字典原子之间的关系。也就是认为，一个图像块能够用表示其相邻和相似图像块的原子进行表示。此外，考虑到相邻图像块中相似的结构有可能发生位移的情况，所提出的回归模型还考虑了原子的平移性，这也是与已有 PAR 模型的一个重大区别。

与 TS_RS 方法相比，本章提出的协同重构 CR_CS 方法也利用了图像的自相似特性，并且在第一阶段都使用了基于结构稀疏的重构模型，但是两者的建模方式有本质的不同。在 CR_CS 方法中，结构稀疏重构模型用于对单个图像块的重构，共需要求解 L 个重构模型；而在 TS_RS 中，该模型用于对一组图像块进行共同重构，共求解 C 个重构模型，其中 C 是 L 个图像块的聚类类别数，且 $C<<L$。在算法实现方案上，CR_CS 采用了贪婪匹配追踪的搜索策略，能够实现快速重构。在重构速度较快的基础上，考虑到贪婪匹配追踪算法的重构精度不高，CR_CS 采取为每个图像块增加信息的方法，建立基于结构稀疏约束的单个图像块的协同重构模型。TS_RS 采用了进化搜索策略，重构速度虽然较慢，但能够实现对原子组合的全局寻优。因此首先将图像块通过聚类分析进行分类，并估计每一类图像块的共同原子组合。这种做法使得待求解问题的数量比较少，但同时重构精度比较高。

CR_CS 和 TS_RS 这两种方法在第二阶段都采用了二次搜索的策略来优化第一阶段的重构结果。在模型上，两种方法存在一定相似性，都是分别以一组候选解中的各个解作为搜索起点，并将搜索范围限定在特定稀疏子字典范围内。不同的是，TS_RS 在建模时，额外考虑了字典的方向结构以及原子参数与图像块的匹配关系，对字典按照方向进行了组织，在基于进化搜索的重构策略设计上，是从图像块的结构估计出发，先在一阶段获得方向上的估计，然后在二阶段获得对其他参数的优化估计。对比两种方法的第二阶段的算法实现，CR_CS 采用了迭代交替的优化方式,对待优化的稀疏系数解采取先逐个优化,然后进行融合的方法;TS_RS 则采用了克隆选择算法，能够对多个原子组合进行并行寻优，并且能够更有效地搜索各个优化问题的解空间。此外，在 TS_RS 中，可以通过灵活多样的进化策略设计来实现问题先验的建模和约束，对非线性，甚至非形式化表述的先验具有较强的处理能力，这是贪婪方法和线性优化方法难以达到的。

14.3　基于过完备字典的协同重构模型

14.3.1　基于字典的分块稀疏重构

在图像的分块压缩感知框架下，采用过完备字典 $\mathcal{D} \in \mathbb{R}^{B \times N}$ 对各个图像块进行稀疏表示。在本章中使用 Ridgelet 过完备字典作为图像的稀疏字典，字典中有 11281 个原子，每个原子 d_i，$i = 1, 2, \cdots, N$，由参数组 $\gamma_i = (\theta_i, a_i, b_i)$ 唯一确定。字典对图像的稀疏表示写成 $X = \mathcal{D}\mathcal{S}$，其中，$\mathcal{S} = (s_1, s_2, \cdots, s_L)$，并且

$$x_i = \mathcal{D}s_i, \quad i = 1, 2, \cdots, L \tag{14.1}$$

基于这样的稀疏表示，分块压缩感知框架下的图像压缩感知重构就可以建模为 L 个图像块的估计问题：

$$s_i^* = \arg\min_{s_i} \| y_i - \Phi\mathcal{D}s_i \|^2, \quad \text{s.t.} \quad \| s_i \|_0 \leqslant K, \ i = 1, 2, \cdots, L \tag{14.2}$$

该模型中对图像块的重构估计是通过求解图像块在过完备字典中的稀疏表示系数得到的。求解这个问题后，将获得对 L 个稀疏向量 s_i 的估计。进而图像向量可估计为 $X^* = \mathcal{D}\mathcal{S}^*$。为了描述方便，假设每个图像块的稀疏度都为 K。

但正如之前分析那样，式(14.2)中的每个重构问题都是病态和多峰值的，逐个单独求解，很难获得稳定和精确的解。为了提高各个图像块的重构精度和稳定性，提出了协同重构的思想。

14.3.2　基于结构稀疏模型的协同重构

在第一种协同方式中，重构一个图像块时不仅利用图像块自身的观测向量，还利用了一组与其相似的图像块的观测向量，并将单个图像块的重构问题建模为结构稀疏重构问题。该协同模型如下所示：

$$\overline{\mathcal{S}}_i = \arg\min_{\mathcal{S}} \| Y_i - \Phi\mathcal{D}\mathcal{S} \|_F^2, \quad \text{s.t.} \quad \| \mathcal{S} \|_{\text{row},0} \leqslant K, \quad i = 1, 2, \cdots, L \tag{14.3}$$

式中，Y_i 是用于重构图像块 x_i 的一组观测向量，为了方便起见，规定其第一列为 y_i；矩阵范数 $\|\cdot\|_{\text{row},0}$ 是伪范数，表示矩阵的非零行数量；求得的 $\overline{\mathcal{S}}_i$ 是一个稀疏矩阵，其列数与 Y_i 相同，行数则为字典的原子个数 N，并且约束矩阵中每列的非零元素的位置相同，但取值可以不同。求得 $\overline{\mathcal{S}}_i$ 后，将其第一列记为 $\overline{s}_i$，则图像块 x_i 的估

计值由下式进行计算：

$$\overline{x}_i = \mathcal{D}\overline{s}_i, \quad i = 1, 2, \cdots, L \tag{14.4}$$

与式(14.2)中的重构模型相比，式(14.4)中的重构模型在重构单个图像块时利用了更多的观测信息。从式(14.4)中还可以看出，在重构图像块 x_i 时，并没有单独求解该图像块用字典表示的稀疏系数，而是求解 Y_i 所对应的各个图像块用字典表示时的系数矩阵 $\overline{\mathcal{S}}_i$，并且对系数矩阵施加了结构稀疏约束，从而进一步减少了单个图像块重构的不确定性。其中，对稀疏矩阵施加这种结构稀疏约束是基于这样的图像自相似性假设：一组在结构上相似的图像块能够用字典中相同的一组原子进行表示，而原子的加权系数可以不同[1]。与此先验假设相应的对稀疏矩阵的约束是要求系数矩阵 $\overline{\mathcal{S}}_i$ 中各列的非零元素位置相同，但对非零元素取值不作约束。

当然，在求解该协同重构模型之前，还需要为每个图像块构造用于重构的一组图像块向量，即为 x_i 构造 Y_i，$i = 1, 2, \cdots, L$。注意到，Y_i 是与 x_i 相似的图像块的观测向量的集合，而所有图像块都是待求解的对象，无法度量图像块的相似性。但庆幸的是，图像块的观测向量是已知的，同时 Johnson-Lindenstrauss lemma[11]（JL定理）从理论上保证了高斯随机投影是近似保距的。因此，使用了观测向量之间的距离来代替图像块间的距离，并用于度量图像块之间的相似性。图像块向量 x_i 和 x_j 之间的相似性用其去直流后的观测向量之间的欧氏距离 $\|\tilde{y}_i - \tilde{y}_j\|_2^2$ 进行度量。其中，去直流后的观测向量 $\tilde{y}$ 用以下公式进行计算：

$$y = y - \Phi[(\Phi d_0)^+ y]d_0 \tag{14.5}$$

式中，d_0 是字典中的直流原子，即该原子中的所有分量的取值均相等。这里，用 d_0 来消除图像块的灰度对结构相似性度量的影响，这也是在图像处理中常用的一个操作。在式(14.5)中，用 d_0 重构了图像块，得到了图像块的直流分量，而 $\tilde{y}$ 是用原观测向量 y 减去对图像块的直流分量的观测得到的。因此，为图像块 x_i 构造 Y_i 的方法是利用匹配分组的方式，使用上述相似性测度找到与 y_i 最相似的一组观测向量，并将 y_i 与它们组合成 Y_i。

14.3.3　基于自回归模型的协同重构

在第一种协同方式中，重构性能会受到匹配分组的准确性以及重构方法的重构精度的影响。为此，在已有重构结果上设计了第二种协同方式，用于进一步优化重构结果。所提出的第二种协同方式是基于表示相邻图像块的字典原子间的回归关系假设的，即一个图像块能够用表示其相邻图像块的字典原子的线性组合来进行表示。考虑到在分块大小比较大时（如 16×16），相邻的两个图像块有可能出现结构相同，但结构区域发生了空间平移的情况，模型进一步将原子的平移因素也考虑进去。因而，回归关系变成一个图像块能够用表示其相邻图像块的字典原子和/或这些原子的平移的线性组合来进行表示。与此同时，为了将图像的重构信息在图像中所有的图像块间进行传递和交换，在第二种协同重构方式中也同时考虑了各个图像块的非局部相似块。

基于自回归模型的协同重构是依次对每个图像块进行的。对单个图像块的协同重构主要包括三个步骤。

(1) 构造用于协同重构图像块 x_i 的协同解集合：

$$\mathcal{G}_i = \{\bar{s}_j \,|\, j \in i \bigcup \mathcal{N}_i^l \bigcup \mathcal{N}_i^n\} \tag{14.6}$$

式中，$\mathcal{N}_i^n$ 是图像块 x_i 的非局部相似块的序号集合，块相似性度量如上节所述；$\mathcal{N}_i^l$ 是 x_i 的邻域块的序号集合。

(2) 根据图像块 x_i 的观测向量 y_i，对协同解集中的每一个解进行优化，并获得一个候选解，即 $\forall s_i \in \mathcal{G}_i$，通过优化获得 s_j^i。为了描述方便，将一个稀疏向量 s 的支撑依次记为 $\text{supp}(s) = (n_1, n_2, \cdots, n_K)$。基于 s_j 和 y_i 求解 s_j^i 是通过求解以下模型得到的：

$$s_j^i = \underset{s}{\arg\min} \|y_i - \Phi\mathcal{G}s\|^2,$$
$$\text{s.t. } \|s\|_0 \leqslant K, \quad \text{supp}(s) \in \{(n_1', n_2', \cdots, n_K') \,|\, n_l' \in \textstyle\sum_{n_l}, l = 1, 2, \cdots, K\} \tag{14.7}$$

式中，$\sum_{n_l}$ 是为原子序号 n_l 定义的一个原子序号集合：

$$\textstyle\sum_{n_l} \triangleq \{p \,|\, \theta_p = \theta_l, a_p = a_l, d_p \in \mathcal{D}\} \tag{14.8}$$

式中，$\sum_{n_l}$ 包含了字典 $\mathcal{D}$ 中与原子 d_{n_l} 具有相同方向和尺度参数，但不同位移参数的原子的序号的集合。从式(14.7)可以看出，协同解集的优化问题是一组约束优化问题，需要对协同解集中的各个初始候选解进行优化。这个优化过程也是一个组合优化问题。但可以采用迭代优化的方法进行近似求解。依次求解每个优化问题后，将获得对图像块的 x_i 候选解集 $\overline{\mathcal{G}}_i = \{s_j^i\}$。

(3) 根据候选解集 $\overline{\mathcal{G}}_i$ 得到对图像块 x_i 的估计值。候选解集中的每个稀疏向量都对应一个图像块估计值，也对应一组表示图像块的字典原子和相应的组合系数。通过将这些解进行融合，可以得到对图像块更好的估计。有研究表明，任意的重构方法都能用作融合策略，用于融合多个重构算法获得的重构结果，并能提升参与融合的重构方法所获得的效果[12]。在 CR_CS 方法中借鉴这一思想，用重构方法对候选解集中的解进行融合。

在这个协同过程中，图像块间通过局部位置相邻和非局部相似关系，进行了信息的传递和交换，从而提升了第一阶段的重构结果，并获得了对各个图像块和整幅图像更准确的重构估计。

14.4　CR_CS 协同重构算法

　　本节将建立基于贪婪搜索和迭代优化策略的 CR_CS 协同重构算法。该算法对 CR_CS 中的第一个协同重构过程主要利用了贪婪搜索方法中的正交匹配追踪方法来实现。这是一种简单和快速的贪婪稀疏重构方法，能便捷地实现一些基于结构稀疏先验的信号重构。特别是与凸松弛方法相比，基于匹配追踪的方法更易于表达和实现稀疏性以外的应用相关的先验和模型[13]。

　　在第一种协同重构方式中，需要求解形如式(14.3)的基于结构稀疏的重构模型，而现有的同步正交匹配追踪（simultaneous orthogonal matching pursuit，SOMP）方法[14-17]能够快速求解这个问题，它是 OMP 方法[18, 19]在联合稀疏模型上的推广。用于本书的 OMP 和 SOMP 算法，如算法 14.1 和算法 14.2 所示。其中，$(\cdot)_A$ 对向量进行操作时，表示向量中由集合 A 指定的元素组成的向量；对矩阵进行操作时，则表示矩阵中由集合 A 指定的行所组成的矩阵。在这一种协同模型中，每个图像块都由其 n_1 个非局部相似块的观测向量进行重构，在实验中 $\bar{n}_1 = 8$。

算法 14.1　OMP 算法

输入：$y^{\mathrm{OMP}}, \mathcal{D}^{\mathrm{OMP}}, \boldsymbol{\Phi}, K$。

初始化：$\Lambda = \varnothing, r^{(0)} = y^{\mathrm{OMP}}, \boldsymbol{s} = \mathrm{zeros}(N,1)$。

迭代 t on $1,2,\cdots,K$：

$$j^{(t)} = \arg\max_j \left| (\boldsymbol{\Phi} d_j)^{\mathrm{T}} r^{(t)} \right| ;$$

$$\Lambda^{(t)} = \Lambda^{(t-1)} \bigcup j^{(t)} ;$$

$$\boldsymbol{s}_{\Lambda^{(t)}} = (\boldsymbol{\Phi}\mathcal{D}_{\Lambda^{(t)}})^+ y^{\mathrm{OMP}} ;$$

$$r^{(t)} = y^{\mathrm{OMP}} - \boldsymbol{\Phi}\mathcal{D}\boldsymbol{s} ;$$

输出：$\boldsymbol{s}^{\mathrm{OMP}} = \boldsymbol{s}$。

算法 14.2　SOMP 算法

输入：$y^{\mathrm{SOMP}}, \mathcal{D}^{\mathrm{SOMP}}, \boldsymbol{\Phi}, K$；

初始化：

$\Lambda = \varnothing, R^{(0)} = Y^{\mathrm{OMP}}, \mathcal{S} = \mathrm{zeros}(N,n_1)$；

迭代 t on $1,2,\cdots,K$：

$$j^{(t)} = \arg\max_j \left\| (\boldsymbol{\Phi} d_j)^{\mathrm{T}} R^{(t)} \right\|_2^2 ;$$

$$\varLambda^{(t)} = \varLambda^{(t-1)} \bigcup j^{(t)};$$

$$\mathcal{S}_{\varLambda^{(t)}} = (\varPhi\mathcal{D}_{\varLambda^{(t)}})^{+} Y^{\mathrm{OMP}} \quad ;$$

$$R^{(t)} = Y^{\mathrm{OMP}} - \varPhi\mathcal{D}\mathcal{S};$$

输出:

$\mathcal{S}^{\mathrm{SOMP}}$ is the first column of $\mathcal{S}$。

在第二种协同重构方式之前，已经得到了对每个图像块用字典进行稀疏表示的系数的一个估计值，即 $(\bar{\mathcal{S}}_1, \bar{\mathcal{S}}_2, \cdots, \bar{\mathcal{S}}_L)$，也就是使用字典中的哪些原子对图像块进行表示以及相应的组合系数。进一步利用第二种协同方式对每个图像块的估计值进行优化。对图像块 x_i，$i = 1, 2, \cdots, L$，找到其 $\bar{n}_3 = 8$ 个局部邻域块，并将其序号组成集合 $\mathcal{N}_i^l$；再找到其 $\bar{n}_2$ 个非局部相似块（可以根据第一种协同方式的匹配结果得到，实验中 $\bar{n}_2 = 4$），并将其序号组成集合 $\mathcal{N}_i^n$。按照式（14.6），可以得到用于协同重构图像块 x_i 的协同解集合 $\mathcal{G}_i$。为了优化该集合中的每个解，即 $\forall \mathcal{S}_i \in \mathcal{G}_i$ 获得 $\mathcal{S}_j^i$，需要求解式(14.7)所表示的优化问题。该问题是组合优化问题，求解比较困难，为此采用了交替优化的思路，提出了如算法 14.3 所示的候选解优化算法。该算法采用对稀疏系数 $\mathcal{S}_j$ 中的每个非零元素逐个进行优化的方式：固定其他非零元，计算当前待更新的原子的优化目标 r^l，根据原子相应 Σ 集，找到可选原子中能够使得优化目标值最优者，并用之替换待更新的原子。该算法中，迭代次数 $\bar{n}_4$ 在实验中取值为 5，即对稀疏表示系数中的每个非零元素迭代优化 5 次。该算法的计算复杂度较高，因为其中涉及大量的矩阵求逆运算，需要对大小为 $B \times (K-1)$ 的矩阵求逆，次数为 $\bar{n}_2 \times K$。

算法 14.3 候选解优化算法

输入：$y_i, \mathcal{D}, \varPhi, \mathcal{S}, j \in \{i \bigcup \mathcal{N}_i^n \bigcup \mathcal{N}_i^l\}$；

初始化：$\varLambda = \mathrm{supp}(\mathcal{S}_j) = (n_1, n_2, \cdots, n_K)$，$\mathcal{S}_j^i = \mathrm{zeros}(N, I)$；

（Outer Loop）Iterate t on $0, 1, \cdots, (\bar{n}_4 - 1)$：

（Inner Loop）Iterate l on $1, 2, \cdots, K$：

$$\varLambda^l = (n_1, n_2, \cdots, n_{l-1}, n_{l+1}, \cdots, n_K);$$

$$r^l = y_i - \varPhi\mathcal{D}_{\varLambda^l} \mathcal{S}^l, \text{ where } \mathcal{S}^l = (\varPhi\mathcal{D}_{\varLambda^l})^{+} y_i;$$

$$p_l^{(t)} = \arg\max_p \left| (\varPhi d_p)^{\mathrm{T}} r^l \right|, \text{ s.t. } p \in \Sigma_{n_l};$$

Update $\varLambda$ by $p_l^{(t)} \to n_l$；

输出：$(\mathcal{S}_j^i)_{\varLambda} = (\varPhi\mathcal{D}_{\varLambda})^{+} y_i$。

对协同解集合 $\mathcal{G}_i$ 中每个解进行优化后，将得到图像块 x_i 的候选解集 $\bar{\mathcal{G}}_i = \{\mathcal{S}_j^i\}$，其中的每个解对应一个关于图像块 x_i 的估计值。为了将这些解进行融合，选出其中能够获得对 y_i 取得最小逼近误差的 $\bar{n}_5$ 个稀疏表示系数（实验中取值为 4），并将这些系数的非零元所对应的字典原子组成原子集合，记为 $\mathcal{D}_i'$；再应用任一个重构算法，以 y_i 为重构目标，以 $\mathcal{D}_i'$ 为字典，获得稀疏系数 s_i^* 以及对图像块的估计值 $x_i^* = \mathcal{D}_i' s_i^*$，当然，其中的 s_i^* 也可以转换为相应的在字典 $\mathcal{D}$ 中的系数。在实验中，应用正交匹配追踪 OMP 重构方法（算法 14.1）完成对图像块的估计。完整的重构算法流程如算法 14.4 所示，其中，将整体的协同重构算法记为 CR_CS，并将第一种协同方式下的重构算法记为 J_CS。

算法 14.4　协同重构算法

输入：$Y, \mathcal{D}, \Phi, K$；

第一重构阶段(J_CS)：

　　Iterate　i　on　$1, 2, \cdots, L$：

　　Construct　Y_i　by finding　$\bar{n}_i$ vectors most similar to　y_i；

　　Execute SOMP algorithm with

　　input:　$Y^{\text{SOMP}} \leftarrow Y_i$　and　$\mathcal{D}^{\text{SOMP}} \leftarrow \mathcal{D}$，

　　output:　$s^{\text{SOMP}} \leftarrow \bar{s}_i$；

第二重构阶段：

　　Iterate　i　on　$1, 2, \cdots, L$：

　　Construct　$\mathcal{S}_i$, then refine it to　$\bar{\mathcal{S}}_i$, and get　$\mathcal{D}_i'$；

　　Execute OMP algorithm with

　　input:　$y^{\text{OMP}} \leftarrow y_i$　and　$\mathcal{D}^{\text{OMP}} \leftarrow \mathcal{D}_i'$，

　　output:　$s^{\text{OMP}} \leftarrow s_i^*$；

输出: Estimate the image　X^*　according to　$\{s_i^*\}$, $i = 1, 2, \cdots, L$。

　　本节通过对自然图像的重构实验，验证所提出的协同重构模型和算法的有效性，并测试算法性能。每一幅图像将被划分成大小为 16×16 的互不重叠的图像块，共有 1024 个图像块。观测矩阵采用随机高斯矩阵，压缩观测率（即图像块观测向量的长度与图像块的长度之比，也等于观测矩阵的行数和列数之比）采用 0.2、0.3、0.4、0.5 四个值。在每个压缩观测率下，对算法采取 50 次测试，即随机产生 50 个观测矩阵和相应的观测向量，取平均重构结果来评估算法的性能。所采用的 Ridgelet 字典中包含 11281 个原子，而图像块稀疏度设为 $K = 32$。在 CR_CS 的第一个协同过程，即 J_CS 重构方法中，每个图像块由其 $\bar{n}_1 = 8$ 个非局部相似块进行协同重构。在 CR_CS 的第二个协同重构过程中，每个图像块由其 $\bar{n}_2 = 4$ 个非局部相似块以及 $\bar{n}_3 = 8$ 个相邻块（对边缘块采用镜像延拓的方式进行）进行重构。本章实验硬件平台与第 13 章相同。

　　第一个实验用于测试两个协同模型的有效性，共设计和比较了四种重构方法。

第一种方法是基于分块策略的 OMP 方法，即每个图像块分别基于过完备字典用 OMP 方法进行重构。第二种方法在 OMP 重构结果的基础上，利用第二种重构方式对图像块进行优化重构，其中的融合方法采用迭代硬阈值方法[20, 21]，记为 OMP+IHT 方法。第三种方法是使用第一种协同方式对图像进行重构的结果，即 J_CS 方法的重构结果。第四种方法是使用了两种协同方式的 CR_CS 方法的重构结果。实验在 Boat 图像上进行，压缩观测率为 0.3。

实验结果如图 14.2 所示。从图 14.2 (c)的 OMP+IHT 重构图中可以看出，第二种协同方式是有效的，能够提高已有的初步重构结果，即图 14.2 (b)的 OMP 重构结果。具体算法中的融合方法可以采用任意的重构方法，不限于 CR_CS 方法中的 OMP 方法。从图 14.2 (d)和(b)的 J_CS 和 OMP+IHT 的重构结果图对比可以看出，基于结构稀疏的协同重构方法能够获得优于非协同重构方法的重构结果。而从 CR_CS 方法获得的图 14.2(e)以及与其他方法的重构图的对比中可以看出，本书提出的两种协同重构模型和相应的协同重构方法都是可行有效的，能够减少单个图像块重构的不确定性。

(a) 原图

(b) OMP, 26.87dB(0.8712)

(c) OMP+IHT, 27.71dB(0.8847)

(d) J_CS, 27.62dB(0.8731)　　　　　　　　(e) CR_CS,28.87dB (0.8864)

图 14.2　CR_CS 及对比方法对 Boat 图的重构结果对比图

　　表 14.1 中比较了 OMP、J_CS 和 CR_CS 三种重构方法的数值结果，其中每个数值是 50 次平均实验的结果。从表中可以看出，J_CS 方法在 PSNR 和 SSIM 指标

表 14.1　CR_CS 及对比方法的 PSNR(dB)和 SSIM 结果

图像	方法	压缩观测率			
		0.2	0.3	0.4	0.5
Barbara	OMP	21.30(0.7536)	23.20(0.8363)	25.45(0.8995)	27.15(0.9102)
	J_CS	25.64(0.7793)	26.89(0.8587)	27.98(0.9049)	28.79(0.9289)
	CR_CS	25.71(0.7862)	26.92(0.8718)	28.52(0.9204)	29.30(0.9423)
Lena	OMP	25.30(0.8395)	28.31(0.9112)	30.15(0.9362)	32.15(0.9531)
	J_CS	28.50(0.8728)	29.97(0.9217)	31.28(0.9463)	32.40(0.9577)
	CR_CS	28.22(0.8712)	30.33(0.9273)	31.73(0.9529)	32.99(0.9644)
Einstein	OMP	28.16(0.8421)	29.17(0.8447)	32.66(0.9283)	34.30(0.9375)
	J_CS	30.83(0.8521)	32.37(0.9035)	33.46(0.9314)	34.16(0.9468)
	CR_CS	31.01(0.8501)	32.81(0.9127)	33.94(0.9431)	34.99(0.9578)
Boats	OMP	22.25(0.7632)	24.64(0.8301)	27.39(0.9096)	29.07(0.9266)
	J_CS	26.45(0.7971)	27.83(0.8701)	28.89(0.9100)	29.85(0.9301)
	CR_CS	26.34(0.7934)	28.19(0.8800)	29.50(0.9233)	30.57(0.9427)
Peppers	OMP	23.70(0.7672)	28.17(0.8953)	30.18(0.9296)	31.44(0.9455)
	J_CS	28.24(0.8584)	29.50(0.9085)	30.78(0.9345)	31.68(0.9467)
	CR_CS	28.15(0.8559)	29.95(0.9143)	31.17(0.9421)	32.14(0.9543)
平均值	OMP	24.14(0.7931)	26.70(0.8635)	29.17(0.9206)	30.82(0.9346)
	J_CS	27.93(0.8319)	29.31(0.8925)	30.48(0.9254)	31.38(0.9420)
	CR_CS	27.89(0.8314)	29.64(0.9012)	30.97(0.9364)	32.00(0.9523)

上均明显高于 OMP 方法，说明基于结构稀疏的协同重构能够有效地减小单个图像块重构问题的不确定性。另外，CR_CS 的数值结果与 J_CS 的结果相比，在 PSNR 指标上有小幅提高，而在 SSIM 指标上则有较明显的提升，这说明基于自回归的协同重构能够有效地在局部和非局部相似的图像块间进行重构信息传递和交流，同时能够提升已有的图像重构估计。

　　图 14.3~图 14.5 是在压缩观测率为 0.3 的情况下获得的对三幅自然图像的重构结果图，所展示的图像是从每种方法的 50 次实验结果中挑选出的 PSNR 值最高的图像。从其中的重构图像以及它们的局部放大图的对比中可以看出，CR_CS 方法获得的图像与对比算法相比较，具有最优的视觉效果，其重构图像最为清晰，能够较好地保持原图的整体结构，在光滑部分具有较少的划痕，并且具有更为连贯的边缘和条状纹理。比较 J_CS 和 CR_CS 方法，即两种协同方式对应的重构方法，虽然从数值指标上看，第二种协同方式的作用并不十分明显，但从重构图的视觉效果对比上来看，CR_CS 获得的图像明显优于 J_CS 方法，特别是 CR_CS 的重构图上的块效应比较不明显，在局部内容上也更为连续。但从重构结果图像与原图像的对比中也可以看出，CR_CS 方法在图像的一些局部结构上并没有获得很好的估计，特别是具有很强方向结构的图像内容上，会出现边缘泛化和模糊的现象。

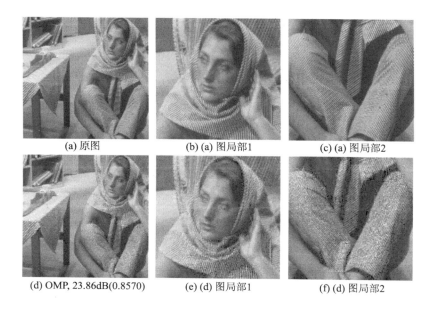

(a) 原图　　　　　　　　(b) (a) 图局部1　　　　　　(c) (a) 图局部2

(d) OMP, 23.86dB(0.8570)　　(e) (d) 图局部1　　　　　(f) (d) 图局部2

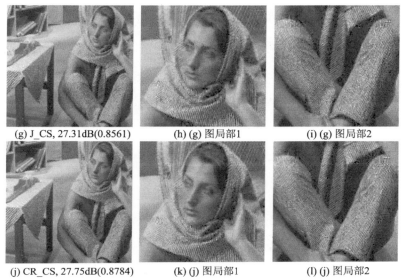

(g) J_CS, 27.31dB(0.8561)　　　(h) (g) 图局部1　　　(i) (g) 图局部2

(j) CR_CS, 27.75dB(0.8784)　　　(k) (j) 图局部1　　　(l) (j) 图局部2

图 14.3　CR_CS 及对比方法对 Barbara 图的重构结果图

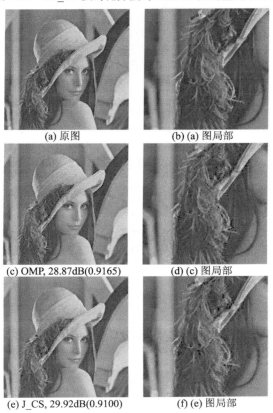

(a) 原图　　　　　　　　　(b) (a) 图局部

(c) OMP, 28.87dB(0.9165)　　　　　　(d) (c) 图局部

(e) J_CS, 29.92dB(0.9100)　　　　　　(f) (e) 图局部

(g) CR_CS, 30.64dB(0.9302)　　　　(h) (g) 图局部

图 14.4　CR_CS 及对比方法对 Lena 图的重构结果图

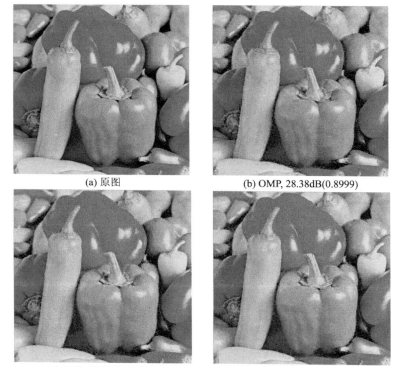

(a) 原图　　　　　　　　　　(b) OMP, 28.38dB(0.8999)

(c) J_CS, 29.79dB(0.9096)　　　　(d) CR_CS, 30.26dB(0.9151)

图 14.5　CR_CS 及对比方法对 Peppers 图的重构结果图

参 考 文 献

[1] MAIRAL J, BACH F, PONCE J, et al. Non-local sparse models for image restoration[C]//2009 IEEE 12th international conference on computer vision, 2009: 2272-2279.

[2] YAN R M, SHAO L, LIU Y. Nonlocal hierarchical dictionary learning using wavelets for image denoising [J]. IEEE transactions on image processing, 2013, 22(12): 4689-4698.

[3] SHAO L, ZHANG H, DE HAAN G. An overview and performance evaluation of classification based least squares trained filters[J]. IEEE transactions on image processing, 2008, 17(10): 1772-1782.

[4] DONG W S, ZHANG L, SHI G M, et al. Image deblurring and super-resolution by adaptive sparse domain selection and adaptive regularization[J]. IEEE transactions on image processing, 2011, 20(7): 1838-1857.

[5] WU X L, ZHANG X J, WANG J. Model-guided adaptive recovery of compressive sensing[C]//Proceedings of the data compression conference, 2009: 123-132.

[6] YU G S, SAPIRO G, MALLAT S. Solving inverse problems with piecewise linear estimators: From Gaussian mixture models to structured sparsity[J]. IEEE transactions on image processing, 2012, 21(5): 2481-2499.

[7] DONG W S, ZHANG L, SHI G M, et al. Sparse representation based image interpolation with nonlocal autoregressive modeling[J]. IEEE transactions on image processing, 2013, 22(4): 1382-1394.

[8] BUADES A, COLL B, MOREL J M. A non-local algorithm for image denoising[C]//2005 IEEE computer society conference on computer vision and pattern recognition (CVPR'05), 2005, 2: 60-65.

[9] DABOV K, FOI A, KATKOVNIK V, et al. Image denoising by sparse 3D transform-domain collaborative filtering[J]. IEEE transactions on image processing, 2007, 16(8): 2080-2095.

[10] ZHANG X J, WU X L. Image interpolation by adaptive 2-D autoregressive modeling and soft-decision estimation[J]. IEEE transactions on image processing, 2008, 17(6): 887-896.

[11] DASGUPTA S, GUPTA A. An elementary proof of a theorem of Johnson and Lindenstrauss[J]. Random structures & algorithms, 2003, 22(1): 60-65.

[12] AMBAT S K, CHATTERJEE S, Hari K V S. Fusion of algorithms for compressed sensing [J]. IEEE transactions on signal processing, 2013, 61(14): 3699-3704.

[13] BLUMENSATH T, DAVIES M E, RILLING G. Greedy algorithms for compressed sensing[J]. YC eldar and G. kutyniok, 2012: 348-393.

[14] VAN DEN BERG E, FRIEDLANDER M P. Joint-sparse recovery from multiple measurements[J]. Preprint, 2009.

[15] COTTER S F, RAO B D, ENGAN K, et al. Sparse solutions to linear inverse problems with multiple measurement vectors[J]. IEEE transactions on signal processing, 2005, 53(7): 2477-2488.

[16] TROPP J A, GILBERT A C, STRAUSS M J. Algorithms for simultaneous sparse approximation. part I: Greedy pursuit [J]. Signal processing, 2006, 86(3): 572-588.

[17] TROPP J A, GILBERT A C, STRAUSS M J. Simultaneous sparse approximation via greedy pursuit[C]//Proceedings(ICASSP'05). IEEE international conference on acoustics, speech, and signal processing, 2005, 5: 721-724.

[18] PATI Y C, REZAIIFAR R, KRISHNAPRASAD P S. Orthogonal matching pursuit: Recursive function approximation with applications to wavelet decomposition[C]//Signals, systems and computers, 1993 conference record of the twenty-seventh asilomar conference on IEEE, 1993: 40-44.

[19] TROPP J A, GILBERT A C. Signal recovery from random measurements via orthogonal matching pursuit[J]. IEEE transactions on information theory, 2007, 53(12): 4655-4666.

[20] BLUMENSATH T, DAVIES M E. Iterative hard thresholding for compressed sensing[J]. Applied and computational harmonic analysis, 2009, 27(3): 265-274.

[21] BLUMENSATH T. Accelerated iterative hard threstholding[J]. Signal processing, 2012, 92(3): 752-756.

第15章 基于过完备字典的方向结构估计模型及重构方法

15.1 引　　言

与单幅图像相比，分块方式下图像块的结构更单一且一致，往往是光滑、边缘和纹理结构中的一种，也因此更容易为它们构造稀疏字典。构造的 Ridgelet 过完备字典已经被证明在分块策略下能够很好地稀疏表示自然图像，其主要原因是字典的结构相对于任意的单个图像块是充足、完备和冗余的。还观察到，字典中由少量与图像块具有部分相同结构的原子组成的子字典足以对该图像块进行稀疏表示。此外，考虑到方向结构对于正确感知和理解图像有重要的作用，希望利用过完备字典对边缘和纹理图像块中的方向结构进行估计，并利用这些方向结构的估计值来约束和指导图像的重构，进而获得对图像及其局部结构的准确估计。

在本章中，提出了基于方向结构估计的重构模型，并设计了一种基于方向指导的字典及进化搜索策略的非凸重构方法（non-convex image reconstruction with direction-guided dictionaries and evolutionary searching strategies，NR_DG）。在该方法中，利用 Ridgelet 过完备字典根据图像块的压缩观测判定图像块结构类型，将图像块判定为光滑、单方向和多方向块中的一种，并利用过完备字典对单方向和多方向块的方向结构进行估计。基于判定和估计结果，为光滑和单方向图像块构造了规模较小的稀疏子字典，它们能够获得与原有过完备字典相同的稀疏表示效果。在 NR_DG 重构策略中，还为不同结构类型的图像块设计了不同的重构策略以匹配图像块的方向结构及其稀疏字典的规模：对光滑图像块采用单阶段的重构策略；对单方向和多方向图像块首先基于方向指导的结构稀疏模型进行重构，再采用进化搜索策略进行再次优化估计。通过调整和重新设计进化策略中的各个算法环节，如种群的初始解、算子操作、评价函数等，实现对图像块方向结构信息的利用。与已有的两阶段进化重构 TS_RS 方法相比，本章提出的方法采用了更灵活和自适应于图像局部结构的稀疏字典和进化重构策略，能够获得更准确的方向结构估计以及更高的重构速度。

15.2 基于方向结构估计的重构模型

15.2.1 基于过完备字典的方向结构估计

一种好的图像表示方法，相对于所表示的图像内容必须足够冗余，才能自适应地表示图像的任意结构内容。图像中的方向结构对于正确理解和感知图像有重要的作用。为了获得对边缘和纹理图像块方向结构的准确估计，将 Ridgelet 字典的原子按照方向参数进行组织，可得到多个方向子字典。这些子字典的方向相对于待表示的图像块中的方向结构是完备和冗余的，即一个或少数几个方向字典的联合就足以对方向块进行完全表示，因此可以利用这些方向字典来描述任意方向图像块的方向结构。

在本章方法中，设计了一种利用 Ridgelet 字典从图像块的压缩观测中估计图像块结构的方法，将图像块判定为光滑、单方向和多方向块中的一种，并获得对单方向和多方向块的方向结构估计。该方法首先将光滑块区分出来，然后用过完备字典中的各个方向子字典对单个非光滑图像块进行分析。能够获得对图像块好的表示和重构效果的方向字典，其方向参数就指示了该图像块的方向结构。根据非光滑图像块中方向的数量，将非光滑块标记为单方向或者多方向，并获得各个非光滑块在字典方向上的方向估计值，即用方向字典的方向参数来指示图像块的方向。

15.2.2 稀疏字典的优化学习

用过完备冗余字典对图像进行稀疏表示时，字典原子对与其形状、尺度、位置和方向相一致的图像内容产生相应。除了上述提到的方向结构，字典在尺度和位移等参数和结构上相对于任意图像块内容也是完备和冗余的，即任意图像块的结构在字典结构下都是稀疏的。因此，任意图像块仅需要使用在结构上与其一致的原子作为稀疏字典，就能够获得与使用整个字典同样的稀疏表示效果。

在 NR_DG 中，根据每个图像块的类别标签及方向结构估计值为图像块构造与其结构匹配的稀疏字典，它们都是 Ridgelet 过完备字典的子字典。光滑块中的方向结构不明显，因此它们对字典原子的方向结构并不敏感，但对尺度结构较为敏感。具有光滑结构的原子在结构上与光滑块更为匹配，因此为光滑块构造了由较大尺度的原子组成的光滑字典作为稀疏字典。对于方向块，与其方向一致的原子构成的子字典能够完全和准确地描述该图像块。因此，根据对非光滑块的方向估计值，将相应的方向子字典作为方向块的稀疏字典。

通过为图像块构造与其结构匹配的稀疏字典，可以在不损失表示精度的情况下，减小基于稀疏表示的图像应用中的字典搜索范围，并获得对图像块更准确的方向结构估计。

15.2.3　基于方向结构估计的进化重构策略

在本章中，仍然将基于过完备字典的图像分块压缩感知重构问题建模为组合优化问题，即从字典原子中挑选出能够线性表示每个图像块的原子组合。在所提出的 NR_DG 重构策略中，首先基于 Ridgelet 过完备字典对图像块进行类别判定以及为图像块构造稀疏子字典，然后分别针对每种类型的图像块设计基于进化搜索的重构方案。图 15.1 是方向指导的 NR_DG 重构策略的示意图。

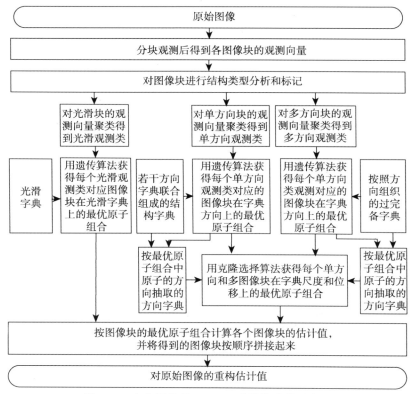

图 15.1　方向指导的 NR_DG 重构策略的示意图

对于光滑图像块，即方向不明显的图像块，它们将通过聚类方法被分为 C_1 类。对于每一个光滑类，NR_DG 中设计和使用了一个一阶段的进化搜索策略来获得对该光滑类中图像块的共同原子组合的估计，从而获得对类中每个图像块的重构估计。其中的聚类方法仍采用仿射传播的 AP 聚类方法[1]，其优点是无须事先指定聚类的类别数，方法简单快速，且效果好。聚类结果是通过对标注为光滑的图像块的观测向量进行聚类获得的，这里使用了图像块的观测向量代替了图像块本身。对光滑块采用简单的一阶段的重构策略是考虑到它们的方向结构较为简单，并且已经为光滑块指定了一个较小规模的光滑字典作为稀疏字典。使用简单的进化搜索策略已经能够快速地获得对光滑块的重构估计。此外，在图像中的光滑块的数量一般较多，这种重构方式能够极大地减少整幅图像的重构时间。

对于非光滑图像块，将采用类似于 TS_RS 的两阶段重构策略，并根据图像块的方向结构进行相应的进化搜索策略设计和进化算法实现。在重构的第一阶段，对单方向块和多方向块分别处理，将两种类型的图像块分别通过聚类方法分为 C_2 类和 C_3 类，聚类方法与光滑块类似，不再赘述。接着，对于每个类中的图像块，采用结构稀疏约束的结构模型进行重构估计，并根据类中图像块的稀疏字典对原有的进化搜索策略及进化算子等进行调整和重新设计。最后每个图像块都将获得一个解种群及原子组合的估计值。

在非光滑块重构的第二阶段，将对所有的非光滑块逐一进行优化。在此过程中，各个非光滑块之间（包括单方向和多方向块之间）将以稀疏字典为桥梁进行重构信息的交流和传递，并通过克隆选择搜索实现重构优化。与 TS_RS 的第二阶段重构相比，NR_DG 中非光滑图像块在此阶段的初始种群在方向组合上更具多样性，即每个图像块的初始种群都极有可能由单方向个体和多方向个体混合组成。因此，在二次优化过程中，更容易获得关于图像块方向的正确估计。

方向指导的 NR_DG 重构策略的特点在于以下几点。

(1) 利用了过完备字典根据图像块的压缩观测向量对图像块进行结构类别判定。在该方法中按原子方向参数组织字典，用方向子字典获得对非光滑图像块的方向结构估计，包括方向数和具体方向指向。这与已有的几何字典学习[2]和 PCA 方向字典学习[3]方法在字典训练阶段根据图像块本身进行分类和学习是不同的。另外，与本书第 14 章 GS_CR 中的图像块几何类型判断方法相比，本章的方法更为细致和准确，不仅将图像块区分开来，还对单方向块和多方向块的方向进行了估计。

(2) 为光滑块和单方向块指定 Ridgelet 过完备字典的子字典作为稀疏字典。光滑块中没有明显的方向结构，只需要从宽脊线的光滑原子组成的光滑字典中挑选原子。而对图像进行分块处理后，单个方向块中一般仅包含有限的方向结构，因此图像块的稀疏字典中通常只需要包含具有特定方向结构的原子，其数量远少于原过完备字典。对于大多数图像块来说，在重构中仅需要搜索较小规模的字典，就能在重构精度不变的情况下，有效提升重构速度。

(3) 针对三种类型的图像块，即光滑块、单方向块和多方向块，分别设计了不同的进化搜索策略和重构方法。特别是，考虑到光滑图像块的简单结构及其稀疏字典的规模，简化了光滑图像块的重构步骤。因为图像中的光滑图像块通常较多，所以这种设计能够大大提高光滑图像块的重构速度。而对于非光滑图像块，则通过对进化方法中各个环节的设计，进一步实现了对图像块在方向结构上的先验约束。

15.3　相　关　工　作

已有应用研究表明，信号的少量随机投影中包含的信息足以完成特定的图像处理任务。例如，基于随机投影特征的纹理图像分类应用[4]；基于少量压缩观测的图像高斯模型估计[5]；基于多尺度随机投影的压缩分类应用[6]等。本章 NR_DG 方法中提出了根据图像块的压缩观测对图像块的结构进行判别的方法。与现有工作不同的是，本章方法是基于 Ridgelet 过完备字典的。特别是对方向块的方向结构进行估计时，将字典按照方向进行了组织，利用方向子字典构造了方向估计的解析方法，并用子字典的方向参数描述了方向块的具体方向。

在基于自然计算优化方法的两阶段重构策略（TS_RS）中，利用图像在过完备字典中的稀疏先验和结构先验，设计并实现了一种基于非凸稀疏约束的图像重构方法。该方法意识到了准确估计图像块方向的重要性，对字典按照方向参数进行组织，并在遗传进化算法的种群初始化设计中，按照方向初始化种群个体，在图像块的方向结构估计上取得了一定的成效。在本章 NR_DG 策略中，先利用字典获得图像块的方向结构估计，再依据所获得的方向结构采用进化搜索策略进行重构。因此，进化算法中的各个环节，即种群初始化、算子、评估函数等，都结合了相应的方向结构约束。因此 NR_DG 方法与 TS_RS 方法相比，能够更准确地估计图像的局部方向结构信息，并在重构精度上和速度上有所提高。

15.4　方向指导的稀疏字典优化及结构稀疏重构模型

15.4.1　方向指导的稀疏字典优化学习

已经知道在使用字典对图像块进行稀疏表示时，只有与图像块的方向结构一致的字典原子有可能被挑选，因此，可以在对图像块进行表示和重构之前，将与图像块的结构不一致的原子从字典中剔除，从而获得一个具有较小规模，但对图像块的稀疏表示效果与原字典一致的稀疏字典。

Ridgelet 字典是参数化的过完备字典，每个原子的参数组 $\gamma_i = (\theta_i, a_i, b_i)$ 唯一确定了原子 d_i，$i = 1, 2, \cdots, N$，并描述了原子中脊线的方向、宽度和中心位置等结构信息。其中，尺度参数有 16 个离散取值，将它们分别记为：$a_i \in \{a^{(1)}, a^{(2)}, \cdots, a^{(15)}\}$，其中，$a^{(p)} < a^{(q)}$，$\forall p < q$。方向参数有 36 个离散取值，记为 $\theta_i \in \{\theta^{(1)}, \theta^{(2)}, \cdots, \theta^{(36)}\}$，并且 $\theta^{(j)} = (j-1)\pi/36, j=1,2,\cdots,36$。图 15.2 为三组原子来展示各个原子参数对原子结构的影响。第一组和第二组原子中，原子的方向参数和位移参数相同，但每个原子的尺度参数的取值各不相同。尺度参数的取值越小，原子中的脊线越宽；取值越大，则脊线越窄。第三组中，原子的尺度参数和位移参数相同，但每个原子的方向参数取不同的值，它们的脊线指向不同的方向。

(a) 尺度参数互不相同的原子对比 1

(b) 尺度参数互不相同的原子对比 2

(c) 方向参数互不相同的原子对比

图 15.2　原子尺度及方向参数与原子结构的关系示意图

在这个过完备字典中，原子的参数表征了原子的结构，也架起了原子结构与图像块间相似性的桥梁。对于光滑图像块，其结构与尺度参数较小的原子更为匹配，因此只可能选择尺度参数较小的原子进行表示。对于单方向图像块，其方向结构单一，与其具有相同指向的原子足以对其进行稀疏逼近和表示。而多方向图像块则可以看成由所有方向子字典的联合进行表示。

基于上述分析，为每个图像块 X_i，$i=1,2,\cdots,L$，指定 Ridgelet 过完备字典的一个子字典 $\mathcal{D}_i$ 作为稀疏字典：

$$\mathcal{D}_i = \begin{cases} \mathcal{D}_s, & \forall x_i \text{为光滑块} \\ \mathcal{D}_j, & \forall x_i \text{为单方向块} \\ \mathcal{D}, & \forall x_i \text{为多方向块} \end{cases} \tag{15.1}$$

式中，光滑字典 $\mathcal{D}_s$ 由字典中具有较小尺度参数的原子组成：

$$\mathcal{D}_s \triangleq \{d_i \mid a_i \in \{a^{(1)}, a^{(2)}, \cdots, a^{(7)}\}, d_i \in \mathcal{D}\} \tag{15.2}$$

式中，字典 $\mathcal{D}_s$ 中共有 $N_s = 5265$ 个原子，数量约为总原子数 $N = 11281$ 的 1/2。单方向字典 $\overline{\mathcal{D}}_k$，$k=1,2,\cdots,36$，由字典中具有相同方向参数的原子组成：

$$\overline{\mathcal{D}}_k \triangleq \{d_i \mid \theta_i = \theta^{(i)}, d_i \in \mathcal{D}\}, \quad k=1,2,\cdots,36 \tag{15.3}$$

式中，每个方向字典中的原子数量约为 300。

　　对图像中的图像块采用 $\mathcal{D}_i$ 进行稀疏表示能够获得与采用整个字典 $\mathcal{D}$ 进行稀疏表示一致的表示效果，在图 15.3 中，通过实验和结果分析展示了这一结论。图 15.3 (a)是待表示的原图像，图 15.3 (b)是对图像块逐个以字典 $\mathcal{D}$ 为稀疏字典进行表示所获得的效果图。图 15.3 (c)则是每个图像块使用各自的稀疏字典 $\mathcal{D}_i$ 进行表示所获得的效果图。其中，为了获得图 15.3 (c)和 15.3(d)中框出的图像块以光滑字典 $\mathcal{D}_s$ 为稀疏字典进行表示；图 15.3 (e)中框出的图像块以单个单方向字典为稀疏字典进行表示；而图 15.3 (f)中框出的图像块则仍以字典 $\mathcal{D}$ 为稀疏字典进行表示。对比图 15.3 (b)和图 15.3 (c)及原图像，可以看出，使用字典 $\mathcal{D}$ 以及字典集合 $\{\mathcal{D}_i\}$ 均能很好地稀疏逼近原图像，两者在数值指标上相差不大，在视觉效果上则几乎一致，均很好地逼近和保持了原图像的方向结构。但是，需要指出的是，字典集合 $\{\mathcal{D}_i\}$ 中的多数字典为光滑字典或者单方向字典，它们的规模远小于字典 $\mathcal{D}$，因此，使用 $\{\mathcal{D}_i\}$ 能够在不损失重构精度的情况下，获得更为快速的重构估计。

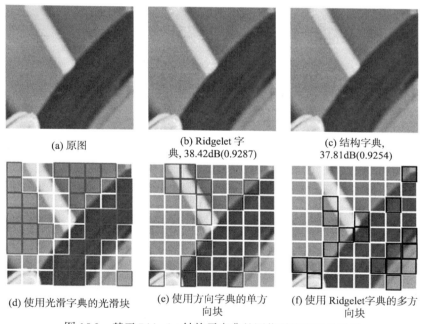

(a) 原图　　　　　　　(b) Ridgelet 字　　　　　　(c) 结构字典，
　　　　　　　　　　典, 38.42dB(0.9287)　　　　37.81dB(0.9254)

(d) 使用光滑字典的光滑块　(e) 使用方向字典的单方　(f) 使用 Ridgelet字典的多方
　　　　　　　　　　　　　　　向块　　　　　　　　　　向块

图 15.3　基于 Ridgelet 结构子字典的图像稀疏表示效果图

15.4.2　基于稀疏子字典的结构稀疏重构模型

　　基于字典的结构稀疏重构模型，是将图像块进行聚类后，对每一类的图像块进行联合求解，从而获得表示类内每个图像块的原子组合以及图像块的重构估计。

与逐个估计图像块相比，对具有相似结构的一组图像块进行共同求解，能够大大减少待求解问题的数量；而在求解每个重构问题时则使用了多个先验约束，能够提高重构的准确性。在 NR_DG 策略中，对图像的局部方向信息进行了挖掘和利用，并为图像块指定了具有不同规模和结构特性的稀疏字典，因此在基于结构稀疏先验进行联合重构时，需要对图像块的聚类策略进行调整，以获得更为准确的图像块分类结果。此外，还需要对重构模型进行修改，使其符合对图像块在稀疏字典上的约束。

在 NR_DG 中，对图像块的聚类按照图像块的类型进行，即对每种类型的图像块分别进行聚类，以确保获得的每个类中的图像块具有相同的结构类型。具体来说，就是分别对标记为光滑、单方向和多方向的图像块的观测向量进行聚类，分别获得 C_1 个光滑类、C_2 个单方向类和 C_3 个多方向类，总的类别数 $C = C_1 + C_2 + C_3$，满足 $C \approx 0.1L$，其中 L 为图像中图像块总的数量。将对图像块的划分记为 $\{X_1, X_2, \cdots, X_C\}$，其中 X_i，$i = 1, 2, \cdots, C$，包含了第 i 类的所有图像块。

单个类的结构化稀疏重构模型为

$$(\hat{D}_i^*, S_i^*) = \arg\min \| Y_i - \Phi \hat{D}_i S_i \|_{\mathrm{F}}^2,$$
$$\text{s.t.} \| \hat{D}_i^{\mathrm{T}} \|_{p,0} \leqslant \hat{K}_i, \hat{D}_i \in \hat{\mathcal{D}}_i, i = 1, 2, \cdots, C \tag{15.4}$$

式中，Y_i 是第 i 类图像块的观测向量集合；$\hat{K}_i$ 是该类图像块共用的稀疏度；$\hat{\mathcal{D}}_i$ 是该类图像块重构时所用的稀疏字典，是类中所有图像块的稀疏字典的并集，即

$$\hat{\mathcal{D}}_i = \bigcup_j \mathcal{D}_j, x_j \in X_i \tag{15.5}$$

根据在式(15.1)中给出的图像块的稀疏字典的三种取值情况，类字典的取值也分三种情况：

$$\hat{\mathcal{D}}_i = \begin{cases} \mathcal{D}_s, & \forall X_i \text{为光滑类} \\ \bigcup_k \hat{\mathcal{D}}_k, & \forall X_i \text{为单方向类} \\ \mathcal{D}, & \forall X_i \text{为多方向类} \end{cases} \tag{15.6}$$

式中，$i = 1, 2, \cdots, C$。显然，与 TS_RS 策略中的结构稀疏重构模型相比，该模型在稀疏字典和稀疏度上根据图像的结构进行了约束。因此，相应的基于进化搜索策略的重构实现也就有了变化和调整。

15.5　基于方向结构估计的非凸重构方法

本节中将给出 NR_DG 算法的具体实现，包括图像块的方向结构估计、重

构光滑图像块的遗传进化算法以及重构非光滑图像块的遗传进化与克隆选择结合的算法。

15.5.1 基于字典的结构类型判定及方向结构估计

本方法中建立的基于压缩观测的方向结构估计方法的基本流程与图像块的标记方法类似。但在本方法中，除了将图像块标记为光滑、单方向或多方向图像块以外，还将对单方向图像块和多方向图像块的具体指向进行估计。类型标记和结构估计方法的流程如图 15.4 所示。

光滑块首先被标记出来。这里的标记光滑块的方法是对各个图像块的观测向量的方差值设定阈值进行判断。将单个图像块 x_i 的观测向量 y_i 的方差 σ_i，$i=1,2,\cdots,L$，与光滑阈值 σ_s（$\sigma_s = 0.4\overline{\sigma}$，$\overline{\sigma}$ 为所有方差值的均值）进行比较，若 $\sigma_i < \sigma_s$，图像块 x_i 被标记为光滑块，否则标记为非光滑块。

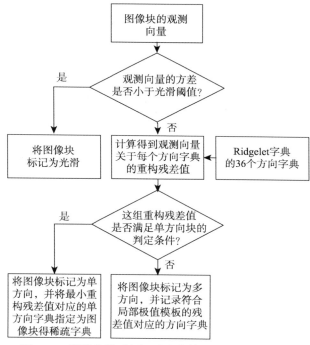

图 15.4　图像块类型标记及方向结构分析方法示意图

对非光滑块的方向结构分析是基于单个图像块在各个方向字典上所获得的重构残差值序列。单个非光滑图像块 x_i 在各个方向字典上的重构残差值由以下公式进行计算：

$$r_k = \parallel y_i - \Phi \overline{\mathcal{D}}_k \overline{s}_k \parallel^2, \quad k = 1, 2, \cdots, 36 \tag{15.7}$$

式中，$\overline{\mathcal{D}}_k$ 是第 k 个方向字典；$\overline{s}_k$ 是图像块在字典 $\overline{\mathcal{D}}_k$ 中的稀疏表示系数。实验中，稀疏向量 $\overline{s}_k$ 中有 10 个非零值，即稀疏度为 10，具体的计算方法是

$$\left(\overline{s}_k\right)_{\wedge} = [(\Phi\overline{\mathcal{D}}_k)_{\wedge}]^+ y_i \tag{15.8}$$

式中，$\wedge$ 是压缩字典 $\Phi\overline{\mathcal{D}}_k$ 中与 y_i 相关性最大的 10 个原子的序号集合；$\overline{s}_k$ 中的非零值位置由该集合确定。在获得残差序列 $R_q = r_1, r_2, \cdots, r_{36}$ 后，标记其中的最小值位置为 j^*，即 $j^* = \arg\min_j r_j$。

　　为了从残差序列 $R_q = r_1, r_2, \cdots, r_{36}$ 中估计出图像块的方向结构，本方法设计了两个极值模板，分别称为全局极值模板和局部极值模板，如图 15.5 所示。其中，全局极值模板是为序列中的最小值设计的，其设计思路：如果这个全局最小值所对应的方向子字典能够很好地稀疏逼近图像观测，那么在这个最小的残差值处应该形成一个很深的"谷底"。也就是说，该值所对应的方向字典和在方向上与之相邻的四个方向字典相比，在表示和重构当前图像块时具有极大的优势，那么这个方向字典就足以作为当前图像块的稀疏字典。而局部极值模板则是在全局极值模板不被满足时，为序列中的局部极值点设计的。该模板要求在局部极值点处形成一个较深的"山谷"，这表示极值点处所对应的方向字典和在方向上与之相邻的两个方向字典相比，能够较好地表示当前图像块在该方向上的结构，因此，在重构时需要对该方向字典多加考虑。另外，考虑到角度的循环性，这两个模板在考察序列中边缘位置的点时，需要进行循环移位处理。例如，在 r_1 处考察全局极值模板需要使用 r_{35}、r_{36}、r_1、r_2、r_3 这 5 个值，而在 r_{36} 处考察局部极值模板需要使用 r_{35}、r_{36}、r_1 这 3 个值等。图中的 $(\cdot)\%N_D$ 表示根据方向字典的数量 N_D（$N_D = 36$）进行循环移位操作。

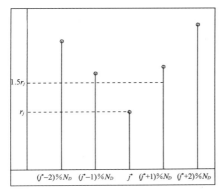

(a) 全局极值模板

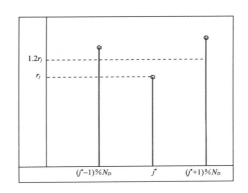

(b) 局部极值模板

图 15.5　残差序列的全局与局部极值模板示意图

估计一个非光滑图像块的方向结构的具体方法是考察该图像块在方向字典上的重构残差序列 R_q，若其最小值 r_{j^*} 处满足全局极值模板，则认为该图像块具有单方向结构，并且指定序列最小值 r_{j^*} 所对应的方向字典 $\overline{\mathcal{D}_{k^*}}$ 作为它的稀疏字典。否则，如果残差序列在最小值处不满足全局极值模板，则标记图像块为多方向，随后对残差序列中的值逐个与局部极值模板进行匹配，并将满足局部极值模板的残差值所对应的方向字典进行记录。在实际应用中，一个重构残差序列中的局部极值点可能没有（图像块的方向指向不明显或者将光滑块误判为方向块），也可能有若干个。

图 15.3(d)、(e)、(f)所展示的块分类结果就是通过本小节方法得到的。从图中可以看出标记结果还是较为准确的。在实际应用中受到数据采样率和噪声等因素的影响，图像块类型和方向块的方向结构估计有可能出现偏差，但它们在两个阶段的重构中可以被修正。

15.5.2 基于遗传优化的光滑图像块重构

本节介绍基于结构稀疏重构模型的光滑图像块的遗传进化算法的实现。算法中，首先将光滑图像块用仿射聚类 AP 算法分为 C_1 类，再用遗传进化算法求解其中每一类图像块共同的原子组合，也就是说，遗传算法需要求解的是式(15.4)中稀疏字典 $\widehat{\mathcal{D}_i}$ 为光滑字典 $\mathcal{D}_s$ 的结构稀疏重构模型。算法流程如算法 15.1 所示。

算法 15.1　重构光滑图像块的遗传进化算法

输入：光滑图像块的观测 Y_s，观测阵 Φ，光滑字典 $\mathcal{D}_s$，稀疏度 K_s，算法各参数。

输出：对光滑图像块的重构估计 x_s^*。

-对 Y_s 聚类得到 $Y_1, Y_2, \cdots, Y_{C_1}$；

-For $j = 1, 2, \cdots, C_1$，用遗传进化算法求解 Y_j 对应的光滑块的共同原子组合 $\hat{D}_j$；

　(1) 初始化解种群 $P^{(0)}$，$t = 0$；

　(2) 使用适应度函数 f_{s1} 评估当前种群 $P^{(t)}$ 中的每个个体；

　(3) 对种群 $P^{(t)}$ 依次执行遗传交叉、变异和选择操作，产生新一代种群 $P^{(t+1)}$；

　(4) $t \leftarrow t+1$，并进行终止判断，若 $t > t_{0\max}$，转(5)，否则，转(2)；

　(5) 解码种群中最优个体，$b^* = \arg\max f_{s1(b)}, b \in P^{(t)}$，$\hat{D}_j^* = \text{dec}(b^*, \mathcal{D}_s)$；

　(6) 类内各图像块估计，$X_j^* = \hat{D}_j^*[(\Phi\hat{D}_j^*) + Y_j]$。

-End For

　1. 进化编码和解码

本章方法将一个原子组合编码为组合中各个原子在字典中的序号，即一个整数序列。因为本方法中需要根据原子参数将字典原子抽取出来组成新的稀疏字典，所以，同一个原子在不同的字典中有不同的序号，为了避免混淆，将在编解码时特别指定所用的稀疏字典。例如，一个原子组合 D 在光滑字典 $\mathcal{D}_s$ 中的编解码分别记为：$b = \mathrm{enc}(D, \mathcal{D}_s)$ 和 $D = \mathrm{enc}(b, \mathcal{D}_s)$，这样可以确保原子组合和种群个体一一对应。每次对原子组合 D 或个体 b 进行操作前，还需要将 D 中的重复列或者 b 中重复的原子序号去掉。

对一个光滑类的初始种群 $P^{(0)}$ 中的每个个体，采用随机的方式，从整数集合 $\{1,2,\cdots,N_s\}$ 中产生 K_s 个值，并排成一列获得。其中的 N_s 是字典 $\mathcal{D}_s$ 的规模，即光滑字典中原子的个数，K_s 是事先为光滑块指定的稀疏度值，实验中 $K_s=16$。

2. 适应度函数

种群 $P^{(t)}$ 中的某个个体 $b \in P^{(t)}$ 对某光滑类图像块的观测 Y_j 的适应度，用以下公式进行计算：

$$f_{s1}(b) = 1/\| Y_j - \varPhi\mathrm{dec}(b, \mathcal{D}_s)S_j \|_F^2 \tag{15.9}$$

式中，稀疏矩阵 S_j 根据最小二乘法计算。

3. 操作算子

遗传进化算法中的遗传交叉、遗传变异和遗传选择算子。通过这些操作的迭代进行，能够不断优化种群中个体所表示的原子组合，最终在光滑字典 $\mathcal{D}_s$ 中搜索到表示每个光滑类中图像块共同的原子组合。

4. 算法参数

字典 $\mathcal{D}_s$ 中共有 $N_s = 5265$ 个原子。光滑图像块的稀疏度，即种群中个体的长度为 $K_s = 16$。种群规模设置为 $P_s = 36$。最大迭代次数则设置为 $t_{0\max} = 100$。确定该参数的具体方法是记录每次迭代获得的适应度函数值，并画出迭代次数与适应度值的变化曲线，将适应度曲线的上升拐点处对应的迭代次数作为算法的迭代次数。当然，由于算法的随机性，这种方法只能得到大致估计值。

15.5.3　基于遗传和克隆选择优化的非光滑图像块重构

NR_DG 中求解非光滑图像块的两阶段进化算法与 TS_RS 中的类似，即在第一阶段用遗传方法获得每个图像块分类中的图像块共同的原子组合，再在第二阶段用克隆选择方法获得每个图像块的原子组合的更优估计。不同的是，NR_DG 中的两阶段重构仅对非光滑图像块进行，并且在两个进化阶段中，对单方向块和多方向块又分别采用了不同的算子设计，以实现对图像块在方向结构上的约束。算法的整体流程见算法 15.2。

算法 15.2　　重构非光滑图像块的两阶段进化算法

输入：非光滑图像块的观测 Y_n，观测阵 Φ，各非光滑块的稀疏字典，稀疏度 K_{n1} 和 K_{n2}，算法各参数。

输出：对非光滑图像块的重构估计 x_s^*。

-对 Y_n 中单方向和多方向块的观测分别聚类，得到聚类 $Y_{C_1+1},\cdots,Y_{C_1+C_2},\cdots,Y_C$；

-（一阶段）重构非光滑类的遗传算法

-For $j = C_1+1,\cdots,C$，用遗传进化算法求解 Y_j 对应的非光滑块的共同原子组合 $\hat{D}_j$；

(1) 初始化解种群 $P_1^{(0)}$，$t = 0$；

(2) 使用适应度函数 f_{s2} 评估当前种群 $P_1^{(t)}$ 中的每个个体；

(3) 对种群 $P_1^{(t)}$ 依次执行交叉、变异和选择操作，产生新一代种群 $P_1^{(t+1)}$，$t \leftarrow t+1$；

(4) 若 $t = 1$，根据适应度 f_{s2} 对 $P_1^{(t)}$ 进行删减，仅保留适应度最高的 P_s 个个体；

(5) 若 $t > t_{1\max}$，转(6)，否则，转(2)；

(6) 获得输出种群，若 $j > C_1+C_2$，输入种群为 $P^* = P_1^{(t)}$，否则，初始化 $P^* = \varnothing$，并且 $\forall b \in P_1^{(t)}$，$D = \text{dec}(b,\hat{\mathcal{D}}_j)$，$b' = \text{enc}(D,\mathcal{D})$，$P^* = P^* \bigcup b'$；

(7) 得到种群中最优个体，$b^* = \arg\max f_{s2}(b,\mathcal{D}), b \in P^*$；

(8) 类内各图像块的原子组合估计：$\forall x_k \in X_j$，$\hat{P}_k = P^*$，$\hat{b}_k = b^*$。

-End For

-（二阶段）重构非光滑块的克隆选择算法

-For 每个非光滑块 x_k，使用克隆选择算法得到图像块的更优原子组合和重构估计；

(1) 初始化解种群 $P_2^{(0)} = \hat{P}_k \bigcup \{\hat{b}_j \mid j \in \overline{\mathcal{N}_i^l} \bigcup \overline{\mathcal{N}_i^n}\}$，$t = 0$；

(2) 使用亲和度函数 f_{a1} 评估当前种群 $P_2^{(t)}$ 中的每个个体；

(3) 对种群 $P_2^{(t)}$ 依次执行克隆、克隆变异和选择操作，产生新一代种群 $P_2^{(t+1)}$，$t \leftarrow t+1$；

(4) 若 $t = 1$，根据适应度 f_{a1} 对 $P_2^{(t)}$ 进行删减，仅保留亲和度最高的 $P_s/2$ 个个体；

(5) 若 $t > t_{2\max}$，转(6)，否则，转(2)；

(6) 得到原子组合估计，$b^* = \arg\max f_{a1}(b)$，$b \in P^{(t)}$；$D_k^* = \text{dec}(b^*,\mathcal{D})$；

(7) 图像块的重构估计，$x_k^* = D_k^*[(\Phi D_k^*)^+ y_k]$。

-End For

1. 一阶段遗传重构方法

在第一阶段的遗传算法重构中，先分别对单方向块和多方向块使用 AP 聚类方法，从而获得 C_2 个单方向类和 C_3 个多方向类。再对每个非光滑聚类使用遗传算法求解，获得每类图像块在字典方向上共同的原子组合。

1) 种群初始化

重构非光滑类 x_j 时，种群 $P_1^{(0)}$ 的初始化方式、个体长度以及种群规模均取决于该类中图像块的类型。当该类为单方向类时，类中的每个图像块的稀疏字典为单个方向字典，那么该类的稀疏字典就由这些方向字典联合组成，不妨假设 $\hat{\mathcal{D}}_i = \{\overline{\mathcal{D}}_{n_1}, \overline{\mathcal{D}}_{n_2}, \cdots, \overline{\mathcal{D}}_{n_k}\}$，其中 $n_j \in \{1, \cdots, N_D\}$，$j = 1, 2, \cdots, k$。在初始化该类的种群时，需确保种群中的每个个体所对应的原子组合具有单一指向，即每个个体中的原子均来自同一个单方向字典。并且，种群中由某个单个方向字典产生的个体数正比于该字典成为类内图像块的稀疏字典的次数。按照这种方法获得规模为 $P_s = 36$ 的初始种群。另外，由于单方向块的方向结构较为单一，且稀疏字典规模较小，将块稀疏度，也就是原子组合中原子的个数和种群中个体的长度设定为 $K_{n1} = 20$。

当 x_j 为多方向类时，类稀疏字典由所有的 N_D 个方向字典构成，按照 TS_RS 中的做法，为了确保种群中包含所有的方向结构，由每个方向字典产生一个种群个体，得到长度为 K_{n2}（$K_{n2} = 32$）的 $N_D = 36$ 个个体。另外，在对图像块进行方向结构估计时，单个多方向块有可能被指定了若干个方向字典，其中的每个字典都指示了该多方向块的某一个方向结构。为了使这些方向上的原子获得更多的搜索机会，额外地在每个这样的方向字典上产生一个个体。这种情况下，初始化种群中个体的数量多于 N_D，但不会超过 $2N_D$。在种群的第一次迭代后，再根据适应度函数将种群的规模降为 P_s。

2) 适应度函数

因为每个非光滑类的稀疏字典不尽相同，所以，适应度函数需要指定解码字典，以准确地获得个体对应的原子组合。遗传算法中使用的适应度函数为

$$f_{s2}(b, \mathcal{D}') = 1 / \| Y_j - \Phi\mathrm{dec}(b, \mathcal{D}')S_j \|_F^2 \tag{15.10}$$

特别地，当公式中的变量 $\mathcal{D}'$ 取值为 $\mathcal{D}_s$ 时，$f_{s2} = f_{s1}$；而当 $\mathcal{D}'$ 取值为 $\mathcal{D}$ 时，f_{s2} 就是 TS_RS 中的 f_s。

3) 操作算子

非光滑块一阶段重构中的遗传交叉，遗传变异和遗传选择操作与光滑块的一样。不同的是，单方向类重构结束后，需要将原子在类稀疏字典中的编码转变为在整个过完备字典 $\mathcal{D}$ 中的编码，以便于在二阶段重构中对所有的非光滑块进行统一操作。

具体的做法是先将个体在类的稀疏字典中解码为原子组合：$D = \mathrm{dec}(b, \hat{\mathcal{D}}_j)$，再将该原子组合在字典 $\mathcal{D}$ 中进行编码：$b' = \mathrm{enc}(D, \mathcal{D})$。虽然这里也采用了编码操作符，但在实现上，却与初始化阶段的编码有很大区别。初始化中编码对于字典

和原子序号的对应关系是已知的，可以通过随机存取的方式实现快速编码。但在这里，需要根据给定的原子找出它在原来过完备字典中的位置。显然，通过原子一一比对进行解码，显然在计算代价上是不可接受的。幸运的是，除了原子序号，原子的参数组也与原子是一一对应的。在构造字典时，按照方向参数和尺度参数从小到大的顺序为原子分配序号，即为具有相同方向参数和尺度参数的原子连续分配序号，并将这些原子的起始序号记录成表。这样，原子在不同字典中的序号间的快速转换就可以通过查表和解析计算完成。

4) 算法参数

本章方法根据图像块的方向结构为图像块指定不同的稀疏度，光滑块、单方向块和多方向块的稀疏度分别为 16、20 和 32。最大迭代次数则设置为 $t_{1\max} = 200$。

2. 二阶段克隆选择重构方法

在第二阶段的克隆选择算法重构中，每个非光滑块的原子组合都在其局部和非局部相似块的重构结果基础上进行了优化，能够获得在方向结构上更为准确的估计。

1) 种群初始化

图像块 x_k 的初始种群包含三个部分，分别为：图像块在一阶段获得的解种群 $\hat{P}_k$；与图像块最相似的 n_1（$n_1 = 4$）个非局部相似的非光滑块在一阶段获得的最优个体 $\{\hat{b}_j | j \in \overline{\mathcal{N}_i^n}\}$；与图像块在位置相邻的 n_2（$n_2 = 8$）个图像块中的非光滑块在一阶段获得的最优个体 $\{\hat{b}_j | j \in \overline{\mathcal{N}_i^l}\}$，其中的 $\overline{\mathcal{N}_i^n}$ 和 $\overline{\mathcal{N}_i^l}$ 是满足条件的非光滑块的序号。二阶段的种群初始化为 $P_2^{(0)} = \hat{P}_k \bigcup \{\hat{b}_j | j \in \overline{\mathcal{N}_i^l} \bigcup \overline{\mathcal{N}_i^n}\}$。需要注意的是，这个阶段只考虑非光滑块，因此图像块的局部和非局部相似匹配只在非光滑图像块中进行。另外，初始种群的个体有可能来自单方向图像块或多方向图像块，因此种群中个体的长度有可能不相同。

2) 亲和度函数

这里的亲和度函数用于度量单个个体对应的原子组合对单个方向图像块的重构表示效果。种群 $P_2^{(t)}$ 中个体 $b \in P_2^{(t)}$ 对方向图像块 x_k 的亲和度计算为

$$f_{a1}(b) = 1/\| y_k - \Phi \text{dec}(b, \mathcal{D}) s_k \|_F^2 \tag{15.11}$$

3) 操作算子

这里的克隆、克隆变异和克隆选择算子与 TS_RS 中的相同，但需要注意的是，种群中极有可能包含两种长度的个体，在算子操作前需要进行长度检查。并且，在克隆选择和最优个体选择操作之后，图像块的稀疏度有可能与原来的设定不符。例如，多方向块的最优个体的长度为 20，而不是设定的 32。这种情况下，图像的方向类型发生了变化，也是对原来的方向结构估计的一种修正。

4) 算法参数

种群的初始规模的上限为 $Ps + n_1 + n_2$。第一次迭代后，种群规模将降至 $Ps/2$。最高迭代次数设置为 $t_{2\max} = 20$。

15.6　仿真实验及结果分析

实验中，在 5 幅自然图像上比较了三种重构方法，分别为 NR_DG 方法、TS_RS 方法和 CR_CS 方法。三种方法都求解了两阶段的结构约束重构模型，其中，前两种方法是基于进化搜索策略的，最后一种方法是基于贪婪搜索策略的。每种方法分别在 4 个压缩观测率下进行多次实验（前两种方法实验 30 次，后一种方法实验 50 次）。

从表 15.1 中可以看出，基于进化策略的 NR_DG 和 TS_RS 方法在大部分图像和压缩观测率的表现上优于基于贪婪搜索的 CR_CS 方法，特别是在较低压缩观测率时，优势更为明显。这一结果充分说明，基于进化搜索策略的重构方法采用了全局搜索策略，与采用局部搜索策略的贪婪重构方法相比，能够更好地搜索大规模的过完备字典，从而获得更好的原子组合和图像重构估计。对比两种进化重构方法的重构结果，NR_DG 方法由于结合了图像块的结构信息，重构的数值结果略优于 TS_RS 方法。

表 15.1　NR_DG 及对比方法的 PSNR(dB)和 SSIM 结果

图像	方法	压缩观测率			
		0.2	0.3	0.4	0.5
Lena	NR_DG	29.45(0.8871)	31.34(0.9374)	32.45(0.9549)	33.01(0.9617)
	TS_RS	29.23(0.8721)	31.05(0.9307)	32.33(0.9540)	32.87(0.9614)
	CR_CS	28.22(0.8712)	30.33(0.9273)	31.73(0.9529)	32.99(0.9644)
Barbara	NR_DG	26.93(0.7887)	27.92(0.8924)	28.69(0.9145)	29.04(0.9291)
	TS_RS	26.92(0.7869)	28.23(0.8920)	28.67(0.9281)	29.35(0.9368)
	CR_CS	25.71(0.7862)	26.92(0.8718)	28.52(0.9204)	29.30(0.9423)
Einstein	NR_DG	31.05(0.8553)	33.27(0.9168)	34.34(0.9410)	35.00(0.9511)
	TS_RS	31.35(0.8430)	33.25(0.9167)	34.11(0.9434)	34.86(0.9520)
	CR_CS	31.01(0.8501)	32.81(0.9127)	33.94(0.9431)	34.99(0.9578)
Peppers	NR_DG	29.80(0.8638)	30.77(0.9217)	32.04(0.9450)	32.31(0.9544)
	TS_RS	29.29(0.8421)	30.58(0.9109)	31.56(0.9396)	32.13(0.9521)
	CR_CS	26.34(0.7934)	28.19(0.8800)	29.50(0.9233)	30.57(0.9427)
Boats	NR_DG	27.18(0.8021)	28.94(0.8941)	29.76(0.9252)	30.60(0.9385)
	TS_RS	26.93(0.7903)	28.55(0.8841)	29.81(0.9213)	30.26(0.9368)
	CR_CS	26.86(0.7919)	28.10(0.8531)	28.57(0.8775)	29.99(0.9102)

　　图 15.6 展示了压缩观测率为 0.25 时的三种方法的重构图。从视觉效果上看，NR_DG 和 TS_RS 方法均优于 CR_CS 方法，特别是在图像结构上，基于进化策略的方法获得的图像具有较少的虚影，在边缘和纹理等方向结构上与原图更为一致。两种基于进化策略的方法中，因为 NR_DG 方法中加入了更多的结构先验和约束，所以能够获得比 TS_RS 方法更好的局部重构结果。从图 15.6 中对 Barbara 图像的重构图及局部放大图的对比中可以看出，NR_DG 方法能够获得更明晰的边缘和方向纹理结构。从图 15.7 中对 Lena 图像的重构图及局部放大图的对比中也可以看出，NR_DG 方法能够获得更清晰的边缘，并且重构出的光滑图像块具有更少的虚假纹路。综合这些结果图的视觉效果对比，充分说明，基于进化搜索策略的重构方法优于基于贪婪搜索策略的重构方法，而与 TS_RS 方法相比，NR_DG 方法能够获得更优的图像局部估计。

　　在计算复杂度上，基于进化策略的方法的重构时间主要取决于算法在解空间中评估解的数量（function evaluations，FEs）以及每次评估单个解所需要的运算量。在压缩感知重构问题中，评估单个解主要涉及矩阵的求逆运算，即对一个原子组合进行求逆的运算，而算法的 FEs 则主要取决于所设计的进化策略。在 TS_RS 方法中，对每个图像块都采用了相同的进化策略；而在 NR_DG 方法中，根据图像块的方向结构来设计进化策略，对于结构简单的光滑图像块和方向结构单一的单方

(a) 原图

(b) (a)图局部

(c) NR_DG, 28.18dB(0.8849)

(d) (c)图局部

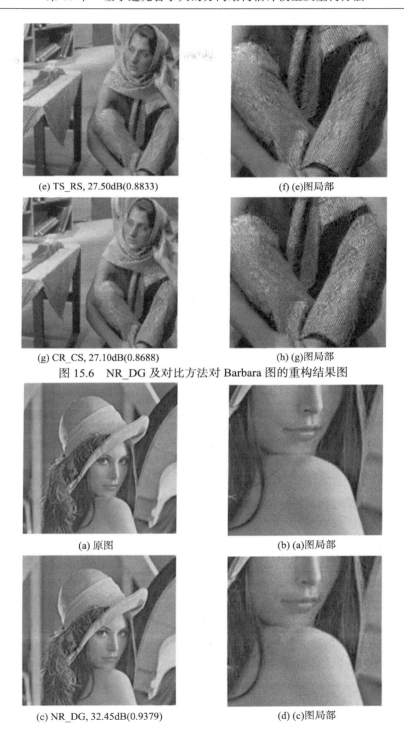

(e) TS_RS, 27.50dB(0.8833)

(f) (e)图局部

(g) CR_CS, 27.10dB(0.8688)

(h) (g)图局部

图 15.6　NR_DG 及对比方法对 Barbara 图的重构结果图

(a) 原图

(b) (a)图局部

(c) NR_DG, 32.45dB(0.9379)

(d) (c)图局部

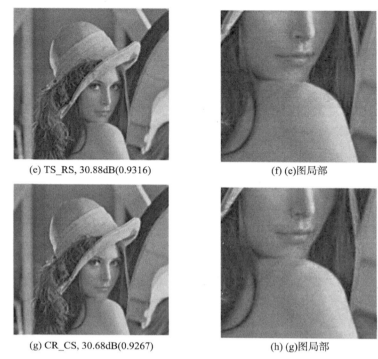

(e) TS_RS, 30.88dB(0.9316)　　　　　　(f) (e)图局部

(g) CR_CS, 30.68dB(0.9267)　　　　　　(h) (g)图局部

图 15.7　NR_DG 及对比方法对 Lena 图的重构结果图

向块，在不损失重构精度的前提下，采用了较为简单进化搜索策略，从而能够减少评价函数的计算次数。另外，NR_DG 中还为图像块指定了不同的稀疏度，即原子组合的长度，对于光滑块和单方向块，评估单个原子组合的计算量将被减少，这也使得 NR_DG 的计算复杂度降低。

　　表 15.2 中对比了 NR_DG 和 TS_RS 两种方法的稀疏度和 FEs，其中，C 和 L 分别是图像块的类别数和块数。在 NR_DG 中，图像块的结构有三种，相应地，$C=C_1+C_2+C_3$，$L=L_1+L_2+L_3$。表 15.2 中，P_c 是在遗传算法中的交叉种群的规模，P_0 是克隆选择算法中初始种群的规模，$\overline{N}$ 则是每个个体的克隆规模。从表中的对比可以直观地看出，NR_DG 方法的 FEs 远少于 TS_RS，因此能够有效地提升重构速度。当然，在 NR_DG 中还有额外的方向结构估计的开销。这一过程具有与图像块的块数 N 同阶的线性复杂度，即 $O(N)$，对每个块的估计中，所使用的方法比较简单，运算速度很快，在此不再列出。图 15.8 中给出了大致的实际运算时间的对比，从中可以看出，CR_CS 方法的运行时间最短，而 NR_DG 方法所需的重构时间大大少于 TS_RS 方法。

表 15.2　NR_DG 和 TS_RS 方法的参数与计算复杂度对比

方法	类型	稀疏度	FEs	
			Stage 1	Stage 2
NR_DG	光滑块	16	$C_1(P_s + P_c \cdot t_{0\max})$	—
	单方向块	20	$C_2(P_s + P_c \cdot t_{1\max})$	$L_2[P_0(\overline{N}+1)+(P_s/2)\overline{N}\cdot t_{2\max}]$
	多方向块	32	$C_3(2P_s + P_c \cdot t_{1\max})$	$L_3[P_0(\overline{N}+1)+(P_s/2)\overline{N}\cdot t_{2\max}]$
TS_RS	—	32	$C(P_s + P_c \cdot t_{1\max})$	$L[P_0(\overline{N}+1)+(P_s)\overline{N}\cdot t_{2\max}]$

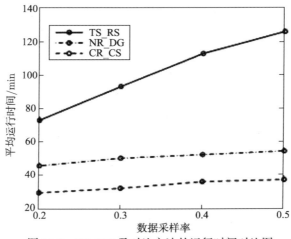

图 15.8　NR_DG 及对比方法的运行时间对比图

参 考 文 献

[1] FREY B J, DUECK D. Clustering by passing messages between data points[J]. Science, 2007, 315(5814): 972-976.
[2] YANG S Y, WANG M, CHEN Y G, et al. Single-image super-resolution reconstruction via learned geometric dictionaries and clustered sparse coding [J]. IEEE transactions on image processing, 2012, 21(9): 4016-4028.
[3] WU X L J, ZHANG X, WANG J. Model-guided adaptive recovery of compressive sensing[C]// Proceedings of the data compression conference, 2009: 123-132.
[4] LIU L, FIEGUTH P W. Texture classification from random features[J]. IEEE transactions on pattern analysis and machine intelligence, 2012, 34(3): 574-586.
[5] DUARTE-CARVAJALINO J M, YU G, CARIN L, et al. Task-driven adaptive statistical compressive sensing of Gaussian mixture models[J]. IEEE transactions on signal processing, 2013, 61(3): 585-600.
[6] DUARTE M F, DAVENPORT M A, WAKIN M B, et al. Multiscale random projections for compressive classification[C]//IEEE international conference on image processing (ICIP 2007), 2007: VI161-VI164.

第 16 章　基于光谱信息散度与稀疏表示的高光谱图像分类

16.1　高光谱图像分类的研究现状与挑战

高光谱图像的地物分类问题是典型的模式识别问题。然而，高光谱图像不同于传统的自然图像或多光谱图像，其独特的数据性质给图像处理、分析带来了巨大的挑战。

16.1.1　高光谱图像分类研究现状

随着图形学、光谱学、机器学习、模式识别等理论的发展，经过多年的研究和探索，高光谱图像分类技术已经提出了十分丰富的方法。这些方法可以从使用特征类型、是否利用先验信息、采用的模型等不同角度进行归类划分。

按使用特征类型分类，可分为基于数据统计特性的分类方法和基于光谱特征的分类方法。分类使用的特征一般包括原始的光谱特征、提取的纹理特征或统计特征，也可以是多种特征综合利用。此外，根据分类过程中使用特征的个数，分类方法还可以分为单特征分类和多特征联合分类。

按是否考虑光谱混合分类，分类模型可分为纯点模型和混合模型。纯点模型即不考虑光谱混合，输出硬分类结果；混合模型则考虑光谱的混合现象，输出一般为软分类结果。

针对高光谱数据"图谱合一"的特性分类，分类方法可分为单像素分类（pixelwise classification，PWC）和空谱信息联合分类（spectral-spatial classification，SSC）两类。单像素分类器将每个像素视为独立的个体进行分类和识别。空谱信息联合分类方法不仅要考虑每个像素的光谱信息，还要结合图像空间结构知识进行分类。

按使用分类器的个数分类，可分为单分类器方法和多分类器集成方法。

根据是否利用了训练样本分类，可分为监督分类和非监督分类。

以上划分标准已受到高光谱遥感学界广泛认可，以下将按使用特征类型对高光谱图像分类方法的两个研究方向进行简单介绍。

首先是基于光谱特征的分类方法，主要包括光谱匹配和混合像素分解两类。光谱匹配法是通过地物光谱与参考光谱之间的匹配或与标准光谱间的比较，来识别地物类型。主要的光谱匹配法有光谱间最小距离匹配、光谱角度匹配、交叉相关光谱匹配、光谱编码匹配和光谱特征参量匹配等。混合像素分解技术则是针对像素可能由几种地物的光谱按照某种比例混合而成，通过解混分析来估计光谱的混合方式和相应比例，达到子像元地物分类的目的。光谱解混一般分为端元提取和混合模型求解两个步骤。基于光谱特征的分类方法操作简单，且对地面先验知识要求不高，因此在很多领域有所应用。然而基于光谱特征的分类方法十分依赖光谱信息，当高光谱图像受到环境变化影响，光谱曲线发生变化，或者出现"同物异谱"、"同谱异物"等情况，这类方法的分类性能会受到很大程度的影响。

其次是基于数据统计特性的分类方法。经过多年的研究工作，已形成许多成熟且经典的分类方法，包括决策树分类、最大似然分类、k 近邻法[1]、Logistic 回归、贝叶斯（Bayes）分类器[2]、期望最大化算法、高斯过程分类器[3]、集成学习、人工神经网络分类器[4]、深度学习及支持向量机（support vector machine, SVM）[5]等。此类方法主要是通过分析各种统计规律而作出决策判断，因此受噪声的影响相对较小，在实际应用中效果更好。但这类方法大多基于大数定律，需要一定数量的训练样本和先验知识。而高光谱图像往往无法获得足够数量的训练样本点，不能准确地估计各类别先验知识。因此，针对高光谱数据提出具有更好效果的分类方法仍是一个亟待解决的问题。

16.1.2　高光谱图像分类存在的挑战

高光谱图像数据通常具有特征维数高、数据量大、易受噪声干扰、类内差异大、多特征融合以及非线性可分等特点，这使得高光谱图像分类变得十分困难。

(1) 特征维数高。随着遥感技术的发展，图像的光谱分辨率越来越高，数据的特征维数也随之增加。从理论上讲，增加光谱信息能更全面地描述对象，增强判别能力，有助于完成分类任务，提高分类精度。然而，随着光谱波段的增加，特征维数也相应增加，传统的分类模型的参数估计则需要更多训练样本。在高光谱图像的应用中，获取训练样本往往需要付出高昂的成本，因此训练样本数量十分有限，导致分类器的参数估计精度大幅度降低，从而导致分类精度的降低，这就是所谓的"维数灾难"问题，也称为 Hughes 现象。综上所述，在有限的训练样本的情况下，保证整个图像的分类精度是一个极具挑战的问题。

(2) 数据量大。21 世纪以来，遥感探测技术取得了突破性进展，能够提供高空间分辨率和高时间分辨率图像的成像系统成为研究重点，影像数据量急剧增加。与此同时，实时分析处理数据的需求也不断增加。尽管硬件技术得到了快速发展，这也无法满足人们的要求。因此，在保证分类精度的前提下，如何提高分类的效率是一个亟待解决的问题。

(3) 易受噪声干扰。由大气、传感仪器、量化处理以及数据传输等产生的噪声往往叠加在传感器采集的信号中，因此，高光谱图像分类器需要考虑不同程度的、具有不确定性的噪声干扰，这些因素都增加了分类的难度。

(4) 类内差异大。高光谱图像能获得大面积的地物信息，因此地物类别数量较多。此外，地物分布和光谱响应机理都十分复杂，经常会出现同种材料的光谱特性不同的情况，也会出现不同的物质具有相似光谱特性的情况，即所谓"同物异谱"和"同谱异物"现象。类别数目多、类内差异大，都给传统分类方法的稳定性带来了巨大挑战。

(5) 多特征融合。根据以往的经验，单一的特征只能从某一个方面描述像素，而且没有哪一种特征对所有类别都具有很高的判别性。因此，进一步研究多特征表述与融合方法也是目前的研究热点之一。

(6) 非线性可分。受不同客观因素的影响，如反射率和照明条件的差异，同类地物可能呈现不同的光谱曲线，造成高光谱数据非线性可分，这对传统的线性分类算法提出了巨大的挑战。

由于存在以上难点问题，传统的遥感分类方法往往表现出较差的分类性能。为了充分利用高光谱数据所包含的丰富信息，新的分类方法需要综合遥感信息科学、模式识别、计算智能等多学科理论和技术。

16.2　研　究　动　机

高光谱图像是由机载或卫星上的传感器对目标区域的成像，包含地物在从可见光到红外区域的数十至数百个连续且细分的光谱波段的信息。高光谱图像在军事、农业、矿物勘探等众多领域有很多应用。在这些应用的各环节中，高光谱图像分类尤为重要，其过程就是确定每一个像素的类别。

近年来，随着压缩感知理论[6,7]和稀疏建模方法[8]的发展，稀疏表示被广泛应用于计算机视觉和模式识别领域[9]。其中，基于稀疏表示的分类器引起了很多研究者的关注。尽管高光谱图像具有高维特性，但是同类像素通常分布在同一个低维子空间。根据这个事实，科研人员产生了基于压缩感知的采集设备来获取高光谱图像[10]。文献[11]提出了一种基于稀疏字典的无监督学习工具来进行地质勘探。而且有研究者[12]已证明在高光谱图像中的每类数据近似分布在一个低维线性子空间，并提了一种快速的同伦稀疏表示分类方法。Chen 等[13,14]提出了一种基于稀疏表示的高光谱图像分类方法，证明了可以用结构化的字典中的原子稀疏地线性联合表示高光谱像素，并且这种方法在稀疏重构中能够考虑到空间纹理信息。

虽然，稀疏表示分类器在高光谱图像分类中已有了许多应用。但是，这些方法并非是针对高光谱图像分类问题，因此没有全面地考虑到高光谱图像的谱特性和"空谱合一"结构特性。传统的 SRC 利用 l_2 范数，即欧氏距离（euclidean distance,

ED）来度量重构误差。由于遥感探测技术的发展，谱分辨率和覆盖范围得到了极大提升，但有限的空间分辨率却造成某些像素由多种材料混合而成。此外，由于受大气影响，不同材料在不同波段的吸收或反射会发生变化，这些变化具有不确定性和随机性。这些因素都会造成高光谱图像数据的变化。因此，传统的 SRC 使用欧氏距离来度量像素间的相似性并非最佳的选择。为了更好地度量像素间的相似性，Chang[15]提出并证明了光谱信息散度（spectral information divergence, SID）能比常用的欧氏距离或光谱角匹配（spectral angle mapper, SAM）更好地度量谱变化（在一定条件下欧氏距离等价于 SAM）。SID 测度已经在高光谱图像分析中有了广泛的应用，如解混淆[16,17]、谱匹配[15,18]、地物目标识别[19]、分类[20]、波段分析[21]等。SID 与欧氏距离、SAM 相似，都可以用作度量两个像素间的相似度。

为了在稀疏表示分类时更有效地描述高光谱像素的谱变化、相似性和判别性，本章结合光谱信息散度和稀疏表示的优势，提出了基于 SID 的稀疏表示分类方法（SID-based SRC）。此外，已有很多工作证明了空间信息对分类性能有很大的帮助，本章还提出了基于 SID 的联合稀疏表示分类方法（SID-based JSRC）。该方法在稀疏表示的框架下同时考虑了光谱特性、近邻空间信息和数据的稀疏性，成功地实现了空谱信息联合分类，并取得了令人满意的结果。

16.3　光谱信息散度

已知一个像素 $x = (x_1, x_2, \cdots, x_b)^T$，向量 x 中的每一个元素 x_i 对应波长为 λ_i 的波段上的反射值，而且所有元素 x_i 都是非负的。根据辐射率或反射率的本质，定义 x 的概率测度 P 为

$$p_i = p(x_i) = \frac{x_i}{\sum_{i=1}^{b} x_i} \tag{16.1}$$

向量 $P(x) = (p_1, p_2, \cdots, p_b)^T$ 就是 $x = (x_1, x_2, \cdots, x_b)^T$ 理想的概率表示形式。众所周知，高光谱图像中的每个像素都可以视为由 b 个波段组成的单一信号源，所以它的光谱变化可以由统计数据 $P(x)$ 表示。同样，假设另一个像素 y，它的概率向量为 $Q(y) = (q_1, q_2, \cdots, q_b)^T$，其中 $q_i = q(y_i) = y_i \Big/ \sum_{i=1}^{b} y_i$。根据信息论，定义像素 x 和 y 的自信息是各个波段自信息的联合，可分别表示为

$$I(x) = (I_1(x), I_2(x), \cdots, I_b(x))^T \tag{16.2}$$

$$I(y) = (I_1(y), I_2(y), \cdots, I_b(y))^T \tag{16.3}$$

式中，第 i 个波段的自信息为 $I_i(x) = -\ln(p_i)$ 和 $I_i(y) = -\ln(q_i)$。向量 y 关于 x 的相对熵可定义为

$$
\begin{aligned}
\mathrm{CE}(x, y) &= \sum_{i=1}^{b} p_i \mathrm{CE}(x_i, y_i) = \sum_{i=1}^{b} p_i (I_i(y) - I_i(x)) \\
&= \sum_{i=1}^{b} p_i \ln(\frac{p_i}{q_i}) = P^{\mathrm{T}}(x) * (I(y) - I(x))
\end{aligned} \tag{16.4}
$$

在式(16.4)中，$\mathrm{CE}(x, y)$ 被称为 Kullback-Leibler 信息散度或交叉熵。基于式(16.4)，定义一个对称的相似性度量——SID。SID 通过计算相对熵来考虑像素中的谱信息，可从信息论的角度度量谱相似性。SID 度量像素 x 和 y 的谱相似性如式(16.5)所示：

$$
\begin{aligned}
\mathrm{SID}(x, y) &= \mathrm{CE}(x, y) + \mathrm{CE}(y, x) \\
&= P^{\mathrm{T}}(x) * (I(y) - I(x)) + Q^{\mathrm{T}}(y) * (I(x) - I(y))
\end{aligned} \tag{16.5}
$$

16.4　基于 SID 的稀疏表示分类方法

传统的稀疏表示模型假设同类像素近似地分布在同一个低维子空间，即一个像素可被已知字典的几个原子近似地线性联合表示。在稀疏表示模型中，需要解决测试样本 x 在重构中的稀疏表示系数 α。假设已知字典 D 由训练样本集构成，通过下述优化问题可得到一个满足 $D\alpha = x$ 的表示系数 α：

$$
\hat{\alpha} = \arg\min \| \alpha \|_0, \quad \text{s.t.} \quad \| x - D\alpha \|_2 \leqslant \varepsilon \tag{16.6}
$$

式中，ε 是容错度。上式中的优化问题也可以理解为在一定稀疏度内最小化近似误差，如下式所示：

$$
\hat{\alpha} = \arg\min \| x - D\alpha \|_2 \quad \text{s.t.} \quad \| \alpha \|_0 \leqslant K \tag{16.7}
$$

式中，K 为稀疏度的上限。以上所述问题是 NP-hard 问题，通常采用近似算法求解，如正交匹配追踪(orthogonal matching pursuit, OMP)。OMP 是一种贪婪方法，每次计算增加一个最近似的原子直到选择 K 个原子或近似误差达到预设的阈值。

在稀疏表示模型式(16.6)和式(16.7)中，$\| x - D\alpha \|_2$ 的实质是用欧氏距离来度量重构像素与真实像素之间的相似度。在 OMP 优化算法的每次迭代计算中，用相关性参数 $\mathrm{CP} \stackrel{\text{def}}{=} |<x, \hat{x}>|$ 度量被选原子与余差向量的相似性。文献[22]的作者已经证明 SID 比欧氏距离能更有效地描述谱变化特性。因此，本章提出一种基于 SID 的稀疏表示分类器用于高光谱图像分类。

假设已知字典 D 由训练样本构成，通过求解下述稀疏重构问题可得到稀疏表示系数向量 α：

$$\hat{a} = \arg\min \| \alpha \|_0, \quad \text{s.t.} \quad \text{SID}(x, D\alpha) \leqslant \varepsilon \tag{16.8}$$

也可以表示为

$$\hat{a} = \arg\min \text{SID}(x, D\alpha), \quad \text{s.t.} \quad \| \alpha \|_0 \leqslant K \tag{16.9}$$

式中，参数 K 代表稀疏度。与传统的稀疏重构问题相似，该问题也是 NP-hard 问题，但可以用贪婪算法[23,24]近似求解，或者松弛为凸规划问题来求解[25]。

一旦得到式(16.9)中的稀疏系数向量 $\hat{a}$，就可以确定测试像素 x 的类别。假设有 C 种类别，定义 $\text{RES}^c(x)$ 是第 c 类的余差，即由第 c 类训练样本集得到的重构像素与真实测试样本的误差为

$$\text{RES}^c(x) = \| x - A^c \hat{a}^c \|_2, \quad c = 1, 2, \cdots, C \tag{16.10}$$

或者：

$$\text{RES}^c(x) = \text{SID}(x, A^c \hat{a}^c), \quad c = 1, 2, \cdots, C \tag{16.11}$$

式中，$\hat{a}^c$ 为重构系数 $\hat{a}$ 中相应于第 c 类训练样本的部分系数。测试像素 x 的类标对应于余差最小的类别：

$$\text{label}(x) = \arg \min_{c=1,2,\cdots,C} \text{RES}^c(x) \tag{16.12}$$

16.5　基于 SID 的联合稀疏表示分类方法

在高光谱图像中，近邻像素往往是由相似的材料构成，因此它们的谱特性具有很高的相关性。为了充分且同时利用近邻像素的空间信息和谱信息，本节提出基于 SID 的联合稀疏表示分类方法。

假设在高光谱图像的一个小邻域内有 L 个像素，每个像素可以用一个向量表示，则该邻域像素可以构成一个 $b \times L$ 矩阵 $X = [x_1, x_2, \cdots, x_L]$。在联合稀疏表示模型中，$X$ 可以表示为

$$\begin{aligned} X &= [x_1, x_2, \cdots, x_L] = [D\alpha_1, D\alpha_2, \cdots, D\alpha_L] \\ &= D[\alpha_1, \alpha_2, \cdots, \alpha_L] = DA \end{aligned} \tag{16.13}$$

每个像素可由字典中的部分原子线性联合表示，因为 $\{x_i\}_{i=1,2,\cdots,L} \in N^L$ 具有很高的相关性，所以可以假设这些像素所选择的原子相同，即 $\{\alpha_i\}_{i=1,2,\cdots,L}$ 具有相同的稀疏模式。令 $A = [\alpha_1, \alpha_2, \cdots, \alpha_L]$，则矩阵 $A \in \mathbb{R}^{N \times L}$ 有 K 行的元素为非零值，即行稀疏。该问题可描述为

$$\hat{A} = \arg\min \text{SID}(X, DA), \quad \text{s.t.} \quad \| A \|_{\text{row},0} \leqslant K \tag{16.14}$$

或者

$$\hat{A} = \arg\min \sum_{i=1}^{L} \text{SID}(x_i, D\alpha_i),$$

$$\text{s.t.} \quad \|A\|_{\text{row},0} \leqslant K, \quad A = [\alpha_1, \alpha_2, \cdots, \alpha_L] \tag{16.15}$$

式中，$\|A\|_{\text{row},0} = \sum_{i=1}^{N} \Gamma(\|z^i\|_2 > 0)$ 表示矩阵 A 的非零行的个数；$\Gamma(\cdot)$ 是指示函数；z^i 是 A 的第 i 行。该优化问题与式(16.9)相似，都是 NP-难问题。本章提出一个基于 OMP 的优化算法来近似求解。改进的 OMP 算法同样是每次迭代选择一个最优原子，但却是通过计算余差和原子的 SID 来选择原子，详细的优化求解过程如算法 16.1 所示。

算法 16.1　基于 SID 的联合稀疏表示分类

输入：已知字典矩阵 $D \in \mathbb{R}^{b \times N}$，测试样本 $X \in \mathbb{R}^{b \times L}$，稀疏度 K。

初始化：令 $k = 1$，计算相关矩阵 $\Phi_{D,X} \in \mathbb{R}^{N \times L}$ 和 $\Phi_D \in \mathbb{R}^{N \times N}$，矩阵的第$(i,j)$个元素分别是 $\text{SID}(d_i, d_j)$ 和 $\text{SID}(d_i, x_j)$。令 $A^0 = 0$，被选原子的集合 $\Lambda^0 = \varnothing$。初始化余差与字典的相关矩阵为 $R^0 = \Phi_{D,X}$。

保持循环，直到满足停止条件：

(1) 搜索寻找最接近所有余差的原子 $\lambda_k = \arg \min\limits_{i=1,2,\cdots,N} \|R_{i,:}^{k-1}\|_p$，$p = 1, 2$，或 $\lambda_k = \arg \min\limits_{i=1,2,\cdots,N} \min(R_{i,:}^{k-1})$；

(2) 更新被选原子集合，$\Lambda^k = \Lambda^{k-1} \bigcup \lambda_k$ 且 $\lambda_k \notin \Lambda^{k-1}$；

(3) 更新相关矩阵 $R^k = \Phi_{D,X} - (\Phi_D)_{:,\Lambda^k}((\Phi_D)_{\Lambda^k,\Lambda^k} + \mu I)^{-1}(\Phi_{D,X})_{\Lambda^k,:} \in \mathbb{R}^{N \times L}$；

(4) 更新迭代次数 $k \leftarrow k + 1$，检查停止条件。

输出：稀疏表示系数矩阵 A。

注意，为了得到一个稳定的求逆过程，在第(3)步中加入了一个正则项 μI。其中，μ 是很小的数值，在实验中设为 $\mu = 10^{-5}$。根据经验，实验中的矩阵通常都可逆，所以这个参数不会对分类方法造成影响。

16.6　实验结果和分析

实验分为两个部分：测度的比较和分类器性能测试。为了比较三种测度在分类中的性能，实验 A 利用最小距离方法在两幅真实的高光谱图像进行实验。实验 B 用于验证基于 SID 的稀疏表示分类方法的有效性。实验中将传统的 SRC 和 JSRC 算法进行对比，并使用每类的分类正确率(class accuracy, CA)、总体正确率(overall accuracy, OA）、平均正确率（average accuracy, AA）和 Kappa 系数（Kappa coefficient, Kappa）作为评价指标。

16.6.1　三种测度的比较

数据 1：Indian Pines 图像。在本实验中，每类地物随机选择 30 个样本作为训练样本（grass/pasture-mowed 类选 20 个，Oats 类选 15 个），其余样本构成测试集。每类训练样本的平均作为该类的模板，使用基于不同测度的最小距离分类器对测试集进行分类。重复 10 次实验取平均值，得到的 CA、OA、AA 和 Kappa 如表 16.1 所示。

表 16.1　最小距离分类法在 Indian Pines 图像上的分类正确率　（单位：%）

类别	分类方法		
	ED	SAM	SID
1	87.08	88.33	88.75
2	42.69	46.79	50.98
3	51.99	59.45	61.55
4	63.77	69.66	69.75
5	83.81	86.38	86.30
6	84.17	88.15	88.01
7	91.67	91.67	91.67
8	89.30	89.35	89.78
9	86.00	90.00	90.00
10	68.03	71.43	73.60
11	49.47	52.85	54.50
12	49.13	55.41	57.50
13	96.81	98.08	98.02
14	79.01	84.41	84.24
15	41.49	49.83	50.29
16	93.69	95.38	95.38
OA	61.50	65.76	67.26
AA	72.38	76.07	76.90
Kappa	56.79	61.51	63.19

数据 2：Salinas-A 场景。Salinas-A 场景是由 AVIRIS 在美国萨利纳斯山谷拍摄的图像。图像包括 86×83 个像素，空间分辨率 3.7m，每个像素有 224 个波段。在实验中，去除 20 个水吸收波段（[108-112], [154-167], 224）。图像中包含 6 类地物、蔬菜、裸地和葡萄园等。每类随机选 30 个样本构成训练集，其余作为测试样本。实验设置与数据 1 相同，重复 10 次实验取平均值，实验结果如表 16.2 所示。

由两幅真实图像的分类结果可知，SID 的性能在大部分类别上优于 ED 和 SAM，而且从整体结果上看，SID 仍具有优势。因此，可以得出与先前参考文献[22] 相同的结论：SID 能够更有效地描述光谱特性。

表 16.2　最小距离分类法在 **Salinas-A** 图像上的分类正确率 (单位：%)

类别	分类方法		
	ED	SAM	SID
1	99.75	99.75	99.47
2	95.38	97.33	97.73
3	94.83	97.54	96.84
4	99.73	99.96	99.97
5	99.55	99.53	99.53
6	98.04	98.26	98.49
OA	97.80	98.70	98.74
AA	97.88	98.73	98.67
Kappa	97.24	98.37	98.41

16.6.2　稀疏表示分类方法的性能比较

对于 Indian Pines 图像，随机选择 1036 个（约每类 10%）样本构成训练集，其余样本作为测试样本。实验中的字典由训练集直接构成。SRC 和 SID-based SRC 的分类结果如图 16.1 所示。为了更清楚地比较两种算法的结果，放大图 16.1 中框内的区域，如图 16.2 所示。从图 16.2 可以看出，SID-based SRC 的分类结果优于传统的 SRC。为了定量比较所提出的算法，在测试集上的 CA、OA、AA 和 Kappa 如表 16.3 所示。从表 16.3 可以看出，SID-based SRC 整体正确率比 SRC 高 4%左右。表 16.3 还列出了联合稀疏表示 JSRC[13] 和 SID-based JSRC 的分类结果。从表中可知，联合空间信息的 JSRC 和 SID-based JSRC 的分类正确率远高于 SRC 和 SID-based SRC。综上所述，联合空谱信息对高光谱图像分类有着十分重要的影响。同样，可以看出 SID-based JSRC 的分类结果优于 JSRC，再次验证了本章所提出的方法的有效性。

(a) SRC　　　　　　　　　　(b) SID-based SRC

图 16.1　Indian Pines 图像的分类结果

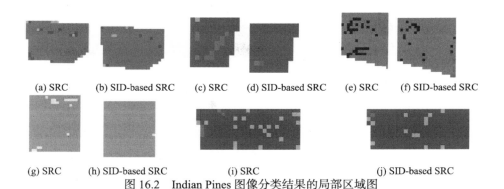

(a) SRC　　(b) SID-based SRC　　(c) SRC　　(d) SID-based SRC　　(e) SRC　　(f) SID-based SRC

(g) SRC　　(h) SID-based SRC　　(i) SRC　　(j) SID-based SRC

图 16.2　Indian Pines 图像分类结果的局部区域图

表 16.3　各个方法在 Indian Pines 图像上的分类正确率　（单位：%）

类别	SRC	SID-based SRC	JSRC	SID-based JSRC
1	75.93	72.22	85.42	98.15
2	63.95	77.27	94.88	96.16
3	67.39	70.62	94.93	95.32
4	57.69	58.12	91.43	90.60
5	91.75	92.76	89.49	97.79
6	95.58	96.65	98.51	96.79
7	92.31	92.31	91.30	80.77
8	95.30	98.57	99.55	100
9	65.00	50.00	0	75.00
10	75.62	76.65	89.44	95.14
11	77.27	83.31	97.34	97.24
12	61.56	65.31	88.22	88.93
13	98.58	98.58	100	99.53
14	94.05	94.90	99.14	99.54
15	48.42	45.53	99.12	91.84
16	93.68	91.58	96.47	87.37
OA	77.60	81.68	95.28	96.19
AA	78.38	79.02	88.45	93.14
Kappa	74.48	79.08	94.61	95.62

16.6.3　参数影响分析

首先，分析稀疏度 K 对 SRC 和 SID-based SRC 分类性能的影响。为了显示对比效果，使用 Indian Pines 图像的一部分数据进行实验，在本书中称为 Indian Subset，如图 16.3 所示。Indian Subset 是原始图像的[27-94]×[31-116]区域，包括 68×86 个样本。该子图包括 4 类地物，分别是 Corn-notill(1008)、Grass/Trees(732)、Soybeans-notill(727)和 Soybeans-min(1926)。从每类中随机选择 10%样本构成训练集，其余 90%作为测试样本。稀疏度 K 在 1~40 范围内变化，SRC 和 SID-based SRC 在测试集上的分类正确率如图 16.4 所示。从图 16.4 可以看出，随着稀疏度 K 的增加，分类正确率下降。由此可知，并非选择的原子越多，分类正确率就越高。同时, 可以看出 SID-based SRC 在不同的稀疏度 K 下的分类性能都优于 SRC。

(a) Indian Subset 视觉图　　(b) 真实地物参考图　　(c) SRC分类结果　　(d) SID-based SRC 分类结果

图 16.3　Indian Subset 分类结果

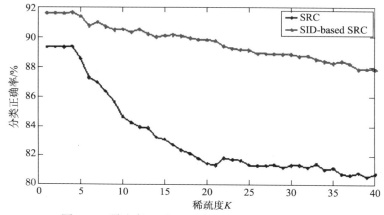

图 16.4　稀疏度 K 对 SRC 和 SID-based SRC 的影响

　　然后, 分析训练样本个数对分类性能的影响。每类训练样本个数从 3 增加到 100, SRC 和 SID-based SRC 的分类结果如图 16.5 所示。从图中可以看出, 随着训练样本个数的增加, 两种方法的分类正确率也随之增加, 并且 SID-based SRC 的正确率始终比 SRC 高。

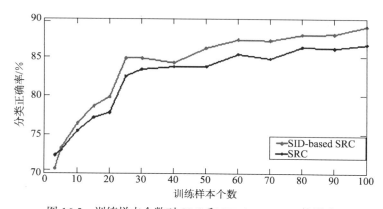

图 16.5　训练样本个数对 SRC 和 SID-based SRC 的影响

16.6.4　收敛性证明

为了验证所提出方法的收敛性，随机选择一个测试样本，观察其在迭代过程中的重构误差变化情况。如图 16.6 所示，随着迭代的增加，被选原子的数目增加，样本 x 和它的重构样本 x^* 的 SID 值快速地减至很小，即 x^* 可以很好地近似 x。如图 16.6 所示，该实验直观地证明了本书使用的优化算法能够收敛。

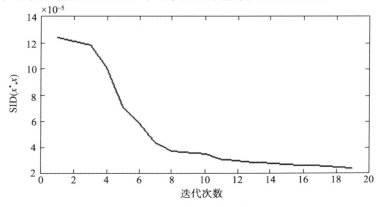

图 16.6　收敛性证明示意图

参 考 文 献

[1] MA L, CRAWFORD M M, TIAN J W. Local manifold learning-based k-nearest-neighbor for hyperspectral data classification[J]. IEEE transactions on geoscience and remote sensing, 2010, 48(11): 4099-4109.

[2] BHATTACHARYA A, DUNSON D. Nonparametric bayes classification and hypothesis testing on manifolds[J]. Journal of multivariate analysis, 2012, 111(1): 1-19.

[3] BAZI Y, MELGANI F. Gaussian process approach to remote sensing image classification[J]. IEEE transactions on geoscience and remote sensing, 2010, 48(1): 186-197.

[4] TAN K, DU P J. Hyperspectral data image classification based on radical basis function neural network[J]. Spectroscopy and spectral analysis, 2008, 28(9): 2009-2013.

[5] MOSER G, SERPICO S B. Combining support vector machines and markov random fields in an integrated framework for contextual image classification[J]. IEEE transactions on geoscience and remote sensing, 2013, 51(5): 2734-2452.

[6] DONOHO D L. Compressed sensing[J]. IEEE transactions on information theory, 2006, 52(4): 1289-1306.

[7] CANDÈS E J, ROMBERG J, TAO T M. Robust uncertainty principles: Exact signal reconstruction from highly incomplete frequency information[J]. IEEE transactions on information theory, 2006, 52(2): 489-509.

[8] BRUCKSTEIN A M, DONOHO D L, ELAD M. From sparse solutions of systems of equations to sparse modeling of signals and images[J]. SIAM review, 2009, 51(1): 34-81.

[9] WRIGHT J, MA Y, MAIRAL J, et al. Sparse representation for computer vision and pattern recognition[J]. Proceedings of the IEEE, 2010, 98(6): 1031-1044.

[10] SUN T, KELLY K. Compressive sensing hyperspectral imager[C]//Computational optical sensing and imaging. optical society of America, 2009: CTuA5.

[11] CHARLES A, OLSHAUSEN B, ROZELL C J. Sparse coding for spectral signatures in hyperspectral images[C]//IEEE conference on signals, systems and computers (ASILOMAR),

2010 conference record of the forty fourth asilomar conference, 2010: 191-195.

[12] TAO L M, SUN F C, YANG S Y. A fast and robust sparse approach for hyperspectral data classification using a few labeled samples[J]. IEEE transactions on geoscience and remote sensing, 2012, 50(6): 2287-2302.

[13] CHEN Y, NASRABADI N M, TRAN T D. Hyperspectral image classification using dictionary-based sparse representation[J]. IEEE transactions on geoscience and remote sensing, 2011, 49(10): 3973-3985.

[14] CHEN Y, NASRABADI N M, TRAN T D. Hyperspectral image classification via kernel sparse representation[J]. IEEE transactions on geoscience and remote sensing, 2013, 51(1): 217-231.

[15] CHANG C I. An information-theoretic approach to spectral variability, similarity, and discrimination for hyperspectral image analysis[J]. IEEE transactions on information theory, 2000, 46(5): 1927-1932.

[16] CHEN J, JIA X P, YANG W, et al. Generalization of subpixel analysis for hyperspectral data with flexibility in spectral similarity measures[J]. IEEE transactions on geoscience and remote sensing, 2009, 47(7): 2165-2171.

[17] XU Z, ZHAO H J. A new spectral unmixing algorithm based on spectral information divergence[C]//Seventh international symposium on instrumentation and control technology international society for optics and photonics, 2008: 712726-712726-7.

[18] ADAR S, SHKOLNISKY Y, DOR E B. New approach for spectral change detection assessment using multistrip airborne hyperspectral data[C]//2012 IEEE international geoscience and remote sensing symposium, 2012: 4966-4969.

[19] HE H X, ZHANG B, ZHANG H, et al. An approach to urban surface features identification using pushbroom hyperspectral Imager[C]//IEEE urban remote sensing event, 2009: 16.

[20] ROBILA S. An investigation of spectral metrics in hyperspectral image preprocessing for classification[C]//Geospatial goes global: From your neighborhood to the whole planet. ASPRS annual conference, Baltimore, Maryland, 2005: 7-11.

[21] BALL J E, BRUCE L M, WEST T, et al. Level set hyperspectral image segmentation using spectral information divergence-based best band selection[C]//2007 IEEE international geoscience and remote sensing symposium, 2007: 4053-4056.

[22] CHANG C I. An information-theoretic approach to spectral variability, similarity, and discrimination for hyperspectral image analysis[J]. IEEE transactions on information theory, 2000, 46(5): 1927-1932.

[23] TROPP J A, GILBERT A C, STRAUSS M J. Algorithms for simultaneous sparse approximation. part I: Greedy pursuit[J]. Signal processing, 2006, 86(3): 572-588.

[24] COTTER S F, RAO B D, ENGAN K, et al. Sparse solutions to linear inverse problems with multiple measurement vectors[J]. IEEE transactions on signal processing, 2005, 53(7): 2477-2488.

[25] VAN DEN BERG E, FRIEDLANDER M P. Theoretical and empirical results for recovery from multiple measurements[J]. IEEE transactions on information theory, 2010, 56(5): 2516-2527.

第17章 基于多特征核稀疏表示学习的 高光谱图像分类

17.1 引 言

与其他的光谱图像相似,高光谱图像由光谱成像仪得到。高光谱图像旨在收集图像场景中像素的光谱信息。在高光谱图像中,每个像素由数百个数值表示,每个数值都对应从可见光谱到红外光谱之间不同的狭窄波段[1]。由于它具有很高的光谱分辨率,这些数值能够反映出不同材料之间的差异。因此,高光谱图像在很多领域都有着广泛的应用,如军事、精准农业[2]、环境保护[3]等。

高光谱图像分类的目标就是将像素分配到某类,从而将谱数据变为有意义的信息。目前,科研工作者已提出许多基于谱特征的分类器方法,并且得到了成功的应用[4-16]。尤其是有监督的分类方法,每个像素的类标可由已知的训练集决定。例如,一些基于 SVM 的方法[4,10,11]、一些基于多项式逻辑回归的方法[12]和一些基于自然计算的方法[14-16]。尽管这些方法充分利用了高光谱图像的谱信息,但是得到的分类结果却经常出现噪声。产生这种现象的主要原因是分类过程未利用空间信息。近年来,一些分类方法开始联合高光谱图像的空间信息和谱信息[17-20]。这些方法基本上都是假设局部近邻的像素由相同的材料构成,有相似的谱特征。此外,还有许多研究者[21-27]通过特征提取或特征约简的方法来得到更有效的特征表示,综合利用空间结构信息和光谱信息,如 DMP[25]、灰度共生矩阵(GLCM)[24]、三维小波变换(3D-WT)[27]等。

最近,基于稀疏表示的方法已经广泛应用于模式识别和计算机视觉领域[28]。高光谱图像尽管是高维信号,但是同类的像素通常近似地分布在同一个低维子空间,该空间可由同类字典原子(训练样本)构成。基于以上事实,稀疏表示已经被应用于高光谱图像分类[27]。在分类过程中,一个无标记的测试像素可由字典中几个原子近似表示,该像素的类标由产生最小重构误差的表示系数决定。另外,基于协同表示 CR 的分类器也可用于高光谱图像分类[28,29]。

尽管以上基于表示的方法能获得较好的分类结果,但是这些方法都是基于单特征进行分类。众所周知,一种特征仅能从某一个角度描述高光谱图像,且没有哪种通用的特征能对所有类别都具有相同的判别性[30,31]。因此,一些基于表示的方法扩展到多任务学习 MTL 框架下[32-37]。大量的理论工作[38-40]已经证明 MTL 有益于分类任务。基于表示的多任务学习方法的基本思想是对不同的表示任务选择与测试样本最相关或相同的训练样本。任务(如一种特征就是一个任务)不同,获得的稀疏表示系数不同,在不同任务上使用联合稀疏约束可以获得有助于分类的信息,因此联合稀疏能促使获得更加鲁棒的系数。文献[33]和[34]提出了一种多任务联合稀疏表示模型,该模型通过将单任务学习中的 l_1 范数扩展为 $l_{1,2}$ 范数实现多任务学习。但是,联合稀疏约束 $l_{1,2}$ 范数的优化求解十分耗时。针对这个问题,文献[35]提出了一种基于联合 CR 的多任务学习方法用于高光谱图像分类。然而,多任务学习和扩展的纹理信息极大地增加了计算负担。基于 CR 的多任务学习方法(CRC-MTL 和 JCRC-MTL)都包含许多矩阵求逆操作,在处理大规模训练样本集时需要耗费大量的时间和内存。因此,即便这些方法能够达到一定的分类精度,但仍迫切需要发展一种快速的分类方法。

值得注意的是,不同的学习任务对最终的决策起着不同的作用,而大多数的 MTL 方法都是赋给每个任务相同的权值,这可能会限制算法的分类性能。此外,如果在特征空间类别不可分,或者特征由相似度或核矩阵编码,传统的稀疏表示方法将无法得到满意的分类结果。然而核技巧[18]是一个解决这种问题的途径。核技巧是利用核函数将数据从原始空间投影到高维空间,获取数据在线性空间不能捕捉到的高阶结构,从而提高分类精度。

为了解决上述问题,本章在多任务联合稀疏表示模型[33-35]和核技巧[41]的基础上,提出了一个基于多核稀疏表示的空谱信息加权联合分类方法用于高光谱图像分类。该方法不仅能通过联合稀疏约束利用多个特征表示任务的交叉信息,而且需求内存较少却能获得计算速度的提升。在获得几个互补的特征(谱特征、形状特征和纹理特征)情况下,所提出的方法同时获得各种特征的表示向量,并施加联合稀疏 $l_{\text{row},0}$ 范数约束。该正则约束促使表示系数具有相同的稀疏模式,从而利用特征间的互补信息。在此过程中,该方法考虑到不同任务对最终决策的贡献差异,给不同的特征表示任务赋予合适的权值以利于做出更好的分类决策。此外,本章将所提出的方法扩展到核空间,提出了多核稀疏表示方法来解决高光谱图像中非线性可分的情况。该方法利用核技巧将数据非线性地投影到新的空间,使其更加可分,并将未标记样本的近邻信息融合到多特征联合稀疏表示框架内,实现空谱信息综合利用。由于目标函数包括重构误差的平方项和系数矩阵的 $l_{\text{row},0}$ 范数约束项是 NP 难问题,因此本章采用改进的同步正交匹配追踪(SOMP)算法进行求解。SOMP 具有很强的收敛保证,而且仅使用部分字典原子进行计算,避免了大规模矩阵求逆操作,所以本章所提出的方法计算复杂度相对较低,需求内存少。在几个高光谱图像上的实验验证了所提出方法的有效性。

图 17.1 为多特征加权联合的稀疏表示示意图。图中每个小块（方块、圆形和三角块）代表一种特征下的数值，系数矩阵中每列代表一个像素的稀疏表示系数。白色的块表示数值为 0，深色块表示非零值。

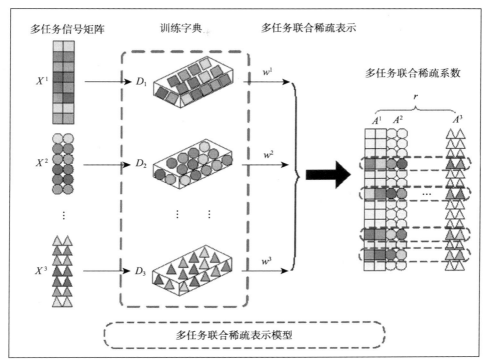

图 17.1 多特征加权联合的稀疏表示示意图

17.2 基于多特征加权联合的稀疏表示分类方法

与 SRC 相比，JSRC 方法包含了局部区域的纹理信息，从而提高了分类精度。但是，单一谱值信息（单特征）很大程度影响了分类性能。另外，JSRC 模型中利用的空间结构信息比较简单，对分类性能的贡献也十分有限。因此，本章提出了多特征加权联合的稀疏表示模型用于高光谱图像分类。

为方便理解，预先定义几个必要的概念和表示符号。假设一个 C 分类问题，第 c $(c=1,2,\cdots,C)$ 类有 N_c 个训练样本构成子字典 $D_c \in \mathbb{R}^{b \times N_c}$。由这些训练样本构成字典 D，每列对应一个训练样本，即 $D = [D_1,\cdots,D_c,\cdots,D_C] \in \mathbb{R}^{b \times N}$ $(N = \sum_{c=1}^{C} N_c)$。$x \in \mathbb{R}^b$ 为 b 维向量表示的一个像素，$\alpha \in \mathbb{R}^N$ 是稀疏重构中获得的稀疏表示系数。在多特征情况下，假设每个像素有 S 种特征，$x^s \in \mathbb{R}^{b^s}$ $(s=1,\cdots,S)$ 表示像素 x 的第 s

种特征向量，$D^s = \left[D_1^s, \cdots, D_c^s, \cdots, D_C^s \right]$ 是第 s 种特征下的字典（$D_c^s \in \mathbb{R}^{b^s \times N_c}$ 是第 c 类子字典；b^s 是第 s 种特征的维数）。$\alpha^s \in \mathbb{R}^N$ 是 x^s 在 D^s 上的重构系数，则像素 x^s 在第 s 种特征下可以表示为 $x^s = D^s \alpha^s$。

对于一个未标记的像素 x，从不同角度提取多种不同的特征 $\{x^s\}_{s=1,\cdots,S}$。因为字典 $\{D^s\}_{s=1,\cdots,S}$ 是由同一训练样本集的不同特征分别构成，所以这些特征在对应字典下得到的表示系数 $\{\alpha^s\}_{s=1,\cdots,S}$ 应该相似。这里，假设它们非零系数的位置相同，但由于特征间存在差异，所以表示系数不必完全一致，这样可以保持有益于分类的额外信息。在这个假设下，单像素多特征加权联合的稀疏表示分类（weighted multifeature pixelwise sparse representation classification，WMF-SRC）可以表述如下：

$$\hat{A} = \arg\min \sum_{s=1}^{S} w^s \left\| x^s - D^s \alpha^s \right\|_2, \quad \text{s.t. } \| A \|_{\text{row},0} \leqslant K \tag{17.1}$$

式中，$A = [\alpha^1, \alpha^2, \cdots, \alpha^S]$；$w^s$ 是第 s 种特征的权值。为了平衡不同特征在线性表示中的相似性和多样性，利用权值去约束重构误差。一旦获得 $\hat{A}$，测试样本 x 的类别由下式可得

$$\begin{aligned} \text{label}(x) &= \arg\min_{i=1,\cdots,C} r_i(x) \\ &= \arg\min_{i=1,\cdots,C} \sum_{s=1}^{S} w^s \left\| x^s - D_i^s \hat{\alpha}_i^s \right\|_2 \end{aligned} \tag{17.2}$$

式中，$\hat{\alpha}_i^s$ 是系数 $\hat{\alpha}^s$ 中属于第 i 类的部分。

前面描述的 WMF-SRC 模型是单像素分类方法。事实上，高光谱图像中小邻域内的像素通常由相同的材料构成，具有很高的相关性。因此，在 JSRC 框架下，这些像素可同时由相同的训练样本线性联合表示。同样，在多特征的情况下，这些近邻像素可以在每种特征空间下使用，即空间近邻像素 $\left\{ x_t^s \right\}_{t=1,\cdots,L}$（$L$ 为近邻大小）可由已知字典 D^s 中原子线性联合表示。多像素多特征加权联合的稀疏表示分类方法（weighted multifeature joint sparse representation classification，WMF-JSRC）如图 17.1 所示。该方法用字典对测试数据进行稀疏表示，不同特征下的近邻像素的稀疏表示系数具有相同的稀疏模式。

假设以像素 x_t 为中心的邻域内的 L 个像素同时堆放在一起构成矩阵 $X = [x_1, \cdots, x_t, \cdots, x_L]$，在 S 种特征下，以同样的方式可构成 S 个大小为 $b^s \times L$ 的矩阵 $\left\{ X^s \right\}_{s=1,\cdots,S} = \left\{ [x_1^s, \cdots, x_t^s, \cdots, x_L^s] \right\}_{s=1,\cdots,S}$。在本章中，由训练样本构成字典 $\left\{ D^s \right\}_{s=1,\cdots,S}$，在联合稀疏表示模型中，$\left\{ X^s \right\}_{s=1,\cdots,S}$ 可以表示为

$$X^s = [x_1^s, x_2^s, \cdots, x_L^s] = D^s A^s \tag{17.3}$$

式中，$\left\{A^s\right\}_{s=1,\cdots,S}\in\mathbb{R}^{N\times L}$ 是相应于特征字典 $\left\{D^s\right\}_{s=1,\cdots,S}$ 的表示系数矩阵。令 $\Gamma=[A^1,A^2,\cdots,A^S]$，根据多特征的联合模型，通过下式可得到行稀疏系数矩阵 Γ

$$\hat{\Gamma}=\arg\min_{\Gamma}\sum_{s=1}^{S}w^s\left\|X^s-D^sA^s\right\|_F,\quad\text{s.t.}\quad\|\Gamma\|_{\text{row},0}\leqslant K \tag{17.4}$$

式中，目标函数为最小化所有特征下的重构总误差；约束条件使表示系数矩阵尽可能地稀疏。得到系数矩阵 $\hat{\Gamma}$ 后，通过计算 X^s 与由子字典 $\left\{D_i^s\right\}_{\substack{s=1,\cdots,S\\i=1,\cdots,C}}$ 得到的重构值之间的总误差确定中心像素 x_t 的类标，具体计算公式如下：

$$\begin{aligned}\text{label}(x_t)&=\arg\min_{i=1,\cdots,C}r_i(X^s)\\&=\arg\min_{i=1,\cdots,C}\sum_{s=1}^{S}w^s\left\|X^s-D_i^sA_i^s\right\|_F\end{aligned} \tag{17.5}$$

式中，A_i^s 是系数矩阵 A^s 中属于第 i 类的部分。

在 WMF-JSRC 中，通过先验知识可获得不同特征对联合分类任务的影响。例如，权值 $w=[w^1,w^2,\cdots,w^S]$ 可以由训练集学得[36]。在本章中，Fisher 判决[42]准则被用来确定权值，具体的计算公式如下：

$$P^s=P^s_{\text{BC}}(X^s_{\text{train}})\Big/P^s_{\text{WC}}(X^s_{\text{train}})$$

$$w^s=P^s\Big/\sum_{s=1}^{S}P^s \tag{17.6}$$

式中，$P^s_{\text{BC}}(X^s_{\text{train}})$ 是训练集 X^s_{train} 的类间散度；P^s_{WC} 是类内散度。文献[42]详细地介绍了 Fisher 判决的研究和计算方法。

17.3　基于多特征加权联合的核稀疏表示非线性分类方法

式(17.1)和式(17.4)都十分复杂，是 NP-难问题，通常可采用近似算法[43]进行求解，如 SOMP 算法[44]。但是，式(17.1)和式(17.4)需要同时获得多个信号在多个字典下的稀疏近似解，不能直接使用 OMP 或 SOMP 求解。本章在 SOMP 的基础上进行了修改来实现优化求解。在贪婪匹配过程中，解集更新过程与 SOMP 算法相似，两者最大的不同在于选择原子的原则。多特征联合稀疏表示模型的具体求解步骤如算法 17.1 所示。在新的优化方法中，选择的原子需要最大地近似 S 个特征字典下的余差，而且在选择原子时还要考虑到各个特征的贡献。该算法具有很强的收敛保证，且每次迭代只增加一个原子直到重构误差小于一定的阈值或选够 K 个原子为止。因此，新算法只利用部分字典进行计算，从而避免了大规模矩阵求逆操作，减少了计算负担。

算法 17.1　多特征加权联合的稀疏表示模型

输入：多特征测试矩阵 $\left\{X^s \in \mathbb{R}^{b^s \times L}\right\}_{s=1,\cdots,S}$，多特征字典 $\left\{D^s \in \mathbb{R}^{b^s \times N}\right\}_{s=1,\cdots,S}$，类别数 C，稀疏度 K，预先学得的特征权值 w，重构误差阈值 $1e^{-5}$。

初始化：令迭代计数器 iter $=1$，索引集 $\Lambda_0 = \varnothing$，余差矩阵 $\left\{R_0^s\right\}_{s=1,\cdots,S} = \left\{X^s\right\}_{s=1,\cdots,S}$。

保持循环，直到满足停止条件：

(1) 计算每类特征的余差相关矩阵 $Z(s,i) = \left\|(R_{\text{iter}-1}^s)^{\mathrm{T}} d_i^s\right\|_p$，$s=1,\cdots,S$，$i=1,\cdots,N$，$p \geqslant 1$，$d_i^s$ 是 D^s 的第 i 个原子；

(2) 搜索寻找最逼近所有余差的原子 $\lambda_{\text{iter}} = \arg \max\limits_{i=1,2,\cdots,N} \left\|WZ(:,i)\right\|_q$，$q \geqslant 1$，其中 W 是由权值向量 w 得到的对角矩阵；

(3) 更新被选原子集合 $\Lambda_{\text{iter}} = \Lambda_{\text{iter}-1} \bigcup \lambda_{\text{iter}}$；

(4) 估计稀疏表示系数矩阵 $A_{\text{iter}}^s = ((D_{\Lambda_{\text{iter}}}^s)^{\mathrm{T}} D_{\Lambda_{\text{iter}}}^s)^{-1} (D_{\Lambda_{\text{iter}}}^s)^{\mathrm{T}} X^s$，$s=1,\cdots,S$；

(5) 更新余差矩阵 $R_{\text{iter}}^s = X^s - D_{\Lambda_{\text{iter}}}^s A_{\text{iter}}^s$，$s=1,\cdots,S$；

(6) 更新联合稀疏表示系数矩阵 $\hat{\Gamma} = [A_{\text{iter}}^1, A_{\text{iter}}^2, \cdots, A_{\text{iter}}^S]$，$s=1,\cdots,S$；

(7) 更新迭代次数 $k \leftarrow k+1$，检查停止条件。

输出：联合稀疏表示系数矩阵 $\hat{\Gamma}$。

与线性方法相似，通过利用核化的 SOMP（表示为 KSOMP）可有效地解决 WKMF-JSRC 的优化问题，详细的步骤如算法 17.2 所示。在 KSOMP 算法中，像素 $\phi(x^s)$ 与字典原子 $\phi(d_i^s)$ 的相关性（点积）可由 $\kappa(d_i^s, x^s) = \langle \phi(d_i^s), \phi(x^s) \rangle$ 计算得到。核矩阵 $K_{A,B}$ 的第 (i,j) 个元素为 $K_{A,B}(i,j) = \langle \phi(a_i), \phi(b_i) \rangle$，其中 a_i 和 b_i 分别为矩阵 A 和 B 的第 i 列和第 j 列。因此，X^s 和 D^s 的相关性为 K_{D^s, X^s}。$\Phi(X^s)$ 在被选择的原子 $\left\{\phi(d_i^s)\right\}_{i \in \Lambda}$ 上的正交投影系数为

$$A_\Lambda^s = \left(\left(K_{D^s,D^s}\right)_{\Lambda,\Lambda}\right)^{-1} \left(K_{D^s,X^s}\right)_{\Lambda,:} \tag{17.7}$$

式中，Λ 为被选原子索引的集合。当计算投影 A_Λ^s 时，为了能够得到稳定的逆矩阵，在该式中加入正则项 μI：

$$A_\Lambda^s = \left(\left(K_{D^s,D^s}\right)_{\Lambda,\Lambda} + \mu I\right)^{-1} \left(K_{D^s,X^s}\right)_{\Lambda,:} \tag{17.8}$$

式中，I 为单位矩阵；μ 为很小的常数，在本章实验中 $\mu = 10^{-5}$。因为实验中，矩阵通常是可逆的，所以该项对算法影响不大。

$\Phi(X^s)$ 与重构值之间的余差矩阵可表示为

$$\Phi\left(R^s\right) = \Phi(X^s) - \Phi(D^s)_{:,\Lambda}\left(\left(K_{D^s,D^s}\right)_{\Lambda,\Lambda} + \mu I\right)^{-1}\left(K_{D^s,X^s}\right)_{\Lambda,:}$$
$$= \Phi(X^s) - \Phi(D^s)_{:,\Lambda} A_{\Lambda}^s \tag{17.9}$$

值得注意的是，式(17.9)中 $\Phi(R^s)$ 不能直接计算得到，但是 $\Phi(R^s)$ 和字典 $\Phi(D^s)$ 的相关性可通过以下计算得到：

$$U^s = \left\langle \Phi(D^s), \Phi(R^s) \right\rangle$$
$$= K_{D^s,X^s} - \left(K_{D^s,D^s}\right)_{:,\Lambda}\left(\left(K_{D^s,D^s}\right)_{\Lambda,\Lambda} + \mu I\right)^{-1}\left(K_{D^s,X^s}\right)_{\Lambda,:} \tag{17.10}$$
$$= K_{D^s,X^s} - \left(K_{D^s,D^s}\right)_{:,\Lambda} A_{\Lambda}^s$$

算法 17.2 　 核化的加权多特征联合稀疏表示模型(WKMF-JSRC)

输入：多特征测试矩阵 $\left\{X^s\right\}_{s=1,\cdots,S}$，多特征字典 $\left\{D^s\right\}_{s=1,\cdots,S}$，类别数 C，稀疏度 K，预先学得的特征权值 w，重构误差阈值 $1e^{-5}$。

初始化：令迭代计数器 iter $=1$，索引集 $\Lambda_0 = \varnothing$，计算核矩阵 $\left\{K_{D^s,D^s}\right\}_{s=1,\cdots,S}$ 和 $\left\{K_{D^s,X^s}\right\}_{s=1,\cdots,S}$，余差矩阵 $\left\{U_0^s\right\}_{s=1,\cdots,S} = \left\{K_{D^s,X^s}\right\}_{s=1,\cdots,S}$。

保持循环，直到满足停止条件：

(1) 计算每类特征的余差相关矩阵 $Z(i,s) = \left\|U_{\text{iter}-1}^s(i,:)\right\|_p$，$i=1,\cdots,N$，$s=1,\cdots,S$，$p \geqslant 1$；

(2) 搜索，寻找最逼近所有余差的原子 $\lambda_{\text{iter}} = \arg\max\limits_{i=1,2,\cdots,N}\left\|Z(i,:)W\right\|_q$，$q \geqslant 1$，$i=1,\cdots,N$，其中 W 是由权值向量 w 得到的对角矩阵；

(3) 更新被选原子集合 $\Lambda_{\text{iter}} = \Lambda_{\text{iter}-1} \bigcup \lambda_{\text{iter}}$；

(4) 估计稀疏表示系数矩阵 $A_{\text{iter}}^s = \left(\left(K_{D^s,D^s}\right)_{\Lambda_{\text{iter}},\Lambda_{\text{iter}}} + \mu I\right)^{-1}\left(K_{D^s,X^s}\right)_{\Lambda_{\text{iter}},:}$；

(5) 更新余差矩阵 $U_{\text{iter}}^s = K_{D^s,X^s} - \left(K_{D^s,D^s}\right)_{:,\Lambda_{\text{iter}}} A_{\text{iter}}^s$，$s=1,\cdots,S$；

(6) 更新联合稀疏表示系数矩阵 $\hat{\Gamma} = [A_{\text{iter}}^1, A_{\text{iter}}^2, \cdots, A_{\text{iter}}^S]$，$s=1,\cdots,S$；

(7) 更新迭代次数 $k \leftarrow k+1$，检查停止条件。

输出：联合稀疏表示系数矩阵 $\hat{\Gamma}$。

从算法复杂度上讲，多特征学习和加入纹理信息不可避免地增加了计算负担，尤其是在大规模字典的情况下。假设多特征测试矩阵为 $\left\{X^s \in \mathbb{R}^{b^s \times L}\right\}_{s=1,\cdots,S}$，结构字

典为 $\left\{D^s \in \mathbb{R}^{b^s \times N}\right\}_{s=1,\cdots,S}$ ，稀疏度为 K 。在稀疏重构中消耗最多的是矩阵求逆过程。在算法 17.1 中，支持集合每次迭代只增加一个原子，因此最大的求逆矩阵的大小为 $K \times K$ ，由此可得，所提出方法的算法复杂度为 $O\left(\sum_{s=1}^{S} KNLb^s\right)$ 。核化的联合稀疏表示模型需要计算核矩阵 $\left\{K_{D^s,D^s}\right\}_{s=1,\cdots,S}$ 和 $\left\{K_{D^s,X^s}\right\}_{s=1,\cdots,S}$ ，因此计算复杂度也会增加。但是因为近邻像素的个数 L 通常比较小，所以计算 $\left\{K_{D^s,X^s}\right\}_{s=1,\cdots,S}$ 消耗很少，而矩阵 $\left\{K_{D^s,D^s}\right\}_{s=1,\cdots,S}$ 又可以预先计算得到，因此核化模型并没有明显增加计算复杂度，反而明显提高了分类精度。在 17.4 节中，实验将进一步验证所提出的算法的有效性。

17.4 实验结果与分析

17.4.1 实验基本设置

本节将在 3 幅真实高光谱图像上验证 WMF-JSRC 和 WKMF-JSRC 的有效性和效率。从视觉效果和定量评价指标上与最新的分类方法进行对比，包括基于 CR 的方法和基于 SR 的方法。

与 WMF-JSRC 和 WKMF-JSRC 对比的方法有经典的 SVM[4]、基于 CR 的方法（CRC[29]、JCRC[28]、CRC-MTL、JCRC-MTL[35]）和基于 SR 的方法（SRC[45]、JSRC[46]、SRC-MTL[33]、MF-SRC 和 MF-JSRC[47]）。SVM 分类器使用径向基核函数（radial basis function，RBF）。CRC、JCRC、CRC-MTL、JCRC-MTL 和 SRC-MTL 算法的正则参数在 $1e^{-6} \sim 1e^{-1}$ 范围内选择最优值。WKMF-JSRC 也使用 RBF 核，其参数 γ 在 $1e^{-3} \sim 1e^3$ 范围内选择最优值。

在实验中采用四种特征，包括原始的谱值特征、GLCM[24]、DMP[25] 和 3D-WT[27]，具体如表 17.1 所示。

表 17.1　特征参数

数据集	特征	参数	特征维数
Indian Pines/ University of Pavia/ Center of Pavia	GLCM	Base image: PC1, PC2, PC3, PC4; Measure: angular second moment, contrast, entropy, variance, correlation; Window: 3,7,11; Direction: averaging the extracted features over four directions	60
	DMP	Base image: PC1, PC2; Size of structuring elements: 3,5,7,9; Morphological operators: opening and closing	16
	3D-WT	Base image: PC1, PC2, PC3, PC4; Level: 2	60

17.4.2　AVIRIS 数据的实验结果

1. 验证多个特征的互补性和联合的合理性

本章实验中，第一个测试数据是 Indian Pines 图像。在实验中，随机选择 5% 左右的样本（523 个样本）构成训练集，剩余的样本用于测试。SVM、SRC 和 JSRC 使用不同特征获得的分类正确率如表 17.2 所示，表中最好的结果用粗体标记，部分分类结果如图 17.2 所示。从表 17.2 中可以看出，每种特征都能在某类获得最好的分类结果。以 JSRC 方法为例，使用谱特征在第 5、6、7、8、10 和 12 类获得最好分类结果；使用 GLCM 特征在第 7 和第 9 类获得最好的分类结果；使用 DMP 特征在第 2 和第 11 类获得最好的分类结果；使用 3D-WT 特征在第 1 和第 9 类获得最好的分类结果。在其他分类器中，也可以得到相似的结论。换言之，不同的特征是互补的，分别反映了高光谱图像不同的判别信息。因此，联合多个特征来提高分类性能是合理的。然而，分类器使用原始谱值特征和 DMP 特征所获得的整体精度优于其他特征，这说明不同的特征对最终决策影响不同，因此，为了获得更好的分类结果，应给每种特征赋予合理的权值。

表 17.2　Indian Pines 图像的单特征分类正确率　　　（单位：%）

方法 特征	SVM				SRC				JSRC			
	Spectral	GLCM	DMP	3D-WT	Spectral	GLCM	DMP	3D-WT	Spectral	GLCM	DMP	3D-WT
1	58.82	56.86	84.31	13.73	50.98	68.63	82.35	39.22	82.35	86.27	82.35	**92.16**
2	78.49	79.96	87.15	67.77	59.40	72.83	90.09	69.75	89.57	89.65	**94.27**	86.71
3	72.60	70.33	86.87	38.89	61.62	59.22	**89.65**	49.49	88.64	79.55	85.10	76.01
4	52.70	64.86	**94.14**	13.06	40.99	59.91	89.19	62.61	77.48	74.32	89.19	77.93
5	90.68	90.47	92.37	58.47	86.86	80.72	92.58	92.16	**96.19**	93.43	91.10	93.86
6	92.38	90.55	93.23	63.05	89.99	91.40	94.22	71.23	**96.90**	96.47	92.95	88.72
7	45.83	54.17	87.50	25.00	54.17	75.00	91.67	91.67	**100**	**100**	95.83	75.00
8	98.71	96.34	98.28	88.36	98.49	93.97	97.20	98.28	**100**	99.35	96.55	98.28
9	31.58	42.11	63.16	21.05	31.58	42.11	63.16	63.16	68.42	**94.74**	84.21	**94.74**
10	74.10	80.41	73.45	77.58	74.10	76.82	84.33	82.92	**93.47**	91.19	88.36	89.77
11	83.24	83.07	88.10	92.79	71.30	79.23	89.72	79.19	89.42	95.99	**97.23**	93.60
12	75.13	53.69	70.15	29.67	44.43	53.34	79.93	45.11	**83.53**	75.64	81.65	75.30
13	**99.50**	98.51	99.00	73.63	**99.50**	95.52	99.00	93.53	97.01	90.05	98.01	95.52
14	98.37	91.38	**98.78**	80.80	93.41	95.52	98.62	84.70	98.29	91.21	98.21	91.21
15	48.75	65.65	93.35	14.68	39.34	57.89	**94.18**	60.94	70.08	79.50	87.53	82.55
16	74.44	44.44	85.56	15.56	74.44	67.78	**88.89**	83.33	86.67	77.78	73.33	86.67
OA	82.01	80.81	88.29	67.87	72.22	77.53	90.86	74.54	90.98	90.19	**92.74**	88.54
AA	73.46	72.67	87.21	48.38	66.93	73.12	89.05	72.96	88.63	88.45	**89.74**	87.38
Kappa	79.44	78.07	86.64	61.59	68.31	74.31	89.60	70.86	89.70	88.78	**91.70**	86.89

2. 验证 WMF-JSRC 和 WKMF-JSRC 的分类性能

这个实验比较 WMF-JSRC 和 WKMF-JSRC 与其他多特征学习方法的分类结果。基于单特征的方法（CRC、JCRC、SRC 和 JSRC）使用原始谱特征的分类结果也参与比较。多特征学习方法包括基于 CR 算法（CRC-MTL 和 JCRC-MTL）、SRC-MTL 和所提出的方法（包括无权值和有权值的多特征联合稀疏表示）。JCRC、JSRC、JCRC-MTL、MF-JSRC、KMF-JSRC、WMF-JSRC 和 WKMF-JSRC 算法都利用了局部近邻信息，近邻大小在实验中设为 5×5。10 次运行的分类精度的平均值如表 17.3 所示，相应的分类结果如图 17.2 所示。

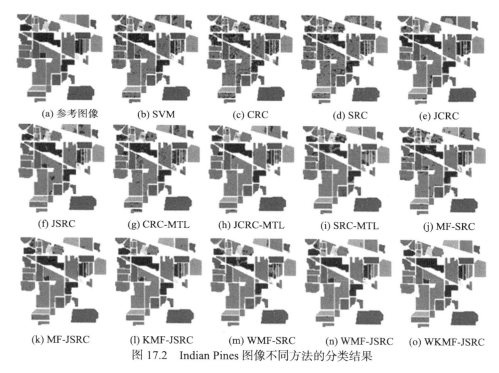

(a) 参考图像	(b) SVM	(c) CRC	(d) SRC	(e) JCRC
(f) JSRC	(g) CRC-MTL	(h) JCRC-MTL	(i) SRC-MTL	(j) MF-SRC
(k) MF-JSRC	(l) KMF-JSRC	(m) WMF-SRC	(n) WMF-JSRC	(o) WKMF-JSRC

图 17.2　Indian Pines 图像不同方法的分类结果

由表 17.3 和图 17.2 可知，与基于单特征的分类方法相比，所有的多特征学习方法的分类精度都得到了明显提高。因此，多特征的联合是合理和有效的。此外，如表 17.3 所示，JCRC、JSRC、JCRC-MTL、MF-JSRC 和 WMF-JSRC 的分类正确率比未考虑近邻像素的方法（CRC、SRC、CRC-MTL、SRC-MTL、MF-SRC 和 WMF-SRC）高，这说明近邻信息有助于高光谱图像分类。所提出的 WMF-JSRC 的评价指标（OA、AA、Kappa）比其他线性算法都高。WMF-JSRC 的 OA、AA 和 Kappa 比 JCRC-MTL 与 SRC-MTL 分别高出 6% 和 11% 左右，这说明 WMF-JSRC 成功地将多特征信息和纹理信息融合在联合稀疏表示框架内。与没有特征加权的方法（MF-SRC、MF-JSRC 和 KMF-JSRC）相比，特征加权的方法（WMF-SRC、WMF-JSRC 和 WKMF-JSRC）产生了更好的分类结果，有效验证了加入合理的特征权值有利于最终的联合决策。此外，KMF-JSRC 和 WKMF-JSRC 在所有算法中分类结果最好，直接证明了核扩展对分类的积极影响。总而言之，本章所提出的方法达到了令人满意的分类结果。

表 17.3　Indian Pines 图像的多特征联合分类正确率　　　　（单位：%）

| 方法 | 单特征 | | | | 多特征 | | | | | | | | |
| | | | | | | 无权值 | | | | | | 有权值 | |
	CRC	JCRC	SRC	JSRC	CRC-MTL	JCRC-MTL	SRC-MTL	MF-SRC	MF-JSRC	KMF-JSRC	WMF-SRC	WMF-JSRC	WKMF-JSRC
1	0	0	50.98	82.35	13.73	56.86	21.57	54.90	98.04	94.12	72.55	86.27	88.24
2	65.49	81.42	59.40	89.57	83.04	84.88	64.83	82.45	95.23	96.70	72.39	97.36	97.36
3	31.44	47.73	61.62	88.64	77.78	92.68	79.92	74.75	86.74	92.80	85.10	92.93	96.97
4	1.35	0	40.99	77.48	62.61	74.32	86.04	72.52	93.24	93.24	90.09	91.89	97.75
5	71.61	67.58	86.86	96.19	91.53	94.07	98.31	94.49	94.28	94.28	99.36	99.15	96.61
6	93.23	99.72	89.99	96.90	98.31	99.44	89.84	90.83	97.32	99.01	92.52	98.31	97.18
7	0	0	54.17	100	41.67	37.50	100	95.83	91.67	100	100	100	91.67
8	100	100	98.49	100	100	100	100	99.14	99.78	100	100	99.78	100
9	0	0	31.58	68.42	57.89	0	94.74	100	100	100	94.74	94.74	100
10	31.88	39.83	74.32	93.47	68.55	80.63	75.08	88.36	96.19	95.43	87.16	94.45	95.32
11	79.23	93.09	71.30	89.42	85.80	93.73	95.44	86.31	95.69	95.91	97.40	97.48	98.17
12	34.65	54.03	44.43	83.53	61.23	72.56	49.40	54.89	83.53	87.65	67.58	85.25	93.65
13	98.01	99.50	99.50	97.01	99.00	99.50	99.50	99.00	99.50	100	100	99.00	99.50
14	97.64	100	93.41	98.29	98.78	98.70	98.29	97.64	99.27	99.76	98.37	99.67	99.59
15	26.59	45.98	39.34	70.08	83.93	90.30	84.49	80.33	83.66	86.43	91.14	88.64	91.97
16	82.22	91.11	74.44	86.67	56.67	61.11	91.11	82.22	90.00	88.89	94.44	93.33	97.78
OA	66.31	76.38	72.22	90.98	84.05	90.03	84.69	85.49	94.46	95.67	89.72	96.10	97.27
AA	50.83	57.50	66.93	88.63	73.78	77.27	83.03	84.60	94.01	95.26	90.18	94.89	96.36
Kappa	60.61	72.37	68.31	89.70	81.69	88.58	82.33	83.45	93.70	95.07	88.18	95.55	96.89

3. 比较不同方法的约束条件

本实验进一步研究基于 CR 方法和基于 SR 方法的约束条件。在 Indian Pines 图像上随机选择一个测试像素，其坐标为(97,65)，属于第 1 类。如图 17.3 所示，黑块表示该像素，在这个像素周围有 3 类地物，因此很难得出正确的分类结果。各种基于 CR 和基于 SR 的方法计算该像素的重构系数和余差分别如图 17.4 和图 17.5 所示。在图 17.4 中，X 轴表示训练样本索引，Y 轴表示重构误差；在图 17.5 中，X 轴表示类别索引(1~16)，Y 轴表示余差。

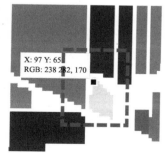

图 17.3　Indian Pines 图像中位于(97,65)的像素示意图

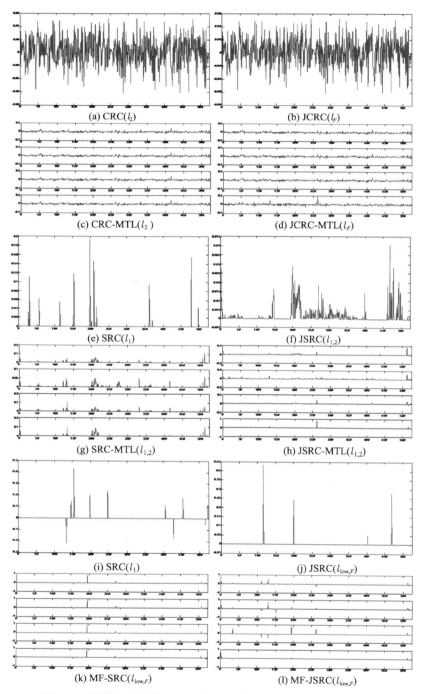

图 17.4 不同方法获得 Indian Pines 图像上(97,65)像素的重构系数

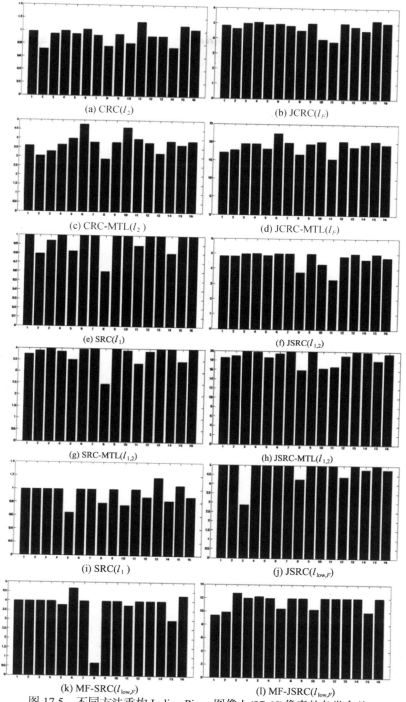

(a) CRC(l_2)

(b) JCRC(l_F)

(c) CRC-MTL(l_2)

(d) JCRC-MTL(l_F)

(e) SRC(l_1)

(f) JSRC($l_{1,2}$)

(g) SRC-MTL($l_{1,2}$)

(h) JSRC-MTL($l_{1,2}$)

(i) SRC(l_1)

(j) JSRC($l_{low,F}$)

(k) MF-SRC($l_{low,F}$)

(l) MF-JSRC($l_{low,F}$)

图 17.5　不同方法重构 Indian Pines 图像上(97,65)像素的各类余差

如图 17.4 所示，各种算法得到的系数向量差别较大。对于基于 CR 的方法，如图 17.4(a)~(d)所示，使用了 l_2 范数或 l_F 范数获得的表示系数并不稀疏，在所有类别上的余差差异并不大，因此基于 CR 的方法都无法得到该像素的正确分类决策。对于 l_1 范数或它的矩阵形式（$l_{1,2}$ 范数），它们的稀疏系数和余差分别如图 17.4(e)~(h)和图 17.5(e)~(h)所示。由图可知，多特征情况下的稀疏系数向量更加集中，余差更加具有判别性，但是这些方法没有对这个像素做出正确分类决策。与使用 l_2 和 l_1 范数正则获得系数向量相比，使用 l_0 和 $l_{row,0}$ 范数的方法得到的系数最稀疏。尽管这些方法可能没有达到最好的重构效果，但是在所有类别上的余差差别最大，这意味着具有更好的判别性能。在所有方法中，只有 MF-JSRC 能够正确判断出该像素的类别，如图 17.4(l)和图 17.5(l)所示。由图 17.4(l)可知，基于谱特征的分类结果不正确，但联合多特征却做出了正确的决策。由此可以证明，联合多特征信息能够融合它们的优势，从而提高分类精度。

4. 比较各种分类方法的运行时间

为了验证所提出方法的效率，本实验对 4 种基于单特征的算法（CRC、JCRC、SRC 和 JSRC）和 9 种多特征算法（CRC-MTL、JCRC-MTL、SRC-MTL、MF-SRC、MF-JSRC、KMF-JSRC、WMF-SRC、WMF-JSRC、WKMF-JSRC）的运行时间进行比较。所有方法都在 MATLAB 环境下实现，在配置为 Intel i3-550 CPU 3.20 GHz 和 3 GB 的 RAM 的计算机上运行。随机选择不同比例的样本（每类 5%~40%）构成训练集，选择 100 个样本作为测试样本。表 17.4 详细地列出了每种分类方法在各种情况下的运行时间。符号"—"表示由于内存不足而缺乏结果。

表 17.4　在 Indian Pines 图像上不同比例的训练样本不同算法的运行时间 (单位：s)

	方法	5%	10%	15%	20%	25%	30%	35%	40%
单特征方法	CRC	0.12	0.28	0.38	0.55	1.02	1.39	—	—
	JCRC	0.45	0.82	1.22	1.61	2.37	2.58	—	—
	SRC	0.15	0.30	0.44	0.60	1.07	1.53	1.81	2.02
	JSRC	0.49	0.81	1.22	1.76	2.55	2.93	3.24	3.85
多特征联合的方法	CRC-MTL	23.21	163.97	530.83	—	—	—	—	—
	JCRC-MTL	24.00	169.59	542.23	—	—	—	—	—
	SRC-MTL	28.24	76.47	143.09	230.61	336.10	460.41		
	MF-SRC WMF-SRC	0.37	0.64	1.34	2.06	2.50	3.08	3.50	3.88
	MF-JSRC WMF-JSRC	1.02	1.83	2.84	4.13	5.32	5.99	7.83	7.88
	KMF-JSRC WKMF-JSRC	2.43	4.69	7.26	10.25	13.39	19.06	26.47	36.83

如表 17.3 和表 17.4 所示，CRC 计算速度最快，但分类性能最差；由于融合了空间近邻信息，JCRC 和 JSRC 的性能优于 CRC 和 SRC，但耗时更多；JSRC 与

JCRC 耗时相当，但分类结果更好。对于多特征学习方法，CRC-MTL 和 JCRC-MTL 的速度比 SRC-MTL 慢。这是由于 CRC-MTL 和 JCRC-MTL 包括大量矩阵求逆操作，而 SRC-MTL 利用了加速优化算法[34]。值得注意的是，当大规模训练样本集作为字典时，基于 CR 的方法和 SRC-MTL 算法都出现缺乏结果的情况。有以下几个原因来解释这种现象：多任务学习和扩展的纹理信息增加了计算负担[35]。尤其，当字典规模很大时，CRC-MTL 和 JCRC-MTL 由于包含矩阵求逆操作，所以需要更多的计算时间和内存；SRC-MTL 为了达到满意的识别正确率，需要几百次迭代计算[34]，所以 SRC-MTL 需要很多的计算时间和资源。尽管 WMF-SRC、WMF-JSRC 和 WKMF-JSRC 的优化问题很复杂，但是特征权值可以提前求得，优化问题可采用贪婪算法[45]求解，计算复杂度分析如 17.4 节所述。在本章中，利用扩展的 SOMP 进行求解，不仅具有很强的收敛保证，而且可以避免大矩阵求逆操作。因此，所提的方法的速度快于其他多特征方法的速度。

5. 参数影响分析

本实验讨论不同个数的训练样本对分类性能的影响。JSRC 作为基准对比算法。在 Indian Pines 图像上，随机选择不同比例的样本（每类 5%~40%）构成训练集，其余样本作为测试样本。10 次运行的平均 OA 值如图 17.6 所示。由图可知，随着训练样本增加，所有分类器的分类精度都增加；同时可以看出，所提出 WMF-JSRC 和 WKMF-JSRC 在训练样本个数有限时仍能达到最好结果，进一步验证了联合多特征信息的优势。总而言之，WMF-JSRC 和 WKMF-JSRC 在不同训练样本个数的情况下一直保持最优的分类性能。

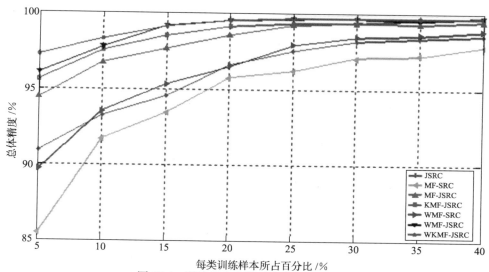

图 17.6　训练样本个数对分类方法的影响

17.4.3 ROSIS 数据的实验结果

1. University of Pavia 图像分类结果

第二幅高光谱图像是由 ROSIS 获得的城市图像 University of Pavia。在这幅图中，每类随机选择 1%左右样本构成训练集，其余的 42351 个样本作为测试样本。SVM、SRC 和 JSRC 使用每种特征的分类正确率如表 17.5 所示。在表 17.5 中，每种指标中最好的结果用粗体标记。该实验可以得到与 Indian Pines 图像相似的结论：分类器使用每种特征都能在某类达到最好的分类结果，即不同特征反映了高光谱图像的不同方面，并且可以彼此互补。基于谱特征的分类器（CRC、JCRC、SRC 和 JSRC）和基于多特征的方法（CRC-MTL、JCRC-MTL、SRC-MTL、MF-SRC、MF-JSRC 和 KMF-JSRC）的分类精度如表 17.6 所示，在表 17.6 中，每种指标中最好的结果用粗体标记，相应的分类结果如图 17.7 所示。

表 17.5　University of Pavia 图像的单特征分类正确率　　　　（单位：%）

方法 特征	SVM				SRC				JSRC			
	Spectral	GLCM	DMP	3D-WT	Spectral	GLCM	DMP	3D-WT	Spectral	GLCM	DMP	3D-WT
1	86.25	**94.78**	89.29	87.33	69.46	81.14	81.55	**86.29**	60.38	85.41	87.59	**89.81**
2	96.07	96.61	**98.20**	88.81	91.65	90.77	**96.14**	83.47	96.45	92.41	**97.98**	88.75
3	**67.15**	22.80	66.38	57.67	55.46	35.35	**58.06**	54.98	61.52	46.22	64.07	**66.52**
4	88.89	91.99	**93.14**	83.29	79.33	**88.26**	85.40	78.41	77.88	83.62	**91.96**	86.49
5	99.92	**100**	91.14	98.35	99.77	**100**	79.05	99.92	**100**	99.77	88.74	99.62
6	61.50	55.55	**73.59**	68.33	40.61	**70.03**	59.37	69.87	43.62	**77.26**	69.95	74.51
7	80.56	38.27	**88.15**	82.69	74.41	37.20	76.84	**82.08**	88.76	44.42	86.64	**92.71**
8	80.52	**85.35**	71.36	76.24	65.02	**83.95**	57.06	79.75	76.79	88.15	66.94	**88.23**
9	93.81	**99.47**	91.66	95.41	89.65	98.39	80.47	**98.93**	91.25	98.93	89.01	**100**
OA	86.80	84.93	**89.01**	83.42	76.93	**82.15**	82.07	81.04	79.67	85.16	**87.44**	86.65
AA	83.85	76.09	**84.77**	82.01	73.93	76.12	74.88	**81.52**	77.41	79.58	82.50	**87.40**
Kappa	82.25	79.56	**85.32**	77.81	68.94	**76.27**	75.95	75.05	72.47	80.36	**83.14**	82.35

表 17.6　University of Pavia 图像的多特征联合分类正确率　　　　（单位：%）

	单特征方法				多特征联合方法								
					无权值						有权值		
方法	CRC	JCRC	SRC	JSRC	CRC-MTL	JCRC-MTL	SRC-MTL	MF-SRC	MF-JSRC	KMF-JSRC	WMF-SRC	WMF-JSRC	WKMF-JSC
1	86.44	95.34	69.46	60.38	90.66	97.73	98.05	92.03	**98.57**	95.95	94.01	95.10	96.39
2	95.52	95.93	91.65	96.45	96.88	99.50	99.49	93.42	96.46	97.75	96.21	99.62	**99.68**
3	17.17	31.36	55.46	61.52	66.43	78.69	82.20	83.16	86.72	**90.72**	83.98	89.37	89.51
4	80.59	81.51	79.33	77.88	96.57	98.25	**98.52**	97.56	98.48	97.36	**98.52**	92.25	94.86
5	99.85	**100**	99.77	**100**	**100**	**100**	**100**	**100**	**100**	**100**	99.92	99.02	**100**
6	18.46	27.31	40.61	43.62	78.31	70.52	62.62	75.60	81.28	88.61	79.33	93.93	**98.19**
7	0	0	74.41	88.76	86.33	84.13	90.05	78.13	90.66	94.15	89.37	**98.79**	95.29
8	42.96	47.22	65.02	76.79	96.10	93.36	92.29	92.26	91.41	95.36	96.10	**97.94**	97.86
9	71.40	90.93	89.65	91.25	83.88	94.02	99.79	99.36	**100**	97.87	97.01	84.10	75.88
OA	72.25	76.41	76.93	79.67	91.63	93.59	93.12	90.67	94.24	95.78	93.36	96.69	**97.34**
AA	56.94	63.29	73.93	77.41	88.35	90.69	91.45	90.17	93.73	**95.31**	92.72	94.46	94.19
Kappa	61.32	67.23	68.92	72.47	88.83	91.37	90.71	87.63	92.34	94.40	91.18	95.59	**96.47**

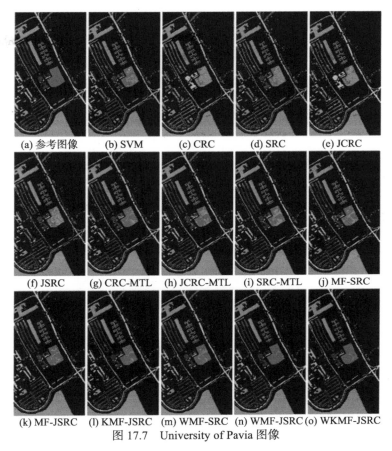

图 17.7　University of Pavia 图像

从表 17.6 可以得到与 Indian Pines 图像相似的结论: 多特征学习方法的分类正确率远超过基于单特征的方法。与 CRC-MTL 和 SRC-MTL 相比, MF-JSRC 的分类结果更好。与 Indian Pines 图像不同的是, MF-JSRC 的分类精度与 JCRC-MTL 相当, 而 WMF-JSRC 却有明显的提高, 这再次证明了加入合适的特征权值有助于分类。此外, KMF-JSRC 和 WKMF-JSRC 的分类正确率比所有的多特征学习方法都高, 这证明核扩展在高光谱图像分类中的有效性和应用潜力。同时, 实验结果表明 WMF-JSRC 和 WKMF-JSRC 成功地将特征信息和纹理近邻信息融入联合稀疏表示框架内。

2. Center of Pavia 图像分类结果

第三幅图像是 ROSIS 获得的另一幅城市图像——Center of Pavia 图像。从每类中随机选择 15 个样本作为训练样本, 其余样本用来测试。SVM、SRC 和 JSRC 使用各种特征的分类精度如表 17.7 所示, MF-JSRC 和 KMF-JSRC 以及其他多特征学习方法的分类精度如表 17.8 所示，表中最好的结果用粗体标记，部分分类结果如图 17.8 所示。

表 17.7　Center of Pavia 图像的单特征分类正确率　　　　　　　　（单位：%）

方法 特征	SVM				SRC				JSRC			
	Spectral	GLCM	DMP	3D-WT	Spectral	GLCM	DMP	3D-WT	Spectral	GLCM	DMP	3D-WT
1	93.07	95.90	96.67	96.85	98.78	94.36	96.26	**98.95**	98.78	98.01	98.63	98.42
2	85.11	82.44	**93.21**	88.06	84.49	82.20	89.71	88.77	85.95	86.39	82.92	92.88
3	**90.55**	69.76	81.97	83.77	88.69	54.98	74.57	82.87	90.10	56.12	77.58	84.88
4	78.31	84.38	76.85	**97.55**	74.26	86.02	87.62	94.49	88.28	91.25	86.45	93.79
5	81.94	**91.35**	40.97	87.71	75.91	81.71	55.69	80.15	82.34	82.02	62.11	90.31
6	85.01	76.59	59.97	**85.55**	81.53	75.26	61.52	74.25	79.76	77.97	58.61	77.15
7	**86.29**	77.35	57.40	85.31	85.45	75.61	71.27	83.80	85.71	81.77	72.18	83.69
8	96.62	97.52	83.55	98.58	96.78	95.17	83.78	95.78	**98.81**	97.36	86.10	98.13
9	96.88	98.33	**99.81**	92.88	66.60	95.12	99.35	93.44	82.14	96.93	99.67	96.56
OA	90.61	91.18	86.34	93.70	92.95	88.85	87.89	93.50	93.82	92.31	89.35	**94.45**
AA	88.20	85.96	76.71	**90.70**	84.01	82.27	79.98	88.06	87.99	85.31	80.47	90.65
Kappa	84.58	85.23	77.04	89.38	87.97	81.51	79.69	88.90	89.47	86.94	81.87	**90.53**

表 17.8　Center of Pavia 图像的多特征联合分类正确率　　　　　　　　（单位：%）

方法	单特征方法				多特征联合方法								
						无权值					有权值		
	CRC	JCRC	SRC	JSRC	CRC -MTL	JCRC -MTL	SRC- MTL	MF- SRC	MF- JSRC	KMF- JSRC	WMF -SRC	WMF- JSRC	WKMF -JSRC
1	99.01	98.40	98.78	98.78	97.67	98.52	98.47	97.68	99.26	99.03	99.22	**99.41**	99.06
2	81.63	83.63	84.49	85.95	87.85	90.99	93.36	93.29	93.19	93.02	93.62	93.65	**96.01**
3	90.80	92.42	88.69	90.10	91.21	92.91	89.00	88.37	91.97	**96.92**	90.28	92.25	92.91
4	30.68	54.73	74.26	88.28	80.75	88.38	96.66	96.61	97.46	97.36	96.66	**97.55**	97.13
5	58.52	71.72	75.91	82.34	90.77	**93.50**	91.66	90.65	93.37	93.37	92.24	93.46	93.25
6	97.19	**99.29**	81.53	79.76	85.81	89.79	85.06	80.74	88.27	92.73	86.68	90.85	95.75
7	83.39	84.41	85.45	85.71	84.02	85.59	85.64	85.13	87.89	90.55	86.06	88.70	**91.87**
8	99.68	**100**	96.78	98.81	96.43	98.58	99.07	97.68	99.52	**100**	99.71	99.52	99.10
9	66.33	79.35	66.60	82.14	79.44	96.98	96.74	88.51	98.88	99.72	98.19	97.44	**99.81**
OA	91.86	93.45	92.95	93.82	93.84	95.78	95.52	94.36	96.66	97.19	96.28	97.02	**97.56**
AA	78.61	84.88	84.01	87.99	88.22	92.80	92.85	90.96	94.42	95.86	93.63	94.76	**96.10**
Kappa	86.07	88.84	87.97	89.47	89.56	92.81	92.37	90.44	94.28	95.19	93.63	94.89	**95.82**

　　由表 17.7 可知，基于谱特征和 3D-WT 特征的分类器得到的结果优于其他特征，同样可以看出不同的特征反映的判别信息不同，而且可以互补。因此，联合多种特征来提高分类性能是合理的。与 Indian Pines 和 Pavia University 图像得到的结论相似，WMF-JSRC 和 WKMF-JSRC 的性能超过了其他多特征学习方法。KMF-JSRC 在第 3 类，（'Meadow'）、第 7 类（'Bitumen'）、第 8 类（'Tile'）和第 9 类（'Shadow'）都获得了最高的分类精度。尤其是第 3 类，Meadow 像素散布在很狭窄的区域，其

他的分类方法都很难解决该问题,而所提出的 WKMF-JSRC 却获得了一个满意的分类结果,并且达到了最好的整体分类精度和平滑的视觉效果。由此证明了核扩展对解决非线性问题的有效性。

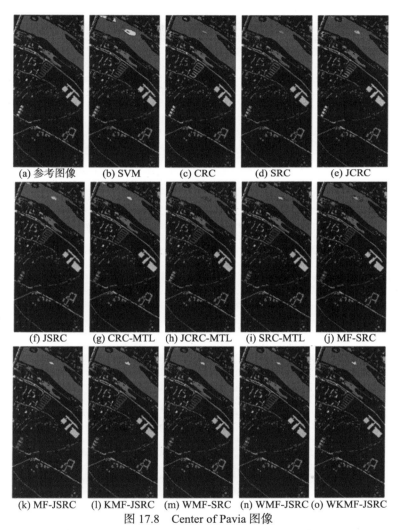

(a) 参考图像	(b) SVM	(c) CRC	(d) SRC	(e) JCRC
(f) JSRC	(g) CRC-MTL	(h) JCRC-MTL	(i) SRC-MTL	(j) MF-SRC
(k) MF-JSRC	(l) KMF-JSRC	(m) WMF-SRC	(n) WMF-JSRC	(o) WKMF-JSRC

图 17.8　Center of Pavia 图像

参 考 文 献

[1] CHRISTOPHE E, LÉGER D, MAILHES C. Quality criteria benchmark for hyperspectral imagery[J]. IEEE transactions on geoscience and remote sensing, 2005, 43(9): 2103-2114.

[2] GOEL P K, PRASHER S O, PATEL R M, et al. Classification of hyperspectral data by decision trees and artificial neural networks to identify weed stress and nitrogen status of corn[J]. Computers and electronics in agriculture, 2003, 39(2): 67-93.

[3] PALMASON J A, BENEDIKTSSON J A, SVEINSSON J R, et al. Classification of

hyperspectral data from urban areas using morphological preprocessing and independent component analysis[C]//International geoscience and remote sensing symposium, 2005, 1: 176.

[4] MELGANI F, Bruzzone L. Classification of hyperspectral remote sensing images with support vector machines[J]. IEEE transactions on geoscience and remote sensing, 2004, 42(8): 1778-1790.

[5] FAUVEL M, BENEDIKTSSON J A, CHANUSSOT J, et al. Spectral and spatial classification of hyperspectral data using SVMs and morphological profiles[J]. IEEE Transactions on Geoscience and Remote Sensing, 2008, 46(11): 3804-3814.

[6] VOLPI M, MATASCI G, KANEVSKI M, et al. Semi-supervised multiview embedding for hyperspectral data classification[J]. Neurocomputing, 2014, 145: 427-437.

[7] HARSANYI J C, CHANG C I. Hyperspectral image classification and dimensionality reduction: An orthogonal subspace projection approach[J]. IEEE transactions on geoscience and remote sensing, 1994, 32(4): 779-785.

[8] CAMPS-VALLS G, BRUZZONE L. Kernel-based methods for hyperspectral image classification[J]. IEEE transactions on geoscience and remote sensing, 2005, 43(6): 1351-1362.

[9] CHANG C I. Hyperspectral Data Exploitation: Theory and Applications[M]. Hoboken: John Wiley & Sons, 2007.

[10] BRUZZONE L, CHI M, MARCONCINI M. A novel transductive SVM for semisupervised classification of remote-sensing images[J]. IEEE transactions on geoscience and remote sensing, 2006, 44(11): 3363-3373.

[11] CHI M, BRUZZONE L. Semisupervised classification of hyperspectral images by SVMs optimized in the primal[J]. IEEE transactions on geoscience and remote sensing, 2007, 45(6): 1870-1880.

[12] LI J, BIOUCAS-DIAS J M, PLAZA A. Spectral–spatial hyperspectral image segmentation using subspace multinomial logistic regression and Markov random fields[J]. IEEE transactions on geoscience and remote sensing, 2012, 50(3): 809-823.

[13] LI J, BIOUCAS-DIAS J M, PLAZA A. Semisupervised hyperspectral image classification using soft sparse multinomial logistic regression[J]. IEEE geoscience and remote sensing letters, 2013, 10(2): 318-322.

[14] RATLE F, CAMPS-VALLS G, WESTON J. Semisupervised neural networks for efficient hyperspectral image classification[J]. IEEE transactions on geoscience and remote sensing, 2010, 48(5): 2271-2282.

[15] ZHONG Y F, ZHANG L P. An adaptive artificial immune network for supervised classification of multi-/hyperspectral remote sensing imagery[J]. IEEE transactions on geoscience and remote sensing, 2012, 50(3): 894-909.

[16] JIAO H Z, ZHONG Y F, ZHANG L P. Artificial DNA computing-based spectral encoding and matching algorithm for hyperspectral remote sensing data[J]. IEEE transactions on geoscience and remote sensing, 2012, 50(10): 4085-4104.

[17] FAUVEL M, TARABALKA Y, BENEDIKTSSON J A, et al. Advances in spectral-spatial classification of hyperspectral images[J]. Proceedings of the IEEE, 2013, 101(3): 652-675.

[18] LI J, MARPU P R, PLAZA A, et al. Generalized composite kernel framework for hyperspectral image classification[J]. IEEE transactions on geoscience and remote sensing, 2013, 51(9): 4816-4829.

[19] LI J, BIOUCAS-DIAS J M, PLAZA A. Hyperspectral image segmentation using a new Bayesian approach with active learning[J]. IEEE transactions on geoscience and remote sensing, 2011, 49(10): 3947-3960.

[20] PENG Y, MENG D Y, XU Z B, et al. Decomposable nonlocal tensor dictionary learning for multispectral image denoising[C]//IEEE conference on computer vision and pattern recognition, 2014: 2949-2956.

[21] PACIFICI F, CHINI M, EMERY W J. A neural network approach using multi-scale textural metrics from very high-resolution panchromatic imagery for urban land-use classification[J]. Remote sensing of environment, 2009, 113(6): 1276-1292.

[22] TUIA D, PACIFICI F, KANEVSKI M, et al. Classification of very high spatial resolution

imagery using mathematical morphology and support vector machines[J]. IEEE transactions on geoscience and remote sensing, 2009, 47(11): 3866-3879.

[23] JIA X P, KUO B C, Crawford M M. Feature mining for hyperspectral image classification[J]. Proceedings of the IEEE, 2013, 101(3): 676-697.

[24] PRASAD S, BRUCE L M. Limitations of principal components analysis for hyperspectral target recognition[J]. IEEE geoscience and remote sensing letters, 2008, 5(4): 625-629.

[25] HUANG H Y, KUO B C. Double nearest proportion feature extraction for hyperspectral image classification[J]. IEEE transactions on geoscience and remote sensing, 2010, 48(11): 4034-4046.

[26] ZHANG L P, ZHONG Y F, HUANG B, et al. Dimensionality reduction based on clonal selection for hyperspectral imagery[J]. IEEE transactions on geoscience and remote sensing, 2007, 45(12): 4172-4186.

[27] QIAN Y T, YE M C, ZHOU J. Hyperspectral image classification based on structured sparse logistic regression and three-dimensional wavelet texture features[J]. IEEE transactions on geoscience and remote sensing, 2013, 51(4): 2276-2291.

[28] LI J Y, ZHANG H Y, HUANG Y C, et al. Hyperspectral image classification by nonlocal joint collaborative representation with a locally adaptive dictionary[J]. IEEE transactions on geo-science and remote sensing, 2014, 52(6): 3707-3719.

[29] ZHANG L, YANG M, FENG X C, et al. Collaborative representation based classification for face recognition[J]. arXiv preprint arXiv:1204.2358, 2012.

[30] HUANG X, ZHANG L P. An SVM ensemble approach combining spectral, structural, and semantic features for the classification of high-resolution remotely sensed imagery[J]. IEEE transactions on geoscience and remote sensing, 2013, 51(1): 257-272.

[31] ZHANG L F, ZHANG L P, TAO D C, et al. On combining multiple features for hyperspectral remote sensing image classification[J]. IEEE transactions on geoscience and remote sensing, 2012, 50(3): 879-893.

[32] SHEKHAR S, PATEL V M, NASRABADI N M, et al. Joint sparse representation for robust multimodal biometrics recognition[J]. IEEE transactions on pattern analysis and machine intel-ligence, 2014, 36(1): 113-126.

[33] ZHENG X W, SUN X, FU K, et al. Automatic annotation of satellite images via multifeature joint sparse coding with spatial relation constraint[J]. IEEE geoscience and remote sensing letters, 2013, 10(4): 652-656.

[34] YUAN X T, LIU X B, YAN S C. Visual classification with multitask joint sparse representation[J]. IEEE transactions on image processing, 2012, 21(10): 4349-4360.

[35] LI J Y, ZHANG H Y, ZHANG L P, et al. Joint collaborative representation with multitask learning for hyperspectral image classification[J]. IEEE transactions on geoscience and remote sensing, 2014, 52(9): 5923-5936.

[36] YANG M, ZHANG L, ZHANG D, et al. Relaxed collaborative representation for pattern classification[C]//IEEE conference on computer vision and pattern recognition, 2012: 2224-2231.

[37] FANG L Y, LI S T, KANG X D, et al. Spectral-spatial hyperspectral image classification via multiscale adaptive sparse representation[J]. IEEE transactions on geoscience and remote sensing, 2014, 52(12): 7738-7749.

[38] CARUANA R. Multitask learning[J]. Machine learning, 1997, 28(1):41-75.

[39] KATO T, KASHIMA H, SUGIYAMA M, et al. Multi-task learning via conic programming[C]// Advances in neural information processing systems, 2008: 727-774.

[40] OZAWA S, ROY A, ROUSSINOV D. A multitask learning model for online pattern recognition [J]. IEEE transactions on neural networks, 2009, 20(3): 430-445.

[41] CHEN Y, NASRABADI N M, TRAN T D. Hyperspectral image classification via kernel sparse representation[J]. IEEE transactions on geoscience and remote sensing, 2013, 51(1): 217-231.

[42] DUDA R O, HART P E, STORK D G. Pattern Classification[M]. New York: John Wiley & Sons, 2012.

[43] BOSER B E, GUYON I M, VAPNIK V N. A training algorithm for optimal margin classifiers [C]//Proceedings of the fifth annual workshop on computational learning theory. ACM, 1992:

稀疏学习、分类与识别

144-152.

[44] WRIGHT J, YANG A Y, GANESH A, et al. Robust face recognition via sparse representation[J]. IEEE transactions on pattern analysis and machine intelligence, 2009, 31(2): 210-227.

[45] COTTER S F, RAO B D, ENGAN K, et al. Sparse solutions to linear inverse problems with multiple measurement vectors[J]. IEEE transactions on signal processing, 2005, 53(7): 2477-2488.

[46] CHEN Y, NASRABADI N M, TRAN T D. Hyperspectral image classification using dictionary-based sparse representation[J]. IEEE transactions on geoscience and remote sensing, 2011, 49(10): 3973-3985.

[47] ZHANG E L, ZHANG X R, LIU H Y, et al. Fast multifeature joint sparse representation for hyper-spectral image classification[J]. IEEE geoscience and remote sensing letters, 2015, 12(7): 1397-1401.